国家社会科学基金管理学青年项目（适度规模经营视角下农业面源污染协
同治理路径与金融支持政策研究）、重庆理工大学优秀著作出版基金资助

适度规模经营视角下农业面源污染协同治理路径与金融支持政策研究

姜 松 著

中国财经出版传媒集团

经济科学出版社
Economic Science Press

图书在版编目（CIP）数据

适度规模经营视角下农业面源污染协同治理路径与金融支持政策研究／姜松著 . ——北京：经济科学出版社，2023. 2

ISBN 978 - 7 - 5218 - 4578 - 5

Ⅰ. ①适…　Ⅱ. ①姜…　Ⅲ. ①金融支持 - 金融政策 - 影响 - 农业污染源 - 面源污染 - 污染防治 - 研究 - 中国　Ⅳ. ①X501

中国国家版本馆 CIP 数据核字（2023）第 037621 号

责任编辑：刘　莎
责任校对：王苗苗　刘　昕
责任印制：邱　天

适度规模经营视角下农业面源污染协同治理路径与金融支持政策研究
姜　松　著
经济科学出版社出版、发行　新华书店经销
社址：北京市海淀区阜成路甲 28 号　邮编：100142
总编部电话：010 - 88191217　发行部电话：010 - 88191522
网址：www. esp. com. cn
电子邮箱：esp@ esp. com. cn
天猫网店：经济科学出版社旗舰店
网址：http：//jjkxcbs. tmall. com
固安华明印业有限公司印装
710 × 1000　16 开　24. 5 印张　420000 字
2023 年 2 月第 1 版　2023 年 2 月第 1 次印刷
ISBN 978 - 7 - 5218 - 4578 - 5　定价：119. 00 元
（图书出现印装问题，本社负责调换。电话：010 - 88191545）
（版权所有　侵权必究　打击盗版　举报热线：010 - 88191661
QQ：2242791300　营销中心电话：010 - 88191537
电子邮箱：dbts@ esp. com. cn）

习近平总书记多次强调：要坚决打赢打好农业面源污染防治攻坚战。农业面源污染生成机理复杂、过程演化交互牵扯，需要充分发挥有为政府和有效市场的联动效应，形成协同治理新格局。在所有市场主体中，从事适度规模经营的新型经营主体与农户联系最为密切，在绿色发展中发挥着引领作用。新时期农业面源污染协同治理新格局构建必须调动适度规模经营主体力量，提升农业面源污染协同治理水平和"集体行动"效率。然而，从实践运行来看，农业面源污染治理模式和资金投入仍以政府为主导，协同治理格局并未形成。加之，新型农业经营主体自身规模偏小、资信实力较弱，普遍存在"融资难"和"融资贵"问题，也使其在面源污染治理中的作用受到限制，金融支持政策体系有待进一步构建。那么，在这样的现实困境下，农业适度规模经营对农业面源污染的抑制效应到底如何？是否和理论预期存在一致性？现行金融政策支持水平是否会制约农业适度规模经营绿色引领效应的发挥？要达到农业面源污染治理目标预期，适度规模经营和金融支持政策互动的一般性条件是什么？新时期如何从农业适度规模经营的视角探索面源污染协同治理路径？金融支持政策如何调整？这就是本书要解决的研究问题。从适度规模经营视角探索农业面源污染协同治理路径与金融支持政策，既是打赢农业面源污染攻坚战的重要举措，又是构建现代农业经营体系、创新绿色金融体系的需要。

1. 研究内容

（1）文献回顾与研究述评。基于研究问题，梳理学界现有研究脉络，理清农业面源污染治理发展新趋势、新问题，明确本书的理论起点、创新起点，通过探寻现有研究"缺口"，形成研究不断深化的理论基础。

（2）理论基础与逻辑框架。首先，借鉴产业结构调整理论、庇古税和科斯定理、协同治理理论、环境库兹涅茨曲线、绿色金融理论等既存理论内涵，诠释农业面源污染治理的理论基础，为搭建理论分析框架奠定理论支撑；其次，从视角框架、分析框架、解释框架三个方面搭建本书的理论框架。其中，视角框架诠释研究的逻辑前提，分析框架诠释研究的逻辑层次，解释框架诠释研究的逻辑脉络。

（3）我国农业面源污染总体概况及其治理效果评估。首先，对我国农业面源污染源构成及投入情况进行解构，明确农业面源污染源的变化趋势、时空特征以及污染程度；其次，运用小波相干性分析，刻画我国农业面源污染传导路径，明确面源污染结构中的"主导源"，并通过政策治理体系和"主导源"比较，明确金融政策支持的现实必要性和必然性；最后，运用环境库兹涅茨曲线评价我国农业面源污染治理效果。

（4）我国农业适度规模经营发展与农业面源污染治理。首先，在明确农业经营体系演变客观性基础上，解剖经营体系演变的基本特征，以及农业适度规模经营主要途径；其次，基于权威统计数据，测度我国农业适度规模经营概况、时空特征，明确农业适度规模经营的农业面源污染带来的影响与新机遇；最后，以测度数据为基础，从总体和效率的双重内涵维度，检验适度规模经营与农业面源污染治理的相互关系、影响方向和影响程度。

（5）我国金融支持政策与农业面源污染治理。首先，从宏观事实和微观事实相结合角度，刻画金融支持政策支持农业面源污染治理的特征事实；其次，实证金融政策支持农业面源污染治理的宏观效应和微观效应，全面评估当前金融支持政策对农业面源污染治理的影响效应、诊断其中存在的主要问题；最后，实证金融支持政策创新对农业面源污染治理的影响效应，明确新时期金融政策支持农业面源污染治理的新方向、新路径。

（6）适度规模经营和金融支持政策对面源污染协同效应。前述已经分别揭示了适度规模经营、金融支持政策对农业面源污染的影响效应，以此为基础，本部分将继续揭示农业适度规模经营和金融支持政策对农业面源污染的协同效应。延续上述分析逻辑，本部分主要从宏观层面和微观层面两个方面进行，全面揭示农业适度规模经营和金融支持政策互动的结构性矛盾和薄弱环节。

（7）适度规模经营视角下农业面源污染协同治理的运行机制。政府、农户、新型农业经营主体形成协同治理新格局，需要建立高效、协调的运行机制。本部分基于农业适度规模经营视角下主要参与主体的目标界定、行为差异与对比，从不完全信息静态博弈和不完全信息动态博弈的双重维度，分别刻画了政府主导型模式和市场主导型协同治理模式下主要农业面源污染治理参与主体的行为博弈过程、利益关系和最优策略，揭示农业面源污染协同治理机制运行的实现条件。

（8）适度规模经营视角下农业面源污染协同治理的路径。基于实证研究结论、行为博弈过程，结合农业面源污染协同治理运行机制的实现条件，提出农业面源污染协同治理的总体思路、实施步骤、目标预期。并据此提出农业面源污染协同治理的方案选择和实践路径。

（9）适度规模经营视角下农业面源污染协同治理的金融支持政策。根据农业面源污染协同治理方案和实践路径，明确农业适度规模经营框架下金融政策支持农业面源污染协同治理的战略取向、创新方向。基于农业面源污染协同治理方案与实践路径，分别从金融工具选取与产品创新、涉农金融机构建设与管理、风险防范与保障条件等方面提出金融政策支持农业面源污染协同治理的具体举措。

2. 研究结论

（1）农业适度规模经营引领效应发挥，需要前置性的金融政策予以保障。视角框架表明，金融政策支持是引导适度规模经营主体参与农业面源污染治理的关键条件。农业适度规模经营对农业面源污染引领作用和抑制效应能否正常发挥，与金融发展水平密切相关。金融政策与发展水平的不匹配性，会对农业面源污染形成"加剧效应"。

（2）"社会性收入"提升机制和贴现率降低机制，是适度规模经营主体引领面源污染治理的行为机理。新型农业经营主体"社会收入""适应性价值"提高，将极大化增加其在农业面源污染治理中的行为引领。减少单位自然资源的开发成本，进而使"净收入现金流"的现值最大化，是新型农业经营主体的行为决策条件，而实现农业自然资源开发现值的最大化必须要降低贴现率。对于金融机构来说，新时期除了要增强信贷资金和金融服务支持力度外，降低资金供给成本也是蕴含的政策内涵。

（3）我国农业面源污染存在阶段性反复和间断性演变的复杂趋势。化肥污染源是农业面源污染"加剧效应"产生的"主导源"。运用HP滤波法分解主要面源污染投入"临界值"，通过分析"缺口"状态，发现我国各类面源污染源要素"过度投入"现象还比较普遍，农业面源污染的治理任务还十分艰巨。进一步的小波相干性分析表明，化肥污染源是农业面源污染"加剧效应"产生的"主导源"。

（4）我国农业面源污染总体治理效果显著，但存在一定的结构性矛盾和空间异质性。通过 PSTR 模型的实证模拟，发现在金融政策支持水平的低阈值区间时，农业经济增长对面源污染影响表现为"加剧效应"。在金融政策支持水平的中等和高阈值区间，农业经济增长对面源污染形成"抑制作用"。通过计算与比较发现，我国农业面源污染治理效果还是比较显著的。不过，分污染源、分区域检验表明，我国农业面源污染治理还存在显著的结构性矛盾和区域异质性。

（5）无论是在总量内涵维度还是效率内涵维度，农业适度规模经营都是农业面源污染的格兰杰因果原因。面板格兰杰因果检验结果表明，无论是在总量内涵维度还是在效率内涵维度，样本跨期内，均拒绝"农业适度规模经营不是农业面源污染格兰杰原因"的原假设。这一检验结果为发挥农业适度规模经营的绿色引领作用，提供了有效佐证。

（6）适度规模经营对农业面源污染的抑制效应并未达到理论预期，但存在显著的门槛效应。基于中国省级面板数据，构建静态面板数据模型和动态门槛面板模型，实证适度规模经营对农业面源污染的影响效应及其动态性特征。研究表明，适度规模经营对农业面源污染影响均显著为正，在一定程度上加剧了农业面源污染程度。不过，进一步的动态面板门槛模型检验表明，农业适度规模经营对农业面源污染的抑制作用存在显著的门槛门特征。跨越"门槛"后，适度规模经营对面源污染的抑制效应表现较为恒定。

（7）宏观层面，金融支持政策对农业面源污染的抑制效应是比较显著的，且存在空间溢出效应。基于农业综合开发项目数据，建立面板数据选择模型和面板空间计量模型，实证研究发现，金融支持政策对农业面源污染的抑制效应是比较显著的，且存在显著的"空间溢出效应"。除此之外，地方政府的资金投入，在抑制农业面源污染方面也有显著表现。不过值得注意的是，中央财政资金投入、自筹资金投入对农业面源污染产生了"加剧效应"。一言以蔽之，金融支持政策和财政支持政策并未形成农业面源污染治理合力，有待进一步优化。

（8）微观层面，金融支持政策对农户化肥施用量有一定的抑制效应，对提升农民的面源污染治理意愿有显著的推动作用，但在推动农户施肥方式和施肥依据转变方面的表现不足。基于微观调研数据，从过程和结果双重维度运用加权最小二乘法（WLS）实证研究发现，金融支持政策对农户化肥施用量有一定的抑制效应，对提升农户的面源污染治理意愿有显著推动作用。不过，金融支持政策在推动农户施肥方式和施肥依据转变等方面仍表现不足，需要进一步强化。从其他变量来看，农业适度规模经营、人力资本、富裕程度、农业市场化、农业产业化、农业组织化、农业社会化服务、财政补贴政策在过程和结果方面的表现也存在显著差异性。

（9）金融科技引领的政策创新，对农业面源污染的影响呈现典型的倒"U"形特征，提升金融服务质量是需要突破的关键。基于 IPAT 和 STIR-PAT 的理论框架，从总体以及结构的双重维度研究发现，总体上，金融科技引领的金融支持政策创新是一把"双刃剑"，呈现典型的倒"U"形特征。在结构层面，金融科技服务的可用性、金融科技基础设施和农业面源污染存在倒"U"形关系，与总体情况一致。进一步的门槛效应检验表明，在农业经济低增长地区，金融科技发展的总体水平、金融科技服务的使用、金融科技服务的可用性和金融科技基础设施与农业面源污染呈倒"U"形关系。在农业经济的发达阶段，金融科技发展及其结构对农业面源污染的影响微不足道。

（10）宏观层面，金融支持政策并未形成农业适度规模经营的基础条件，共生共进的"协同效应"格局并未形成。运用 PSTR 模型实证研究发现，在金融支持政策水平的低阈值区间，适度规模经营对农业面源污染的影响存在不确定性，甚至还会形成污染"加剧效应"。不过，进一步的动态面板门槛模型检验表明，农业面源污染的"加剧效应"并不是适度规模经营带来的，而是由于金融政策、财政政策以及城镇化等外部条件的支撑不足造成的。

（11）微观层面，金融政策支持农业适度规模经营，能够减少农户的化肥施用量、改变农户的施肥依据，但并未对农户的施肥方式和农业面源污染的治理意愿产生推进作用。研究发现，在过程维度，金融政策支持农业适度规模经营能够抑制农户的化肥施用量，改变农户的施肥依据，进而对农业面源污染产生良性影响。但从样本检验结果来看，金融政策支持农业适度规模经营对农户施肥方式的影响并不显著，并未起到显著的促进作用，成为过程层面的结构性矛盾。在结果维度，金融政策支持农业适度规模经营对农户面源污染治理意愿的影响显著为负，亦与理论预期不一致。

（12）适度规模经营视角下农业面源污染协同治理运行机制，需要以农民合法权益保护为根本条件，以产量提升为资源条件，以效率和质量提升为动力条件，以有为政府和有效市场的协同配合为环境条件。从不完全信息静态博弈和不完全信息动态博弈的双重维度，分别刻画了政府主导型模式和市场主导型协同治理模式下主要污染治理主体的行为博弈过程。研究发现，农业面源污染治理的运行机制并不会自发形成，需要以农民合法权益为根本条件，以产量提升为资源条件，以效率和质量提升为动力条件，以有为政府和有效市场的协同配合为环境条件。

（13）农业适度规模经营视角下，农业面源污染协同治理存在集约化协同治理方案、组织化协同治理方案、产业化协同治理方案和数字化治理方案四种典型性方案与实践路径。其中，集约化协同治理方案，通过"政府＋基层支部＋家庭农场（专业大户）＋农户"的实践路径实施；组织化协同治理方案，通过"政府＋农民专业合作社＋农户"的实践路径实施；产业化协同治理方案，通过"政府＋龙头企业＋农民专业合作社（协会、供销社、农村电商等）＋家庭农场（专业大户）＋农户"的实践路径实施；数字化协同治理方案，主要通过"政府＋高等院校（科研院所）＋平台公司＋家庭农场＋农户"的实践路径实施。

（14）新时期金融机构应以农业面源污染协同治理中的"利益共同体"以及"关系链"为服务对象，在金融政策工具选取和产品创新、涉农金融机构建设与管理、风险防范与保障条件等方面进行变革和创新，以适应农业面源污染协同治理新需要。在金融政策工具选取和产品创新方面，可以从投贷联动、保险＋期货、资产证券化＋PPP三个层面进行金融政策支持工具选择。金融产品创新应主要围绕"绿色农业价值链"实施，金融服务方式创新，应围绕适农化、适老化和数字化"三化"进行；在涉农机构建设与管理方面，应运用ESG发展理念，引导涉农金融机构建设；建立银行类金融机构合作机制，创新数字化合作新机制；强化组织管理、建立信息沟通和共享机制、标准化管理机制等；在风险防范与保障条件方面，应健全信用评价体系、构建风险共担机制、完善各类保障条件等，全面提升金融支持政策服务农业面源污染治理效率。

3. 创新之处

（1）搭建了"三位一体"逻辑框架。本书构建视角框架、分析框架和解释框架"三位一体"理论框架，解构农业适度规模经营、金融支持政策和农业面源污染之间的相互关系和理论机制。通过总体和结构的多重论证，系统、全面地反映和揭示研究问题的理论必然性，为实证研究提供理论支撑。同时，以理论框架为基础，选取的微观典型调研方法、案例分析法、HP分解法、小波相干性分析法、PSTR模型、格兰杰因果关系检验法、动态面板门槛模型、截面数据模型、截面门槛模型等计量方法，博弈分析方法等有一定的特色性，能够有效揭示挖掘科学问题产生的深层次原因。

（2）从总量和效率的双重维度，实证农业适度规模经营对农业面源污染影响效应。紧密围绕农业适度规模经营的核心内涵，从总量内涵维度和效率内涵维度相结合角度，运用动态门槛计量模型，全面评估农业适度规模经营对面源污染的影响效应，检验农业适度规模经营对面源污染的影响机制，能够全面诊断农业适度规模经营对农业面源污染治理的引领效应，还能够检验农业适度规模经营对面源污染影响路径中的薄弱环节、阻塞因素，形成新时期政策调整的经验基础。

（3）从宏观和微观相结合的维度，实证金融支持政策对农业面源污染影响效应。基于中国农业综合开发项目数据和微观调研数据，综合运用静态面板数据模型、空间计量模型、截面数据模型，实证检验金融支持政策对农业面源污染的总体效应和结构特征，通过多维比较，研判当前金融政策支持农业面源污染的薄弱环节、结构特征，有助于提升金融政策支持农业面源污染治理的匹配性、精准性。

（4）揭示了农业适度规模经营和金融支持政策的协同效应及实现条件。揭示农业适度规模经营和金融支持政策的协同效应，也是本书的一大创新。本书延续结构化的分析思路，从宏观和微观相结合的角度，构建PSTR模型和截面交互效应模型，揭示了农业适度规模经营和金融支持政策对面源污染的协同效应。并以此为基础，构建非完全信息静态博弈和动态博弈模型，实施主体行为与决策过程的刻画，明确农业面源污染协同治理运行机制的实现条件，论证过程环环相扣、层层递进。

（5）从金融支持政策的角度，探讨农业面源污染协同治理的政策支持。从金融支持政策角度提出新时期金融政策支持农业面源污染协同治理的战略取向和创新方向、金融政策工具选取与产品创新举措、涉农金融机构建设与管理路径、风险防范与保障条件等操作举措，有利于完善农业面源污染治理"工具箱"，在政策运用上有一定创新之处。

作　者

2022 年 12 月

目 录

第1章 导　　论

1.1　研究背景及问题提出

1.1.1　研究背景

党的十九大确立了"中国特色社会主义进入了新时代"的历史定位。党的二十大进一步确立了新时代新征程中国共产党的使命任务——团结带领全国各族人民全面建成社会主义现代化强国,实现第 2 个百年奋斗目标,以中国式现代化全面推进中华民族伟大复兴。新时代新征程是决胜全面建设小康社会,进而建设社会主义现代化强国的时代。而决胜建成全面小康社会的关键就是要打赢防范化解重大风险、精准脱贫、污染防治三大攻坚战,以提升广大人民的获得感、幸福感和成就感。如果从环境和生态文明、美丽新中国建设的角度看待"三大攻坚战",污染防治攻坚战在"三大攻坚战"中首当其冲,不但是实现绿色发展、建设美丽乡村和实现乡村振兴的关键,更是习近平总书记"绿水青山就是金山银山""像保护眼睛一样保护生态环境""像对待生命一样对待生态环境"等重大民生理论的具体实践。

打赢污染防治攻坚战的首要条件是要弄清当前污染源构成及其薄弱环节。如果按照污染源类型划分,那么既存的污染形态基本上可以划分为点源污染和面源污染两大类。其中,点源污染一般具有污染源集中、污染性大、破坏性强、容易控制的特点;面源污染一般主要是指大气污染形成的酸雨污染以及大量使用农药化肥所造成的土壤污染,具有污染面积大、控制难度大、涉及面大、后期破坏大等特点。从点源污染和面源污染特点不难发现，相比较点源污染，面源污染治理难度一般较大。发达国家的治理实践也充分印证了这一治理问题。从世界范围来看，随着治污技术和法律制度体系完善，点源污染基本能得到有效控制。因此，如何治理面源污染就是摆在世界各国农业转型、绿色发展中的难题，影响着一国的农业现代化进程和推进乡村振兴的"时间表"。

在面源污染细分构成中，农业面源污染是其中的重要组成部分。全球范围内，30%~50%的地球表面都已经受到面源污染的影响，并且很大一部分面源污染属于农业面源污染[1]。在结构层面，发展中国家的农业约占温室气体排放的74%[2]。从我国情况来看，农业发展和环境之间的矛盾和冲突已经到了异常尖锐的程度，"以粗放增长为模式、以牺牲环境为代价"的农业发展模式和实践路径正助推农业成为"面源污染最广泛的行业"，我国农业面源污染甚至在广度和深度上都已超越发达国家[3][4][5][6][7]。可以说，农业面源污染是我国农村生态环境污染的重要原因，是一项艰巨、复杂而长期的重大难题[8][9][10]。

所谓农业面源污染，实际上也有广义和狭义之分。广义的农业面源污染，包括与农业生产生活相关的各种形式的面源污染；狭义的农业面源污染主要指农业生产生活过程所导致的水污染。可以看出，无论是在广义层面还是在狭义层面，农业面源污染均与农业生产、农民生活密切相关、相互交织。农业面源污染控制的现代化种植业和养殖业对环境产生的影响已

---

[1] Corwin D L, Vaughan P J, Loague K. Modeling Nonpoint Source Pollutants in the Vadose Zone with GIS [J]. Environ. Sci. Tech, 1997, 31 (8): 15113 – 15121.

[2] Candice Stevens. Agriculture and Green Growth [J]. Report to the OECD, 2011.

[3] 陈锡文. 环境问题与中国农村发展 [J]. 管理世界, 2002 (1): 5 – 8.

[4] 温铁军. 新农村建设中的生态农业与环保农村 [J]. 环境保护, 2007 (1): 25 – 27.

[5] 陶春, 高明, 徐畅, 等. 农业面源污染影响因子及控制技术的研究现状与展望 [J]. 土壤, 2010, 42 (3): 336 – 343.

[6] 杜江. 中国农业增长的环境绩效研究 [J]. 数量经济技术经济研究, 2014, 31 (11): 53 – 69.

[7] 周海滨. 玛河流域农业面源污染耕地负荷现状分析 [C] //国家教师科研专项基金科研成果 (华声卷1). 2015.

[8] 文传浩, 张丹, 铁燕. 农业面源污染环境效应及其对新农村建设耦合影响分析 [J]. 贵州社会科学, 2008 (4): 91 – 96.

[9] 朱兆良, 孙波. 中国农业面源污染控制对策研究 [J]. 环境保护, 2008 (8): 3.

[10] 李一花, 李曼丽. 农业面源污染控制的财政政策研究 [J]. 财贸经济, 2009 (9): 89 – 94.

经远远超过现代工业对自然水环境、农村生态的影响，农业正成为我国也是地球上最大的污染源。可以肯定的是，农业面源污染是新时代约束整体性、系统性和全局性目标的关键，战略意义不言而喻。治理农业面源污染、推进农业绿色发展以引领乡村振兴是新时代政府战略决策与宏观政策的"主攻域"。

为此，在总体层面，习近平总书记在党的十九大报告中，将农业面源污染防治列入"着力解决突出环境问题"序列，并在诸多场合对农业面源污染治理提出了新要求、新指示。在2021年中央农村工作会议上，习近平总书记强调："要以钉钉子精神推进农业面源污染防治。"2022年中央农村工作会议上，进一步明确了农业面源污染治理的政策预期，即"推进农业农村绿色发展，让农民更多分享产业增值收益"。在宏观政策方面，2018年和2019年中央一号文件将农业面源污染列入"着力解决突出环境问题""农村人居环境和公共服务短板"；2020年中央一号文件，在治理农村生态环境突出问题上提出了化肥农药减量行动、农膜污染治理、秸秆综合利用等治理任务；2021年中央一号文件在农业绿色发展上明确提出在黄河流域、长江经济带打造农业面源污染治理示范县的细化举措；2022年中央一号文件，则从任务、举措、评价多维度提出农业投入品减量化、畜禽粪污资源化、农膜回收、秸秆利用、发展示范、绿色评价等面源污染"全过程"治理新要求；2023年中央一号文件，提出了推动农业绿色发展的新目标。

在具体操作层面，《培育发展农业面源污染治理、农村污水垃圾处理市场主体方案》和《关于创新体制机制推进农业绿色发展的意见》的实施，农业部印发的《关于实施农业绿色发展五大行动的通知》，农业部、中国农业银行印发的《关于推进金融支持农业绿色发展工作的通知》进一步明确了农业面源污染治理重点、金融支持政策大方向、大逻辑。从综合制度框架来看，新时期农业面源污染治理应坚持政府引导、市场运作原则，培育新兴市场治理主体，建立金融支持农业绿色发展的工作机制，调动生产经营主体特别是规模经营主体，参与农业面源污染治理积极性，提升农业面源污染治理质量和效率。事实上，早在十八届五中全会，我国就确立了激发多种适度规模经营主体引领作用的战略要求和政策举措。其中，农业适度规模经营主体在绿色发展方面的引领作用尤为值得关注。

农业适度规模经营的绿色引领效应为推动农业面源污染治理带来了新契机。适度规模经营主体在实现农药化肥减量增效化，畜禽粪便肥料化，农膜秸秆资源化，农业发展生态化、循环化等方面具有成本控制、行为激励和附加增值动机，参与农业面源污染治理具有先天性、绝对性优势。更为重要的是，随着农业现代化推进，农业的弱质性特质也将实现根本性扭转，农业生产函数类型将由传统土地要素单一表达形态，向多元化、异质性的现代要素联合表达的复合形态演变。作为现代资本要素的核心构成，金融要素随着农业经营模式的转变获得重大突破和转变动力。金融政策属性也将实现根本性转变，也从维持小农户的"存贷汇"等基本金融服务，走向更为现代的"产业金融"模式。金融发展水平与阶段的转变，能够引导经济资本从高污染、高能耗的产业流向环保产业①，为农业适度规模经营主体，创造更好的政策环境条件，强化农业适度规模经营主体在农业面源污染治理中的引领作用。

可以说，随着农业产业体系、生产体系和经营体系建立健全，新型农业经营主体在治理农业面源污染作用会更为凸显、贡献也会更大。这势必会促进农业面源污染治理模式，由政府主导型模式向多元共治、复合治理的协同治理模式转变。因此，从适度规模经营视角探索农业面源污染协同治理的路径与金融支持政策，既是促进农业绿色发展、构建现代农业经营体系的需要，也是打赢农业面源污染攻坚战的重要举措，是一项亟待开展的重大课题。

本书研究的必要性在于，立足当前我国各地区如火如荼的农业经营体系改革现实，从适度规模经营的视角探究农业面源污染协同治理路径。一方面，可以评估农业适度规模经营对面源污染的总体效应、结构特征和实践效果，明确新时期农业适度规模经营改革深化的方向、协同治理方案和实践路径，形成多元化主体优势互补、联合共治的良性格局；另一方面，针对实践层面新型农业经营主体面临的"融资难""融资贵"问题，揭示农业适度规模经营和金融政策的协同效应、行为机理、环境条件，明确激

---

① 胡宗义，李毅．金融发展对环境污染的双重效应与门槛特征［J］．中国软科学，2019（7）：68－80.

发适度规模经营主体引领农业面源污染治理目标下金融政策调整的战略取向和创新方向、工具选取和产品创新、机构建设与管理、风险防范与保障条件等实践逻辑，可以完善农业面源污染治理的市场化工具箱，探索农业面源污染治理的新路径。总体来说，本书的研究可以全面、系统地揭示农业面源污染治理的现实成效，及时发现农业面源污染治理中的新矛盾、新问题，为各级政府调整农业面源污染治理政策、重构治理制度体系、创新农业面源污染治理模式构建绿色金融产品体系提供决策支撑和经验参考。

1.1.2 问题提出

从治理主体来看，政府仍是目前农业面源污染治理的事实性承担者。然而，从早期的经验数据来看，这种模式下的治理效果不但差强人意，甚至还陷入一定程度的"政府失灵"和"市场失灵"并存的双重困境。因此，要打赢农业面源污染防治"攻坚战"，必须改变政府主导型治理模式，有效整合、联系农业面源污染源形成和治理中的多方利益主体，探索协同治理新机制、新路径。从产生根源来看，农业面源污染产生、扩散的源头仍是从事分散式、自然式农业经营的小农户。农业环境治理最终仍需要通过农户的环境友好型行为作用于环境。按照经济学理论，农户环境友好型行为偏好与选择在很大程度上与观念意识、人力资本水平等"内生性"因素密不可分。而这些"内生性"因素往往存在较大异质性特质，短期内很难发生根本性、彻底性改变。尤其是在"政府主导型"治理模式下，政府无法精准、有效匹配农户污染治理和绿色发展价值需求、利益诉求，也会导致分散经营农户内生性、自愿性参与治理面源污染动力不足。可以想象，农业面源污染治理的关键环节虽然在"农户端"，但如果缺少外部性力量介入，治理预期目标也很难实现。因此，在农业面源污染治理新路径选择过程中，必须调动"市场化主体"力量，以提升"集体行动"效率。

在所有"市场化主体"中，从事适度规模经营的新型经营主体是与农户、政府联系最为密切、最为直接"利益相关者"。一般来说，现代农业主要通过价值链、供应链和产业链方式组织、运营和形成"价值共创"。因此，农业适度规模经营实际就是现代农业，在组织模式、制度创新等维度的实践所形成的"社会网络"，搭建了农户、新型农业经营主体相互作用、相互联系的"桥梁"。其中，农户专注于产中环节的农业生产，产前、产后环节则由技术示范能力强、市场引领能力强、绿色发展能力强、谈判能力强的新型农业经营主体负责。虽然农户和新型农业经营主体参与现代农业经营的分工不同、环节不同，但两者都通过价值链、产业链和供应链"平台载体"，与彼此"监督约束"。换言之，在这样的情境空间和生态土壤下，农户和新型农业经营主体是相互联系、相互牵制的"利益共同体"。引领农业面源污染治理不仅是新型农业经营承担"社会责任"的精神境界，更是"利益共创"的价值诉求、使命担当、职责所在。

然而，在实践运行中，农业面源污染治理模式、资金投入渠道仍是以政府主导下的财政资金投入为主，从事适度规模经营的新型经营主体等"市场化主体"参与不足、热情不高。农业面源污染"联合共治"的协同治理格局并未形成。加之，新型农业经营主体自身规模偏小、资信实力较弱，普遍存在"融资难"和"融资贵"问题，也使其在面源污染治理中的作用受到限制，金融支持政策体系有待进一步构建。另外，农业经营规模的扩大也可能会进一步加剧农业产业发展和环境问题的对立。特别值得关注的是，与以安全导向为基础的分散经营不同，农业适度规模经营一般以产量最大化、收入最大化为目标函数，在这样的价值诉求和目标预期下，适度规模经营主体也存在增加农药、化肥、地膜等化学品以及机械能源的广泛投入的可能性动机，而这恰恰是农业面源污染的污染源构成，有可能加剧农业面源污染程度。在制度层面，新型农业经营主体一般通过"土地经营权"流转方式转入土地，相比较自有耕地，转入土地的产权不确定较大、稳定性较差、安全性较低，这也会导致农业经营主体存在为追求短期经济效益，进而破坏长期环境效益的短视行为。综合而言，在缺少金融政策支持条件下，农业适度规模经营能否实现对农业面源污染治理引领作用，仍存在诸多不确定性，各种争议亟待澄清。

那么，农业适度规模经营对农业面源污染的抑制效应到底如何？是否和理论预期存在一致性？现行金融支持水平是否会制约农业适度规模经营绿色引领作用的发挥？要达到农业面源污染治理目标预期，适度规模经营和金融支持政策互动的一般性条件是什么？新时期如何从农业适度规模经营的视角探索面源污染协同治理方案？实践路径如何选择？金融支持政策如何进行总体设计和细化操作？就是本书要解决的科学问题（见图1-1）。

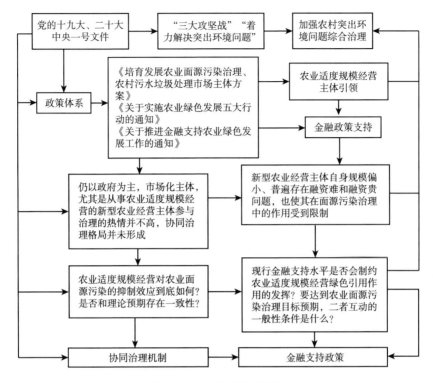

图1-1 本书的逻辑脉络

1.2 学术价值及应用价值

1.2.1 学术价值

本书的主要学术价值是从农业适度规模经营的视角揭示农业面源污染协同治理机理以及实现条件，丰富农业经营主体端，治理农业面源污染理论体系，推动农业面源污染治理理论迈向新阶段。具体学术价值有三个方面：一是将适度规模经营与农业面源污染治理相结合，可以拓展农业适度规模经营发展、现代农业经营体系构建的"绿色内涵"，进而创新治理理念、寻求新突破；二是将"协同治理"这一新兴交叉理论运用到农业面源污染治理研究中，体现了多学科交叉融合特色，有利于在学理层面拓展农业面源污染治理理论体系；三是探究农业面源污染协同治理的金融支持政策，有利于健全新时期我国农业面源污染治理的市场化政策支持的理论体系，实现政策协同效应。

1.2.2 应用价值

本书的总体应用价值是：以绿色为基调的习近平生态文明思想，以人为本、人与自然和谐为核心的生态理念和绿色为导向的生态发展观为指导，紧密围绕"打赢污染防治攻坚战"的战略目标，从"利益共同体"重新审视我国农业经营体系构建中农业面源污染治理面临的新契机、新机遇，提出新时期农业面源协同治理的路径选择和金融支持政策，为打赢污染防治攻坚战提供战略参考和决策支持。具体应用价值有以下三点：一是本书紧扣《培育发展农业面源污染治理、农村污水垃圾处理市场主体方案》、党的十九大报告、二十大报告《关于推进金融支持农业绿色发展工作的通知》以及 2018～2023 年中央一号文件精神，有利于激发新型农业经营主体的引领作用，形成新时期农业面源污染治理的新体制、新机制；二是探索政府、新型农业经营主体和农民协同治理路径，为加快建设"人与自然和谐共生的美丽中国"提供政策支撑；三是研究可以明确新时期金融政策支持农业面源污染协同治理的重点领域、工具选择，为完善我国农业绿色金融体系提供决策参考。

1.3 研究目的及内容

1.3.1 研究目的

本书的总体目的是：从农业适度规模经营的视角，重新审视农业面源污染的生成机理以及治理新契机，评估适度规模经营对农业面源污染治理的影响效应以及发挥引领作用的金融支持条件，提出新时期农业面源污染协同治理路径以及金融支持政策体系。具体来看，有以下两点。

①理论目标。一是将农业适度规模经营与农业面源污染治理相结合，完善新时期现代农业经营体系构建的绿色发展内涵，形成适度规模经营引领农业绿色发展的理论支持；二是将"协同治理"理论运用到农业面源污染治理中，促进治理理念、理论框架创新。

②应用目标。一是为政府完善农业面源污染治理体系、实施农业绿色

金融产品创新提供决策参考；二是研究中形成的系统性分析框架、调研数据以及研究方法，为同行开展此类研究夯实基础。

1.3.2　研究内容

基于研究目标，本书的内容框架设计如下。

①文献回顾与研究述评。基于研究问题，梳理现有学界研究脉络，厘清农业面源污染治理发展新趋势、新问题，明确本书研究的理论起点、创新起点，通过探寻现有研究"缺口"，错位研究，形成本书不断深化的理论基础。在具体操作中，研究文献主要从农业面源污染治理手段、农业适度规模经营与农业面源污染的研究、金融支持政策与农业面源污染研究、适度规模经营与金融支持政策的研究四个方面进行文献梳理；接下来，对研究现状进行深刻挖掘，解析现有研究缺口，明确本书开展的理论空间、工作重点以及创新方向。

②理论基础与逻辑框架。首先借鉴产业结构调整理论、庇古税和科斯定理、协同治理理论、环境库兹涅茨曲线、绿色金融理论等既存理论内涵，诠释农业面源污染治理的理论基础，为搭建理论分析框架奠定理论支撑。其次，从视角框架、分析框架、解释框架三个方面搭建本书研究的理论框架。其中，视角框架诠释研究的逻辑前提，分析框架诠释研究的逻辑层次，解释框架诠释研究的逻辑脉络。通过理论基础借鉴和理论框架搭建，明确其适度规模经营演化方向及对农业面源污染治理的新要求、新特征；解析现行农业面源污染治理模式、政策工具在农业适度规模经营发展中面临的新问题、新挑战，明确农业适度规模经营视角下农业面源污染协同治理路径探索以及金融政策支持的理论内涵，夯实本书研究的理论基础和条件支撑。

③我国农业面源污染总体概况及其治理效果评估。首先，对我国农业面源污染源构成及投入情况进行解构，明确我国农业面源污染源的变化趋势及其时空特征。其次，运用 H-P 滤波法，对我国农业面源污染的污染程度进行经验判断。再次，运用小波相干性分析从农业面源污染结构性视角刻画我国农业面源污染传导路径，明确当前我国农业面源污染结构中的"主导源"。并以此为基础，梳理我国农业面源污染治理体系构成、基本类型及演进趋势。通过政策治理体系和"主导源"对比，明确农业面源污染治理中存在的主要问题，明确金融政策支持的现实必要性和必然性。最

后，在对我国农业面源污染治理效果进行初步判断的基础上，运用环境库兹涅茨曲线（*EKC*）来对我国农业面源污染治理效果总体和结构性特征进行曲线拟合。通过多方面的结合和分析，明确现阶段我国农业面源污染的总体概况，评估我国农业面源污染治理效果。

④我国农业适度规模经营发展与农业面源污染治理。首先，在明确农业经营体系演变客观性的基础上，解剖经营体系演变的基本特征和主体特征、农业适度规模经营的主要途径及其概况。其次，基于权威统计数据，设置投入和产出变量，通过 DEA-Malmquist 指数法测度我国农业适度规模经营情况，并从时序、区域等维度对结果进行比较，明确农业适度规模经营的农业面源污染带来的影响与新机遇。最后，以测度数据为基础，从总体和效率的双重内涵维度检验适度规模经营与农业面源污染治理之间的格兰杰因果关系，实证农业适度规模经营对农业面源污染的影响效应，揭示农业适度规模经营对农业面源污染的影响方向及其影响程度。

⑤我国金融支持政策与农业面源污染治理。将视角转至金融支持政策层面，揭示我国金融支持政策对农业面源污染治理的影响。首先，从宏观事实和微观事实相结合的角度，刻画金融政策支持农业面源污染治理的特征事实。其中，宏观事实部分主要揭示金融政策支持农业面源污染的总体概况、结构特征、时序特征和区域特征；微观事实部分主要基于微观调研数据，从化肥施用量、施肥依据、施肥方式、治理意愿等维度刻画金融政策支持面源污染治理的微观特征事实。其次，基于宏观事实和微观事实，实证金融政策支持农业面源污染治理的宏观效应和微观效应，全面评估当前金融支持政策对农业面源污染治理的影响效应，诊断其中存在的主要问题。其中，宏观效应检验部分主要基于中国农业综合开发项目数据，结合普通面板模型和空间面板模型进行开展。微观效应检验部分主要基于微观调研数据，从过程和结果维度进行。最后，数字化是金融支持渠道的重要创新，也是农业面源污染协同治理中的重要方案选择。为此，从数字化的角度，实证金融创新对农业面源污染治理的影响效应，明确新时期金融政策支持农业面源污染治理的新方向、新路径。

⑥适度规模经营和金融支持政策对面源污染协同效应。前述两部分本书已经分别揭示了适度规模经营、金融支持政策对农业面源污染的影响效应，以此为基础，本部分将继续揭示农业适度规模经营和金融支持政策对

农业面源污染的协同效应。为了全面刻画两者对农业面源污染的协同效应，本部分依然延续前述分析逻辑，从宏观层面和微观层面两个方面进行。其中，宏观层面，综合运用 PSTR 模型和动态面板门槛模型，检验农业适度规模经营和金融支持政策的协同效应，以及总量内涵维度和效率内涵维度，农业适度规模经营和金融支持政策互动的结构性矛盾和薄弱环节。微观层面，主要从过程和结果双重维度，构建交互效应模型进行。过程维度主要探讨金融支持政策与农业适度规模经营对农户化肥施用量、施肥依据、施肥方式的协同影响效应；结果维度主要探讨金融支持政策与农业适度规模经营对农业面源污染治理意愿的协同影响效应。

⑦适度规模经营视角下农业面源污染协同治理的运行机制。政府、农业适度规模经营主体（新型经营主体和农户）以及其他市场主体形成协同治理新格局，需要建立高效、协调的运行机制。本部分基于农业适度规模经营视角下主要参与主体的目标界定、行为差异与对比，从不完全信息静态博弈和不完全信息动态博弈的双重维度，分别刻画了政府主导型模式和市场主导型协同治理模式下，主要农业面源污染治理参与主体的博弈行为过程、利益关系和最优策略，揭示农业面源污染协同治理机制运行的实现条件。

⑧适度规模经营视角下农业面源污染协同治理的路径。适度规模经营视角下农业面源污染协同治理的路径。基于全篇实证研究结论，结合农业面源污染协同治理运行机制的实现条件，提出新时期农业面源污染协同治理的总体思路，明确农业面源污染治理的实施步骤和目标预期，并据此提出农业面源污染协同治理的方案选择和实践路径。尤为需要关注的是，本部分在分析方案选择和实践路径部分，结合新型农业经营主体和农户形成的不同利益连接情境，主要从集约化协同治理方案、组织化协同治理方案、产业化协同治理方案、数字化协同治理方案四个主要维度进行。其中，集约化协同治理方案通过"政府＋基层党支部＋家庭农场（专业大户）＋农户"的实践路径进行；组织化协同治理方案可以通过"政府＋农民专业合作社＋农户"的实践路径进行；产业化协同治理方案主要通过"政府＋龙头企业＋农民专业合作社（协会、供销社、农村电商等）＋家庭农场（专业大户）＋农户"的实践路径进行。数字化协同治理方案主要通过"政府＋高等院校（科研院所）＋平台公司＋家庭农场＋农户"的实践路径进行。各地区可以针对自身的禀赋条件和发展实际有的放矢，有针对性地选择。

⑨适度规模经营视角下农业面源污染协同治理的金融支持政策。根据农业适度规模经营视角下农业面源污染协同治理的方案和路径，提出新时期金融政策支持农业面源污染协同治理的基于农业生产"利益共同体""关系链"供给系统性、全面性金融政策的战略取向，明确了绿色引航创新、产业引领创新、科技赋能创新的创新，然后从金融政策工具选取与产品创新、金融产品与服务方式创新、涉农金融机构建设与管理、风险防范与保障条件等方面提出了可操作性的举措。其中，在金融政策工具选取和产品创新方面，金融政策支持农业面源污染治理应该综合运用投贷联动、保险+期货、资产证券化+PPP机制等工具，加快创新生产性合作社主导型金融产品、核心企业主导型产品、买方担保型产品，从数字化、适农化、适老化等方面实施服务方式创新。在涉农金融机构建设与管理方面，应践行ESG发展理念，加强绿色金融机构建设、创新银行类金融机构合作机制、创新数字化合作新机制、强化组织管理、建立信息沟通和共享机制、加强标准化管理等方面进行。在风险防范和保障条件方面，应从创新信用制度，关注新型农业经营主体，建立内生增信机制、强化信用增级，强化改革、拓展抵押物范畴等方面健全信用评价体系。从政府主导，创新风险补偿机制，强化农业保险制度建设、护航协同治理，完善再担保制度、健全风险共担体系等方面构建风险共担机制。从建立政企合作机制，提升产业发展能力，健全兼顾新型农业经营主体和农户的补贴体系，财政金融协同配合、形成政策合力等方面，提出了新时期完善各类保障条件。

1.4　研究思路及方法

1.4.1　研究思路

本书的研究思路为："理论分析→宏观效应→微观行为→政策设计"。一是从视角框架、分析框架和解释框架三个层面搭建理论分析框架，在理论分析农业经营体系演化与农业面源污染治理体系转变基础上，描述农业适度规模经营、金融支持政策和农业面源污染的现状及其特征事实，评估农业适度经营对农业面源污染治理的影响效应、金融支持政策对农业面源污染的影响效应、农业适度规模经营和金融支持政策对农业面源污染治理的协同效应以及异质性，诊断宏观维度，金融政策支持农业面源污染治理中存在的问题，揭示两者联合作用农业面源污染治理的效果。二是将研究视角转至微观行为维度，从过程和结果的双重维度，基于微观调研数据，实证金融支持政策和农业适度规模经营的微观协同效应，然后从不完全信息静态博弈和不完全信息动态博弈的双重维度，揭示主要农业面源污染治理主体博弈的目标函数、行为过程和选择策略，揭示农业面源污染协同治理机制运行的实现条件。三是提出适度规模经营框架下农业面源污染协同治理的总体思路、实施步骤、目标预期、方案选择和实践路径，并以此为基础，提出金融政策支持的总体战略取向和创新方向、政策工具选取与产品创新、金融产品与服务方式创新、涉农金融机构建设与管理、风险防范与保障条件等方面提出了可操作性的具体举措。本书的研究技术路线见图1-2。

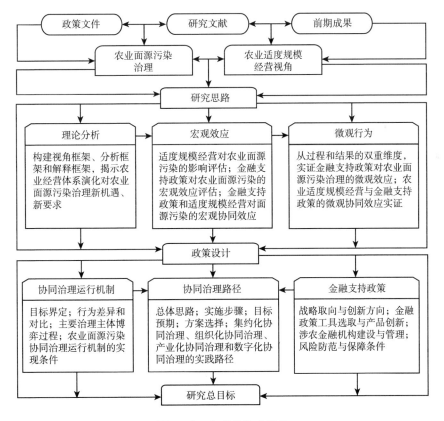

图1-2 本书的技术路线

1.4.2 研究方法

①理论分析法。在文献回顾与述评部分，主要运用了文献研究法；理论基础和理论框架部分运用的主要方法是理论分析法，涵盖农业发展阶段理论、产业结构调整理论、庇古税和科斯定理、系统科学理论和环境库兹涅茨曲线理论等。逻辑框架搭建部分，主要涉及静态层面利他主义的经济模型、动态维度的利他主义模型以及 IPAT 模型。

②微观典型调研法。在分析金融政策支持面源污染治理的微观事实部分，主要运用了典型调研方法，设计调查问卷，调查农业经营主体对农业面源认知、行为、参与等多维度具体情况。该部分数据也为进行微观计量检验提供了数据支撑。

③案例分析法。在农业面源污染协同治理的方式与实践路径部分，主要运用了案例分析法，通过对实践中涌现的典型案例进行提炼，形成集约化协同治理方案、组织化协同治理方案、产业化协同治理方案和数字化协同治理方案的一般规律和实践路径。

④计量分析法。我国农业面源污染总体概况及其治理效果评估部分，主要运用了 HP 分解法、小波相干性分析法、PSTR 模型；在我国农业适度规模发展与农业面源污染治理部分，主要运用了面板格兰杰因果关系检验法、动态面板门槛模型；在我国金融支持政策与农业面源污染治理部分主要运用了面板数据模型、空间面板模型、截面数据模型、截面门槛模型；在适度规模经营和金融支持政策对面源污染的协同效应部分，主要运用了 PSTR 模型、动态面板门槛模型、截面交互效应模型。

⑤博弈分析法。在农业适度规模经营视角下面源污染协同治理运行机制部分运用了不完全信息静态博弈、不完全信息动态博弈模型揭示主要治理主体的行为博弈过程。

1.5 研究重点与主要创新

1.5.1 研究重点和难点

①重点。我国农业面源污染总体概况及其治理效果评估；我国农业适

度规模经营发展与面源污染治理；我国金融支持政策与农业面源污染治理；适度规模经营和金融支持政策对面源污染的协同效应；农业适度规模经营视角下农业面源污染协同治理运行机制；农业适度规模经营视角下农业面源污染协同治理路径；适度规模经营视角下农业面源污染协同治理的金融政策支持。

②难点。农业适度规模经营、农业面源污染的指标量化；实证模型设计、估计方法选择与实证结果解读；基于调研数据的微观计量检验；建立演化博弈模型揭示农业面源污染协同治理运行机制的实现条件。新型农业经营主体从事农业面源污染治理的典型案例选取与治理规律提炼。

1.5.2　主要创新点

①搭建了"三位一体"分析框架。本书构建视角框架、分析框架和解释框架"三位一体"理论框架，解构农业适度规模经营、金融支持政策和农业面源污染之间的相互关系和理论机制。其中，视角框架用以揭示农业适度规模经营、金融支持政策和农业面源污染的理论关系和联合机制，奠定研究的逻辑前提；分析框架用以揭示农业适度规模经营主体引领农业污染治理的行为机制、金融政策支持的均衡条件，奠定研究的逻辑层次。解释框架用以揭示农业适度规模经营、金融支持政策对农业面源污染影响的理论作用机制，用以奠定研究的逻辑脉络。通过总体和结构的多重论证，系统、全面地反映和揭示研究问题的理论必然性，为实证研究提供理论支撑。同时，以理论框架为基础，选取的微观典型调研方法，案例分析法、HP 分解法、小波相干性分析法、PSTR 模型、格兰杰因果关系检验法、动态面板门槛模型、截面数据模型、截面门槛模型等计量方法，博弈分析方法等有一定的特色性，能够有效揭示挖掘科学问题产生的深层次原因。

②从总量和效率的双重维度，实证农业适度规模经营对农业面源污染影响效应。农业适度规模经营是总量和效率内涵的结合体，是过程和结果的有机统一。本书紧密围绕农业适度规模经营的核心内涵，从总量内涵维度和效率内涵维度相结合，运用动态门槛计量模型，全面评估农业适度规模经营对面源污染的影响效应，检验农业适度规模经营对面源污染的影响机制，能够全面诊断农业适度规模经营对农业面源污染治理的引领效应，还能够检验农业适度规模经营对面源污染影响路径中的薄弱环节、阻塞因

素，形成新时期政策调整的经验基础。

③从宏观和微观相结合的维度，实证金融支持政策对农业面源污染影响效应。基于中国农业综合开发项目数据和微观调研数据，综合运用静态面板数据模型、空间计量模型、截面数据模型，实证检验金融支持政策对农业面源污染的总体效应和结构特征，通过多维比较，研判当前金融政策支持农业面源污染的薄弱环节、结构特征，为新时期调整金融政策支持战略调整和创新方向，提升金融政策支持农业面源污染治理的匹配性、精准性。

④揭示了农业适度规模经营和金融支持政策的协同效应及实现条件。除了从多维度层面探究农业适度规模经营和金融支持政策对农业面源污染治理影响外，揭示两者的协同效应也是本书的一大创新。本书延续结构化的分析思路，从宏观和微观相结合的角度，构建 PSTR 模型和截面交互效应模型，揭示了农业适度规模经营和金融支持政策对面源污染的协同效应。并以此为基础，进一步从非完全信息静态博弈和动态博弈视角，实施主体行为与决策过程的刻画，明确农业适度规模经营视角下农业面源污染协同治理运行机制的实现条件，论证过程环环相扣、层层递进。

⑤从金融支持政策的角度，探讨农业面源污染协同治理的政策支持。从金融支持政策角度，提出新时期金融政策支持农业面源污染协同治理的战略取向和创新方向、金融政策工具选取与产品创新举措、涉农金融机构建设与管理路径、风险防范与保障条件等操作举措，利于完善农业面源污染治理的市场化政策"工具箱"和绿色金融支持体系，在政策运用上有一定的创新之处。

第2章 文献回顾与研究评价

　　农业面源污染一直是学界关注的热门选题，研究热度在近几年持续升温，具体见图 2-1。从学科分布来看，在环境科学与利用、农业基础科学、农业工程、农业经济、农艺学、行政法和地方法制、宏观经济管理与可持续发展、农作物、植物保护、财政与税收等学科中的交叉性成果比较丰富。要想在这么丰富的研究成果中找准本书研究的创新点和研究缺口，必须对现有的研究观点和相关理论脉络进行系统性梳理、多维比较和深度挖掘，以形成研究深入的突破口和主攻方向。因此，基于研究问题，本部分主要从农业面源污染治理手段研究、农业适度规模经营与农业面源污染治理的研究、金融支持政策与农业面源污染治理的研究、适度规模经营和金融支持政策等方面展开文献回顾，通过述评既有文献，找准研究缺口，在拓展研究空间的同时，提炼形成本书研究的创新点和主攻方向。

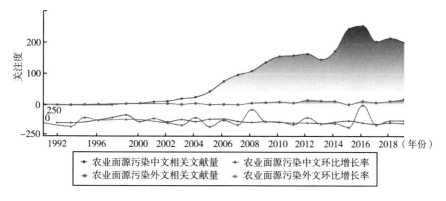

图 2-1　农业面源污染研究动态

2.1 关于农业面源污染治理手段的研究

相比较点源污染，农业面源污染的随机性、分散性和多元性等特征十分明显，生成机理也较为复杂。这样的属性特征使基于点源污染的治理手段在农业面源污染治理过程面临"失灵""失效"的困境。治理农业面源污染需要在治理手段上求新、求变。如果从研究演进脉络的角度来看，这种认知的变化最早要追溯到 20 世纪 70 年代的美国。美国率先开展农业面源污染治理手段的研究，紧随其后，其他国家也对这一领域进行了大量创造性、前瞻性研究。在视角层面，当前学界对农业面源污染治理手段的研究主要从技术手段、经济手段两个层面进行。其中，技术手段指的是控制农业面源污染的工程技术手段。一般以发展环境友好型农业生产设备、技术的途径进行①。经济手段主要是针对农业面源防治的各种制度安排、政策设计。

不过，从研究现实问题来看，我国目前农业环境的研究更偏重各类工程技术手段。这可能会忽视农业面源污染产生的经济学、社会学根源②。因此，从经济学、社会学的角度研究农业面源污染问题及其治理手段，就是新时期亟待开展的重要课题。本书主要关注农业面源污染治理的"经济手段"，这也是本书研究的立足点、出发点。从国内外学者研究成果分布来看，"经济手段"又可以进一步细分为"庇古手段"和"科斯手段"。其中，"庇古手段"侧重于政府纵向干预；"科斯手段"侧重于市场机制的横向调节③。

2.1.1 关于"庇古手段"的研究

在"庇古手段"中，税收、补贴、行政干预是运用最为广泛的治

---

① 程序，张艳. 国外农业面源污染治理经验及启示 [J]. 世界农业，2018（11）：8.

② 沈能，张斌. 农业增长能改善环境生产率吗——有条件"环境库兹涅茨曲线"的实证检验 [J]. 中国农村经济，2015（7）：14.

③ Stavins R N. Experience with Market-Based Environmental Policy Instruments [J]. SSRN Electronic Journal, 2003, 1: 355-435.

理工具和手段。政府通过对排污者征税、补贴，或者直接的行政干预，将农业面源污染产生的外部损害，"内部化"，从而缩小私人成本和社会成本的差距，实现环境资源重组和优化配置。在税收工具方面，格里芬和布罗姆利（1982）[①] 认为农业面源污染存在严重的负外部性。因此，他们主张对农药、化肥等农业生产资料征税以控制农业面源污染。在后续研究中，塞根森（1988）[②] 建立了一个包括"固定罚款 + 总体税收"的机制来对污染者征税。在这一机制下，税收政策虽然更有效率，但如果存在信息不对称，污染者存在"合谋"，获取更高利润可能性[③④⑤]。

为此，有学者提出，在信息不完全情况下，农业面源污染治理的关键在于激励农民[⑥]。为此，在补贴政策层面，瑞佰都[⑦]、格里辛格等[⑧]主张通过财政补贴措施，引导农民使用"绿色技术"和实现源头控制。实际上，补贴政策最早可以追溯到塞根森[⑨]的理论贡献。在他看来，如果农业面源污染程度低于目标水平时，就应对农户进行补贴。反之，当超过目标水平时，就需要对该地区的农民征收环境税。可以看出，补贴政策并不是独立

① Griffin R C, Bromley D W. Agricultural Runoff as a Nonpoint Externality: A Theoretical Development [J]. American Journal of Agricultural Economics, 1982, 64 (4): 547 – 552.

② Segerson K. Uncertainty and incentives for nonpoint pollution control [J]. Journal of Environmental Economics and Management, 1988, 15 (1): 87 – 98.

③ Helfand G E, House B W. Regulating Nonpoint Source Pollution under Heterogeneous Conditions [J]. American Journal of Agricultural Economics, 1995, 77 (4): 1024 – 1032.

④ Vossler C A, Poe G L, Schulze W D, et al., Communication and Incentive Mechanisms Based on Group Performance: An Experimental Study of Nonpoint Pollution Control [J]. Economic Inquiry, 2006, 44 (4): 599 – 613.

⑤ Larry Karp. Nonpoint Source Pollution Taxes and Excessive Tax Burden [J]. Environmental and Resource Economics, 2005, 31 (2): 229 – 251.

⑥ Rabotyagov S S, Valcu A M, Kling C L. Reversing Property Rights: Practice-Based Approaches for Controlling Agricultural Nonpoint-source Water Pollution When Emissions Aggregate Nonlinearly [J]. American Journal of Agricultural Economics, 2012, 96 (2): 397 – 419.

⑦ Ribaudo M O. Policy Explorations and Implications for Nonpoint Source Pollution Control: Discussion [J]. American Journalof Agricultural Economics, 2004, 86 (5): 1220 – 1221.

⑧ Griesinger D H. Where not to install a reverberation enhancement system [J]. The Journal of the Acoustical Society of America, 2017, 141 (5): 3852 – 3853. DOI: https://doi.org/10.1121/1.4988595.

⑨ Segerson K. Uncertainty and incentives for nonpoint pollution control [J]. Journal of Environmental Economics and Management, 1988, 15 (1): 87 – 98.

存在的，需要配合环境税政策以实现联合发力。

后续学者也基本上继承并沿袭了这一政策设计思路。例如，谢帕德兹[1]也认为可以事先确定农业面源污染的"社会期望"，然后根据"社会期望"与"实际测量"的偏差，选择税收政策或者补贴政策，来达到治理农业面源污染的目标。但也有学者对此提出质疑。例如，詹姆斯等[2]认为，在具体实践操作中，很难制定统一的农业生产排放标准，应具体问题、具体分析、区分农户要素投入异质性。为此，他提出应该对农业生产中使用农药、化肥等具有负外部性投入的农户，征收统一的氮税、磷税等；对施用有机肥等具有正外部性的农户则需要进行补贴。

但在实践中，如何持续监测农户生产行为并制定合理税率标准是难点。因此，税收政策工具和补贴政策的可行性受到较大挑战。在行政干预工具方面，部分学者（Parker，2000[3]；Egan，2006）[4] 主张强化司法、立法和监管程序对农业面源污染的治理。综合来看，"庇古手段"需要大量政府参与，管理成本较高[5]。

从我国学者研究来看，由于农业及其环境问题的公共性、外部性特征，在"庇古手段"中，大量研究聚焦于财税政策，希冀通过税收手段达到治理目标。由于在税收政策方面，我国缺乏一套系统的、全面的、有针对性的农业面源污染税收治理制度[6]。基于政治稳定、社会可接受性考虑，政府一般不会轻易地采用税收手段治理面源污染，这方面的研究自然不会太多[7]。因此，在财税体系中，学者普遍认为，应从"补贴政策"的层面

① Xepapadeas A. Controlling Environmental Externalities: Observability and Optimal Policy Rules [M]. Springer Netherlands, 1994.

② Lockie S, Values A H, James H S. Environmental and social risks, and the construction of "best-practice" in Australian agriculture [J]. Agricul ture and Human Values, 1998, 15 (3): 243 - 252.

③ Parker D. Controlling agricultural nonpoint water pollution: Costs of implementing the Maryland Water Quality Improvement Act of 1998 [J]. Agricultural Economics, 2000, 24 (1): 23 - 31.

④ Egan B A, Mahoney J R. Applications of a Numerical Air Pollution Transport Model to Dispersion in the Atmospheric Boundary Layer [J]. Journal of Applied Meterology, 2010, 11 (7): 1023 - 1039.

⑤ Feitelson E. An alternative role for economic instruments: Sustainable finance for environmental management [J]. Environmental Management, 1992, 16 (3): 299 - 307.

⑥ 李一花，李曼丽. 农业面源污染控制的财政政策研究 [J]. 财贸经济, 2009, (9): 89 - 94.

⑦ 周志波，张卫国. 环境税规制农业面源污染研究综述 [J]. 重庆大学学报（社会科学版），2017, 23 (4): 37 - 45.

切入，主张应建立与农业污染物减排挂钩的财政支持体系、对采取正外部
性生产活动的农户给予补贴，以激励生产商和农户提高生产与消费的绿色
水平、促进农业绿色经济增长和达到农业面源污染治理的目标①②③。在具
体补贴路径研究方面，何浩然等（2006）④、黄季焜等（2009）⑤、韩洪云、
杨增旭（2010）⑥、饶静、纪晓婷等（2011）⑦、葛继红、周曙东（2012）⑧、
金书秦、沈贵银（2013）⑨、华春林等（2013）⑩、应瑞瑶、朱勇（2016）⑪
均认为可以采取补贴激励的方法，通过技术培训作用、引导农民采用环境
友好型施肥技术来降低农业面源污染。

　　但长期以来，我国农业补贴大多以化肥、农药、农膜等购销环节的
"价格补贴"为主。虽然此类补贴在一定程度上减缓了农资市场价格波动，
也保障了农业生产稳定。但正如硬币的两面，这类"价格补贴"也在某种
程度上对农业面源污染推波助澜。例如，段玉杰等⑫研究发现，目前，我
国农业补贴政策虽然极大地调动了广大农民粮食种植积极性，但存在与农

　　① 王晓燕，王立民，韩波．在新农村建设中如何发挥农业技术推广作用［J］．农业科技通
讯，2008，（7）：2.
　　② 叶初升，惠利．农业生产污染对经济增长绩效的影响程度研究——基于环境全要素生产
率的分析［J］．中国人口·资源与环境，2016，26（4）：10.
　　③ 郑云虹，刘思雨，艾春英．基于政府补贴的农业面源污染治理机理研究——从市场结构
的视角［J］．生态经济，2019，35（9）：7.
　　④ 何浩然，张林秀，李强．农民施肥行为及农业面源污染研究［J］．农业技术经济，2006，
（6）：9.
　　⑤ 黄季焜，仇焕广．发展生物燃料乙醇对我国区域农业发展的影响分析［J］．经济学季刊，
2009，8（2）：727－742.
　　⑥ 韩洪云，杨增旭．农户农业面源污染治理政策接受意愿的实证分析——以陕西眉县为例
［J］．中国农村经济，2010（1）：45－52.
　　⑦ 饶静，许翔宇，纪晓婷．我国农业面源污染现状、发生机制和对策研究［J］．农业经济
问题，2011（8）：7.
　　⑧ 葛继红，周曙东．要素市场扭曲是否激发了农业面源污染——以化肥为例［J］．农业经
济问题，2012（3）：7.
　　⑨ 金书秦，沈贵银．中国农业面源污染的困境摆脱与绿色转型［J］．改革，2013（5）：79－
87.
　　⑩ 华春林，陆迁，姜雅莉，等．农业教育培训项目对减少农业面源污染的影响效果研究——
基于倾向评分匹配方法［J］．农业技术经济，2013（4）：10.
　　⑪ 应瑞瑶，朱勇．农业技术培训对减少农业面源污染的效果评估［J］．统计与信息论坛，
2016，31（1）：100－105.
　　⑫ 段玉杰，肖尚斌，黎国有．我国农业面源污染现状及改善对策［J］．环境保护与循环经
济，2010（3）：3.

业生态保护脱节，不利于防治农业面源污染的问题。加之，补贴方式不合理对农户从事生态和可持续农业生产行为并未起到激励作用，存在纳什均衡供给小于帕累托供给的问题，很难从农户层面找到农业面源污染治理的有效突破①②③。

在行政控制方面，从 2000 年开始，政府对于农业生产环境问题、有毒有害物质的残留问题，给予了广泛和高度关注④。我国农业环境政策从无到有、逐步渗透到政府环境管理框架，农业环境管理政策体系、环境监测体系也开始逐步完善⑤⑥⑦⑧。

综合来看，我国农业面源污染治理手段仍隶属于"庇古手段"框架，以行政控制为主，政府设定农村环境质量指标、通过环境立法强行执行⑨⑩。

2.1.2 关于"科斯手段"的研究

著名经济学家科斯在《社会成本问题》一文中指出，在产权明晰、交易成本为零的条件下，无论初始产权如何配置都可以实现帕累托最优。为此，"科斯手段"也往往被经济学家称为成本效益较高的治理手段，可以有效降低违规的边际收益⑪⑫。在操作实践中，关注"科斯手段"的学者

---

① 李一花，李曼丽. 农业面源污染控制的财政政策研究 [J]. 财贸经济，2009 (9)：89 - 94.

② 黄季焜. 四十年中国农业发展改革和未来政策选择 [J]. 农业技术经济，2018 (3)：4 - 15.

③ 周早弘，张敏新. 农业面源污染博弈分析及其控制对策研究 [J]. 科技与经济，2009，22 (1)：53 - 55.

④ 陈锡文. 环境问题与中国农村发展 [J]. 管理世界，2002 (1)：5 - 8.

⑤ 梁流涛，冯淑怡，曲福田. 农业面源污染形成机制：理论与实证 [J]. 中国人口·资源与环境，2010，20 (4)：7.

⑥ 张平淡，袁赛. 决胜全面小康视野的农民收入结构与农业面源污染治理 [J]. 改革，2017 (9)：98 - 107.

⑦ 金书秦. 农业面源污染特征及其治理 [J]. 改革，2017 (11)：53 - 56.

⑧ 李周. 用绿色理念领引山区生态经济发展 [J]. 中国农村经济，2018 (1)：11 - 22.

⑨ 陈红，马国勇. 农村面源污染治理的政府选择 [J]. 求是学刊，2007，34 (2)：7.

⑩ 韩冬梅，金书秦. 中国农业农村环境保护政策分析 [J]. 经济研究参考，2013 (43)：11 - 18.

⑪ Howe C W. Taxes versus, tradable discharge permits: A review in the light of the U. S. and European experience [J]. Environmental & Resource Economics, 1994, 4 (2): 151 - 169.

⑫ Clara Villegas-Palacio, Jessica Coria. On the interaction between imperfect compliance and technology adoption: Taxes versus tradable emissions permits [J]. Journal of Regulatory Economics, 2010, 38 (3): 274 - 291.

一般主张：通过产权界定，形成农业面源污染治理的"价格机制"。从操作工具来看，排污费、碳排放权交易等在"科斯手段"中被广泛运用。

但其能否达到政策目标，受到初始分配数量与分配方式的影响。例如，塔那卡[①]构造了涵盖寡头垄断以及完全竞争行业的多部门的排污权交易模型，研究发现，提高寡头垄断行业的初始排污权分配数量将提高其产出水平。然而，如果提高"清洁"公司的初始分配数量，将导致其产出、许可价格下降。因此，在具体运作中，不论是环境规制者还是公司，都倾向于自由分配许可证。因为这样可以构筑"进入壁垒"，进而带来租金收入[②]。但事实上，这也增加了治理成本和限制其他市场主体参与治理，治理效率低下。因此，有学者主张，要提升治理效率，应建立拍卖机制[③④]，让许可分配取决于许可的市场价格、市场需求以及"清洁技术"运用等，进而减少分配成本和提升治理效率[⑤⑥⑦]。

在国内层面，囿于市场化改革总体进程滞后、农业面源污染生成机理复杂等诸多原因，我国农业面源污染治理手段仍以"庇古手段"为主，"科斯手段"还处于起步阶段与探索阶段。因此，目前，我国学者关于"科斯手段"的研究大多隐匿于构建市场机制，引导市场力量参与农业面

---

① Tanaka M. Multi-Sector Model of Tradable Emission Permits [J]. Environmental & Resource Economics，2012，51 (1)：61 – 77.

② Stavins，Robert N. What Can We Learn from the Grand Policy Experiment? Lessons from SO₂ Allowance Trading [J]. Journal of Economic Perspectives，2001，12 (3)：69 – 88.

③ Thierry Bréchet，Pierre-André Jouvet，Gilles Rotillon. Tradable pollution permits in dynamic general equilibrium：Can optimality and acceptability be reconciled? [J]. Ecological Economics，2013，91 (6)：89 – 97.

④ Perkis D F，Cason T N，Tyner W E. An Experimental Investigation of Hard and Soft Price Ceilings in Emissions Permit Markets [J]. Environmental & Resource Economics，2016，63 (4)：703 – 718.

⑤ Hagem C，Westskog H. Allocating Tradable Permits on the Basis of Market Price to Achieve Cost Effectiveness [J]. Environmental & Resource Economics，2009，42 (2)：139 – 149.

⑥ Sanin M E，Zanaj S. A Note on Clean Technology Adoption，and its Influence on Tradeable Emission Permits Prices [J]. Environmental & Resource Economics，2011，48 (4)：561 – 567.

⑦ Carlos C，Jürges H，Ludwig S. The Regulatory Choice of Noncompliance in the Lab：Effect on Quantities，Prices，and Implications for the Design of a Cost-Effective Policy [J]. B. e. Journal of Economic Analysis & Policy，2016，16 (2)：727 – 753.

源污染治理的内涵中。例如，刘冬梅等[①]认为，农业面源污染是"外部性"问题，市场化经济激励措施有显著比较优势。李凯[②]、尹建锋等[③]认为，面源污染治理应向社会共同参与共治格局转变，尤其要改变投融资机制不健全、社会资本参与度低的问题。关于这一点，马骏等[④]进一步给出了数据佐证。他认为，在以后绿色项目投资中，政府的投资占比会降低到 10% ~ 15%，社会资本的投资占比会上升至 85% ~ 90%。换言之，单一治理手段和工具，很难达到预期治理效果，需要将经济激励、技术支持、市场主体等有机结合[⑤]。

2.2　关于农业适度规模经营与环境质量的研究

2.2.1　关于农业适度规模经营环境效应的研究[⑥]

发展现代农业以实现粮食增产和环境保护的双重目标，是 21 世纪最大挑战[⑦⑧]。为了应对这种挑战，主要有土地节约（land sparing）与土地共享（land sharing）两种主要的方式[⑨]。其中，土地节约方式主张更密集的化学投入、改良杂交作物和转基因作物，以提高每公顷产量[⑩]。但这种"生产

---

① 刘冬梅，王育才，管宏杰. 农业污染控制的经济激励手段 [J]. 农村经济，2009 (5)：4.

② 李凯. 农业面源污染与农产品质量安全源头综合治理 [D]. 浙江大学，2016.

③ 尹建锋，刘代丽，习斌. 中国农业面源污染治理市场主体培育及国际经验借鉴 [J]. 世界农业，2017，0 (8)：25 – 29.

④ 马骏，吴鸣然. 面源污染防治视角下农村土地经营方式选择的博弈分析 [J]. 水利经济，2016，34 (3)：4.

⑤ 魏欣. 中国农业面源污染管控研究 [D]. 西北农林科技大学，2014.

⑥ 该部分为：姜松等. 适度规模经营是否能抑制农业面源污染——基于动态门槛面板模型的实证 [J]. 农业技术经济，2021 (7)：33 – 48 的组成部分。

⑦ Godfray, H., J. Charles, J. R. Beddington, I. R. Cruet, L. Haddad, D. Lawrence, J. F. Muir, Pretty, S. Robinson, S. M. Thomas and C. Toulmin. Food security: The challenge of feeding 9 billion people [J]. Science, 2010, 327, (5967)：812 – 818.

⑧ Foley J A et al. Solutions for a cultivated planet [J]. Nature, 2011, 478, (7369)：337 – 342.

⑨ Phalan B, Onial M, Balmford A, et al. Reconciling Food Production and Biodiversity Conservation: Land Sharing and Land Sparing Compared [J]. Science, 333, (6047)：1289 – 1291.

⑩ Dibden J, Gibbs D, Cocklin C. Framing GM crops as a food security solution [J]. Journal of Rural Studies, 2013, 29：59 – 70.

主义心态", 往往是产量导向型, 环境问题往往被忽视。与之相对应, 土地共享方式则试图维持"生物多样性", 用自然生态过程 (如种养结合、作物覆盖、轮作) 产生的可再生农产品、农民对农产品的当地知识, 取代由利润驱动的农业产业控制的不可再生的非农投入, 在逆转生态破坏的同时, 实现粮食增产①。从实践运行和演进趋势来看, 农业适度规模经营是典型的"土地共享"理念, 种养结合、作物覆盖、轮作等自然生态过程本身就是农业产业内部适度规模经营、实现资源优化配置的重要途径。从这个意义上来说, 农业适度规模经营是"土地共享"理念的真实诠释, 能降低生态成本②。

另外, 农业适度规模经营的实质是生产要素的优化组合, 指在既定约束条件下, 适度地扩大生产经营单位的规模、合理配置生产要素, 进而实现最佳经济效益③。从这个角度出发, 学者认为农业适度规模经营对农业生态环境有正向促进作用, 在促进农业绿色发展方面有重要的引领作用。农业适度规模经营中的"规模"不仅是耕地面积, 还涉及劳动和资本的经济规模, 会通过新知识积累、新技术引进等途径, 引导小农户调整生产结构, 进而对环境产生积极影响④。对于这一点, 帕丽丝等 (2013)⑤ 给出了进一步的实证证据。他通过分析农业生态的影响因素, 也得到农业规模经营水平和农业生态环境呈现正向关系, 规模化经营有利于生态农业发展的研究结论。因此, 农业适度规模经营有利于农业面源污染控制, 促进了传统低效农业向现代高效农业转变。

但也有一部分学者研究发现, 农业适度规模经营在一定条件下也

---

① Altieri M A. Agroecology: The science of natural resource management for poor farmers in marginal environments [J]. Agriculture, Ecosystems & Environment, 2002, 93, (3): 1 – 24.

② 江小国, 洪功翔. 农业供给侧改革: 背景、路径与国际经验 [J]. 现代经济探讨, 2016 (10): 35 – 39.

③ 许庆, 尹荣梁, 章辉. 规模经济、规模报酬与农业适度规模经营——基于我国粮食生产的实证研究 [J]. 经济研究, 2011, 46 (3): 59 – 71, 94.

④ Zaehringer J G, Wambugu G, Kiteme B, et al. How do large-scale agricultural investments affect land use and the environment on the western slopes of Mount Kenya? Empirical evidence based on small-scale farmers' perceptions and remote sensing [J]. Journal of Environmental Management, 2018, 213 (MAY1): 79 – 89.

⑤ F Place, Barrett C B, Freeman H A, et al. Prospects for integrated soil fertility management using organic and inorganic inputs: Evidence from smallholder African agricultural systems [J]. Food Policy, 2003, 28 (4): 365 – 378.

会对农业环境产生不良影响。在研究中，学者主要从农地流转这一具体形态出发，揭示农业适度规模经营影响。李嵩誉[①]认为，实践中由于土地流转方式不当，以及机制不完善等原因，土地流转对农村生态环境产生了一系列不良影响。农业适度规模经营的环境效应并未有效发挥[②]。

在微观经营主体层面，适度规模经营主体在短期经营利益的诱使下，会过分追求高产量以及种植结构的"高附加值化"，会导致农药、化肥等购买力度大幅增加，加剧农业生态系统潜在的生态环境风险、造成生态环境下降[③]。此外，梁流涛等[④]也提出了类似的观点。不过总体来看，学者评价也较为客观，认为农业适度规模经营是我国实现农业工业化、现代化、国际化的客观要求和必然趋势，也是农户自主选择的结果，不能因规模经营带来的不利影响，而一味地宣传"规模经营危害论"[⑤]。

2.2.2 关于农业适度规模经营环境效应约束条件的研究

除了对农业适度规模经营的环境效应进行评估和研究外，还有一些学者从影响因素的角度出发，揭示农业适度规模经营环境效应的约束条件。梳理研究成果发现，大多数学者在反思土地流转这一适度规模经营途径的基础上，认为当前的土地流转制度是造成当前农业环境问题的重要因素。龙云和任力[⑥]、田红宇和祝志勇[⑦]、李嵩誉[⑧]等学者研究发现，实践中由于土地流转方式不当以及机制不完善，农户追求短期利益，造成耕地生态环境承载能力下降。因此，学者建议应该完善土地流转制度，激发农业经营

---

①⑧ 李嵩誉. 绿色原则在农村土地流转中的贯彻 [J]. 中州学刊, 2019, (11): 90–94.

② 邓晴晴, 李二玲, 任世鑫. 农业集聚对农业面源污染的影响——基于中国地级市面板数据门槛效应分析 [J]. 地理研究, 2020, 39 (4): 970–989.

③ 龙云, 任力. 中国农地流转制度变迁对耕地生态环境的影响研究 [J]. 福建论坛 (人文社会科学版), 2016 (5): 39–45.

④ 梁流涛, 曲福田, 冯淑怡. 经济发展与农业面源污染: 分解模型与实证研究 [J]. 长江流域资源与环境, 2013, 22 (10): 6.

⑤ 姚增福, 唐华俊, 刘欣, 等. 规模经营行为, 外部性和农业环境效率——基于西部两省770 户微观数据的实证检验 [J]. 财经科学, 2017 (12): 15.

⑥ 龙云, 任力. 中国农地流转制度变迁对耕地生态环境的影响研究 [J]. 福建论坛 (人文社会科学版), 2016 (5): 39–45.

⑦ 田红宇, 祝志勇. 农村劳动力转移、经营规模与粮食生产环境技术效率 [J]. 华南农业大学学报: 社会科学版, 2018, 17 (5): 13.

主体土地中长期投资动力。尤其是，要推动耕地向适度规模经营主体流转，以提升耕地生态环境质量①②③。

除土地流转制度因素以外，学者还认为户籍制度、金融支持政策、财政支农力度等制度性因素，也会对农业适度规模经营环境效应的实现产生一定影响。其中，在户籍制度方面，田凤香等④认为，现行户籍制度阻碍了剩余劳动力有效转移和流动，使单位土地面积的化肥施用量不断增加，进而加剧了农业面源污染程度⑤。在金融支持政策方面，学者对金融政策支持是实现土地适度规模经营的经济基础这一结论已达成共识⑥。不过，当前我国金融政策支持力度还需要强化，农业适度规模经营需要长期信贷供给⑦。也正因为如此，需要进一步推动金融服务创新，实现农业价值链与农业适度规模经营实现协同演化⑧，以更好地促进农业适度规模经营环境效应发挥。在财政支农力度方面，丛建华⑨认为，政府应运用财政政策支持高效肥和低残留农药使用，构建循环农业发展模式。

当然，除了制度因素外，学者还进一步拓展了其他因素，并认为农业技术进步、兼业分化、土地生产率、人均收入水平、农业增长水平以及人力资本等都会对农业适度规模经营环境效应的实现产生直接或者间

---

① 夏玉莲，曾福生. 中国农地流转制度对农业可持续发展的影响效应 [J]. 技术经济，2015，34（10）：7.

② 袁承程，刘黎明，任由平，等. 农地流转对洞庭湖区水稻产量与氮素污染的影响 [J]. 农业工程学报，2016，32（17）：9.

③ 龙云，任力. 中国农地流转制度变迁对耕地生态环境的影响研究 [J]. 福建论坛（人文社会科学版），2016（5）：39-45.

④ 田凤香，许月明，胡建. 土地适度规模经营的制度性影响因素分析 [J]. 贵州农业科学，2013（3）：4.

⑤ 栾江，李婷婷，马凯. 劳动力转移对中国农业化肥面源污染的影响研究 [J]. 世界农业，2016（2）：7.

⑥ 田凤香. 河北省山区土地适度规模经营发展模式及方向研究 [D]. 河北农业大学，2013.

⑦ 王震江. 农业共营制及农村产权抵押融资的调研 [J]. 农业发展与金融，2017（1）：3.

⑧ 姜松，曹峥林，刘晗. 农业适度规模经营与金融服务创新：特征现象与演化机制 [J]. 世界农业，2017（7）：7.

⑨ 丛建华. 充分发挥财政农业综合开发动能 全力推进农业供给侧结构性改革 [J]. 中国财政，2017（15）：2.

接影响①②③④⑤⑥。这些因素为本研究搭建理论分析框架、实证检验框架提供了坚实的前期基础。

2.3 关于金融支持政策与环境质量的研究

2.3.1 关于金融支持政策与环境效应的研究

关于金融支持政策环境效应的研究，要追溯美国经济学家格罗斯曼和克鲁格⑦对经济增长和环境关系的探讨。在两位学者看来，环境质量和收入水平之间存在倒"U"形关系。然而，还有一部分学者认为，没有证据显示环境质量恶化，与经济增长有必然联系⑧。也就是说，环境质量和经济增长的"U"形关系，还会受到其他变量的作用和影响。既有诸多研究，将这一关键变量指向了金融支持政策。

在农村金融发展初期，金融支持政策对农业经济增长和农民收入有重要促进作用。提高资金利用效率，能够增加物质产出，实现经济快速增长⑨。但与此同时，随着物质产出的快速增加，又不可避免地消耗更好自然资源，产生更多的污染物排放，反过来，又会给环境带来

---

① 王建英，陈志钢，黄祖辉，等. 转型时期土地生产率与农户经营规模关系再考察 [J]. 管理世界，2015（9）：17.

② 唐轲，王建英，陈志钢. 农户耕地经营规模对粮食单产和生产成本的影响——基于跨时期和地区的实证研究 [J]. 管理世界，2017（5）：13.

③ 周晓时，李谷成，刘成. 人力资本、耕地规模与农业生产效率 [J]. 华中农业大学学报：社会科学版，2018（2）：10.

④ 安林丽，王素霞，金春. 农业规模养殖与面源污染：基于 EKC 的检验 [J]. 生态经济，2018，34（1）：4.

⑤ 揭昌亮，王金龙，庞一楠. 中国农业增长与化肥面源污染：环境库兹涅茨曲线存在吗？[J]. 农村经济，2018（11）：110 - 117.

⑥ 刘倩. 农业适度规模经营的必然性及实现路径 [J]. 农业经济，2020（2）：2.

⑦ Grossman G M, Krueger A B. Environmental Impacts of a North American Free Trade Agreement [J]. Papers, 1991.

⑧ Brian, R, Copeland et al. Trade, Growth, and the Environment [J]. Journal of Economic Literature, 2004, 42（1）：7 - 71.

⑨ 刘金全，解瑶妹. "新常态"时期货币政策时变反应特征与调控模式选择 [J]. 金融研究，2016（9）：1 - 17.

更大压力①②。还需要关注的是，在农业微观经营主体层面，农户生产决策也存在明显"短视性"特征，为提高产出和收入水平，农户会投入大量化学资料，并忽略面源污染治理③。这种"短视性"生产行为，对土壤、水等农业生态资源会造成长期性污染损害。但农户在获得较高经济利益的同时，并没有进行任何生态补偿和环境修复④。

一言以蔽之，金融支持政策会从宏观和微观两个维度，对农业面源污染的形成机制产生作用。为什么会这样的呢？学者进一步对其中的原因进行探讨，并普遍认为金融支持政策的环境"加剧效应"，主要与金融资源分配体制存在较大关联。在"二元结构"经济社会下，金融资源分配也存在明显的"二元性"特征，农业经营主体长期沦为被排斥于金融体系之外，治理农业面源污染的金融服务需求长期无法得到满足。金融资源配置的不平衡性、不均衡性，直接加剧了环境污染程度⑤。

但也有学者对金融支持政策存在的"增长—环境"悖论表达了不同声音。他们从"金融功能"视角出发，认为当金融发展水平进入产业化、现代化发展阶段后，环境质量会迎来"拐点"。金融融资功能、风险管理和市场发现等功能能够为环保项目提供较低融资成本资金，激励企业采用低碳技术、清洁生产工艺，以实现经济的绿色发展⑥。另外，金融支持政策还可以通过技术创新路径降低单位产品的污染排放，提高能源利用效率，同时推动高污染产品的替代品产生⑦。

可见，金融政策有助于改善环境问题，减少污染排放和面源污染负外

---

① Dasgupta, Susmita, Laplante, et al. Confronting the Environmental Kuznets Curve [J]. Journal of Economic Perspectives, 2002.

② Dinda S. Environmental Kuznets Curve Hypothesis: A Survey [J]. Ecological Economics, 2004, 49 (4): 431 - 455.

③ 杜江，罗珺. 我国农业环境污染的现状和成因及治理对策 [J]. 农业现代化研究, 2013, 34 (1): 5.

④ 李一花，李曼丽. 农业面源污染控制的财政政策研究 [J]. 财贸经济, 2009 (9): 89 - 94.

⑤ 文书洋，刘锡良. 金融错配、环境污染与可持续增长 [J]. 经济与管理研究, 2019, 40 (3): 18.

⑥ Jamel L, Derbali A, Charfeddine L. Do energy consumption and economic growth lead to environmental degradation? Evidence from Asian economies [J]. Cogent Economics & Finance, 2016 (4): 1 - 19.

⑦ 贺俊，程锐，刘庭. 金融发展、技术创新与环境污染 [J]. 东北大学学报（社会科学版）, 2019, 21 (2): 139 - 148.

部性①②。可以看出，随着金融发展水平提升，完善的金融体系能够与环境经济政策形成有效互补，促进经济的绿色发展和提升环境质量③④。综合来看，农业经济增长和面源污染的影响机制在很大程度上与金融发展水平以及支持政策密切相关。

2.3.2 关于金融政策支持环境治理的路径研究

除了对金融支持政策的环境效应进行评估外，学者还对金融政策支持环境治理的路径进行研究。梳理既有研究成果可以发现，学者主要从绿色金融角度出发，探究金融政策支持环境治理的路径。考万等⑤以绿色信贷为研究对象，认为绿色信贷可以通过金融市场作用于实体经济，从而促进环境质量的提高。李心印⑥认为通过绿色金融工具创新，有效支持农业生态环境治理不仅是必要的也是必须的。

还有学者认为，绿色金融是涵盖绿色信贷、绿色债券、绿色保险、绿色股权投资基金、绿色担保机制等一系列金融工具的金融服务体系⑦。环境治理也需要各类绿色金融工具联合发力。这其中，值得一提的是，除了绿色信贷外，绿色债券的作用也越来越大。2016 年以来，中国绿色债券的发行量约占全球同期发行量的一半⑧。在农业面源污染治理方面，学者开始关注金融手段作用。例如，徐萍等⑨认为应对收益较好、市场化运作

① Jalil A, Feridun M. The impact of growth, energy and financial development on the environment in China: A cointegration analysis [J]. Energy Economics, 2011, 33 (2): 284 – 291.

② Tamazian A, Rao B B. Do Economic, Financial and Institutional Developments Matter for Environmental Degradation? Evidence from Transitional Economies [J]. EERI Research Paper Series, 2009.

③ 杨友才. 制度变迁、技术进步与经济增长的模型与实证分析 [J]. 制度经济学研究, 2014 (4): 17.

④ 王遥, 潘冬阳, 张笑. 绿色金融对中国经济发展的贡献研究 [J]. 经济社会体制比较, 2016 (6): 10.

⑤ Corwin, D. L., Loague, K., Ellsworth, T. R. GIS-based Modeling of Nonpoint Source Pollutants in the Vadose Zone [J]. Soil Water Conserv. 1998, 53, 34 – 38.

⑥ 李心印. 刍议绿色金融工具创新的必要性和方式 [J]. 辽宁省社会主义学院学报, 2006 (4): 2.

⑦ 程百川. 探寻农业绿色金融发展之路 [J]. 金融市场研究, 2018 (4): 7.

⑧ 马骏, 吴鸣然. 面源污染防治视角下农村土地经营方式选择的博弈分析 [J]. 水利经济, 2016, 34 (3): 4.

⑨ 徐萍, 卫新, 王美青, 等. 探索特色农业小镇建设新路径 [J]. 浙江经济, 2016, 000 (5): 50 – 51.

的农业面源污染防治项目开展股权、债权融资，PPP 模式创新等，调动各类农业经营主体、服务组织以及各类社会资本从事面源污染治理的积极性、主动性。

2.4　关于适度规模经营与金融支持政策的研究

金融服务是农业社会化服务体系重要组成部分①，农业适度规模经营是农村金融服务无法回避的问题②。然而，农村金融服务落后却是现行农业社会化服务体系中一个突出"瓶颈"③，农户和农业融资难困境已是无可争议事实④⑤。为此，我国实践推广以新型金融机构为实施对象的金融体系改革，试图化解农业生产性融资困局⑥，虽然在一定程度上缓解了农业生产经营主体金融服务供需矛盾⑦，但囿于新型金融机构相对于农户需求发育缓慢，改革并未收到预期目标效果⑧⑨。

洞悉与纵览现有金融改革立足逻辑，其依据是农户参与正规信贷市场程度偏低和正规金融"小农排斥"的客观约束⑩。虽然现实中小农与农业金融服务需求相互交织，但问题关键点并不同⑪：小农户有效金融服

---

① 甘能平．支持发展农业社会化服务体系初探 [J]．农村金融研究，1991 (6)：5.

② 高圣平．农地金融创新的难点与对策 [J]．中国不动产法研究，2014 (1)：12.

③ 高强，孔祥智．我国农业社会化服务体系演进轨迹与政策匹配：1978～2013 年 [J]．改革，2013，230 (4)：5－18.

④⑥ 洪正．新型农村金融机构改革可行吗——基于监督效率视角的分析 [J]．经济研究，2011 (2)：15.

⑤ 何广文．构建农村本土金融服务体系破解融资难 [J]．农村工作通讯，2012 (10)：1.

⑦ 马晓青，刘莉亚，胡乃红，等．信贷需求与融资渠道偏好影响因素的实证分析 [J]．中国农村经济，2012 (5)：13.

⑧ 张红宇，徐充．我国农村经济发展中的金融支持障碍分析 [J]．理论探讨，2010 (4)：4.

⑨ 王修华，谭开通．农户信贷排斥形成的内在机理及其经验检验——基于中国微观调查数据 [J]．中国软科学，2012 (6)：12.

⑩ 黄祖辉，刘西川，程恩江．贫困地区农户正规信贷市场低参与程度的经验解释 [J]．经济研究，2009 (4)：13.

⑪ 刘西川，程恩江．中国农业产业链融资模式——典型案例与理论含义 [J]．财贸经济，2013 (8)：11.

务需求不足根源于抵押物缺失、信息不对称所生成的"金融排斥"①②③④。而农业融资难则是传统农业风险大和收益低的特质性风险，致使以盈利驱动的正规金融机构，并不愿意向农业提供金融服务⑤⑥⑦，或通过信贷配给实施人为管控和压抑⑧⑨，无法触碰到农业融资有关风险和交易成本问题⑩⑪。

事实上，随着适度规模经营发展，农业价值链的各环节参与者都需要金融服务。现有金融服务供给逻辑显然无法改变金融中介组织，没有积极性，进入农村金融市场这一基本逻辑⑫。新时期随着农业价值链扩展，金融服务也应该实现动态跟进与调整⑬⑭，从维持小农户的"存贷汇"等基本金融服务走向更为现代的"产业金融"模式，或者说，向基于农业价值链环节和价值链上不同参与主体提供价值链金融服务的模式方向

① Carter M R. Equilibrium credit rationing of small farm agriculture [J]. Journal of Development Economics, 1988, 28 (1): 83 – 103.

② Bradshaw T K. The contribution of small business loan guarantees to economic development [J]. Economic Development Quarterly, 2002, 16 (4): 360 – 369.

③ 许圣道, 田霖. 我国农村地区金融排斥研究 [J]. 金融研究, 2008, (7): 195 – 206.

④ Kersting S, Wollni M. New institutional arrangements and standard adoption: Evidence from small-scale fruit and vegetable farmers in Thailand [J]. Food policy, 2012, 37 (4): 452 – 462.

⑤ Berger A N, Udell G. Lines of Credit and Relationship Lending in Small Firm Finance [J]. Macroeconomics, 1999.

⑥ 周立. 农村金融市场四大问题及其演化逻辑 [J]. 财贸经济, 2007 (2): 8.

⑦ Enjolras G, Kast R. Combining participating insurance and financial policies: A new risk management instrument against natural disasters in agriculture [J]. Agricultural Finance Review, 2012, 72 (1): 156 – 178.

⑧ 隋艳颖, 马晓河. 西部农牧户受金融排斥的影响因素分析——基于内蒙古自治区7个旗 (县) 338户农牧户的调查数据 [J]. 中国农村观察, 2011 (3): 11.

⑨ 朱喜, 史清华, 盖庆恩. 要素配置扭曲与农业全要素生产率 [J]. 经济研究, 2011 (5): 13.

⑩ 马延安, 苗淼. 发展现代农业进程中的金融问题研究 [J]. 当代经济研究, 2013 (12): 4.

⑪ 刘西川, 程恩江. 中国农业产业链融资模式——典型案例与理论含义 [J]. 财贸经济, 2013 (8): 11.

⑫ 洪正. 新型农村金融机构改革可行吗？——基于监督效率视角的分析 [J]. 经济研究, 2011 (2): 15.

⑬ 罗从清. 农村金融需求结构演变与新时期金融资源配置取向 [J]. 经济体制改革, 2010 (5): 4.

⑭ 何广文, 潘婷. 国外农业价值链及其融资模式的启示 [J]. 农村金融研究, 2014 (5): 5.

转变①②③，进而专门围绕农业价值链金融开展产品和服务创新④⑤，这也是发达国家和地区金融服务演化的基本规律⑥⑦⑧。

价值链金融服务模式以"价值链"为载体，有效解决了传统金融服务供给中面临的"触达"问题⑨⑩，是解决小农户、企业、加工者由于资金缺乏而使经营活动陷入困境的一种有效方法。同时，其强化了新型农业生产经营主体与金融服务供给主体的有机联系并形成了长期稳定交易关系⑪⑫，已成为一些地区金融机构，在中央政府政策方针指导下，探索金融支持农业发展新途径⑬，引领金融服务创新的新思路。

2.5　研究文献评价

总体来说，当前学者的研究主题主要集中于农业面源污染治理手段、

---

①　陆磊. 改革还是创新——农村金融改革十年的反思与展望 [J]. 中国农村金融，2013，000（18）：17–19.

②　中国人民银行. 中国人民银行关于做好家庭农场等新型农业经营主体金融服务的指导意见 [J]. 云南农业，2014（8）：2.

③　何广文，潘婷，王力恒，等. 农村信用社小微企业信贷服务特征及其局限性分析 [J]. 农村金融研究，2014（10）：6.

④　Trienekens J, Wognum N. Requirements of supply chain management in differentiating European pork chains [J]. Meat science, 2013, 95（3）：719–726.

⑤　张惠茹. 价值链金融：农村金融发展新思路 [J]. 北京工业大学学报：社会科学版，2013，13（6）：6.

⑥　Carter M, Waters E. Rethinking Rural Finance：A Synthesis of The Paving The Way Forward For Rural Finance Conference. 2004.

⑦　Miller C, Da Silva C. Value chain financing in agriculture [J]. Enterprise Development & Microfinance, 2007, 18（2）：95–108.

⑧　Miller C, Jones L. Agricultural value chain finance：Tools and lessons [J]. Agricultural Value Chain Finance Tools & Lessons, 2010.

⑨⑫　张庆亮. 农业价值链融资：解决农业融资难的新探索 [J]. 财贸研究，2014，25（5）：7.

⑩　洪银兴，郑江淮. 反哺农业的产业组织与市场组织——基于农产品价值链的分析 [J]. 管理世界，2009（5）：13.

⑪　KIT and IIRR. Value Chain Finance：Beyond Microfinance tor Rural Entrepreneurs [J]. Phaseolus Vulgaris，2010.

⑬　刘西川，程恩江. 中国农业产业链融资模式——典型案例与理论含义 [J]. 财贸经济，2013（8）：11.

农业适度规模经营和环境质量的关系研究、金融支持政策与环境质量的研究、农业适度规模经营与金融支持政策的研究四大方面。比较发现，既有研究成果还是比较丰富的，为开展适度规模经营视角下农业面源污染治理路径和金融支持政策研究提供了逻辑起点，奠定了理论基础，有利于本研究在新视角、新范式下发现新矛盾、新问题，得到新结论、新启示。但有以下几个方面问题需要进行深入研究。

（1）立足打赢"污染防治攻坚战"大背景，聚焦农业面源污染研究。

当前学者在考察农业适度规模经营、金融支持政策的环境效应时，往往是从总体环境质量的角度进行，鲜有考察农业适度规模经营、金融支持政策对农业面源污染影响的研究成果。从我国污染类型以及污染源构成来看，农业是面源污染的"重灾区"，农业生产中所使用的化肥、农药、农膜、柴油等生产要素是造成面源污染的主要源头。因此，随着工业生产引致的"点源污染"得到有效抑制，面源污染治理成为我国中央决策高层关注和政策聚焦的焦点。但相比"点源污染"，农业面源污染的生成机理较为复杂，"点源污染"的治理措施和政策手段在农业面源污染治理过程中存在显著的制度背离性。在绿色发展理念和打赢面源污染防治攻坚战的战略决策指引下，如何将战略思路、政策重点以及治理机制转至面源污染，就是新时期需要重点关注和研究的课题。在这样的条件下，从结构维度入手关注农业面源污染的研究成果亟待补充。研究成果可以为打赢污染防治攻坚战、实现乡村振兴，提供直接的理论支撑和决策参考。

（2）将适度规模经营农业面源污染相联系，探究两者的作用机制。

发展多种适度规模经营，发挥其在产业发展、市场开拓和绿色发展中的引领作用，是新时期我国建立健全农业经营体系、加速推进农业现代化和实施乡村振兴战略的重中之重。但从学者既有研究脉络来看，研究成果大多从土地流转角度衡量农业适度规模经营，该指标只是农业适度规模经营内涵中的一个组成部分，无法全面、客观地诠释农业适度规模经营"要素配置"本质内涵。同时，农业适度规模经营中的"适度性"实际上反映的是适度规模经营的"动态性"内涵。因此，农业适度规模经营的环境效应也存在动态性、阶段性，基于静态方法得到的研究结论，在科学性、可信度方面可能存在不足。用动态方法分析农业适度规模经营的环境效应研究亟待开展。最后，与其他产业不同，农业领域的污染类型大多是"面源污染"。将适度规模经营和农业面源污染相联系，探究适度规模经营对农业面源污染影响机制的研究还十分鲜见，亟待补充。

（3）评估适度规模经营与金融支持政策协同效应及其实现条件。

农业适度规模经营作为一种要素配置和制度变革的新模式，其绿色引领作用的发挥需要各类基础性、前置性条件予以保障。在所有保障条件中，金融服务首当其冲、至关重要。农业适度规模经营"绿色引领"作用能否正常发挥与金融发展水平密切相关。因此，在农业适度规模经营视角下，探究农业面源污染协同治理路径与金融支持政策的关键步骤，就是要评估现阶段适度规模经营和金融支持政策联合作用、协同效应。通过对交互效用和联合作用机制的评估，及时发现当前两者相互作用过程中的薄弱环节、掣肘领域，为新时期调整金融政策支持方向、创新金融政策支持机制、探索农业面源污染治理协同路径提供理论辅助和经验实证。这些重要内容，都是现行研究没有涉足的领域。因此，评估适度规模经营与金融支持政策协同效应及其实现条件的研究亟待开展。

（4）对农业面源污染治理金融支持政策的研究。

农业面源污染有效治理是政府机制、市场机制和社会机制协同作用的结果。调动市场主体，尤其是适度规模经营主体参与治理，进而形成"协同治理"格局，是走出现行治理困境和提升治理效率的关键。这也是进入新时代我国治污模式创新和机制变革的重要出发点。然而，从现实来看，现行的农业面源污染治理仍是政府主导下的传统治理模式，资金投入也主要以财政政策为主，投融资渠道单一、市场主体缺位的问题愈发明显，培育市场主体从事农业面源污染治理时不我待。可以看出，无论是在治理主体培育还是在投融资模式方面，我国农业面源污染治理市场化改革的方向十分明确。然而，在实践运行中，我国现行农业面源污染治理手段仍以政府控制型的行政手段为主，囿于多重原因，环境税、财政补贴等财政政策手段，实施条件并未成熟，市场主导型的金融手段、金融政策亟待补位。如何创新绿色金融体系以提升农业面源污染治理效率，就是新时期政策体系构建的关键。从金融支持政策视角，探究农业面源污染治理新路径的研究亟待开展。

（5）多维度、多层次的定量研究亟待开展。

自从决策高层提出要发挥农业适度规模经营在绿色发展中的引领作用

后，学者从研究层面进行了有效回应，理论内涵上基本达成共识。但既有成果基本上停滞于绿色发展维度，鲜有上升到农业面源污染治理层面。偶有相关研究，也大多从政策解读层面出发，以定性研究为主、实证研究还是十分稀缺，致使研究结论存在较大的主观性、随意性。置身这一新领域、新战场，运用现代计量经济学方法或者数理方法是必不可少、十分必要的。以此为基础，所制定的相应政策、制度安排、战略谋划才具有理论根基和操作土壤，才具有现实指导意义和借鉴价值。立足这一研究"缺口"，多维度、多层级的定量研究是本书的一大特色。这些定量方法主要体现在：我国农业面源污染总体概况及其治理效果评估部分主要运用了HP分解法、小波相干性分析法、PSTR模型；在我国农业适度规模发展与农业面源污染治理部分主要运用了面板格兰杰因果关系检验法、动态面板门槛模型；在我国金融支持政策与农业面源污染治理部分主要运用了面板数据模型、空间面板模型、截面数据模型、截面门槛模型；在适度规模经营和金融支持政策对面源污染的协同效应部分主要运用了PSTR模型、动态面板门槛模型、截面交互效应模型；在农业适度规模经营视角下面源污染协同治理运行机制部分运用了不完全信息静态博弈、不完全信息动态博弈模型等。这些前沿计量模型在一定程度上可以提升研究质量，发现新矛盾、新问题。

第3章 理论基础与逻辑框架

本部分在界定适度规模经营、农业面源污染、协同治理等概念的基础上，借鉴农业发展阶段理论、产业结构调整理论、庇古税和科斯定理、系统科学理论、环境库兹涅茨曲线理论等理论思想，从视角框架、分析框架和解释框架"三位一体"角度，搭建本书的研究理论框架，为后续的特征事实描述、关系解构、效应实证、机制检验等奠定坚实的理论基础。

3.1 概念体系

3.1.1 适度规模经营

（1）概念界定。

从历史发展轨迹来看，农业适度规模经营也是伴随着我国经济体制改革的发展历程而不断发展的。事实上，早在1990年，邓小平就预见性、前瞻性地提出了农业适度规模经营的观点。农业适度规模经营构成了"第二个飞跃"的重要内容。基于这一顶层设计，学者研究农业适度规模的热情也空前高涨，并从不同的视角对农业适度规模经营进行概念解读。归纳起来，形成了以下几种论点。

①要素配置论。王军旗[1]认为，农业适度规模经营应界定为：在一定技术条件下，农业生产者经营规模与经济效益的比例或关系。其本质是：通过生产要素优化组合，降低生产成本和提高土地产出率和劳动生产率，

---

① 王军旗. 平均利润规律与农业适度规模经营［J］. 当代经济科学，1990（3）：5.

使农民收入达到其他行业同等劳动者的收入水平，从而取得最佳的经济效益、生态效益。蒋和平等[①]认为，农业适度规模经营是以提升农业生产效率和经济效益为目标，在既定的社会、经济和技术条件下，强调农业生产要素的优化配置和产业环节的衔接的同时，适当扩大生产规模，从而取得最佳综合效益生产经营和组织形式。许庆等[②]认为，适度规模经营指在既定条件下适度扩大生产经营单位的规模，使土地、资本、劳动力等生产要素配置趋向合理，以达到最佳经营效益。谢学东[③]则认为，农业适度规模经营的实质是：生产要素的优化组合通过农业生产要素合理配置，形成农业生产物化劳动和活劳动的节约，以获得农业最佳经济效益。因此，农业适度规模经营既包括土地规模经营，还包括技术规模经营、群体规模经营、管理规模经营、流通规模经营等。

②制度创新论。戴思锐[④]认为，农业适度规模经营是农业制度建设的继续，实现适度规模经营就是要加快土地流转、生产组织结构制度的建设。张红宇[⑤]认为，农业适度规模经营的前提是农户土地使用权的流转，其实质是通过土地制度的变革和创新，促进生产要素的合理流动与组合，扩大土地规模达到提高规模经济效益。此外，曾福生[⑥]、陈俊梁[⑦]、许经勇[⑧]也提出了与上述两类学者类似的概念内涵，此处就不再赘述。

③比较利益论。黄祖辉[⑨]认为，农业适度规模经营的本质是：农业产业提升市场竞争力、促进农民持续增收，是农业经营者的比较利益，这种比较利益是从事一定经营的重要源泉。

总体来看，目前学术界关于农业适度规模经营的概念认知比较多元，

① 蒋和平，蒋辉. 农业适度规模经营的实现路径研究 [J]. 农业经济与管理，2014 (1)：7.

② 许庆，尹荣梁，章辉. 规模经济、规模报酬与农业适度规模经营——基于我国粮食生产的实证研究 [J]. 经济研究，2011，46，(3)：59 - 71，94.

③ 谢学东. 服务规模经营：农业规模经济的有效实现形式 [J]. 江苏农村经济，2008 (1)：3.

④ 戴思锐. 制度创新与农业适度规模经营 [J]. 农业技术经济，1995 (6)：5.

⑤ 张红宇. 粮食增长与农业规模经营 [J]. 改革，1996 (3)：7.

⑥ 曾福生. 农业发展与农业适度规模经营 [J]. 农业技术经济，1995，06：42 - 46.

⑦ 陈俊梁. 谈我国农业适度规模经营的实施条件 [J]. 经济问题，2005 (4)：3.

⑧ 许经勇. 市场经济条件下的农业保护政策及其理论依据 [J]. 学术月刊，1996 (10)：7.

⑨ 陈俊梁. 农业适度规模经营的再思考 [J]. 山西高等学校社会科学学报，2005 (5)：22 - 24.

并没有形成一致的结论。综合上述几种主要观点，本书认为，农业适度规模经营包含过程和结果两个层面的内涵。具体来说，农业适度规模经营是指在界定的技术和制度约束下，通过对农业生产要素的优化重组、合理配比，在农业产业链的产前、产中和产后各环节所达到的一种合理化、均衡化状态，进而达到生产要素的节约、劳动生产率的提高、综合效益以及产业竞争力的提升。因此，在这一概念框架下，实现农业适度规模经营的途径就不仅仅是产中环节的通过土地流转所实现的土地规模经济，还包括产前、产中乃至产后的社会化服务所引领的服务规模经济，甚至还包括农业生产经营主体间的横向联合，或者纵向联合所形成的经营者规模经济，可以说，在这一概念框架下，农业适度规模经营的含义更为宽广、更为深刻，有利于深化对农业适度规模经营的认识和纠正实践层面的政策认知以及指导偏差。

（2）概念比较。

农业适度规模经营与规模经济之间存在紧密的联系，农业适度规模经营的主要目的就是实现农业规模经济和分享规模经济效益。若对其进行概括的话，农业适度规模经营是手段和过程，而规模经济和规模效益体现的是状态和目的。为了进一步对这组概念进行比较，本书首先对规模经济和规模效益的概念进行厘清。

一般而言，经济学中所讲的规模经济指的是产量增加对长期生产成本的影响，或者说，生产成本随着产量的增加而出现递减的趋势。产生这种现象的原因是多方面的，但主要原因是劳动分工和专业化所形成的，进而通过生产规模的扩大提高总体生产效率和形成长期生产成本下降的趋势。可以看出，规模经济立足的是生产成本视角，并不涉及价格因素。而规模效益指的则是生产要素等比例增加时，产出增加的幅度大于要素变动幅度，体现的则是投入和产出关系的变动。同时，相比较规模经济，规模效益除了反映生产成本因素影响外，还受到价格因素的影响。因而，规模效益的存在对于提高生产者热情和积极性具有重要的导向作用。

农业适度规模经营主要以土地和劳动要素的集中、现代科技应用为依托，体现的是农业投入要素的变化，如实践中的土地适度规模经营就是通过土地流转实现土地集中进而实现农业生产规模扩大、成本节约以及要素配置效率提升。从这一点可以看出，农业适度规模经营与规模经济的关系是十分密切的，农业规模经营的目的就是实现农业规模经济、获取规模经济。但农业适度规模经营的发展也不一定能实现规模经济。这是因为，从不同行业、不同产业和不同经济活动来说，规模界定也是不同的，或者说，"最佳规模"是不同的，所以对于农业产业的适度规模经营，我们应坚持理论尺度和把握现实维度，不能一概而论。当然，农业适度规模经营也是从成本和要素配置角度切入的，并不涉及价格因素。因此，这一点与农业规模效益也是不同的。理清这三者实践的关系，有利于指导后续分析中的思维导向，形成科学判断和理性认知。

3.1.2 农业面源污染

提到农业面源污染，就不得不提美国在 1948 年实施的《联邦水污染控制法案》。该法案也被称为《清洁水法案》。1972～1987 年，十年间该法案历经多次修订完善。从 1972 年开始，美国开始加强对工业、市政污水的执法力度，并在立法上明确提出了任何市场主体向水体进行排污，都需要事先获得排污许可证的基本规定。同时，为了满足水污染治理中的基础设施建设需求，美国国会批准联邦政府设立"清洁水法案基金"来解决基础设施建设的资金需求。

然而，进入 20 世纪 80 年代后，受限于联邦政府财政赤字，在 1987 年的《清洁水法案》修订中，美国将各州污水处理厂的建设资金来源从财政资助转变为银行贷款。不过，由于各州经济发展异质性问题，市场化的金融手段也在一定程度上增加了一些小城镇的还款压力。因此，美国国会于 2000 年开始，又再一次对《清洁水法案》进行修订，并批准了一项为期两年、15 亿美元的基金项目，以帮助这些小城镇更新环境基础设施，满足农业面源污染治理需求。梳理美国的污染治理历史轨迹，我们会发现，1987 年是政策转变的分界点。在 1987 年之前，污染的形态主要表现为点源污染，污染的来源可以明确到具体的排污口、污水厂等；1987 年后，关注的污染形态是面源污染。特别需要值得一提的是，该法案明确提出了农业面源污染的概念，并认为，农业面源污染是来自农田、森林、城市路面等的雨水径流造成的污染。

可以看出，早期的农业面源污染指的就是"水污染"。例如，恩尼斯

（Ennis）、张淑荣等①均认为，农业面源污染是非点源污染，指的是由于大量化肥、农药的使用而遗留下的过量养分，随着降雨、地表径流等途径流入受纳水体，进而引起地表水体污染的环境类型。除此之外，全为民等②也提出了认同农业面源污染就是"水污染"的基本论断。在后续发展中，郭鸿鹏等③也提出了类似概念，在他看来，农业面源污染指的是地膜、化肥、农药等溶解性和非溶解性物质，通过雨水径流途径，流向受纳水体而引发的污染类型。除此之外，段玉洁和李翔④也提出了与上述学者类似的观点。一言以蔽之，国内外学者对于农业面源污染的界定，在很大程度上与《清洁水法案》的界定如出一辙，并不存在显著性差异。

不过随着西方思潮主导的"石油农业"发展盛行，农业生产经营活动不断深化与丰富，农业污染物的类型也不断丰富。因此，有学者认为，将农业面源污染局限于"水污染"显然无法反映经济社会发展新阶段下农业面源污染内涵拓展的新特征。为此，一些学者开始对农业面源污染进行延伸和拓展。例如，刘鸿渊等⑤从解构水污染、空气污染的成因出发，提出农业面源污染不应仅局限于水环境污染，还应囊括土壤、大气、水体等多种污染源的环境污染类型。

除此之外，还有学者认为，畜禽养殖中的污染物也应被看成是农业面源污染源的重要内涵构成。例如，李秀芬等⑥认为，畜禽粪便污染也是农业面源污染的重要构成内涵，需要打破思维局限、广开言路。从中可以看出，这些学者虽然拓展了农业面源污染的内涵维度，但总体来说，还是停留于农业生产领域，并未涉及农村总体维度。

---

① 张淑荣，陈利顶，傅伯杰. 农业区非点源污染敏感性评价的一种方法［J］. 水土保持学报，2001，15（2）：56 - 59.

② 全为民，严力蛟. 农业面源污染对水体富营养化的影响及其防治措施［J］. 生态学报，2002，22（3）：9.

③ 郭鸿鹏，朱静雅，杨印生. 农业非点源污染防治技术的研究现状及进展［J］. 农业工程学报，2008，24（4）：6.

④ 段玉洁，李翔. 浅析失地农民就业情况——成都温江区失地农民调研［J］. 中国市场，2010（13）：2.

⑤ 刘鸿渊，刘险峰，闫泓. 农业面源污染研究现状及展望［J］. 安徽农业科学，2008，36（19）：3.

⑥ 李秀芬，朱金兆，顾晓君，等. 农业面源污染现状与防治进展［J］. 中国人口·资源与环境，2010，20（4）：4.

据此，也有学者从"三农"的视角出发，从农村整体维度界定农业面源污染。例如，王珍等[①]、梁流涛等[②]认为，农业面源污染指的是农村地区的农业生产、居民生活产生的并未经合理处理的污染物，进而对农业农村水体、土壤、空气等环境生态造成的大面积污染，覆盖面广、危害大是农业面源污染的主要特征。从这个角度来看，后一种观点涉及的地域更广、农业面源污染的内涵也更为丰富，生成机理也更为复杂。

综合学界概念，本书将农业面源污染的概念界定为：农业生产中产生的土壤泥沙颗粒、氮磷等营养物质，在地表径流、降雨等方式作用下，进入水体、大气、土壤等形成的污染类型。从这个角度上来说，与点源污染所呈现的"集中性"不同，各类污染源的特性决定农业面源污具有分散性、隐蔽性、随机性、广泛性、滞后性、模糊性、不易监测性、治理复杂性等特点。需要特别说明的是，本书的研究中，农村中其他经济社会活动引发的污染、农民生活中所产生的污染并未涵盖在农业面源污染的内涵构成，本书主要探讨的仍是农业种植业生产范畴。

具体说明如下：一是随着绿色发展理念的深入，农村中其他的经济活动所导致的污染类型，更多体现的是"集中性"特征，呈现点源污染特性，将这部分活动纳入其中显然存在重大偏误，将农村面源污染理解为农业面源污染显然不正确。二是随着乡村振兴战略以及美丽乡村建设等实施，"厕所革命"、垃圾集中处置、清洁能源等建设提速，农民居住环境不断改善，农民生活活动产生的各类污染亦呈现"集中性"形态，也更多地表现为点源污染特征，将其纳入农业面源污染内涵显然不正确。三是从农业产业化布局来看，畜禽养殖的规模化特征十分突出，污染排放源也呈现"集中性"排放的点源特征。将畜禽养殖污染纳入农业面源污染概念范畴需要进一步考虑。一言以蔽之，本书所界定的农业面源污染主要指的是农业产业内部种植业生产经营过程中所产生的各类污染类型的总称，农业生产中所使用的化肥、农药、农用塑料膜以及农业机械化中所用的柴油等，均是农业面源污染源的主要污染源构成。

---

① 王珍，王平. 发展循环农业 治理农村面源污染 [J]. 宏观经济管理，2006 (8)：2.

② 梁流涛，曲福田，冯淑怡. 经济发展与农业面源污染：分解模型与实证研究 [J]. 长江流域资源与环境，2013，22 (10)：6.

3.1.3　协同治理

按照《辞海》释义，治理有统治、管理之意。随着经济社会发展，治理逐步"弱化"其统治维度的内涵，逐步演变为一种"管理范式"，并流行于西方国家经济社会管理实践。从特征层面来看，治理一般具有以下四个方面的特征：一是治理不是一套规则，也不是一种活动，治理是一个持续性过程；二是治理的基础是协调，并不是"统治控制"；三是公共部门和私人部门均是治理的主体；四是治理体现的是公共部门和私人部门的互动，并不是公共部门的"独舞"。比较治理的内涵特征，农业面源污染治理不仅是政府等公共部门的"天职"，更需要调动私人部门的有效参与。这些私人部门既包括农户、农业专业合作社、涉农企业等新型农业经营主体，还应包括各类社会化服务组织、金融机构以及其他社会组织的积极参与。

污染治理长久以来被看成是政府履行职能、公共服务的主要职责。但若从生产机理来看，农业面源污染与其他类型的污染不同，农业面源污染涉及面广、牵涉主体多且相互联系，尤其是价值链主导、供应链运营以及产业链布局的现代农业模式中，传统分散经营农户、适度规模经营的新型农业经营主体、各类社会化服务组织等，在农业价值链引领下，已经形成"你中有我""我中有你"的农业生产命运共同体、利益连接体，彼此相互依存、密切分工、通力合作的协同格局已经形成，它们共同构成农业面源污染治理"源头"，并在其中起到直接或间接的推动作用。因此，传统政府主导型的农业面源污染治理模式很难适应农业经营模式演化中对于面源污染治理的新要求、新内涵。本书中的农业面源污染协同治理指的是，在农业面源污染治理的过程中，不仅要充分调动分散经营农户、基地、农民专业合作社、涉农公司等适度规模经营主体参与面源污染治理的热情，更需要调动社会化服务组织、政府、金融机构以及其他与农业生产经营密切相关主体等主体参与农业面源污染治理积极性，进而形成多元共治、共生共赢的新格局。

3.1.4　绿色金融

本书拟要解决的核心问题是：如何通过金融政策支持，引领新型农业经营主体从事农业面源污染治理。从顺应金融创新趋势和实践运行来看，绿色金融与绿色金融政策也是本书的核心内涵和概念体系的重要构成。因此，除了对适度规模经营、面源污染、协同治理等概念进行界定外，绿色金融与绿色金融政策也需要予以说明，以明确新时期金融政策支持创新的战略取向和创新方向、产品和服务方式创新举措、涉农金融机构建设方向等构建有效概念框架。为此，在界定绿色金融政策之前，本书首先界定一下绿色金融。

从历史发展趋势来看，绿色金融诞生、演变与发展并不是"一蹴而就"的。从最初的"公众运动"，逐步走向行政立法；从绿色环保的价值取向，到"嵌入"私人部门以及金融机构经营决策，绿色金融逐步进入大众事业和嵌入金融机构决策全过程。但从研究脉络来看，我国学者对于绿色金融虽然起步较晚，但对于绿色金融的理解还是比较丰富，基本上形成了以下三种代表性观点：一是绿色金融是以环境保护、经济可持续发展为目标的，金融工具和业态创新涵盖绿色信贷、绿色股票、绿色债券、绿色保险、绿色产业基金、绿色风险投资等多种业态；二是绿色金融是一种特殊的"金融政策"，指的是金融机构或政府对清洁环保型企业在贷款、资本市场融资等方面给予一定的优先权；三是绿色金融是一种特殊的"金融发展战略"，将"绿色发展"理念作为金融企业运营根本理念，并贯彻到金融机构运行和实践创新中，通过金融业自身的可持续发展，带动资源、环境、经济和社会的协同发展。

基于这三种观点，本书认为：绿色金融作为一种新型金融创新，主要指的是为支持环境质量改善、应对气候环境变化以及资源高效、集约利用，而提供的项目融资、项目运营和风险管理等各类金融服务，旨在通过金融工具、金融发展模式以及金融扶持政策的创新解决环境污染和气候变化问题，以实现经济、环境和社会的可持续发展。其主要涉及的领域是：生态环境保护、气候变化、资源节约与循环利用、污染防治、清洁交通、绿色能源等。

从绿色金融涉足领域可以看出，农业面源污染治理是绿色金融涉足的重要领域，需要绿色金融政策支持和强化。在弄清楚绿色金融政策之前，还需要进一步厘清金融政策的概念。一般来讲，金融政策指的是金融机构或者政府为市场主体提供的贷款、资本市场融资等方面给予的一定优先权。结合研究问题，本书中所涉及的绿色金融政策支持主要是金融机构为新型农业经营主体从事农业面源污染治理中融资等提供的各类优先权的"合集"，通过金融政策支持，旨在为新型农业经营主体进行农业面源污染治理提供强有力的制度保障。

3.2　理论基础

从农业适度规模经营视角下探索农业面源污染协同治理路径及其金融政策支持路径需要相应理论予以支撑，结合研究内容，本书认为农业发展阶段理论、产业结构调整理论、"庇古税"和科斯定理、协同治理理论、环境库兹涅茨曲线、绿色金融发展理论都能对本书研究主题的理论内涵进行揭示。其中，农业发展阶段理论和产业结构调整理论诠释农业适度规模经营发展的必要性、农业面源污染治理的迫切性。"庇古税"和科斯定理、协同治理理论揭示市场手段和行政手段的分工范畴、任务边界以及协同机制构建的理论必然，深刻揭示唯有"有为"政府和有效市场的结合、主体协同才能达到农业面源污染治理预期目标的理论机制。环境库兹涅茨曲线、绿色金融理论刻画金融政策支持农业面源污染治理的直接证据和实现条件。通过这几个层面的理论思想结合，夯实理论分析框架搭建的理论基础。

3.2.1　农业发展阶段理论

在国民经济体系中，农业部门的基础性作用被世界各国提至战略性、全局性高度。但与此同时，农业部门是脆弱性部门、农业产业是弱质性产业也是客观存在的事实，尤其在发展中国家，这些现象表现得尤为明显。为改变农业部门增长、农业产业发展现状，涌现出来诸多改造传统农业、推进农业现代化发展的实践操作方案。农业发展阶段理论就是在这样的实践背景下诞生并丰富壮大的。如果对农业发展阶段理论进行追根溯源，则最早可以追溯到"梅勒农业发展三阶段理论"。该理论最早由梅勒[①]在对发

① Mellor J W. The economics of agricultural development [M]. Cornell University Press, 1966.

展中国家农业发展经验的基础上提出的。在他看来，农业发展会经历传统农业、低资本技术和高资本技术三个成长阶段。其中，传统农业阶段主要特征是：农业产量增长主要依靠传统要素投入，传统要素供给增加。低资本技术农业阶段的主要特征是：以资本节约型技术为主，以提高土地生产率为重点，因此资本使用量较少。高资本技术农业阶段的主要特征是：以资本密集型技术为主，以提高劳动生产率为重点。

结合"梅勒农业发展三阶段理论"内容可知，在传统农业发展阶段、低资本技术阶段农业面源污染水平较为严峻，尤其是在低技术资本阶段。由于这一阶段的主要目标是提高土地产出效率，化肥、农药等化学资料和面源污染源势必会增加。但也需要注意的是，在这一阶段，土地流转主导型的适度规模经营形态也可能会不断涌现。综合这两个方面可知，在这一阶段，农业适度规模经营和面源污染均处于各自发展、自我循环状态，并不会产生引领农业面源污染治理的作用。更为甚者，土地流转型的适度规模经营模式还有可能对面源污染形成加剧效应。但迈入高资本技术阶段后，提高劳动生产率成为这一阶段的表征目的。为了提高劳动生产率，单纯地依靠化学要素资料投入、土地规模扩大显然很难实现这一目标。从这个维度来看，农业适度规模经营也逐步由土地流转主导型、社会化服务主导型等向多种形式的适度规模经营模式转变，能够为治理农业面源污染提供多种可能和解决方案。因此，在"梅勒农业发展三阶段理论"中，农业适度规模经营对面源污染形成抑制效应只能出现于高资本技术阶段。

此外，学者韦茨[①]提出了"韦茨农业发展三阶段理论"。在这一理论框架下，维持生存农业阶段的主要特征是"自给自足"；混合农业发展阶段的特征是多种经营、农民收入增加；商品农业阶段发展的特征是专业化生产。按照这一理论特征，农业适度规模经营获得大发展应该是在混合农业发展阶段和商品农业阶段。因此，其对农业面源污染的影响也可能出现在这两个农业发展阶段。还有学者如速水佑次郎、弗农·拉担[②]，也对农业

---

① Wertz J R. A Newtonian big-bang hierarchical cosmological model [J]. The Astrophysical Journal, 1971, 164: 227.

② 速水佑次郎，弗农·拉坦. 农业发展的国际分析（修订扩充版）[M]. 北京：中国社会科学出版社，2000.

发展阶段进行了进一步架构。他们基于农业技术、制度变迁理论，结合日本农业实践将农业发展阶段细分为增加生产和市场粮食供给的发展阶段、抑制农村贫困的发展阶段和调整和优化结构的发展阶段"三阶段"。从这个理论层面来看，在增加生产和市场粮食供给发展阶段、抑制农村贫困发展阶段，农业面源污染程度较为严峻。相比较其他农作物品种来说，粮食作物需要的化肥、农药等化学品投入会更大，面源污染情况和程度也会更重。因此，农业面源污染治理的过程其实也是农业产业结构、种植结构、品种结构不断优化的过程。

与此同时，蒂默①通过美欧日等国家农业发展的现实，提出了农业投入阶段、农业资源流出阶段、农业与宏观经济整合阶段、农业"反补"阶段等"四阶段理论"。对照各个阶段的发展特征可以看出，在农业投入阶段，在产出导向型发展战略的驱动下，各类化学要素的投入会不断增加。因而，在这一阶段，农业面源污染的情况也较为严峻。但随着农业发展资源不断流出、农业与宏观经济不断整合，农业发展的新理念、新技术会不断涌现，农业面源污染程度会得以有效抑制和削减。从我国情况来看，农业部软科学委员会课题组②提出了数量发展阶段、优化发展阶段、现代农业发展阶段"三阶段论"。其中，数量发展阶段的主要特征是农产品供给短缺；优化发展阶段的主要特征是农产品供需平衡，农产品品质提高、产业结构优化和农民收入增加是主要发展目标；现代化农业发展阶段特征是农业集约化生产和农产品的多元化供给。值得一提的是，在这一阶段，农业产业的现代化、农业环境的现代化和农业经营主体的现代化共同诠释了现代化农业发展的核心内涵。加速农业面源污染治理，促进农业绿色发展，在现代农业发展阶段的题中之义、不言而喻。

一言以蔽之，从农业发展阶段角度来看，强化农业面源污染治理、促进绿色发展是农业发展阶段变迁、演进的必然结果，是农业发展高级阶段的新内涵、新特征。从生产力发展角度来看，归根结底，农业发展经历了生产工具简单、技术传统、自给自足、没有社会分工的原始农业。在这一

---

① Timmer C P. The agricultural transformation [J]. Handbook of Development Economics, 1988, 1: 275–331.

② 农业部. 中国农业发展新阶段 [M]. 北京: 中国农业出版社, 2000.

阶段，农业虽然生产率低，但因为资本要素缺乏，农业生产和生态环境的关系并不十分突出。但随着传统农业改造，农业发展迈入现代化发展阶段，这时农业发展的总体战略是"产出导向型"的，各地区无论是选择资本密集型模式还是劳动密集型模式，都会在一定程度上提升农业面源污染主要污染源的投入力度。另外，也需要看到的是，随着农业现代化发展阶段演进，农业发展总体战略也会从"产出导向型"向"收入导向型"转变，农业经营主体的收入会获得突破性增长，实现质的突破，农业生产者的环保意识不断觉醒，农业生产者和环境之间的关系也开始由紧张变为友好、由失衡迈向和谐，更为注重生产方式、经营模式的绿色化、生态化，因此，加速推进农业面源污染治理、实现绿色发展是农业生产阶段变迁的必然结果和根本趋势。

3.2.2　产业结构调整理论

发挥农业适度规模经营对农业面源污染治理的引领作用也是农业产业结构调整与优化的必然结果。因此，产业结构调整理论可以给出充分的理论支撑和解释。若追根溯源，早在 17 世纪，英国著名经济学家威廉·配第就对产业结构演化的一般规律进行论述，并形成了"配第—克拉克定理"这一经验性学说。他发现："在荷兰，工业上的收入多于农业，而商业上的收入又多于工业。荷兰和西兰位于三江之口。这三条河流经多个丰饶的国家，这样，位于两岸的人们，可以专门从事农业生产。而位于三江之口的荷兰，则可以担任工厂主的角色，对他国生产的农产品进行进一步的加工。并且还可以将这些加工过的产品，随意定价出售，并畅销世界各地，从中获得了巨额利润。"[①] 然后，威廉·配第总结得到："优越的地理位置，促进了荷兰的航运业的发达，而航运业的发达，又带动了其他产业的向前发展。另外，航运业的发达，也促进了其对外贸易的发展，从而促成了很多工场手工业的兴起；而工业的发展又促进了对劳动力的需求，而荷兰人又将世界上多余的劳动者，吸引到他们本国的手工工厂里工作。"对威廉·配第的研究发现进行提炼，我们就会发现：在产业部门收入差异诱导下，劳动力在不同产业部门的分布和流向会发生显著变化，并呈现"第

---

① 威廉·配第. 政治算术 [M]. 北京：中国社会科学出版社，2010.

一产业→第二产业→第三产业"的总体流向特征。这导致的直接后果就是，第二、第三产业在宏观经济部门中的占比呈现上升趋势，第一产业在宏观经济部门的占比则呈现下降的趋势。

以卓越的区位条件为加持，农业部门可以通过合作化以及资本要素投入等途径获得新发展。威廉·配第发现："荷兰和西兰的地势较低，土质优良。在这样的土地上，出产的农作物较为丰富，足够满足很多人的生活所需。这样，很多人就可以聚集在同一块土地上，并且彼此互相帮助。"这里的"彼此相互帮助"，其实就是"农业合作化"的思想，有利于提升农业生产效率。同时，威廉·配第进一步发现："人们居住的集中，还便于法庭的传讯，法官可以随时传唤证人和当事人，从而大大减少了出庭费用。再加上土地面积小，任何人的行动，都无法隐瞒，因而很容易查出谁在作恶，谁在侵犯他人的合法权益，从而大大节省了司法费用。"这也会减少交易成本，为农业生产提供一个稳定的、安全的生产环境和内生制度保障。最后，威廉·配第发现："由于荷兰的地势平坦，而且气候潮湿，水蒸气多，再加上经常刮风，荷兰人可以充分利用这些天气条件，并可以大量使用风车。风车的使用大大提高了劳动效率，节省了数千人力。""风车"资本要素的投入与使用，加速资本替代劳动，进一步提升了劳动生产率。

综合研究主题以及产业结构调整理论我们可知，适度规模经营是国民经济和产业结构演进的必然选择。产业结构演变会从过程和结果两个层面对农业适度规模经营产生影响，进而对农业面源污染治理形成有效的推动作用。在过程层面，产业结构会通过生产要素集聚和制度变革两个途径对农业适度规模经营产生影响。具体来说，在生产要素方面，产业结构变迁会导致农业劳动力减少。在这样的现实约束下，劳动部门的既存劳动力势必会通过"合作化"的方式，实现劳动力资源的优化配置。而农业生产者通过"合作化"所形成的合作经营模式，恰恰是农业适度规模经营的一种表现类型①。另外，伴随着劳动力流向非农产业、城市部门，与之同步的则是土地要素的重组与优化，闲置的土地会通过流转市场流转给土地规模

---

① 姜松. 农业适度规模经营与金融服务共生演化机理及模式研究——基于农业价值链视角 [M]. 北京：经济管理出版社，2018.

经营意识更强、效率更高的新型农业经营主体①。

在制度变革方面，产业结构涵盖产业高级化、合理化两个维度含义。但无论是哪一维度，最终体现的都是为了满足"人民对美好生活的向往"这一最终价值诉求。因此，会通过"需求端"对农业产业形成外部刺激与约束。这造成的直接影响就是传统家庭分散经营制度体系的显著性、根本性变革。农业产业发展必定走向产量导向、效益导向，家庭小规模分散经营制度势必演变为以效益化、市场化、特色化为主导的多种形式的适度规模经营制度。

更为重要的是，产业结构调整的过程不仅在"过程"层面促进了农业适度规模经营的发展，也会达到促进农业绿色发展，推动农业面源污染治理的"结果"。为什么如此呢？因为随着农业适度规模经营发展，农业经营主体收入会增加，这一点已经得到政界和学界的双重印证。按照经济学的基本观点，当农业生产者收入提高后，其环境意识、亲环境行为就会显著增强，化学性生产要素的投入会逐步递减，绿色农业生产方式会逐步构筑，农业面源污染治理的体制机制逐步完善，生态农业、绿色农业会逐步成为新型业态，推动农业由数量向质量迈进，由环境破坏型向环境友好型转变。当然，按照配第·克拉定律的认知，随着农业劳动逐步转向第二产业和第三产业专业，农业的生态承载力也将进一步上升，进而提升农业面源污染治理效能。

3.2.3　庇古税和科斯定理

（1）庇古税下的农业面源污染治理。

农业面源污染在全球环境污染构成类型中的占比逐年上升。因此，从归属性质来看，农业面源污染治理也就隶属于环境治理政策框架大范畴。一般来说，无论是环境问题的产生还是环境问题的治理，都具有显著的外部性。而"外部性"问题和垄断共同构成"市场失灵"问题的源头。农业面源污染问题亦是如此，存在显著外部性。一方面，作为农业面源污染的生成源头，农户在农业生产中施用过量的化肥、农药、地膜等化学要素，

---

① 姜松，曹峥林，刘晗.农业社会化服务对土地适度规模经营影响及比较研究——基于CHIP 微观数据的实证［J］.农业技术经济，2016（11）：10.

会通过径流、降雨等途径，对土壤、河流、城乡居民饮水以及其他农业生产者等造成不可估量的严重损失，形成"负外部性"问题。然而，农业面源污染的排污者并未受到一定的惩罚。污染承担者被迫承受损失的同时，也没有得到一定补偿。另一方面，农业生产者在农业生产过程中的一些"亲环境"行为，或者农业面源污染治理行为，对农业生态环境产生有益影响的"正外部性"行为，这也并未得到相应的奖励。按照经济学基本理论，当产生外部性问题后，自由交易将无法实现帕累托最优。

为了更好地说明农业面源污染形成的经济效应，本书主要从农业面源污染负外部性的角度进行说明（见图 3-1）。假定农户为粮食种植户，随着养殖业的规模化、产业化发展，传统养殖业的养殖主体也大多是从农民转至新型农业经营主体，污染排放问题已经得到有效控制，关于这一点在上述分析中我们已经进行了详细阐释。因此，从现实情况来看，面源污染目前主要分布于种植业。

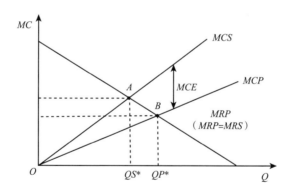

图 3-1　农业面源污染"外部性"形成原因

假定横轴为粮食产量（Q），纵轴为粮食的边际成本（MC）和边际收益（MR）。按照经济学原理可知，农民粮食生产产量的均衡点应该为边际成本和边际收益相等时所对应的点，也就是图 3-1 中所对应的点 B。该点的最优产量为（QP^*）。试想，如果农民生产粮食产量低于这一水平，农民生产粮食的边际收益（MRP）大于边际成本（MCP），这时候要"逼近"最优产量需要提高粮食产量，因而这不是农户的最优决策。另外，如果农民生产粮食产量高于这一点，这时候农民生产的边际成本（MCP）大于边际收益（MRP），这时农民生产粮食将面临亏损，也不是最优的。

　　试想，农民为了提升粮食产量，在土地要素和劳动要素的约束下，其势必会大量施用化肥、农药、地膜等化学生产要素，这在一定程度上虽然提升了农民的个人产量，但会产生"过度生产"的问题。为什么呢？在这样的情形下，农民的生产活动不但会增加其农业生产要素购置与投入成本，而且会提升社会成本，因为过量投入的生产要素，跟随降雨、径流等形成土壤污染、水污染等农业面源污染形态给邻近区域、农业经营主体带来"负外部性"。换言之，如果边际外部成本不随产量变化的话，农民生产粮食的产量越大，边际社会成本也就越大。对照图 3-1 可知，边际社会成本（MCS）实际上指的就是在边际个人生产成本（MCP）的基础上叠加的边际外部成本（MCE）。那么，在这一情境下，全社会最优产量的均衡点应在哪里呢？这一点，应该是边际社会成本曲线（MCS）和边际个人收益曲线①的交点 A。综合第一种情况和第二种情况可知，农民个人最优产量大于社会最优产量，边际社会成本大于边际个人成本，才是农业面源污染产生的根本原因。

　　那么，如何才能解决农民粮食生产中所形成的面源污染问题呢？在这样的条件下，有政府管制②、征税和补贴③三种主要治理方案。这三种方案均试图将外部的边际社会成本、边际社会收益"内部化"，变成农民的边际个人成本、边际个人收益。这样，两者就实现了有效衔接，农民的种粮最优决策就是社会的最优决策了。因而，农业面源污染这一"外部性"问题也就迎刃而解。在这三种治理方案中，征税说的就是"庇古税"。按照上述分析，农民个人最优产量大于社会最优产量、边际社会成本大于边际个人成本是面源污染形成的根本性原因。通过征税，可以增加农民的粮食生产成本。由图 3-2 可知，如果政府能测算出农业面源污染这一"外部性"的具体水平，使边际税率（MT）正好等于边际社会成本（MCS）和边际个人成本（MCP）的差值。这样，农民个体的生产选择结果与决策就是社会的最优结果。这就是"庇古税"范式框架下给出的农业面源污染治理方案。

---

　　① 模型中假定收益没有外部性，只有个人的收益，当然个人同时也是社会的一部分。所以边际社会收益曲线和边际个人收益曲线是一致的。

　　② 规定农民粮食生产产量。

　　③ 补贴针对的是农民在粮食过程中采用有机肥、绿色技术等所形成的正外部性状况。

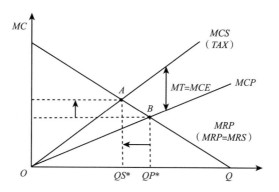

图 3 - 2　"庇古税"范式下的农业面源污染治理方案

（2）科斯定理下的农业面源污染治理方案。

通过征税的方式，到底能否起到最终抑制农业面源污染的作用，引来了诸多经济学家的异议。其中，最具代表性的就是罗纳德·科斯。1960年，科斯在其代表性著作《社会成本问题》一文中指出，外部性问题具有双向互动性。换言之，以农业面源污染中的水污染为例，既有可能是种粮农户给周边及下游农户造成了外部性，也有可能是周边种粮农户所带来的外部性。这种双向互动的负外部性，也给征税带来了极大困境。那么，到底向谁征税？外部性如何度量？在政策实践中都是很难确定的。

这也就意味着，"庇古税"下的农业面源污染治理方案无法实现帕累托最优。为此，科斯提出了著名的科斯定理。在他看来，在交易成本为零或者很低的条件下，只要界定好产权归属，就能通过"市场谈判"来解决外部性问题并实现帕累托最优。所以按照科斯的界定，农业面源污染治理的关键和本质是"产权问题"。在这一情境下，如果政府认定上游农民对其粮食生产活动进行补偿。这就意味着，政府将产权配置给了下游江河的种粮农民。

为了对这一原理进行说明，我们假设存在上游农户和下游农户两类群体农户类型。当上游农户在粮食种植时，过量施用化肥、农药、地膜以及其他农业化学资料后，对下游农户的饮水、种植、身体都会产生不良影响（见图 3 - 3）。其中，横坐标表示的是上游农户的粮食产量，*MRU* 表示上游农户粮食种植的边际收益曲线；*MCD* 表示下游农户的边际成本曲线。从这个角度来看，上游农户粮食种植的边际利润主要由粮食种植的边际收益减去粮食生产的边际成本得到。下游农户的边际成本则为每增加一单位的粮食给其带来的净损失。在这种场景下，上游农户的最优选择在点 Q。在这一点上，边际利润为零。社会最优点在上游农户的种粮边际利润线和下游农户的边际成本线的交点 C 处。此时，全社会最优粮食产量为 QS^*。所以科斯认为，只要上游农户和下游农户可以进行低成本谈判，农业面源污染治理的问题就可以解决，而不论产权归谁。

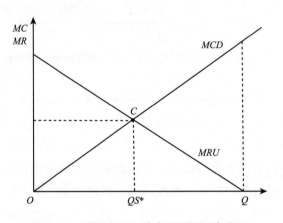

图 3-3 科斯定理下的农业面源污染治理

综合来看，科斯定理给农业面源污染治理提供了一种新的解决方案和操作理论。明晰产权，建立农户经营主体之间的谈判、合作机制是这一理论下蕴含的政策要义。从这个角度来看，在建立健全新型农业经营体系、发挥新型农业经营主体引领作用的大制度变革背景下，农业适度规模经营将是加快农业面源污染治理的新突破。

具体来说，这种合作主要体现在新型农业经营主体同农户合作、农户内部合作两个层面。在新型农业经营主体同农户合作层面，农业适度规模经营是新型农业经营主体和农户合作的主要纽带，是涉农企业、家庭农场、合作社等新型农业经营主体和农户互利共生的价值体现，双方以"产业链"建设为共同目标充分交换信息，交易成本是非常小的，这也符合科斯定理中交易成本较低的前提假设条件。

更为重要的是，新型农业经营主体和农户在农业生产和经营过程中分工是明确的，产权是清晰的。在订单农业、农超对接、公司+基地+农户、公司+合作社+农户等合作协议中，嵌入农业面源污染治理、绿色生产等环境友好型内涵就是可行的。若农户在合作的过程中过量施用化肥、农药、地膜等化学要素，所形成的农业面源污染等外部性问题，损害的将是新型农业经营主体利益。新型农业经营主体就可以依据生产合约向农户进行追偿，实现对农业面源污染的有效治理。

另外，农业适度规模经营的途径是多元的，农民内部合作方式也是其中的一种。合作型农业适度规模经营模式也是新时期农业面源污染治理政策的重要途径。按照科斯定理，农业面源污染的排放产权也是清晰的。这一点可以从两个方面进行解释。一方面，农民专业合作社是同类农产品的生产者或者农业生产经营服务的提供者、利用者，资源联合、民主管理的互助性经济组织①②。既然如此，合作经营型模式下，农业生产中的污染排放所造成的外部性问题的产权也是清晰的。由于目标愿景的一致性和个体属性的一致性，农业生产中所造成的"面源污染"外部性问题的产权，就归合作社全体入社会员所有。在这样的条件下，农民专业合作社就要承担农业面源污染治理之责。另一方面，由于农民合作社内部隐性的"相互监督机制"，也为界定外部性归属和产权带来了新的解决方案。

3.2.4 系统科学理论

在 20 世纪理论体系中，系统科学理论尤为引人注目，并对传统的"还原主义"③ 形成了巨大挑战。从系统科学构成来看，系统论、信息论和控制论是系统科学发展之初的三驾马车，也被称为"老三论"。进入 60 年代后，以协同学、耗散结构论、突变论为代表的"新三论"异军突起、引领发展新方向，成为系统科学的重要理论支柱。虽然三个理论侧重点不同，但均强调系统的动态性、演化性。相比较"老三论"，"新三论"内涵也更为丰富，有效彰显了系统的自组织特性。总体来说，"新三论"不但强调系统的动态性、整体性，更强调系统的"自组织"能力。

---

① 姜松，王钊. 农民专业合作社联合经营经济效应及其实现条件 [J]. 广东财经大学学报，2013（3）：61 – 69.

② 姜松，王钊. 农民专业合作社、联合经营与农业经济增长——中国经验证据实证 [J]. 财贸研究，2013（4）：31 – 39.

③ 还原主义是相对于"整体主义"来说的，其思想实质是将高层次还原为低层次、将整体还原为各组分，并以此为基础进行研究；从发展过程来看，还原主义主要分为朴素还原主义、机械主义、物理主义三种类型。

比较发现，虽然"新三论"在很多细节处理上不同，但存在诸多共性。"新三论"中的系统均是"复杂系统"，主要体现在复杂集体行为、信息处理、适应性三个方面。其中，复杂的集体行为指的是系统均是由个体构成的超大"网络"，个体均按照简单规则进行决策，并不存在统一的领导。也正因为如此，个体形成"集体行为"时会存在不断变化且难以预测的行为模式；信号和信息处理描述的是：一方面，所有系统都利用外部信息和信号；另一方面，也会产生新的信息和信号。适应性指的是所有系统均通过学习、进化来改变自身行为，进而增加生存或者成功的概率。但需要注意的是，复杂系统要达到自我更新、自我复制、自我组织的目标，需要满足内部各要素必须满足非线性、开放性和非平衡性三个基本条件。在平衡状态下，自组织机制鲜有发挥作用的实际空间。

总体来说，"新三论"传递的核心理念就是：虽然系统属性不一，但在整个大环境下各系统存在相互作用、相互牵制的互动关系。宏观大系统下的各个子系统，唯有分工合作、通力配合，才能达到"自组织"状态。结合协同治理的基本概念和系统科学理论的基本内容，农业面源污染治理在这一理论框架下的借鉴意义如下。

农业面源污染问题可以看成是农业生态系统"混沌"和"非平衡"的状态。在这样的条件下，"自组织机制"不但能够发挥作用，而且空间巨大。调动农业系统内的各个生产经营主体从事农业面源污染治理，是系统科学理论内涵的直接体现。这符合自组织机制发挥作用的第三个条件。从我国政策实际来看，《培育发展农业面源污染治理、农村污水垃圾处理市场主体方案》在一定程度上明确了通过市场化、"自组织机制"来治理农业面源污染治理的总基调，也是对这一点的有效印证。

另外，随着农业与第二、第三产业的融合发展，农业社会化服务新机制逐步构建，农业生产系统的开放性、包容性不断提高，农业产前、产中和产后等生产经营环节涌现出多种新型农业经营主体、社会化服务主体，调动新型农业经营主体和农户的力量，共同参与农业面源污染治理就是题中之义。如何构建新型农业经营主体和农户，在农业面源污染治理中的互动机制是新时期农业面源污染治理的新内涵。若这种互动机制缺失，农业面源污染治理中的"自组织机制"也就不具备发挥作用的空间条件。

3.2.5　环境库兹涅茨曲线

库兹涅茨曲线是著名经济学家库兹涅茨（Simon Smith Kuznets）在 20
世纪 50 年提出的关于收入分配及其公平程度的曲线描画。在库兹涅茨看
来，收入水平与经济增长是典型的倒"U"形关系。也就是说，当经济增
长水平不断提升后，收入不均、分配不公的现象会逐步增加。但当经济增
长跨越某一"拐点"水平后，收入不均、分配不公的现象就会逐步减少。
基于库兹涅茨曲线的核心思想，后续学者开始用库兹涅茨曲线来研究经济
增长和环境的关系，并演绎形成环境库兹涅茨曲线。

格罗斯曼和克鲁格[①]通过城市大气质量的研究发现，二氧化硫和烟尘
与人均 GDP 增长之间存在倒"U"形关系。随后，沙菲克等[②]做了进一步
改进，用更为综合测度指标阐述环境和人均 GDP 的关系。他从人均碳排放
量、森林采伐、二氧化硫、城市公共卫生设施缺乏率、河流中溶解氧、大
肠杆菌等十个环境指标的角度，进一步诠释了环境指标和人均 GDP 之间存
在倒"U"形关系的研究结论。此外，一些学者[③④]也对此给予了充分
论证。

结合学者观点，环境库兹涅茨曲线传递的核心内涵是：当一个国家经
济发展水平处于低水平区间时，环境污染程度较低。相应地，在这样的条
件下，进行环境污染治理所达到的边际收益也相对较低。但当一个国家人
均收入不断增加、经济增长迈入快速发展阶段时，环境污染程度也不断
增加，但在这样的条件下，进行环境治理的边际收益也是会逐步递增的。
也就是说，只有跨越"拐点"，环境和经济增长才能实现协调发展，环境
治理才能达到边际收益递增的状态。为了更好地对此进行阐释，绘制形成
图 3 – 4。

①　Grossman G M, Krueger A B. Environmental Impacts of a North American Free Trade Agreement
[J]. Papers, 1991.

②　Shafik N, Bandyopadhyay S. Economic growth and environmental quality: Time series and cross-
country evidence [J]. Policy Research Working Paper Series, 1992.

③　Acaravci A, Ozturk I. On the Relationship between Energy Consumption, CO_2 Emissions and
economic growth in Europe [J]. Energy, 2010, 35 (12): 5412 – 5420.

④　Apergis N, Ozturk I. Testing Environmental Kuznets Curve hypothesis in Asian countries [J].
Ecological Indicators, 2015, 52: 16 – 22.

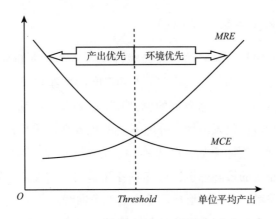

图 3 - 4　环境规制的"门槛效应"

由图 3 - 4 可知，在单位平均产出未跨越"临界值"之前，国家的农业经济发展策略主要是"产出优先"。此时，环境治理的边际成本较高。但当平均产出跨越"临界值"后，情况则会发生逆转。此时，环境治理的边际收益不但递增，而且远高于环境治理的边际成本。国家的农业经济发展策略则随即转变为"环境优先"。从这个角度来说，新时期国家不断强化农业面源污染治理，在很大程度上已经说明当前我国农业经济发展的总体策略逐步由"产出优先"向"环境优先"转变。综合而言，强化农业面源污染治理亦是库兹涅茨曲线的核心内涵反映。

3.3　逻辑框架

基于前述相关理论借鉴、概念体系及其比较理清，本书继续尝试建立理论分析框架，探究适度规模经营视角下农业面源污染治理协同治理实现的主要条件、金融政策支持的侧重点和环境条件等，为新时期金融政策支持适度规模经营主体从事农业面源污染治理、形成农业面源污染协同治理格局，提供坚实的理论支撑。同时，为了更好反映两者之间理论逻辑的层次性、递进性和系统性，在具体操作中，本书主要运用结构化思路，将理论框架分解为视角框架、分析框架和解释框架三个子维度。其中，视角框架揭示研究的逻辑前提，分析框架奠定研究的逻辑层次，解释框架奠定研究的逻辑脉络。通过总体和结构的双重论证，力争系统、全面地反映研究问题的理论必然性，为后续的实证研究提供理论支撑。

3.3.1　视角框架

（1）适度规模经营与面源污染治理。

总体上，影响农业面源污染的因素包括增长偏好的发展观、二元结构、土地制度、政策体系、农户认知、市场因素等[1][2]。但若追根溯源，在众多影响因素中，农业经营制度是污染产生的最重要原因。我国农业经营体制经历了若干次重大的历史变迁[3]。改革开放之初，这种以家庭为基础、统分结合的双层经营模式，确实在一定时期内促进了农业生产力发展[4]，极大地解放了农村生产力，调动了农民生产积极性，促进了农业生产率和农村经济的全面发展[5]。

然而，有学者认为，家庭联产承包责任制造成了地块分散、经营规模小、科学技术推广难、农户经营行为短视化等问题。为达到短期增产目标，农户大量施用的化肥、农药等化学试剂以及地膜，使土壤污染严重。并且，中间产物如秸秆等农业废弃物利用率极低，农村小型家庭养殖技术落后，废弃物不经处理就直接乱堆乱放，导致农业面源污染负荷加重，附近水体受到严重污染。更为严重的是，这种"负外部性"通常在一定时期甚至多年后，才能表现出来[6][7]。可以说，这种分散经营的模式加剧了农业面源污染治理难度。因此，现行土地制度安排的缺失，加剧了农村环境的"公地悲剧"困境，制约着污染治理有效性，是农业面源污染难以根治的

①　杨滨键，尚杰，于法稳. 农业面源污染防治的难点、问题及对策［J］. 中国生态农业学报（中英文），2019，27（2）：10.

②　闵继胜，孔祥智. 我国农业面源污染问题的研究进展［J］. 华中农业大学学报（社会科学版），2016（2）：8.

③　罗必良，李玉勤. 农业经营制度：制度底线，性质辨识与创新空间——基于"农村家庭经营制度研讨会"的思考［J］. 农业经济问题，2014（1）：11.

④　林毅夫. 农民增收要有新思路［J］. 江苏农村经济，2008（6）：2.

⑤　姜松，王钊. 农民专业合作社、联合经营与农业经济增长——中国经验证据实证［J］. 财贸研究，2013（4）：31-39.

⑥　贾德峰，张翠萍，方佳. 基于 GIS 的生态环境影响评价建模方法初探［J］. 四川环境，2009（03）：58-60.

⑦　卓成霞，郭彩琴. "高度的生态文明"：理论内涵、现实挑战与实践路径［J］. 南京社会科学，2018（12）：8.

深层次原因。

在这样的制度约束下，中国开始进行制度创新，通过改进家庭联产承包责任制和该制度下的政府作用，试图采用适度规模经营模式以引导农民建立良好生态行为。培育多种形式的农业适度规模经营，发挥新型农业经营主体在产业发展、技术示范、绿色发展和污染防治等方面的引领作用，成为进行农业面源污染治理的重要战略指引。

农业适度规模经营中的"规模"不仅是耕地面积，还涉及劳动和资本的经济规模，会通过新知识积累、新技术引进等途径，对环境产生积极影响[①]。对于这一点，帕勒斯等[②]通过分析农业生态的影响因素，也得到农业规模经营状况和农业生态环境呈现正向关系，规模化经营有利于生态农业发展的结论。综合而言，适度规模经营对农业面源污染治理的带动作用是显而易见的。作为一种新型"制度安排"，适度规模经营能提升要素配置效率、优化要素投入组合，全面改善农业经济发展质量。通过这种新型制度安排，适度规模经营能改变农业面源污染的生成机理和方式，找到了破解农业面源污染治理难题的制度路径。

另外，适度规模经营发展一个非常重要的标志是：涌现出分布于产前、产中和产后等农业生产环节的各类新型农业经营主体。这些新型农业经营主体，通过订单农业、"公司 + 农户"和"公司 + 基地 + 农户"等"价值链"方式，在同农户形成了牢固的利益连接关系、价值分配机制的同时，也通过绿色发展理念传播、技术示范与推广等途径，给农业面源污染治理带来了新的可能性。因此，适度规模经营能够有效地促进农业面源污染治理，多种适度规模经营主体的介入能调动"市场化"力量，也利于改变现阶段政府主导型的治理模式，形成多主体参与、协同治理的新格局。

---

① Zaehringer J G, Wambugu G, Kiteme B, et al. How do large-scale agricultural investments affect land use and the environment on the western slopes of Mount Kenya? Empirical evidence based on small-scale farmers' perceptions and remote sensing [J]. Journal of Environmental Management, 2018, 213 (MAY1): 79–89.

② Place F, Barrett C B, Freeman H A, et al. Prospects for integrated soil fertility management using organic and inorganic inputs: Evidence from smallholder African agricultural systems [J]. Food Policy, 2003, 28, (4): 365–378.

（2）金融政策与农业面源污染治理。

金融政策通过资金的跨时间、跨空间的调节决定金融资源投放与分布，能够弥补政府主导型模式面临"失灵"困境，因此，运用金融政策支持农业面源污染治理是创新治理模式的题中之义和必然选择。而且通过金融功能的发挥以及金融机制运用，还能形成农业面源污染治理的多元化、市场化治理路径，有利于巩固多元化协同治理格局。

事实上，在这一点上，蒙哥马利①很早就论证了"排污权"融资这一金融政策手段在环境治理中的有效性。农业面源污染治理难、见效慢，一个非常重要原因就是产权不清晰。也就是说，农业生产中的"环境成本"并未纳入生产函数总体框架。农业面源污染排放的"负外部性"以及农业面源污染治理的"正外部性"，使农业经营主体经营成本与社会成本的背离性不断增加。市场化的金融手段和政策，在"产权界定"方面具有无可比拟的优越性。通过金融功能运用与金融机制安排，能够解决"产权问题"，为治理农业面源污染治理提供新的可能性。

那么，金融支持政策是如何影响到农业面源污染治理的呢？事实上关于这一问题的答案，学者在进行环境库兹涅茨曲线原因解析时，就已经给出了系统性解答。金融政策主要通过规模效应、技术效应和结构效应三个作用路径，从"意识层面""源头层面""业态层面"三个维度，对农业面源污染产生有效影响（见图 3-5）。其中，规模效应的强化能提升农业整体在国民经济部门的竞争力、影响力，进而提升农业经营主体收入水平，引导其改变短视的农业生产经营行为，形成长期农业生产经营的投资理念和环保意识，从"意识层面"抑制农业面源污染水平。技术效应指的是金融政策通过"资源配置"功能引导农业经营主体采用系列农业绿色发展技术，在提升农业经营者专业素质的同时，助推农业产业技术变革，从"源头层面"抑制农业面源污染、促进农业绿色生产。结构效应指的是金融政策能对农业新兴产业业态形成"培育效应"，通过跨时间、跨空间的资源配置，引领更多资金流向生态农业、绿色农业、循环农业发展等环境友好型新业态，引导农业产业提质增效、高质量发展，从"业态层面"抑

---

① David W, Montgomery. Markets in licenses and efficient pollution control programs [J]. Journal of Economic Theory, 1972.

制农业面源污染。

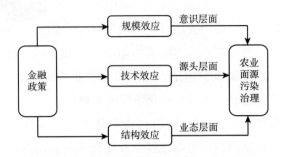

图 3-5 金融发展对农业面源污染的作用路径

①金融政策→规模效应→农业面源污染治理。帕特里克[①]从供给主导和需求跟随两个层面论述了金融政策和经济发展的关系。其中，供给主导假说提出了金融发展的因果关系，认为金融机构、金融市场建立，将增加金融服务的供给，进一步刺激农业经济增长。需求跟随假说认为，金融需求是农业经济发展的必然结果。最后，他还进一步指出，金融发展主要通过影响资本存量的途径来促进农业经济增长。

可以看出，健全的金融体系是金融发展最根本的特征，它影响资本存量，从而促进农业经济增长。从我国发展实践来看，农业经济增长过程也是建立农村金融体系的过程。改革开放以来，随着我国农村金融机构市场化、开放程度的提升，农村金融体系亦不断演变，"规模效应"逐步凸显。特别是 2006 年以来，随着新型市场化金融体系改革的推进，村镇银行、资金互助社、小贷公司、典当行等一批新型金融机构，纷纷将"三农"作为业务"主战场"，在一定程度上缓解了农业经营主体金融服务供给不足、质量不佳、成本偏高的问题。可见，金融发展是促进我国农业经济增长"核心"。农业经济增长对农业面源污染的影响受金融发展水平的限制。

另外，任何农业生产经营主体都是理性"经济人"。如果对农业面源污染的深层次原因进行解析，我们就会发现，农业面源污染的产生也与农户的短期利润驱动有很大关系。从西方发达国家农业发展模式来看，

① Patrick，Hugh T. Financial Development and Economic Growth in Underdeveloped Countries [J]. Money & Monetary Policy in Less Developed Countries，1966，14（2）：174-189.

提升农业产量一般可以通过资本节约型和劳动节约型两种模式实现。从一些发展中国家的发展实践来看，受限于劳动力富足、资本稀缺的"两难"困境，节约资本模式是发展中国家的实践路径。在这种模式下，农户往往通过增加农药、化肥、地膜等化学物品投入，来提升土地产出率。虽然这种农业生产投资行为是农户在现实条件下的理性决策，然而，这种所谓的"理性决策"也演变成为农业面源污染的罪魁祸首。加之，农业面源污染治理的复杂性、长期性，短期内并不会给农户带来显著的经济利益。

若从期限角度来说，对于农户来说，农户农业生产经营与面源污染治理之间存在显著的"期限错配"问题。金融市场与金融政策在解决"期限错配"上有比较优势。通过引入各类金融工具，如债券、资产证券化等，就可以在一定程度上解决这一问题。因此，金融通过体制机制创新能够引导更多金融资源涌向农业绿色发展领域，进而扩大农业经济总量规模，能够促进农户收入的增加。推动农户的生产经营决策向长期性、可持续化方向转变，进而从"意识层面"对农业面源污染产生影响。

②金融发展→技术效应→农业面源污染治理。农业面源污染的治理除了要推动农户养成环境友好型、绿色发展意识外，还需要从改变现行农户生产行为引导他们采用绿色生产技术。然而，由于传统的土地细碎化、零散化问题的存在，现行农户在进行农业生产技术选择时，也并未适应农业绿色发展的现实需求和未来发展趋势。例如，在选择灌溉技术方面，农户出于实际和方便的需求，往往选择的是"漫灌方式"，对于更为现代、更具技术含量的"现代节水灌溉技术"的选择并不普遍。再如，在对于各类化学生产要素配比方面，农户也往往是基于既往的耕作经验进行施用，并不是基于不同农田、农作物品种属性进行科学配比、合理施用，这也造成化学、农药、地膜等主要农业面源污染源过量施用问题，不但造成农田质量下降，加剧土壤板结、盐碱化等问题，更在一定程度上加剧了农业面源污染。从这个角度上来说，农户绿色生产技术的缺失是当前造成农业面源污染问题加剧的重要原因。

金融政策在推动农业绿色技术、面源污染治理技术等方面具有显著的优势。理论表明，金融政策能同时对产出增长技术和实际成本节约技术产生双重影响①②。农户绿色生产、农业面源污染治理技术隶属于实际成本节约型技术。金融服务的可获得性是影响农户采用环境技术的重要因素。金融政策对农业面源污染治理的推动作用显而易见、不言而喻。具体来讲，金融政策在一定程度上能强化金融功能发挥，通过"风险管理"功能降低流动性风险、减少融资成本，为农户便捷化、专业化、长期化采用绿色技术提供坚实支撑。另外，金融政策还能引导金融资源向效率更高、绿色技术示范更强的新型农业经营主体分配，从"源头层面"为解决农业面源污染问题提供更多保障。

不仅如此，当金融发展向高水平演进时，金融科技也将获得突破式发展，对于绿色发展的引领作用也会更为明显，进而带来低碳生活方式、发展模式的转变。例如，支付宝上线的"蚂蚁森林"等平台，在绿色发展方面显示出前所未有的潜力。到目前为止，全国已经种植了5600多万株"蚂蚁树"，取得了可喜的效果。中国塞罕坝高原曾经是一片尘土飞扬的荒原，如今却成了世界上最大的人造森林。这些都与金融政策的"技术效应"有密切关系。

③金融发展→结构效应→农业面源污染治理。传统农业粗放的发展模式不仅阻碍了农业现代化发展进程，还使农业生态环境遭到严重破坏。对产业结构进行调整和优化，转变农业发展方式，成为防治农业面源污染的主要出路。产业结构调整有助于产业之间相互整合、渗透，可以改善现代物质条件，推进农业转型步伐，进而使农业发展从资源消耗型向资源节约型转变，从源头上减少了农药化肥等生产资料投入水平，进而改善农业生态环境，起到抑制农业面源污染的作用。

当然，产业结构对农业面源污染的预期效应离不开金融政策的支持，这一点可以从宏观和中观两个维度进行阐释。在宏观维度，金融政策具有"孵化效应"，引导资金流向生态农业、绿色农业、有机农业、循环农业等农业新业态，流向农业资源高效利用，耕地质量建设，低消耗、低残留、低污染农业投入品生产等农业面源污染治理密切相关领域，增强绿色农业

---

① Harberger A C. A Vision of the Growth Process [J]. The American Economic Review, 1998, 88 (1): 1 - 32.

② 陈径天，温思美，陈倩儿. 农村金融发展对农业技术进步的作用——兼论农业产出增长型和成本节约型技术进步 [J]. 农村经济，2018 (11): 88 - 93.

在整合宏观经济部门中的占比，增强可持续发展竞争力，为农业面源污染治理提供强有力金融支撑。另外，金融政策还能通过金融资本和产业资本有效匹配，推动农业产业同第二产业、第三产业的融合发展，创新农业面源污染治理新模式。在中观维度，金融政策对农业产业内部结构调整也具有重要推动作用。金融政策可以引导金融机构根据农业发展新特征、新需求，进行金融工具、金融产品创新，进而优化农资投入结构、农产品结构、农业部门结构，促进农业生产经营主体向绿色环保、有机高效转变。

（3）适度规模经营、金融政策与面源污染治理。

基于前述分析，无论是农业适度规模经营还是金融政策，在理论层面都能对农业面源污染产生影响农业面源污染的预期目标。但需要注意的是，适度规模经营的"环境效应"存在不确定性。例如，有学者就从土地流转的角度出发，分析了适度规模经营对农业环境产生不良影响。在研究中，学者主要从农地流转这一具体形态出发，揭示农业适度规模经营的负面环境影响。又如李嵩誉[①]认为实践中，由于土地流转方式不当以及机制不完善等原因，土地流转对农村生态环境产生了一系列不良影响。这导致的直接后果是农业适度规模经营对环境技术效率的引领效应并未得以有效发挥[②]。在微观经营主体层面，适度规模经营主体在短期经营利益的诱使下，会过分追求高产量以及种植结构的"高附加值化"，会导致农药、化肥等购买力度大幅增加，加剧农业生态系统潜在的生态环境风险、造成生态环境下降[③]。

按照上述分析，农业适度规模经营体现的是要素投入的"重新配置"过程。能否产生环境正向激励，在很大程度上取决于经营主体获得的金融服务状况[④]。发达国家农业发展历程充分表明，金融是农业适度规模经营的核心力量，农业适度规模经营离不开金融服务的强有力支撑，需要多样

①　李嵩誉. 绿色原则在农村土地流转中的贯彻 [J]. 中州学刊, 2019 (11): 90 - 94.

②　邓晴晴, 李二玲, 任世鑫. 农业集聚对农业面源污染的影响——基于中国地级市面板数据门槛效应分析 [J]. 地理研究, 2020, 39 (4): 970 - 989.

③　龙云, 任力. 中国农地流转制度变迁对耕地生态环境的影响研究 [J]. 福建论坛 (人文社会科学版), 2016 (5): 39 - 45.

④　Vanclay F. International principles for social impact assessment [J]. Impact Assessment and Project Appraisal, 2003, 21 (1): 5 - 12.

化的金融服务保驾护航①，除了技术、政治与观念等因素外，具有倾向的金融政策引导是促进农业适度规模经营的关键因素②③。但从现实发展实际来看，金融政策在服务农业适度规模经营的过程中具有一定的滞后性。从事现代农业的农户、涉农企业的多层次、多样化的金融需求难以满足，他们所能享受的依旧是传统农户的金融服务④。

因此，农业适度规模经营作为一种要素配置和制度变革的新模式，其绿色引领效应发挥需要各类基础性、前置性条件予以保障。在所有保障条件中，金融服务首当其冲、至关重要。农业适度规模经营绿色引领作用能否正常发挥与金融发展水平密切相关。金融政策与发展水平的不匹配性会对农业面源污染形成加剧效应（见图3-6）。

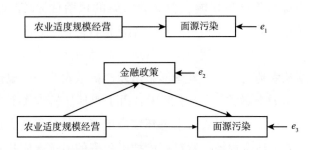

图3-6 农业适度规模经营、金融政策与面源污染

3.3.2 分析框架

（1）静态层面的利他主义的经济模型。

视角框架刻画了适度规模经营、金融政策以及农业面源污染之间的相互关系，奠定了本书理论分析的逻辑前提。那么，在微观层面，还有个问题还需要进一步分析。新型农业经营主体引领农户从事面源污染的行为动机和机理何在？此外，无论是从事农业适度规模经营的新型农业经营主体还是分散经营农户，从本质上来说，均是理性"经济人"。那么，既然新

① 姜松. 农业适度规模经营与金融服务共生演化机理及模式研究——基于农业价值链视角[M]. 北京：经济管理出版社，2018.

② 黄延廷. 家庭农场优势与农地规模化的路径选择［J］. 重庆社会科学，2010（5）：20-23.

③ 文龙娇，李录堂. 农地流转公积金制度研究［J］. 金融经济学研究，2015，30（3）：3-13.

④ 林乐芬，法宁. 新型农业经营主体银行融资障碍因素实证分析——基于31个乡镇460家新型农业经营主体的调查［J］. 四川大学学报（哲学社会科学版），2015（6）：119-128.

型农业经营主体从事面源污染治理是"利己行为",而农业面源污染治理本身又是一种"利他行为",这种"利他行为"是如何延续的呢?这就是本部分需要着力解决的重点问题。

通过搭建分析框架,进一步展现本书的逻辑层次。事实上,关于这一问题的解答,可以从一些遗传学家或者从社会生物学家建立的"群体选择"模型得以窥探。然而,"群体选择"模型主要用来揭示同胞、子女或者其他具有相同基因的"熟人"之间产生"利他主义"行为,无法刻画脱离基因、血缘限制的"陌生人"之间形成的"利他行为"。本书中涉及的新型农业经营主体和农户,两者的关系不是强连接的"熟人"关系,而是隶属于弱连接的"陌生人"关系。"群体选择"模型在这里显然不具有适用性。为此,本书借鉴加里·S. 贝克尔[①]提出的"利他主义"经济模型搭建本书的分析框架。

首先,考虑农业面源污染治理这一"利他主义行为",对农业经营主体的消费和收入的影响。按照理论内涵,"利他主义者"一般会减少自身消费,以增加他人的消费。"利己主义者"则相反。本书的研究中,新型农业经营主体承担农业面源污染治理是"利他行为"。为此,假定利他主义者为从事农业适度规模经营的新型农业经营主体。他们会在选种、施肥、防虫等环节,为农户提供绿色生产技术,助推农业面源污染治理。

"利己主义者"则正好相反,会增加这些农业化学资料投入力度,进而加剧农业面源污染程度。值得一提的是,利己主义者为了实现他们自身收入和农业产出的最大化,他们并不会考虑这些行为对其他农业经营主体和整个社会所造成的任何影响。因此,从最终收入来看,过量施加化学生产要素能够让农户获得更高的收入水平。另外,还需要假定,如果这些新型农业经营主体某些增进财富的行为会对其他农户产生不良影响,那么新型农业经营主体就会放弃这些行为。为便于分析,本书假定新型农业经营主体为 s,农户为 h。按照利他主义概念界定,新型农业经营主体愿意分配一些生产收益给农户。但分配的数量如何呢?这就需要进一步拓展。按照经济学理论,行为选择的直接诱因是效用的最大化。因此,将新型农业经营主体的效用函数设定为:

---

① 加里·S. 贝克尔. 人类行为的经济分析 [M]. 北京:格致出版社,2010.

$$U^s = U^s(X_s, X_h) \qquad (3-1)$$

其中，X_s 表示新型农业经营主体从事面源污染治理的支出；X_h 表示农户自身支出。为此，新型农业经营主体的 s 的预算约束就可以进一步表示为：

$$PX_s + S_h = I_s \qquad (3-2)$$

其中，S_h 表示新型农业经营主体为农户提供的绿色生产技术、面源污染治理以货币表示的数量。I_s 表示新型农业经营的营业收入。如果新型农业经营主体 s 对农户的转移，没有带来任何货币损失或者收益，农户 h 获得治理服务数量应该等于新型农业经营主体 s 转移的数量，那么农户 h 的预算约束可以标记为：

$$PX_h = I_h + S_h \qquad (3-3)$$

其中，I_h 为农户的经营收入，则有：

$$PX_s + PX_h = I_s + I_h = S_h \qquad (3-4)$$

按照加里·S. 贝克尔的界定，S_h 为治理农业面源污染所获得的"社会收入"。为此，求解均衡条件可得：

$$\frac{\partial U^s / X_s}{\partial U^s / \partial X_h} = \frac{MU_s}{MU_h} = \frac{p}{p} = 1 \qquad (3-5)$$

由式（3-5）可知，新型农业经营主体 s 为农户提供绿色生产资料、绿色生产技术等方面的资源支持，可以使新型农业经营主体从自身的增量以及农户生产的增量中获得相同的效用。反之，如果新型农业经营主体在这方面的处于"角色缺位"，也会因为农户加剧农药、化肥、地膜等农业面源污染要素投入，同样承担一定的效用损失。显然，新型农业经营主体不仅涉及收入的转移，更涉及收入的创造。因此，在这样的情境下，新型农业经营主体任何"社会收入"的提高都将在一定程度上极大地增加其效应。新型农业经营主体会努力提升一切有利于提升其社会收入的经济行为，并降低一切损害其社会收入的行为。因为社会收入是新型农业经营主体自身收入与农户自身收入之和，所以新型农业经营主体要避免农户自身收入最大化的减少为代价，来提升自己的收入水平。

　　总而言之，通过新型农业经营主体引领所形成的价值链、供应链和产业链网络中的每一位成员，都有使群体总收入达到最大化的动机。虽然政府通过相应的税收或者补贴，或者成员之间相互谈判达成只采取有利于群体行为的现实的目标，也可以在没有新型农业经营主体的情况下，使群体收入达到最大化。但对于农业面源污染治理来说，受限于政策操作的艰难性和农户所面临的巨大的农业面源污染治理成本，这种情况出现的可能性则相对较小。综合而言，农业适度规模经营主体从事面源污染治理可以从外部和内部两个维度进行。

　　其中，在外部维度，新型农业经营主体能够通过"价值链"载体引导农户从事面源污染治理。新型农业经营主体对农业面源污染治理的引领作用之所以能够产生并不断发展，与当前现代农业组织模式有很大关系。从实践运行来看，新型农业经营主体和农户已经形成相互配合、相互合作、互惠互利的共生发展模式和价值链连接新业态。换言之，新型农业经营主体和农户通过价值链实现了融合发展和明确分工。其中，新型农业经营主体负责产前的农业生产资料提供、产中的技术指导以及产后的市场运营和管理，农户负责具体的农业生产。

　　在内部维度，农户之间可以通过"合作化"的方式，即通过农户的"相互监督"，实现治理农业面源污染的群体目标。总而言之，通过外部引领、内部监督两个渠道，新型农业经营主体可以从有机肥使用、生物药、先进的化肥和农药施用机械、秸秆处理等方面，对农户从事农业面源污染治理提供有效支持。当然，这种模式也为农业面源污染治理贡献了新方案，能为政府主导型农业面源污染治理模式提供有效补充。这也是新时期推动农业面源污染协同治理的核心内涵和重点举措。

　　（2）动态维度的利他主义经济模型。

　　继续从"动态适应性"的角度，揭示新型农业经营主体从事农业面源污染治理的行为动机。本部分继续借鉴加里·S.贝克尔（1992）提出的"涵盖遗传适应性的利他主义经济模型"。则新型农业经营主体的效用函数可以表示为：

$$U^s = U^s(f_s, f_h) \qquad\qquad (3-6)$$

　　其中，f_s 表示新型农业经营主体的适应性，f_h 表示农户的适应性。从中可以看出，利己主义者农户的适应性只依赖于其自身的适应性。根据家庭生产函数的分析，农户家庭使用自身时间与产品、技艺、经验与能力以及自然社会环境进行产品生产。因此，新型农业经营主体的适应性生产函数可以设定为：

$$f_s = f_s(X_s, t_s, S_s, E_s) \qquad (3-7)$$

其中，t_s 表示新型农业经营主体的适应性时间，S_s 表示新型农业经营主体的绿色技术和相应的人才储备，E_s 表示环境。因此，时间、绿色技术和相应的人才储备和环境都是外生变量。那么，新型农业经营主体只有通过改变产品投入才能改变适应性。因此，产品和适应性之间的关系可以写成适应性的生产函数：

$$f = a \times X \qquad (3-8)$$

其中，a 的变化取决于时间、技术和人才储备以及环境。由于适应性不能直接购买，因此适应性没有市场价格，但它应该具有影子价格特征。或者说是，改变一单位适应性所需要产品的价格。因此，其可以表示为：

$$\pi = \frac{\partial(PX)}{\partial f} = \frac{P}{a} \qquad (3-9)$$

其中，P 表示 X 的价格或者成本。按照"利他主义者"的概念界定，在农业面源污染治理情境下，作为利他主义者的新型农业经营主体，一般会减少自己的适应性以改善农户的适应性，为此，我们就可以将式（3-8）代入式（3-4）可得：

$$\frac{Pf_s}{a_s} = \frac{Pf_h}{a_h} = I_s + I_h = S_s \qquad (3-10)$$

或者，可以表示为：

$$\pi_s f_s + \pi_h f_h = S_h \qquad (3-11)$$

从中可以看出，新型农业经营主体的社会收入，一部分用于自身适应性的指数，另一部分用于农户的适应性支出。新型农业经营主体和农户的影子价值之和等于新型农业经营主体的社会收入。同时，考虑到转移为正，式（3 - 11）的预算限制下，新型农业经营主体效应最大化的均衡条件是：

$$\frac{\partial U^s / \partial f_s}{\partial U^h / \partial f_h} = \frac{\pi_s}{\pi_h} = \frac{a_h}{a_s} \qquad (3-12)$$

相比较农户，新型农业经营主体在生产效率和生产成本方面具有绝对优势。所以新型农业经营主体从农户适应性增加中所得的效用要显著地高于从自身适应性同等增加中所获得的效用，表现在式（3 - 12）中就是 $a_h > a_s$。更为重要的是，农户和新型农业经营主体都存在使其自身收益最大化的现实驱动。也就是说，只有当新型农业经营主体自身利润不至于下降时，才会提高农户的经营收益。从动态的适应性角度来说，他们将最大化他们的"适应性价值"之和。在这一点上，显然新型农业经营主体的适应性环境保护行为动机及其效率要高于农户。充分发挥新型农业经营主体在农业面源污染治理中的作用，亦是动态维度利他主义经济模型的题中之义和必然要求。

$$\pi_s df_s + \pi_h df_h \geq 0 \qquad (3-13)$$

（3）金融政策支持的一般原理。

从动机层面来看，新型农业经营主体在农业面源污染治理中的引领作用虽然是一种"利他主义"行为，但其所引致的最终结果是促进了农业资源总体利用效率提高。那么，在新型农业经营主体发挥农业面源污染治理引领作用的过程中，金融政策应该怎样支持呢？为此，假定农业自然资源在某一时点 t_0 使用该种自然资源一个单位产生的价值为 q_0，而因为农业面源污染的存在，使取得一个单位的自然资源付出的成本为 c_0。因而使用这种自然资源所获得农业净产出为 $q_0 - c_0$。则时点 t_1 的农业净产出为 $q_1 - c_1$，时点 t_2 的农业净产出为 $q_2 - c_2$，其他时点的净产出以此类推。可以看出，一个单位的货币价值在不同时段是不同的。不过，可以通过将未来资金价值贴现变为现值。

如果第 n 年的农业净收益为 $\frac{q_1 - c_1}{(1+r)^n} > q_0 - c_0$，则与当前相比，这种农业自然资源应该在第 n 年时开发利用。但如果 $\frac{q_1 - c_1}{(1+r)^n} < q_0 - c_0$，则这种农

业自然资源应该在当前开发利用。因此，对新型农业经营主体来说，其决策条件是：希望通过农业面源污染治理，减少单位自然资源的开发成本，进而使净收入的现金流的现值（PV）最大。

$$PV = (q_0 - c_0) + \frac{q_1 - c_1}{1 + r} + \frac{q_2 - c_2}{(1 + r)^2} + \cdots + \frac{q_n - c_n}{(1 + r)^n} = \sum_{i=0}^{n} \frac{q_i - c_i}{(1 + r)^i}$$

$$(3 - 14)$$

从式（3-14）中可以看出，要实现农业自然资源开发现值的最大化，在现实实践中就必须降低贴现率。按照金融学理论，贴现率的本质是利率。不过，在资产端和资金端、供给端和需求端，贴现率所体现的内涵是显著不同的。站在资产端和供给端，利率反映的是收益；站在资金端、需求端，利率反映的则是成本。新型农业经营主体作为金融服务需求方，其适应的是资金端、需求端的利率内涵。由此可知，贴现率越高，对于新型农业经营主体来说，其治理农业面源污染过程中获取的相关金融服务的代价也就越大，农业资源开发的收益的限制也就会越小，这与最优决策的均衡条件显然是不符的。因此，站在金融机构角度来说，新时期不但要进一步增强新型农业经营主体治理农业面源污染的信贷资金和金融政策支持力度，更为重要的是，需要降低利率水平通过利率优惠的方式，为新型农业经营主体提供质优价廉的金融服务，这也是新时期金融政策发力的重点和方向。

3.3.3 解释框架

（1）基准解释框架。

在视角框架和分析框架部分，我们已经揭示了农业适度规模经营、金融政策及其与农业面源污染的关系；农业适度规模经营微观主体——新型农业经营主体，从事农业面源污染治理的行为逻辑以及金融政策施政重点，拓展了逻辑分析框架层次。为此，本部分搭建研究的解释框架，刻画农业面源污染治理的影响因素，明确适度规模经营、金融政策以及其他各类环境变量，对农业面源污染治理的影响效应以及作用机制，完备研究脉络，为后续计量模型实证奠定坚实基础。

事实上，环境经济学已经对影响环境污染的主要因素进行了揭示。在众多的研究成果中，最早可以追溯到欧利希和霍尔德伦①理论贡献。两位学者认为，人口增长会对环境造成不成比例的负面影响；必须在全球范围内考虑人口规模和增长、资源利用以及环境恶化等问题。当然，到底是增函数还是减函数，主要取决于收益以及规模经济水平。在一些工业化国家，大多数规模经营已经被开发。因而，人均环境负面影响主要与收益高度相关，收益的减少就是环境负面影响最重要影响因素。在收益不断减少的情况下，人们一般会通过牺牲环境的途径来满足日益增长人口的粮食需求。按照两位学者的观点，一个社会环境的总负面影响 (I) 可以简单地表达为：

$$I = P \times F \tag{3-15}$$

其中，P 为人口规模，F 是衡量人均影响的函数，在欧利希和霍尔德伦看来，这个简单等式关系中，却包含大量复杂性。当技术保持不变时，F 会伴随着人均消费增加而增加；但某些情况下，如在提供恒定消费水平的过程中，引入环境友好型技术，F 也可能会减少。由于人均影响本身还是人口规模的函数，因此式（3-15）可以继续表达为：

$$I = P \times F(P) \tag{3-16}$$

式（3-16）中蕴含着这样一个现实：随着人口增加，人均负面影响会比现行增长更快。当然，$F(P)$ 到底是 P 的增函数还是减函数，主要取决于收益以及规模经济水平。按照上述分析可知，在收益不断减少的情况下，人们一般会通过牺牲环境的途径来满足日益增长人口的粮食需求。在农业生产中，农民不断增加肥料、农药以及能源投入，将粮食生产扩展至贫瘠土地，增加粮食产量。但这也会导致生态超载、环境破坏、加重农业面源污染程度。综合而言，可以将欧利希和霍尔德伦两位学者所构建的影响环境污染影响因素概括为人口规模、技术水平以及富裕程度三个因素。因此，在学术层面，学者一般将式（3-16）改写为：

$$I = P \times A \times T \tag{3-17}$$

① Ehrlich P R, Holdren J P. Impact of population growth [J]. Science, 1971, 171 (3977): 1212-1217.

式（3-17）中，也就是"IPAT"模型。其中，A为富裕程度，T为技术水平。这里需要重点说明的是，农业适度规模经营作为农业经营模式创新，隶属于农业技术水平提高的大范畴。这一点可以从农业全要素生产率分解公式中得到佐证。

一般而言，农业全要素生产率的提高是农业技术水平提高的主要标志。农业全要素生产率可以表示为农业技术效率和技术进步的乘积。农业技术效率可以表示为纯技术效率和规模效率的乘积。农业适度规模经营水平的提高在一定程度上有效改善农业规模效率，进而提升农业全要素生产率。因此，农业适度规模经营对农业面源污染的影响主要体现在"T"上。

另外，由于该模型只假定各因素存在先验的比例关系，是一个数学公式，不允许假设检验。在随后的研究中，各位学者以欧利希和霍尔德伦的理论框架为基础，对其进行进一步改造，允许假设检验并不假定先验要素之间的函数关系。众多学者中，比较有代表性的就是约克等[1]，其拓展假设条件、基于"IPAT"模型，构建了"STIRPAT"模型。其所提出的模型如下：

$$I = \mathrm{a}P_i^b A_i^c T_i^d e_i \qquad (3-18)$$

其中，i代表国家或者地区；a、b、c、d分别为人口规模、富裕程度和农业适度规模经营对农业面源污染的影响。按照视角框架和分析框架的内容，金融政策也是影响农业面源污染治理的重要因素。金融政策是解决农业面源污染的重要手段，金融支农资金的注入可以对农业绿色发展起到促进作用。斯科尔斯和丹姆[2]认为，金融支农可以降低行为主体的融资成本，进而促进农业绿色投资，特别是绿色信贷对"市场失灵"具有调节作用。为此，也有必要在式（3-18）的基础上引入金融政策。关于这一点，戴等[3]的研究成果有较大的借鉴价值。他将"STIRPAT"模型进行改造，

---

① York R, Rosa E A, Dietz T. STIRPAT, IPAT and ImPACT: analytic tools for unpacking the driving forces of environmental impacts [J]. Ecological Economics, 2003, 46 (3): 351-365.

② Scholtens B, Dam L. Banking on the equator: Are banks that adopted the equator principles different from non-adopters [J]. World Development, 2007, 35, (8): 1307-1328.

③ Dai H, Sun Tao, Zhang Kun, et al. Research on Rural Nonpoint Source Pollution in the Process of Urban-Rural Integration in the Economically-Developed Area in China Based on the Improved STIRPAT Model [J]. Sustainability, 2015, 7 (1): 782-793.

并单独将金融政策要素（F）引入其中。为此有：

$$I = aP_i^b A_i^c T_i^d F_i^h e_i \qquad\qquad (3-19)$$

其中，待估参数 h 就是金融政策对农业面源污染影响的边际贡献。综合来看，在式（3-19）中，本书中对农业面源污染影响的两大核心指标农业适度规模经营、金融政策都已涵盖其中，并与富裕程度、人口规模一道，构成影响农业面源污染治理的影响因素。

（2）主要因素拓展。

除农业适度规模经营、金融支持政策、富裕程度、人口规模等变量等因素外，农业面源污染治理还与财政政策、城镇化和产业结构等变量有重要关联（姜松等，2021）[①]。因此，以模型（3-19）为基础，检验农业面源污染影响因素时，还需要考虑财政政策、城镇化和产业结构等主要变量。

①财政政策。有关环境治理的政策和财政投入，可以减少污染物排放[②]。农业面源污染防控越来越受国家政府重视，成为政府主导型治理模式下的主要工具。国家出台了一系列政策意见，用以治理农业面源污染。尤其是一系列财政政策的出台，对于农村基础设施建设、农业清洁生产设备购置都起着助力作用。在财政支农政策方面，我国财政支农政策主要由财政拨款、价格补贴、财政贴息等政策工具构成。

②城镇化。城镇化的快速发展会带来劳动力由农业向非农产业、由农村向城镇转移，这会使农业劳动力的机会成本上升，农业要素价格的相对变化驱使农户更多选择劳动力节约型和耕地节约型的技术。在短期利益最大化驱使下，化肥、农药等农业要素由于其价格低廉而被农户选择。加之，农户由于产量规避风险意识[③]和缺乏科学施肥认知与技术，也容易造成化肥和农药等要素的过量使用，从而加剧农业面源污染。与此同时，也需要客观地看待城镇化的影响效应。城镇化的发展也会提高进城务农人员

---

① 姜松，周洁，邱爽. 适度规模经营是否能抑制农业面源污染——基于动态门槛面板模型的实证 [J]. 农业技术经济，2021（7）：33-48.

② Roca J, Padilla E, Farre M, et al. Economic growth and atmospheric pollution in Spain: Discussing the environmental Kuznets curve hypothesis [J]. Ecological Economics, 2001 (39): 85-99.

③ 仇焕广，栾昊，李瑾，等. 风险规避对农户化肥过量施用行为的影响 [J]. 中国农村经济，2014（3）：12.

的收入水平和受教育水平。这样,一方面,有助于进城务农人员绿色生产认知的提高;另一方面,则可以为环境友好型技术的采纳提供资金支持,进而达到缓解农业面源污染的预期目标。

③产业结构。传统农业粗放的发展模式不仅阻碍了农业现代化发展进程,还使农业生态环境遭到严重破坏。对产业结构进行调整和优化,转变农业发展方式,成为防治农业面源污染的主要出路。产业结构调整有助于产业之间相互整合、渗透,可以改善现代物质条件,推进农业转型步伐,进而使农业发展从资源消耗型向资源节约型转变,从源头上减少了农药化肥等生产资料的投入,改善了农业生态环境。

综合来看,本书在揭示农业面源污染治理影响因素时,主要考虑农业适度规模经营、金融政策、富裕程度、人口规模、财政政策、城镇化、产业结构等主要变量。以此解释框架为基础,在后续实证分析中,本书将逐级展开、层层论述,进而评估农业适度规模经营引领农业面源污染治理的影响效应,深刻揭示农业适度规模经营影响效应发挥的动力因素、约束环节,为新时期发挥农业适度规模经营对农业面源污染治理的引领作用提供有效的理论支撑。

第4章 我国农业面源污染总体概况
及其治理效果评估

在前述分析中，我们从理论层面回顾了农业面源污染治理手段、农业适度规模经营与环境效应、金融政策支持与环境质量、适度规模经营与金融支持政策等领域的主要论文研究成果，在概念界定和借鉴相关理论的基础上，从视角框架、分析框架和解释框架"三位一体"角度，搭建了逻辑框架。以此为基础，本部分将研究视角转至现实层面，探索我国农业面源污染总体情况与程度分解、我国农业面源污染治理的政策体系、我国农业面源污染治理效果初步判断与模型模拟等内容，力争揭示我国农业面源污染的总体概况，评估我国农业面源污染治理的现实成效，发现农业面源污染治理存在的现实问题和结构性矛盾，奠定后续实证检验的经验基础。

4.1 我国农业面源污染总体情况与主要特征

4.1.1 主要污染源构成与投入情况

按照概念界定部分内涵界定，农业生产中所使用的化肥、农药、农用塑料膜以及农业机械化中所使用的柴油等，都是农业面源污染产生的重要原因。可以看出，同点源污染的污染物排放不同，农业面源污染的产生随机性较大、机理非常复杂、过程纵横交错，很难通过测度排放力度来进行精准量化。因为，只要存在化肥、农药、农用塑料膜以及柴油等农业生产要素的施用，无论是否过量使用或未被农作物吸收，都会在降雨、泥沙、灌溉等多重作用下，直接演变成面源污染。因此，揭示农业面源污染的总体程度必须从污染源头直接切入。

然而，在结构层面，各污染源造成影响表征却是不同的。其中，化肥的过度使用不但会增加净水成本，而且会加剧温室气体排放，进而影响人体健康。农药本身具有毒性，农药残留直接构成食品安全问题和威胁人体健康。农药残留物通过降雨、灌溉等途径，会直接进入土壤和水体，形成土壤污染和水污染。更为甚者，农药的过量使用还会误杀"益虫"，威胁生物多样性和造成生态失衡。农膜过度使用，会阻断土壤渗透、降低土壤肥力和削弱耕地抗旱能力。还需要值得一提的是，农膜残留会形成"白色污染"，会加剧农业面源污染程度。柴油污染源则会加剧温室气体排放和颗粒物排放、造成土壤酸化，威胁农业生态。一言以蔽之，只有全面刻画各污染源的结构特征，才能全面反映农业面源污染的结构性特征和差异。因此，本部分从总体和分污染源投入的"双重"角度，全面揭示农业面源污染的总体情况和结构特征。

（1）总体情况。

中国农业资源禀赋分布差异较大，产业发展层级性显著，各类污染源在我国各地基本上均有不同程度、不同范围的涉及。因此，为了反映农业面源污染的总体情况，本章将化肥施用量、农用塑料薄膜施用量、农用柴油使用量、农药使用量进行加总，来反映我国农业面源污染的总体情况。总体来看，我国主要农业面源污染的投入量，呈现不断下降趋势。值得一提的是，这种下降趋势在 2000 年以后表现得更为明显。具体来看，2000年化肥施用量、农用塑料膜使用量、农用柴油使用量、农药使用量等四项，农业面源污染源的总投入量为 5812.9 万吨，到 2016 年上升为 8535.8万吨。自此以后，农业面源污染源的投入量开始走上了稳步下降的发展态势，并于 2019 年迈入"七千大关"，降至 7717.6 万吨，相比较 2018 年的8053.9 万吨，下降 4.36%，这也在一定程度上说明我国农业面源污染治理效果还是比较显著的。

当然，这和我国农业绿色发展、经营制度创新、农业产业结构的调整有密切联系。但即便如此，我们仍需看到的是，相比 2000 年，我国农业面源污染的要素投入水平，仍处于较高位置。若将 2000 年确定为基期，2019年农业面源污染要素投入量增速，仍然高达 32.77%，农业面源污染形势依然比较严峻，农业面源污染治理任务仍然比较艰巨，需要运用多种政策工具，持续强化农业面源污染治理力度、强度和效度。

（2）分污染源要素情况与比较。

①化肥污染源。表 4-1 给出了主要年份我国农业面源污染不同污染要素的投入量。比较不同年份的情况可以看出，在我国农业面源污染源构成中，化肥污染源仍是最重要的构成部分和面源污染的主要来源，在总体上呈现递增的态势。这也反映了近些年我国化肥投入量不断加剧的态势。化肥施用量的大幅上升在一定程度上会造成富营养物质堆积于土壤中，导致土壤物理性状变差、保水保肥能力下降，直接影响农业产量，进而挫伤农业生产者积极性、主动性。当前，我国现实中面临的"大量施肥""有限增产"矛盾困境，也与此有很大关联。但值得欣喜的是，从 2016 年开始，化肥施用量也呈现了稳步下降态势。2016 年化肥施用量为 5984.4 万吨，到 2019 年化肥施用量下降为 5403.6 万吨。这说明我国化肥面源污染的治理成效也开始稳步提升。

②农用柴油污染源。在农业面源污染构成中，农用柴油在农业面源中所占的规模也较大，并且呈现稳步上升态势。从 1995 年的 1087.8 万吨上升至 2019 年的 1934 万吨，农用柴油在农业面源污染源总量中的占比达到25.06%。这与农业机械化和"石油农业"的发展模式有很大关联。在农业机械化"热潮"以及惠农政策的助推下，我国农业机械化取得了显著成就，农机保有量显著增加。截至 2020 年，我国农业机械总动力已达到105550 万千瓦，有效保障了农业机械化的有效推进。但随着农机保有量迅速增加，农用柴油使用量也获得了大幅增加，成为农业面源污染的重要推手。另外，除了农业生产环节的农用柴油量显著增加外，近些年随着农业价值链、供应链和产业链的不断完善，农业物流体系不断健全，农产品销售与运输过程的农用柴油量也与日俱增。可以说，从现实情况来看，柴油污染源基本上已贯穿于农业产业过程的"全环节"。为什么会这样呢？因为在农产品运输的过程中，我国主要农用运输车 80% 左右都是单缸柴油机。相比较而言，单缸柴油机污染问题更为严峻。因此，随着农业现代化的持续推进和农业产业链的不断完善，农用柴油所形成的农业面源污染也具有诸多新特征。

③农膜污染源。接下来，我们来看一下农用塑料膜，在农业面源污染

构成中的主要情况。我国地域辽阔、气候千差万别。尤其是寒冷的冬季,农作物生产在很大程度上极易受到影响。在这样的条件下,农用塑料薄膜的出现在一定程度上化解了这种环境约束,对于播种时期的保温、保湿等都起到了重要作用,护航农业生产。但需要看到的是,农用塑料膜不易降解、重复利用率低等特征,农用塑料膜的过度使用是"白色污染"的源头。从我国发展实际来看,农用塑料膜使用量在农业面源污染源中的规模也不断增加。1995 年农用塑料薄膜的使用量为 91.5 万吨,到 2000 年达到 133.5 万吨。然后从 2000 年以后,均维持在 200 万吨以上,需要特别引起关注。

④农药污染源。最后,我们来看一下农药在农业面源污染源构成中的情况。农药的使用,虽然可以在一定程度上降低作物病虫害的发生率,护航农产品生产。但过量农药使用,会导致农产品农药残留增加,提高病虫害耐药性,从而加剧农业生态恶化和形成食品安全问题。更为甚者,过度农药使用还会渗透到土壤、水体和空气中,破坏生态多样性和平衡性,对农业可持续性造成恶劣影响和加剧农业面源污染程度。从表 4 - 1 我们可以看到,农药使用量在 1995 年是 108.7 万吨,到 2019 年上升至 139.2 万吨。可以看出,总体上我国农药使用量总体上呈现稳步上升态势。但相比较柴油以及农膜的上涨幅度,农药投入量的上涨幅度要更为平缓一些。可喜的是,从 2016 年开始,我国农药施用量开始下降。这也表明 2016 年以后我国农药污染源的治理成效开始逐步显现。

表 4 - 1　　　　　　　主要年份分污染源的化学要素投入量　　　　单位:万吨

年份	化肥施用量	农用塑料薄膜使用量	农用柴油使用量	农药使用量
1995	3593.7	91.5	1087.8	108.7
2000	4146.4	133.5	1405	128
2016	5984.4	260.3	2117.1	174
2017	5859.4	252.8	2095.1	165.5
2018	5653.4	246.7	2003.4	150.4
2019	5403.6	240.8	1934	139.2

注:数据来自《中国农村统计年鉴》。

4.1.2　我国农业面源污染的时序特征

在此部分，本章继续拓展区间范畴，从历史大进程、空间异质性的双重角度，探究我国农业面源污染的时空特征。通过多重比较、多维分析，揭示我国农业面源污染演变动态与阶段性特征。

（1）总体时序特征。

按照总体层面的分析，我们可以清晰地看出，我国农业面源污染投入水平存在显著的阶段性拐点特征，拐点值发生于 2016 年。为了清晰地体现这种特征，将我国农业面源污染的总投入量进行视觉化处理，绘制形成图 4-1。由图 4-1 可知，我国农业面源污染投入情况的变动基本上可以划分为：1997~2015 年、2016~2019 年两个主要发展阶段。其中，在 1997~2015 年这一阶段，我国农业面源污染主要污染源的加总投入量逐年攀升，农业面源污染呈现不断加剧、扩散的特征，"加剧效应"十分明显。不过，在 2016~2019 年这一时段内，我国农业面源污染主要污染源的加总量，呈现不断下降的趋势。为什么会是这样呢？具体原因如下。一是我国农业面源污染监测能力不断增强，建立起了全国性的农业面源污染监测网络。二是开展了化肥农药零增长行动、化肥减量增效试点、加大病虫害绿色防控和测土配方实施规模等。2015 年，测土配方施肥推广面积近 16 亿亩次，化肥使用量增幅仅为 0.45%，主要农作物病虫害绿色防控覆盖率达到 23.1%，病虫害专业化统防统治覆盖率达到 32.7%[①]。三是自 2016 年以来，农业农村部和财政部在河北、内蒙古、辽宁、吉林、黑龙江、江苏、山东、四川、陕西等多地开展秸秆肥料化、燃料化、基料化、饲料化等综合利用试点，这有利于抑制农业面源污染。

值得一提的是，从 2018 年开始，我国还不断探索秸秆利用的市场化机制，激发秸秆还田、离田和加工等环节的市场主体活力，逐步完善和建立了"秸秆换有机肥""谁受益谁处理"的稳定运作机制。从这个角度来说，强化秸秆还田、离田和加工等环节的金融服务支持，也是新时期金融服务助推适度规模经营主体进行面源污染治理的重要突破口。农业清洁生产示范项目的实施、农村清洁工程的有序推进、相关治理技术模式日趋成熟，

[①]　数据来自《重点流域农业面源污染综合治理示范工程建设规划（2016~2020 年）》。

以及南方水网密集区的重点流域和重要水域的综合治理试点，也对我国农业面源污染治理工作的有序开展和质量效率提升起到重要推动作用。这些因素共同作用使我国农业面源污染在 2016 年，出现"拐点"转折，治理效果显著提升。

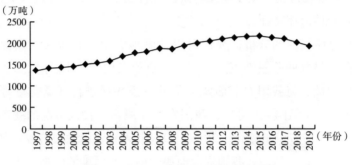

图 4 - 1　我国农业面源污染量变动趋势

（2）分污染源时序特征。

承接前述分析逻辑，继续从分农业面源污染源角度，探究不同污染源要素投入的时空演进趋势。总体而言，化肥、农药、农用塑料膜、农用柴油等使用量在时序上和总体情况的演变趋势大体趋同。不同农业面源污染源的曲线形态也表现出很大程度的趋同性。从发展阶段特征来看，分污染源维度的演变过程也以 2016 年为"分水岭"。其中，1997 ~ 2015 年，化肥、农药、农膜以及农用柴油的使用量不断攀升。因此，该阶段也是农业面源污染源不断扩散的"加剧效应"阶段。在 2016 ~ 2019 年这一时段，化肥、农药、农用塑料膜、农用柴油等污染源均呈现明显的下降趋势。

①化肥污染源（见图 4 - 2）。化肥要素的使用量与农业面源污染的总体特征曲线十分类似，表现出显著的"先升后降"的倒"U"形特征。在1997 ~ 2015 年这一阶段，我国农业生产中的化肥施用量呈现逐年上升趋势。特别需要注意的是，在 1997 ~ 2003 年这一阶段，化肥施用量增长幅度相对缓慢。但自 2004 年以后，化肥施用量开始进入快速增长阶段。为什么呢？

自 2004 年以后，我国加大了对小麦、大豆等主要粮食作物的补贴力度和范围。这在一定程度上刺激了农业生产经营主体的化肥需求和投入力度。农业经营主体对化肥要素的依赖度也较高。进入 2016～2019 年这一阶段后，我国化肥要素的施用量开始下降。这充分证明"一控两减三基本"的治理思路成效显著。通过科学调整化肥农药等农用品的施用量，减少因氮、磷元素，在土壤或水体中的大量富集，推动治理成效得以显著提高。

不过，通过比较我们会发现，相较于既往年份，这两个阶段化肥施用量仍然较大，存在明显的"棘轮效应"。虽然在 2016～2019 年这一阶段，我国化肥面源污染治理取得了一定成效。但若从整个发展历程来看，化肥污染源治理仍然面临较大的挑战，任重而道远。

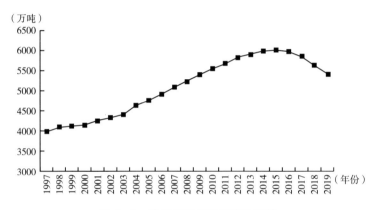

图 4-2 我国化肥使用量变动趋势

②农药污染源（见图 4-3）。农药施用量的曲线形状总体上也类似于倒"U"形特征。但特别明显的是，农药施用量存在典型的"四阶段"特征，对应的拐点分别是 1999 年、2016 年。从演进大趋势来看，1997～2015 年为递增阶段，2016～2019 年为递减阶段。这与面源污染的总投入量和化肥投入量的变动特征是一致的。

但需要注意的是，在 1997～2015 年这一阶段，又存在明显的"分谷"，分界点就是 1999 年。其中，在 1997～1999 年这一阶段，农药的使用量呈现快速上升态势；在 1999～2001 年这一阶段，我国农药使用量则呈现下降态势。通过比较我们会发现，相比较化肥施用量的变动趋势，农药污染源投入与使用曲线的结构性特征更为突出。

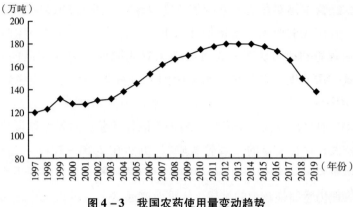

图 4 – 3 我国农药使用量变动趋势

③农膜污染源。农用薄膜是维持作物生长温度和抵御霜冻等自然条件的重要性辅助，在大棚蔬菜种植、水果种植中都有较大的适用性。不过按照前述所言，农用塑料膜也是造成农业面源污染形成的重要原因。图 4 – 4 给出了我国农用塑料膜的使用趋势。从中可以看出，我国农用塑料膜的使用量呈现逐年递增的态势，对农业生态环境影响可略见一斑。

从阶段性特征来看，农用塑料膜的使用曲线与总体曲线也存在一致性，结构性特征出现于 2016 年。具体来看，在 1997～2015 年这一阶段，我国农用塑料膜的使用量处于上升阶段。从 2016 年至今，我国农用塑料膜的使用量则处于下降趋势。可以看出，农用塑料膜的使用量也符合倒 "U" 形曲线特征，从 2016 年后，我国农用塑料膜污染源的治理还是比较有效的。

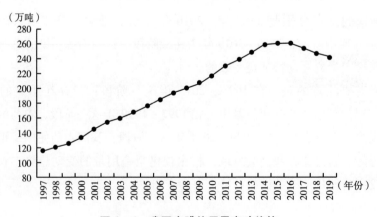

图 4 – 4 我国农膜使用量变动趋势

④农用柴油污染源。图 4 - 5 给出了我国农用柴油的使用量情况。相比较化肥、农药和农用塑料膜的使用曲线，我国农用柴油的使用量曲线表现出明显的异质性特征。总体来看，我国农用柴油的使用量呈现逐年递增的特征，这与"石油农业"发展战略是密不可分的。

从阶段特征来看，可以将我国农用柴油的使用划分为 1997 ~ 2007 年、2007 ~ 2015 年、2016 ~ 2019 年三个主要阶段。其中，在 1997 ~ 2007 年这一阶段，我国农用柴油使用量逐年递增；在 2007 ~ 2015 年这一阶段，我国农用柴油使用量在 2008 年出现小幅下降后，又开始迈入上升轨道。归纳来看，在这两阶段，我国农用柴油使用量总体呈现上涨态势，有点类似"N"形特征，这也从侧面说明我国农用柴油污染源的治理任务仍然比较繁重。

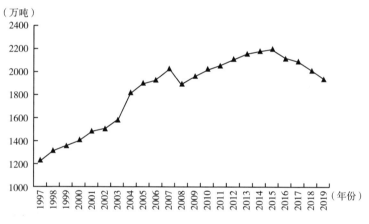

图 4 - 5　我国农用柴油使用量变动趋势

4.1.3　我国农业面源污染的空间特征

在前述分析中，我们已经揭示了我国农业面源污染总体概况和时序特征。但我国地域广阔，各地资源禀赋条件、要素结构存在明显的不同，农业面源污染产生原因、表现形态也千差万别。为此，在接下来的部分，继续分析农业面源污染的空间特征①。为此，将我国东部地区、中部地区和

---

①　东部地区涵盖北京、天津、河北、辽宁、上海、江苏、浙江、福建、山东、广东、海南等（不包含港澳台地区）；中部地区涵盖山西、吉林、黑龙江、安徽、江西、河南、湖北、湖南等；西部地区涵盖内蒙古、广西、重庆、四川、贵州、云南、西藏、陕西、青海、甘肃、宁夏、新疆等。

西部地区农业面源污染的要素投入量绘制形成图 4 - 6。由图 4 - 6 可以看出，我国各区域的农业面源污染量也都表现为生态态势。从污染程度来看，我国三大区域农业面源污染量的演进趋势，与经济发展程度、自然地理特征存在非常明显的一致性，其总体表现为：东部地区 > 中部地区 > 西部地区。

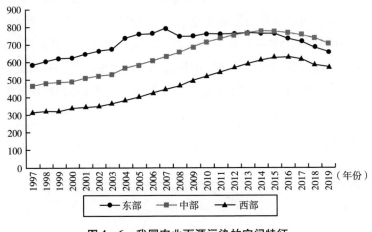

图 4 - 6 我国农业面源污染的空间特征

（1）东部地区。

东部地区区位优势较为优越，且土地肥沃、农业单产水平较高（姜松等，2012[①]），农业现代化进程虽然起步较早，但也奉行的是资源的大量消耗和以环境污染为代价的粗放式发展模式。然而，随着东部地区整体农业发展战略转变、产业结构的调整，东部地区农业面源污染源也得到有效控制。当然，东部地区之所以出现显著的治理效果，与一系列"绿色政策"有很大关联。这些都在一定程度上推动了东部地区农业面源污染治理。

（2）中部地区。

中部地区作为我国农业资源禀赋卓越的区域，存在开发时间长、面积大和程度高等现实难题，农业面源污染量基数大的问题还是比较突出。因此，1997 ~ 2014 年，中部地区的农业面源污染量不断上扬。特别需要值得

---

① 姜松，王钊，黄庆华，等. 粮食生产中科技进步速度及贡献研究——基于 1985 ~ 2010 年省级面板数据 [J]. 农业技术经济，2012（10）：12.

关注的是，2013 年后，中部地区的主要农业面源污染源的总量甚至超越东部地区。但也从这时起，中部地区的农业面源污染量跨越"拐点"，迈入下降阶段。这也说明，从 2013 年后，中部地区农业面源污染治理成效开始显现。总体来看，东部地区和中部地区农业面源污染物投入量"拐点"出现时间要领先于中国总体水平。这反映了东部地区和中部地区农业面源污染治理步伐处于领先地位。然而，中部地区面临的农业面源污染治理任务，仍然要高于东部地区和西部地区。

（3）西部地区。

我们来看一下西部地区农业面源主要污染物总投入量的演变趋势（见图 4-6）。从中可以看出，西部地区农业面源，主要污染物总投入量的变动呈现逐年递增的趋势。这一点与中部地区、东部地区以及我国总体特征是一致的。但从主要污染物的投入强度来看，西部地区的主要污染物投入量要低于东部地区和中部地区。这种现象反映出在全面促进绿色发展和力促农业转型的新时代，西部地区"绿水青山就是金山银山"的比较优势十分显著。从阶段特征来看，西部地区农业面源污染物投入量的"拐点"，出现于 2016 年，与我国总体进程趋于一致。当然，在区域比较层面要滞后于中部地区和东部地区。这也说明虽然在污染程度上存在着比较优势，但是在治理上却又存在一定的滞后性。

4.2　我国农业面源污染程度的分解与分析

在前述部分，我们已经对主要农业面源污染投入总量，以及污染源的结构性特征、时序特征和空间差异进行了分析。并从间接层面对我国农业面源污染总体情况，进行了初步判断。从经济学理论可知，虽然主要农业面源污染源都是构成农业污染主要源头，然而这些化学要素也在一定程度上对农业产量提升、土地生产率提高和农民增收起到助推作用。因此，还不能简单地将投入量与污染程度挂钩，还要看这种投入要素和土地承载等禀赋条件的匹配程度。只有当投入量超过"临界"，才会对农业生态形成严峻挑战，农业面源污染也就会形成。换言之，化肥、农药、农用塑料膜和柴油等主要面源污染源需要维持一定的"适度性"。为此，如何确定面源污染源的"适度性",就是测度、评估农业面源污染程度的关键和重中之重。据此,本部分就从这个角度对我国农业面源污染程度进行分解,以形成对我国农业面源污染程度的总体认知和结构性把握,为后续更好地判断我国农业面源污染治理的效果奠定坚实的经验基础和条件。

4.2.1　主要方法介绍

对主要农业面源污染源投入要素的"适度性"进行判断,关键步骤就是要确定"临界值"或与禀赋条件相适宜的环境承载力。在关于临界值或者潜在值分解层面,H－P滤波法具有较强适用性和运用价值。H－P分解法的主要原理如下:

假设序列 $\{Y_t^{TC}\}$ 是包含经济周期循环变动和长期趋势的时间序列。序列 $\{Y_t^T\}$ 和 $\{Y_t^C\}$ 分别是仅含有长期趋势和循环波动成分的时间序列。为此,则有: $Y_t^{TC} = Y_t^T + Y_t^C, t = 1, 2, \cdots, n$。因此,进行 H－P 滤波操作,实际上就是将 Y_t^T 从 Y_t^{TC} 中分离出来,进而使损失函数最小。

$$\min \left\{ \sum_{t=1}^{1} (Y_t^{TC} - Y_t^T)^2 - Y_t^T + \lambda \sum_{t=1}^{n} \left[(Y_{t+1}^T - Y_t^T) - (Y_t^T - Y_{t-1}^T) \right]^2 \right\}$$

$$(4-1)$$

从式(4-1)也可以看到,H－P滤波法依赖于参数 λ。该参数一般需要根据时序数据类型进行确定。因此,从经济学内涵角度来讲,分离出来的 $\{Y_t^T\}$ 代表的是"潜在水平"。就是经济体运行的"理想值",或者所能承受的最大值。置放于本研究场景,分解出来的 $\{Y_t^T\}$,实际就是农业面源污染各化学要素投入的"潜在值"。$\{Y_t^C\}$ 代表的就是原始序列对于潜在水平的偏离程度。

在研究中,如果该值大于0,则说明各污染源要素投入量已经超过"临界值",农业面源污染程度已经十分严重。反之,如果该值小于0,则说明各污染源要素投入量,未超过"临界值",农业面源污染程度处于可控范围之内。据此,本章主要运用 H－P 滤波法,对我国农业面源污染程度进行分解、评估,全面反映农业面源污染程度的总体和结构性特征,深刻挖掘农业面源污染的环境承受最大值,并探寻其趋势变动背后的深层次原因。

4.2.2　农业面源污染程度的总体分解结果

延续前述思路，用化肥、农用塑料膜、农用柴油、农药等使用量的总和为数据基础进行分解。通过实际值与理想值比较，判断这些主要农业面源污染量是否存在投入"过度"的情况。如果主要农业面源污染源的使用量过度，或者说超过了潜在的承受土地承受能力，就说明当前我国农业面源污染程度较为严重。而且，如果主要污染源要素投入量长期大于潜在污染量，那么农业面源污染问题将加速积累，并形成农业经济持续性增长的现实壁垒，治理难度也会显著增加。

反之，如果农业面源污染源主要使用量的实际值小于理想值，则化肥、农用塑料膜、农用柴油、农药等主要面源污染源的使用量是"适度"的，能够为农业增产增收提供有效的支撑。还需要说明的是，本部分所运用数据属性均为年度数据。因此，将式（4-1）中的参数 λ 设定为100。总体层面的分解与评估结果，如表4-2所示。总体来看，我国农业面源污染呈现阶段性反复上涨和治理间断性有效的复杂演进趋势。对整个样本区间进行统计我们会发现，我国农业面源污染源构成的主要投入量超过理想值的年份有15年，占比达68.18%；处于理想值以下的年份有8年，占比仅为31.82%。总体来看，我国农业面源污染治理任务还是十分繁重。

表4-2　　　　　　　　　农业面源污染总体层面的分解结果

年份	实际值	理想值	差值	评估结果
1997	1361.5000	1335.7966	25.7033	过度
1998	1411.0892	1383.1582	27.9310	过度
1999	1434.2324	1430.7768	3.4556	过度
2000	1453.3495	1479.1887	-25.8392	适度
2001	1502.9527	1528.9650	-26.0123	适度
2002	1533.0192	1580.4180	-47.3987	适度
2003	1569.5974	1633.6001	-64.0027	适度
2004	1690.7753	1688.0899	2.6855	过度
2005	1747.8068	1742.8255	4.9812	过度
2006	1797.1647	1796.7723	0.3923	过度

续表

年份	实际值	理想值	差值	评估结果
2007	1871.1076	1848.9453	22.1623	过度
2008	1873.8046	1898.3635	-24.5589	适度
2009	1935.8424	1944.2674	-8.4250	适度
2010	1994.5303	1985.6520	8.8783	过度
2011	2042.4635	2021.4280	21.0354	过度
2012	2091.4265	2050.5951	40.8314	过度
2013	2124.0261	2072.3630	51.6631	过度
2014	2153.0783	2086.3500	66.7283	过度
2015	2164.7133	2092.6908	72.0224	过度
2016	2134.0267	2092.1877	41.8390	过度
2017	2093.1858	2086.3629	6.8229	过度
2018	2013.4612	2077.1571	-63.6959	适度
2019	1929.3801	2066.5794	-137.1993	适度

为了更好地体现我国农业面源污染的演进态势，将表4-2数据进行可视化表达，绘制形成图4-7。在总体水平上，农业面源污染分解后的趋势项（Cycle），存在较大波动性，且存在大于0情况。农业面源污染源要素存在过度投入现象，这直接加剧了农业面源污染程度。在阶段性层面，我国农业面源污染"加剧现象"存在1997~1999年、2004~2007年、2010~2017年三个主要阶段。其中，在1997~1999年、2004~2007年这两个阶段，农业面源污染的周期存续较短。为此基本可以判断，从2004年开始，我国农业面源污染程度才开始不断加剧。

为什么会这样呢？本章认为，这与农业补贴政策所带来的环境"外部性"有很大关联。从2004年开始，中国先后实施了农业"三项补贴"政策，并于2009年取消了化肥价格的限制性措施、完善农资综合补贴。但在收入最大化导向和农资综合补贴政策辐射下，政策落实却出现了一定的政策性偏差。这对农业面源污染程度的加剧具有一定的推波助澜作用。由图4-7可知，在这一阶段，我国农业面源污染程度辐射周期和持续时间长达8年。从2017年开始，"打赢农业面源污染防治攻坚战"在战略层面被提上日程。因此，农业面源污染的实际值与理想值的差值，减小幅度逐年递增，并在 2018 年实现"由正转负"逆转，这也充分说明，农业面源污染治理成效开始显现，效果不断强化。

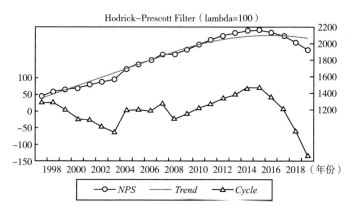

图 4-7　全国总体层面的 H-P 分解结果

4.2.3　农业面源污染程度的结构性分解和比较

为了更为完善地反映主要农业面源污染源构成的结构性矛盾，本部分继续从分污染源的角度对不同污染源投入的"适度性"进行判断，以揭示农业面源污染程度的异质性特征。具体结果见表 4-3、表 4-4、表 4-5、表 4-6，以及图 4-8、图 4-9、图 4-10、图 4-11。总体来看，在不同污染源层面，各污染源长期趋势序列（Trend）与其原始序列重合程度较高，但各污染源的循环变动序列（Cycle）仍存在大于 0 的情况。这说明有些年份各污染源的过度投入现象依然比较突出。这也与总体层面的分析结果是一致的。为了更好地进行比较和发现更多新矛盾、新问题，继续对各污染源的分解结果进行比较分析。

（1）化肥污染源的分解结果与分析。

①总体结果。化肥污染源的分解结果见表 4-3。从结果可知，化肥污染源的投入实际值均超过理想值的年份有 12 年，占总样本的 54.55%。这充分证明，我国农业生产中的化肥过度施用现象比较普遍。而且化肥过度施用出现的年份，与农业面源污染投入量出现"过度"的结果的年份完全重叠。这充分证明化肥的过度施用仍是加剧农业面源污染的重要原因。

表 4 - 3 化肥污染源的分解结果

年份	实际值	理想值	差值	评估结果
1997	3980.800	3889.010	91.790	过度
1998	4085.600	3993.360	92.240	过度
1999	4124.400	4098.640	25.760	过度
2000	4146.800	4206.670	-59.870	适度
2001	4254.100	4319.560	-65.460	适度
2002	4339.300	4438.800	-99.500	适度
2003	4411.700	4565.250	-153.550	适度
2004	4636.800	4698.740	-61.940	适度
2005	4766.200	4837.600	-71.400	适度
2006	4927.700	4979.520	-51.820	适度
2007	5107.900	5121.470	-13.570	适度
2008	5239.200	5259.930	-20.730	适度
2009	5404.700	5391.220	13.480	过度
2010	5561.800	5511.450	50.350	过度
2011	5704.200	5616.890	87.310	过度
2012	5838.900	5704.280	134.620	过度
2013	5911.700	5771.270	140.430	过度
2014	5996.800	5816.830	179.970	过度
2015	6022.500	5841.330	181.170	过度
2016	5984.300	5846.970	137.330	过度
2017	5859.400	5837.730	21.670	过度
2018	5653.420	5818.980	-165.560	适度
2019	5403.580	5796.300	-392.720	适度

②阶段特征。从演进趋势和阶段特征来看，化肥过度施用的阶段可以划分为1997～1999年、2009～2017年两个主要阶段（见图4-8）。从实际值和理想值的缺口演进趋势来看，样本区间内化肥污染源程度逐渐下降。尤其是在2009～2017年这一阶段，化肥要素投入量的实际值和理想值的缺口呈现明显的倒"U"形特征。具体来看，在2009～2015年这一阶段，化肥污染源的过度使用强度逐渐增加，并于2015年达到峰值，随后进入快速下降阶段，化肥过度施用态势也得到了有效缓解。

　　为什么会这样呢? 本章认为，这与化肥产业供给侧结构性改革有很大关联。国家发展改革委于 2015 年在《关于降低燃煤发电上网电价和工商业用电价格的通知》中提出了取消化肥生产电价优惠的政策举措。然后，从 2016 年开始，政策力度逐渐加码，化肥生产中的优惠电价、优惠运输价格、优惠天然气价格等相继被取消。这些政策调整在一定程度上提升了化肥生产企业的生产和销售成本，使化肥产量递减，化肥施用量过度使用态势得到有效缓解。

　　从这个方面来看，新时期强化农业面源污染治理、供给侧结构性政策调整，也是重要的政策选择，需要各类型政策工具的综合运用、协同配合。这对于从适度规模经营的角度探究农业面源污染治理的协同路径，具有重要的借鉴价值。可以看出，除了要对新型农业经营主体的经营行为进行鼓励外，政府还应通过供给侧结构性改革，对新型农业经营主体的生产经营行为进行约束形成"负面清单"。唯有如此，才能全面提升农业面源污染治理成效。

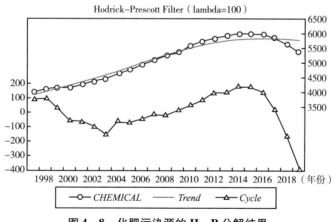

图 4-8　化肥污染源的 H-P 分解结果

　　(2) 农药污染源的分解结果与分析。

　　①总体结果。农药污染源的分解结果见表 4-4。从结果可知，样本区间内，我国农药投入超过理想值的年份有 14 年，占总样本的比重为63.64%，这一比例超过化肥投入量超标的年份，并与我国农业面源污染的平均占比相当。这说明在污染源结构层面，农药污染源对我国农业面源污染的贡献较大，是后续农业面源污染治理的重点。我国农药使用量居世界

第一位，农药使用量偏高、利用率偏低等问题是当前农业面源污染的突出问题和重大挑战。农药污染源投入没有超过临界值的年份有 9 年，占样本的比重为 40.9%。

表 4-4　　　　　　　　　　农药污染源的分解结果

年份	实际值	理想值	差值	评估结果
1997	119.547	117.835	1.712	过度
1998	123.170	121.431	1.739	过度
1999	132.162	125.044	7.118	过度
2000	127.953	128.709	-0.755	适度
2001	127.482	132.530	-5.049	适度
2002	131.229	136.608	-5.379	适度
2003	132.523	140.988	-8.466	适度
2004	138.603	145.666	-7.063	适度
2005	145.995	150.549	-4.555	适度
2006	153.710	155.477	-1.767	适度
2007	162.284	160.243	2.040	过度
2008	167.226	164.622	2.604	过度
2009	170.900	168.410	2.490	过度
2010	175.822	171.429	4.393	过度
2011	178.700	173.524	5.176	过度
2012	180.606	174.588	6.018	过度
2013	180.186	174.562	5.624	过度
2014	180.692	173.449	7.243	过度
2015	178.297	171.308	6.989	过度
2016	174.046	168.270	5.776	过度
2017	165.507	164.535	0.971	过度
2018	150.355	160.364	-10.009	适度
2019	139.175	156.024	-16.850	适度

②阶段特征。从演进趋势和阶段性特征来看，我国农药面源污染源投入量。大致经历了四个阶段：1997~1999 年、2000~2006 年、2007~2017 年、2018~2019 年，有点类似于 "N" 形特征（见图 4-9）。其中，1997~

1999 年、2007～2017 年这两个时间段，农药的实际投入量均超过理想值，存在过度投入的现象。不过可喜的是，在 2000～2006 年、2018～2019 年这两个时间段内，农药的实际投入量并未超过理想值，这说明在这两个阶段农药污染源投入并未加剧农业面源污染的程度。

总而言之，农药污染源的投入也存在显著的阶段性特征。通过分析实际值和理想值的缺口，我们会发现：在适度阶段，农药投入实际值与理想值的缺口，呈现逐年递减的特征，这在一定程度上反映了我国农药污染源的治理效果越来越好。但我们也需要看到的是，在过渡阶段，农药投入的实际值与理想值的缺口在大范围内表现出不断增加的发展态势。综合这两部分结论可知，农药污染源污染的投入有明显的路径依赖特征。这也从侧面反映了农业面源污染治理亦存在显著的路径依赖特征，需要持续的、无间断的关注。

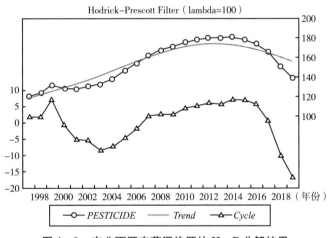

图 4 - 9　农业面源农药污染源的 H - P 分解结果

（3）农用薄膜的分解结果与分析。

①总体结果。农用塑料膜是我国"白色污染"的重要成因，也是农业面源污染源的重要源头，是制约农业绿色发展的突出环境问题。农用塑料膜的 H - P 分解结果见表 4 - 5。从中可以看出，我国农用塑料膜使用实际值超过理想值的年份有：1997 年、1998 年、2001 年、2002 年、2011～2016 年，共 10 年，占总样本的比重为 45.5%；农用塑料膜投入量的实际值处于理想值之下的年份共有 13 年，占总样本的比重为 56%。从这个角

度来看，我国农用塑料膜污染源治理效果还是比较显著的。

另外，与我国总体水平、化肥污染源、农药污染源的投入量比较发现，农用塑料膜过度使用情况要小于我国总体情况、化肥污染源和农药污染源情况。这一方面，反映了当前我国在农用塑料膜污染源治理中取得的显著成效；另一方面，也揭示了化肥污染源、农药污染源是新时期我国农业面源污染治理的重中之重。

表 4 – 5 农用薄膜污染源的分解结果

年份	实际值	理想值	差值	评估结果
1997	116. 153	112. 297	3. 856	过度
1998	120. 687	120. 278	0. 408	过度
1999	125. 867	128. 298	− 2. 431	适度
2000	133. 545	136. 399	− 2. 855	适度
2001	144. 929	144. 600	0. 329	过度
2002	153. 948	152. 890	1. 059	过度
2003	159. 167	161. 262	− 2. 095	适度
2004	167. 999	169. 721	− 1. 722	适度
2005	176. 233	178. 248	− 2. 015	适度
2006	184. 548	186. 809	− 2. 261	适度
2007	193. 747	195. 351	− 1. 604	适度
2008	200. 692	203. 794	− 3. 102	适度
2009	207. 970	212. 047	− 4. 077	适度
2010	217. 299	219. 984	− 2. 685	适度
2011	229. 454	227. 441	2. 012	过度
2012	238. 300	234. 226	4. 074	过度
2013	249. 318	240. 167	9. 152	过度
2014	258. 021	245. 132	12. 889	过度
2015	260. 356	249. 082	11. 274	过度
2016	260. 261	252. 108	8. 153	过度
2017	252. 837	254. 409	− 1. 573	适度
2018	246. 680	256. 271	− 9. 592	适度
2019	240. 766	257. 961	− 17. 195	适度

②阶段特征。从农膜使用量实际值与理想值的缺口演进趋势和阶段特征来看，农膜使用量实际值和理想值的缺口呈现典型的倒"U"形特征，表现为先升后降的演进态势（见图4-10）。具体来看，在1997～1998年、2001～2002年和2011～2016年三个阶段农用塑料膜投入量的实际值超过理想值，而且缺口总体上表现出不断扩大的趋势，这说明农用塑料膜的过度使用现象不断加剧，农用塑料膜对农业面源污染的加剧效应不断增强。另外，在1999～2000年、2003～2010年、2017～2019年，农用塑料膜的投入实际值均未超过理想值，投入的适度性特征比较明显。尤其是在后面两个阶段，我国农用塑料膜污染源的治理出现了明显的良性循环状态和显著的路径依赖特征。

这与我国政策对农用塑料膜的广泛干预以及对企业的支持是密不可分的。例如，2017年我国制定的《农膜回收行动方案》就明确指出，要强化农用塑料膜污染源的治理与旧农用塑料膜的综合利用，并确定了2020年农用塑料回收率，达到80%以上的政策预期目标。在具体落实层面，通过严格农膜生产标准、使用与回收监管，强化对100个地膜回收补贴示范县的补贴，创新农膜回收利用机制、建立由地膜回收企业统一供给、统一铺膜、统一回收的生产者责任延伸制度，推进农用膜机械捡拾、强化考核等措施，实现农用塑料膜有效治理目标。因此，农膜污染源于2017年进入了"适度"阶段，总体处于可控状态。

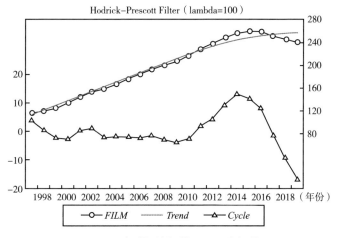

图4-10　农膜污染源的 H-P 分解结果

（4）农用柴油的分解结果与分析。

①总体结果。农用柴油污染源的分解结果见表 4-6。由表我们可以看出，样本区间内，农用柴油投入量的实际值超过理想值的年份有 12 年，占样本总量的 54.5%。这一比重低于我国农业面源污染分解的总体结果和农药污染源的分解结果，与化肥污染源的分解结果持平，但高于农膜污染源的分解结果。农用柴油投入量的实际值未超过理想值的年份有 11 年，占样本总量的 47.8%。综合两部分结果可知，我国农用柴油的污染程度仍然比较严峻，也是新时期农业面源污染治理过程中，需要重点关注主要结构性矛盾。

表 4-6　　　　　　　　　**农用柴油污染源的分解结果**

年份	实际值	理想值	差值	评估结果
1997	1229.500	1224.048	5.452	过度
1998	1314.900	1297.561	17.339	过度
1999	1354.500	1371.1276	-16.628	适度
2000	1405.100	1444.977	-39.877	适度
2001	1485.300	1519.170	-33.870	适度
2002	1507.600	1593.371	-85.771	适度
2003	1575.000	1666.902	-91.902	适度
2004	1819.700	1738.231	81.469	过度
2005	1902.800	1804.905	97.895	过度
2006	1922.700	1865.286	57.414	过度
2007	2020.500	1918.715	101.785	过度
2008	1888.100	1965.107	-77.007	适度
2009	1959.800	2005.396	-45.596	适度
2010	2023.200	2039.745	-16.545	适度
2011	2057.500	2067.860	-10.360	适度
2012	2107.900	2089.283	18.617	过度
2013	2154.900	2103.452	51.448	过度
2014	2176.800	2109.992	66.808	过度
2015	2197.700	2109.040	88.660	过度

续表

年份	实际值	理想值	差值	评估结果
2016	2117.500	2101.404	16.096	过度
2017	2095.000	2088.777	6.223	过度
2018	2003.390	2073.013	−69.623	适度
2019	1934.000	2056.029	−122.029	适度

②阶段特征。进一步地，图4–11给出了农用柴油污染源演进趋势和阶段特征。从缺口演进曲线可以看出，相比较其他污染源，农用柴油污染源的波动幅度较大，曲线形状也与前面的不同，充分表明了农用柴油污染源变动的复杂性和特殊性。从阶段性特征来看，我国农用柴油污染源的实际值超过理想值的年份主要有1997～1998年、2004～2007年、2012～2017年三个阶段，而且在每个阶段"缺口值"总体上呈不断上升的趋势，污染程度不断递增，存在显著的路径依赖特征。

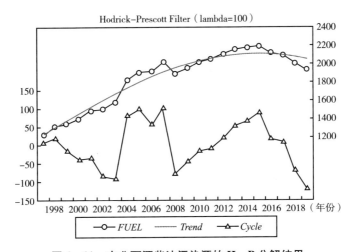

图4–11　农业面源柴油污染源的 H – P 分解结果

综合比较发现，从实际值与理想值"缺口"演进趋势来看，化肥、农药、农膜、农用柴油四种污染源"缺口"总体上呈现不断下降态势，这反映了我国农业面源污染治理的成效还是比较显著的。这与主要污染源构成与投入情况、表现的时空特征部分所进行的初步分析是一致的。但我们也需要看到的是，化肥、农药、农膜、农用柴油四种主要污染源实际值与理想值"缺口",大于 0 的情况仍是广泛存在的。其中,化肥污染源占54.55%;农药污染源占 63.64%;农膜污染源占 45.5%;农用柴油污染源占 54.5%。排序如下:农药污染源 > 化肥污染源 > 农用柴油污染源 > 农膜污染源。因此,农药污染源和化肥污染源仍是我国农业面源污染的主要结构性矛盾,农药和化肥是新时期我国农业面源污染治理的主要关注对象。

4.3 我国农业面源污染源传导路径与治理政策体系

基于前述分析,本部分继续从结构层面揭示我国农业面源污染产生的主导"传染源",找到其中的主要矛盾、主要问题。然后将视角转至政策维度,在解构我国农业面源污染治理政策构成的基础上,发现目前农业面源污染治理政策及其关注焦点是否,与"传导源"一致,进而为新时期调整政策关注焦点、创新政策工具提供坚实的经验支撑。

4.3.1 我国农业面源污染传导路径分析

(1)小波分析及其介绍。

在前述部分,我们通过描述性统计信息,已经确定了当前面源污染程度的主要结构性排序。但这四种主要污染源对总体的贡献度是多少?是哪一类污染源构成推动农业面源污染的总动力呢?这些都有待进一步揭示和探索。为此,本部分运用小波变换和小波相干性分析来揭示不同污染源对总体的多时间尺度特征。

小波变换是分析时间序列局部变化特征的常用工具。其基本原理是:将时间序列扩展到时频空间,进而得到时间序列的主要波动模式以及这些模式的时间变化趋势[1]。小波变换又可以分为离散小波变换(DWT)和连续小波变换(CWT)两种。其中,离散小波变换适用于降噪和数据压缩。连续小波变换适用于信号特征的提取[2]。此外,还需说明的是,本章研究

---

[1] Torrence C, Compo G P. A practical guide to wavelet analysis [J]. Bulletin of the American Meteorological society, 1998, 79 (1): 61 –78.

[2] Grinsted A, Moore J C, Jevrejeva S. Application of the cross wavelet transform and wavelet coherence to geophysical time series [J]. Nonlinear Processes in Geophysics, 2004, 11 (5/6): 561 –566.

的"母小波"为 Morlet 小波。其中，η 为无量纲时间，ω_0 为无量纲频率。

$$\psi_0(\eta) = \pi^{-1/4} e^{i\omega 0\eta} e^{-\eta^2/2} \tag{4-2}$$

时间序列的连续小波变换为基于尺度化和标准化的小波母函数，与时间序列 $x_n(n=1,2,\cdots,N)$ 的卷积，变换结果 $W_n^X(s)$ 如式（4-3）所示。其中，S 为伸缩尺度，δ_t 为均一时间步长，n' 为取值为 1 到 N 的整数，* 为复共轭，小波转换结果 $W_n^X(s)$ 的实部和虚部的平方和 $|W_n^X(s)|^2$，则是小波功率谱。

$$W_n^X(s) = \sqrt{\frac{\delta_t}{s}} \sum_{n'=1}^{N} x_{n'}\psi^* \left[(n'-n)\frac{\delta_t}{s} \right] \tag{4-3}$$

基于小波变换，进一步运用小波相干性分析不同污染源与总体情况之间的关联性。本章选取的方法为小波相干性分析（WTC）。该方法可以用来揭示对应交叉小波功率谱中低能量区的相关性：

$$R_n^2(s) = \frac{|S(s^{-1} W^{XY}(s))|^2}{S(s^{-1}|W^X(s)|^2) \times S(s^{-1}|W^Y(s)|^2)} \tag{4-4}$$

其中，S 为平滑算子，且 $S(W) = S_{scale}(S_{time}(W_n(s)))$，$S_{scale}$ 表示小波伸缩尺度轴平滑，S_{time} 表示小波时间平移轴平滑。还需说明的是，小波相干谱的显著性检验采用 Monte Carlo 方法。本章连续小波变换、交叉小波变换的计算方法和程序来自托伦斯和康泊[1]以及格伦斯特德等[2]。

（2）结果与分析。

图 4-12 给出了化肥（CF）、农药（PE）、农用地膜（MF）、农用柴油（DF）等主要污染源和农业面源污染（NPS）之间的小波相干谱图。在图 4-12 中箭头方向表示主要面源污染源和总体水平之间的相位关系。箭头由左向右（→）表示，两个时间序列之间同相位（正相关）；箭头由右向左（←）表示两个时间序列之间反相位（负相关）；箭头为右上（↗）和左下（↙）表示第一个变量是领先于第二个变量，箭头为左上（↖）和

① Torrence C，Compo G P. A practical guide to wavelet analysis [J]. Bulletin of the American Meteorological Society，1998，79（1）：61-78.

② Grinsted A，Moore J C，Jevrejeva S. Application of the cross wavelet transform and wavelet coherence to geophysical time series [J]. Nonlinear Processes in Geophysics，2004，11（5/6）：561-566.

右下（↘）表示第一个变量滞后于第二个变量。

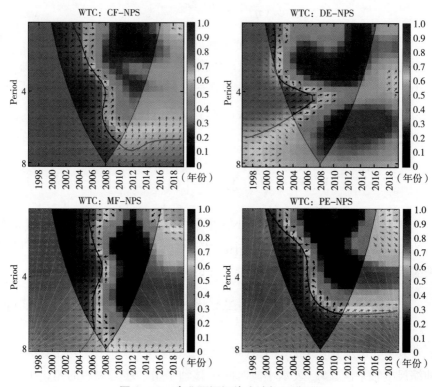

图 4 - 12　农业面源污染小波相干谱图

总体来看，四种不同的污染源和我国农业面源污染总体水平在短期、中期和长期频率尺度下存在明显的正相位共振现象。本章重点通过分析各污染源和总体水平两个变量的领先顺序，来确定我国农业面源污染的"主导源"。

①化肥污染源。在高投入期，箭头均为右上（↗），化肥投入在农业面源污染总体构成中处于领先状态。这说明样本区间内化肥污染源对农业面源污染的"加剧效应"不言而喻。在中等投入期存在左下箭头（↙）的情况，也说明化肥污染源的投入也要领先于农业面源污染源。但在蓝色区域并未出现任何箭头。这说明，在低投入期化肥投入和面源污染总体两个变量之间的关系并不显著。这在一定程度上反映了当前我国化肥污染源治理和农业面源污染源治理所表现的现实困境和结构性矛盾。

②柴油污染源。高投入期和中等投入期箭头方向主要以右上（↗）为

主，说明在低投入期柴油污染源要领先于面源污染总体水平。在低投入期并未出现任何方向箭头，两者的关系与上述情况一样也并不显著。这也说明了我国柴油污染源的治理效果并不显著。综合这两点来看，化肥污染源和柴油污染源均领先于农业面源污染总体情况。

③农用塑料膜污染源。在高投入期，箭头方向主要以右上（↗）和左下（↙）为主，这说明我国农用塑料膜的投入强度领先于总体情况。在中等投入期，箭头方向主要以左下（↙）和右上（↗）为主，说明我国农用塑料膜的投入强度也领先于总体情况。但也需要看到的是，在中等投入期，也存在左上（↖）和右下（↘）的情况，这说明总体情况要领先于农用塑料膜污染源，但这样的情况在中等投入期的情况较少。

④农药污染源。在高投入期，箭头方向主要以右下（↘）和左上（↖）为主，说明农业面源污染总体要领先于农药污染源。在中等投入期，箭头方向主要以右下（↘）为主。综合这两点可知，无论是在高投入期还是在中等投入期，农业面源污染总体上都要领先于农药污染源。这在一定程度上说明农药污染源的治理成效相比其他三种类型的污染源要好一些。但需要特别关注的是，在低投入期所有污染源结构与农业面源污染总体间的相关性均不显著。这也揭示了我国农业面源污染治理强度需要进一步提升的特征事实。

综合小波相干性分析结果可以看出，样本跨期内，化肥污染源、柴油污染源和农用塑料膜污染源的投入量均领先于总体水平。通过比较我们发现，化肥污染源的在高投入期面积最大。化肥污染源是农业面源污染"加剧效应"产生的"主导源"。农药污染源的投入量滞后于总体水平，而且从面积上我们也会发现，在高投入期的面积也十分大。可见，在高投入期农药污染源的治理效果还是比较显著的。综合而言，强化化肥污染源的治理是新时期我国农业面源污染治理的重要战略选择和治理重点。

4.3.2　我国农业面源污染治理政策体系

在前述部分，本章已经对我国农业面源污染的构成与投入情况、时空特征和程度分解等进行了分析，并基于小波分析确定了我国农业面源污染的主导力量和结构性矛盾是化肥污染源。在接下来的部分，我们将视角转至政策体系层面，揭示当前我国农业面源污染治理的政策体系构成、主要特征及其与我国农业面源污染源结构性矛盾的匹配性和治理效果。按照理论部分界定，农业面源污染治理政策体系一般可以分为庇古手段和科斯手段。其中，庇古手段主要是法律手段和公共财政手段；科斯手段主要指的是金融政策手段。因此，本部分也主要就这两个大类型，从法律与政策法规、税收政策与补贴政策、金融政策三个维度，解构我国农业面源污染治理的政策体系。通过对政策关注重点的解析和把握，对照小波分析所揭示的面源污染源"主导源"评估政策的运行绩效和现实效果，找到政策关注的薄弱环节和偏差，明确新时期政策调整的现实立足点。

（1）法律与政策法规。

法律和政策法规是农业环境问题治理的重要手段，并随着农业环境问题的产生原因不同进行相机抉择。纵览新中国成立后，我国农业环境问题演进历程基本上可以划分为两个阶段。新中国成立初期，百废待兴、百业待举，优先发展重工业的战略取向渗透至经济社会发展的各个方面。在这一战略导向以及"剪刀差"机制的影响下，农业部门不但长久以来沦为工业的附属部门，而且"先污染后治理"的错误理念也给农业生态造成了严重影响。一大批企业在农村投资建厂，在活跃农村经济、促进产业结构调整的同时，也使农业污染治理陷入源头防控和后期治理"两头缺失"的双重困境。可以看出，在这一阶段，农业环境污染和生态破坏主要由于外部因素的导入，从本质上来看，更多体现的是"点源污染"。

十一届三中全会以后，随着体制机制变革与创新，家庭联产承包责任制在解放农业生产力、提升农业生产效率、调动农业生产者的积极性等方面发挥了巨大的促进作用。在这样的现实大背景下，政府为了给农业保驾护航也加大了对农用化学品的财政支持力度。放置到当时的时空背景下，这样的做法是值得肯定的。但随着发展的演进，这一做法也直接造成了农户"产量驱动"的短视行为——农户为了提升产量，纷纷加大对农用化学品的投入力度，加重了农业生态环境承载力，进而使农业面源污染问题接踵而来。自此以后，我国开始意识到农业面源污染治理的重要性，并制定了相关法律、法规来关注农业面源污染问题。为了更好地体现法律法规体系，本章将涉及农业面源污染的法律、行政法规、部门规章和规范性文件进行整理（见表4-7）。

表 4 - 7   关于面源污染的相关法律与政策法规

层级	实施时间	名称	制定者	内容
法律	2006 年	农产品质量安全法	全国人大常委会	规定农产品生产者，应当合理使用化肥、农药、兽药、农用薄膜等化工产品，防止对农产品产地造成污染
	2011 年	水土保持法	全国人大常委会	严格控制化肥和农药的使用，减少水土流失引起的面源污染，保护饮用水水源
	2013 年	农业法	全国人大常委会	合理使用化肥、农药、农用薄膜，保护和提高地力；提高秸秆等废弃物综合利用率，防止造成环境污染和生态破坏
	2015 年	环境保护法	全国人大常委会	指导合理使用农用投入品，科学处置农用薄膜等农业废弃物，防止农业面源污染
	2016 年	大气污染防治法	全国人大常委会	改进施肥方式，科学合理施用化肥，并按照国家有关规定使用农药，减少氨、挥发性有机物等大气污染物的排放
	2018 年	宪法	全国人大常委会	国家保护和改善生活环境和生态环境，防治污染和其他公害
	2018 年	水污染防治法	全国人大常委会	控制化肥和农药的过量使用，防止造成水污染
	2019 年	土壤污染防治法	全国人大常委会	加强农用地农药、化肥使用指导和使用总量控制，加强农用薄膜使用控制
	2020 年	固体废物污染环境防治法	全国人大常委会	产生秸秆、废弃农用薄膜、农药包装废弃物等农业固体废物的单位和其他生产经营者，应当采取回收利用和其他防止污染环境的措施
	2021 年	乡村振兴促进法	全国人大常委会	各级人民政府应当采取措施加强农业面源污染防治，推进农业投入品的减量化、生产清洁化、废弃物资源化、产业模式生态化，引导全社会形成节约适度、绿色低碳、文明健康的生产生活和消费方式

续表

层级	实施时间	名称	制定者	内容
行政法规	1996 年	国务院关于环境保护若干问题的决定	国务院	发展生态农业，控制农药、化肥、农膜等对农田和水源的污染
	1999 年	基本农田保护条例	国务院	合理施用化肥和农药，保持和培肥地力
	2017 年	农药管理条例	国务院	实行农药登记制度；减少农药使用量，对实施农药减量计划、自愿减少农药使用量的农药使用者，给予鼓励和扶持
部门规章	2000 年	肥料登记管理办法	农业部	肥料登记申请、审批、登记管理、罚则规定
	2006	农产品产地安全管理办法	农业部	农产品生产者应当合理使用肥料、农药、兽药、饲料和饲料添加剂、农用薄膜等农业投入品。禁止使用国家明令禁止、淘汰的或者未经许可的农业投入品。农产品生产者应当及时清除、回收农用薄膜、农业投入品包装物等，防止污染农产品产地环境
	2020 年	农用薄膜管理办法	农业农村部、工信部、生态环境部、市场监管总局	鼓励研发、推广农用薄膜回收技术与机械，开展废旧农用薄膜再利用
	2021 年	关于印发《农业面源污染治理与监督指导实施方案（试行）》的通知	生态环境部办公厅农业农村部办公厅	农业面源污染治理总体要求、主要任务、试点示范、保障措施等内容
规范性文件	1973 年	关于保护和改善环境的若干规定（试行草案）	国务院	综合利用"三废"资源，发展新化学农药，提高效用，降低污染
	2015 年	关于打好农业面源污染防治攻坚战的实施意见	农业部	大力发展节水农业；实施化肥零增长行动；实施农药零增长行动；着力解决农田残膜污染；深入开展秸秆资源化利用；实施耕地重金属污染治理

层级	实施时间	名称	制定者	内容
规范性文件	2015 年	水污染防治行动计划	国务院	推广低毒、低残留农药使用补助试点经验，开展农作物病虫害绿色防控和统防统治
		生态文明体制改革总体方案	中共中央、国务院	培育发展各种形式的农业面源污染治理主体市场
		全国农业可持续发展规划（2015～2030 年）	农业部、国家发改委等	全面加强农业面源污染防控，科学合理使用农业投入品，提高使用效率，减少农业内源性污染。努力实现农药施用量零增长
	2016 年	关于全面推开农业"三项补贴"改革工作的通知	财政部、农业部	全面推开农业"三项补贴"改革以绿色生态为导向，提高农作物秸秆综合利用水平，减少化肥农药用量、施用有机肥等；以贷款贴息、重大技术推广与服务补助等方式支持发展多种形式的粮食适度规模经营
	2017 年	关于创新体制机制推进农业绿色发展的意见	中共中央、国务院	建立农业投入品电子追溯制度，严格农业投入品生产和使用管理
	2018 年	农业农村污染治理攻坚战行动计划	国务院、生态环境部、农业农村部	实现"一保两治三减四提升"目标（保护农村饮用水水源，治理农村生活垃圾和污水，减少化肥、农药使用量和农业用水总量）。持续推进化肥、农药减量增效，加强秸秆、农膜废弃物资源化利用
		关于全面加强生态环境保护坚决打好污染防治攻坚战的意见	中共中央、国务院	减少化肥农药使用量，到 2020 年，化肥农药使用量实现零增长。推进有机肥替代化肥、病虫害绿色防控替代化学防治和废弃农膜回收
		中共中央　国务院关于实施乡村振兴战略的意见	中共中央、国务院	加强农业面源污染防治，推进有机肥替代化肥、畜禽粪污处理、农作物秸秆综合利用、废弃农膜回收、病虫害绿色防控
	2019 年	2019 年重点强农惠农政策	农业农村部、财政部	耕地地力保护补贴、农机购置补贴；鼓励有机肥和地膜回收利用

续表

层级	实施时间	名称	制定者	内容
规范性文件	2020 年	中共中央、国务院关于抓好"三农"领域重点工作确保如期实现全面小康的意见	中共中央、国务院	大力推进畜禽粪污资源化利用，深入开展农药化肥减量行动，加强农膜污染治理，推进秸秆综合利用
		2020 年农业农村绿色发展工作要点	农业农村部办公厅	持续推进化肥减量增效，农药减量控害，深入实施农膜回收行动

①规范性文件。由表 4-7 可知，在"庇古手段"框架下，我国最早关注农业面源污染是从"规范性文件"的角度进行的。1973 年，我国在《关于保护和改善环境的若干规定（试行草案）》中提出，综合利用"三废"资源，发展新化学农药，提高效用，降低污染。解读发现，该政策实际上从供给端入手，通过引导供给侧的农业生产资料企业进行技术创新来达到抑制农业面源污染的作用。此后，在漫长的发展过程中，关于农业面源污染的相关规范性文件，则相对零散甚至处于缺位的状态。

但从 2015 年开始，关于农业面源污染治理的政策性文件密集出台，对农业面源污染治理提出了具体的操作举措。具体来看，在《关于打好农业面源污染防治攻坚战的实施意见》中，从化肥零增长、农药零增长、农田残膜污染、秸秆利用以及耕地金属污染治理等内容维度，明确了农业面源污染治理的主攻重点和目标任务。随后，《水污染防治行动计划》《全国农业可持续发展规划（2015~2030 年）》文件均将治理重点指向了农药污染源治理，并明确了农用药零增长的治理目标。

值得一提的是，在《生态文明体制改革总体方案》中，我国首次明确了"培育发展各种形式的农业面源污染治理主体市场"的政策举措。这也是，我国农业面源污染治理手段，从"庇古手段"向"科斯手段"转化的转折点。从农业系统内部入手，充分挖掘我国农业经营体制改革与演化中涌现出来的诸多市场化、规模化和专业化经营主体，是完善农业面源污染治理手段和提升治理效果的新举措和政策关注焦点。

从 2016 年开始，我国规范性文件中对于农业面源污染的政策要求大多集中于体制机制改革、目标层级提升和覆盖面提升等三个维度。其中，在体制机制改革方面，《关于全面推开农业"三项补贴"改革工作的通知》《关于创新体制机制推进农业绿色发展的意见》等文件提出了"绿色生态"导向的农业补贴政策优化思路。同时，在制度创新层面，还主张建立农业投入品电子追溯制度，试图通过数字化途径探寻农业面源污染治理的新手段和新举措。在目标层级提升方面，《农业农村污染治理攻坚战行动计划》《关于全面加强生态环境保护坚决打好污染防治攻坚战的意见》将农业面源污染治理上升至"三大攻坚战"、乡村振兴的战略高度，落实化肥和农药"零增长"的政策目标。

从中也可以看出，我国农业面源污染治理的政策操作思路和农业面源污染源的传导路径是一致的。从 2018 年以后，我国农业面源污染治理从直接的对污染源的干预向耕地地力保护、农机具购置补贴、秸秆综合利用、农膜回收行动等方向转变，从"被动治理"向"主动作为"转移，强化资源的综合利用和实现发展思路的转变，全面提升治理效果。综合而言，在规范性文件层面，我国的政策操作和农业面源污染源的传递路径是一致的。

②部门规章。在部门规章层面，当前农业面源污染治理关注的重点主要集中于化肥和农膜两个层面。其中，在化肥污染源层面，《肥料登记管理办法》有详细记录和登记。该办法自 2000 年首次出台，并于 2004 年和 2017 年进行了两次修订。通过对肥料在农业生产各环节的全过程管控和有效监测，达到化肥污染源治理的目标，为促进农业生产提供有效保障。

在 2006 年制定的《农产品产地安全管理办法》中，也进一步明确了农业生产者应该合理施用化肥、农药、农用塑料膜等农业投入品的政策规定。从这一点内容来看，这实际上也明确了农业面源污染协同治理的现实要求。农业面源污染不仅是政府、农资生产企业的责任，更是农业生产主体的责任，新时期的农业面源污染需要建立"协同治理"机制。2020 年农业农村部等六个部门，联合制定了《农用薄膜管理办法》。该办法是指农用薄膜污染源，并提出强化农用塑料膜回收技术研发，开展废旧农用膜的再利用。

2021 年制定和实施的《农业面源污染治理与监督指导实施方案（试行）》，是农业面源污染治理和治理效果监督的系统性、专业性的部门规章。该实施方案从新时代打好污染防治攻坚战、以钉钉子精神推进农业面源污染治理的时代大背景出发，明确了面源污染治理在全面推进乡村振兴和农业农村现代化中的战略意义。该实施方案涵盖总体要求、主要任务、试点示范、保障措施四大部分内容。特别值得一提的是，除了阐述农业面源污染治理的技术措施外，该实施方案还从经济政策的角度论述了农业面源污染治理的手段创新。

这些共同点体现在以下几个方面：一是在基本原则板块，该方案提出要强化政策引导，充分运用税收、补贴等政策工具，广泛调动农业产业链参与主体以及社会各界的积极性，推动形成政府、农业社会化服务机构、农户等多元主体合作共治的格局。在完善农业面源污染防治政策机制部分，提出了要建立多元共治模式，推广形成"政府＋协会＋农户""龙头企业＋协会＋农户"等模式，形成统一生产管理、统一订购农资、实施品牌认证等标准化生产，构建"政府—市场—农户"等共治体系。二是在保障措施方面，该实施方案也明确了政府和市场协同配合、多元化的资金投入格局，逐步引导社会资本向农业面源污染领域汇集。更为重要的是，该实施方案首次明确了金融政策的角色和施力途径，主张通过绿色信贷、绿色债券等金融政策工具，重点支持化肥农药减量增效、农膜回收利用、秸秆综合利用等主要农业面源污染源治理用途。

③法律。从法律体系来看，我国目前并没有冠以农业面源污染的相关法律。农业面源污染治理内容大多涵盖于其他法律条款中。从时间演进来看，最早关于农业面源污染及治理相关条款源于 2006 年制定的《农产品质量安全法》。该法律明确界定了农业生产者是农业面源污染治理主体的基本职责。此后，2011 年的《水土保持法》首次提出了面源污染，主张通过严格控制化肥和农药的使用减少水土流失引发的面源污染。从这个角度来看，《水土保持法》中的面源污染在很大程度上被限定为因为化肥和农药的使用而产生的水污染。随后，2013 年《农业法》中，在合理使用化肥、农药、农用薄膜等化学品的基础上，新增了秸秆废弃物的综合利用的治理。可以看出，《农业法》中的面源污染覆盖范畴进一步扩大，涵盖土壤污染和大气污染等。

2015 年，《环境保护法》颁布并实施，我国农业面源污染迈入了新阶段。《环境保护法》和其他的法律、行政法规和部门规章中碎片化地从化肥、农药、农用膜等面源污染源的角度出发不同，《环境保护法》在明确提出了"农业面源污染"的同时，还提出了农业面源污染治理的主体责任和权责划分。《环境保护法》的第四十九条清晰界定了各级政府在农业面源污染治理中的主要职能。自此以后，我国总体进入了农业面源污染治理立法的"密集期"。2016～2021 年总共有 6 部法律，涉及农业面源污染问题。

其中，2016 年实施的《大气污染防治法》在第七十三条、第七十四条规定，地方政府需要推动转变农业生产方式，发展农业循环经济，极大地提高了对废弃物综合处理的支持力度，加强对农业生产经营活动排放的污染物的控制；农业生产经营者应当改进化肥方式，科学合理施用化肥、农药使用的基本规范。综合这两点来看，这两条重点关注的仍是化肥、农药以及废弃物等过度投放引发的大气污染问题。2018 年修订的《宪法》规定也对生态环境改善、污染防治做了明确规定。农业面源污染作为新时期国家着力解决的突出环境问题，隶属第二十六条规定内容。

此后，2018 年的《水污染防治法》《土壤污染防治法》《固体废物污染环境防治法》又分别从不同农业面源污染角度入手，提出了强化水污染、土壤污染和固体废弃物污染治理的政策主张，以解决农业面源污染的结构性矛盾。但总体落脚点仍然停留于农业生产主体层面。2021 年，颁布实施的《乡村振兴促进法》提出，各级政府应当采取措施强化农业面源污染防治，推动农业投入品的减量化、生产清洁化、废弃物资源化、产业模式生态化，进而引导全社会形成节约适度、绿色低碳、文明健康的生产生活方式。《乡村振兴促进法》明确了各级政府的权责划分，重点关注农业面源污染形成的过程特征和结果导向，有利于促进农业产业变革、模式创新。综合而言，相比较其他法律，《乡村振兴促进法》对农业面源污染的关注更为全面、更为综合，农业面源污染治理目标也更为多元。

④行政法规。在行政法规方面，最早可以追溯到 1996 年国务院制定的《国务院关于环境保护若干问题的决定》。虽然该行政法规对环境污染治理内容进行浓墨重彩描述，不过总体来说，该决定大篇幅的内容主要聚焦于城市污染层面，关于农业面源污染涉及的内容还相对较少。只是在第六部分提出了通过发展生态农业对化肥、农药等污染源进行控制的相关举措。不过值得肯定的是，该决定的"完善环境经济政策，切实增加环境保护投入"部分首次明确了金融支持政策作用以及发挥作用的具体场景。这一

点，对新时期创新绿色金融工具强化绿色金融供给在农业面源污染治理中的作用，有重要指导和借鉴价值。

此后，1999 年的《基本农田保护条例》，也再一次聚焦化肥、农药污染源。并从农业生产者的角度提出了相应的规定。《基本农田保护条例》在很大程度上聚焦的仍是农业生产主体，试图通过培养农业生产经营主体"亲环境"行为，达到化肥、农药施用量的下降，进而实现农业面源污染治理。

2017 年制定的《农药管理条例》，相比较前述规章制度，《农药管理条例》范围更广，涵盖农药产业链的各个参与主体、监管主体。对农药产业产前、产中、产后等环节均有全方位的规定和具体举措，实现了对农药污染源的有效管控。同时，在生产者层面，该条例也规定对农药减量使用者给予政策激励的相关举措。

综合而言，针对面源污染治理法律法规的对应措施，可以归纳为以下四个方面：一是科学合理地使用化肥农药，开展化肥农药减量行动，出台化肥农药"零增长"支持政策，推进污染治理；二是提高农业投入品使用效率，强化农用地膜、废弃物的回收和秸秆的综合利用，提高农业投入品的利用效率，形成农业循环经济新业态；三是培育发展各种形式的农业面源污染治理主体市场，从农业系统内部整合农业面源污染治理力量，形成各级政府、新型农业经营主体、农户和其他市场主体"多元共治、协同治理"新格局；四是创新农业面源污染治理的经济政策工具，不断完善农业面源污染治理法律框架、制度体系，明确政府和市场在农业面源污染治理中的边界和权责。尤其值得一提的是，在最近的法律体系和框架范畴内，金融政策、点源—面源污染排放权交易等市场化手段被多次提及。因此，实现"庇古手段"和"科斯手段"的协同也是治理框架不断演进的新特征、新趋势。

（2）税收和补贴相关政策。

除了法律手段外，税收政策和补贴政策也是"庇古手段"的重要构成。为此，在接下来的部分，本章继续梳理我国税收政策和补贴政策中对农业面源污染治理所涉及的基本内容和要求，力争全面、客观地反映当前我国农业面源污染治理体系的"庇古手段"特征。

①农业税收优惠政策。我国已经于 2006 年全面取消农业税，农业税收

优惠政策并不是针对农户，主要针对涉农企业这些新型农业经营主体。为激励新型农业经营主体从事农业面源污染治理，我国不断优化税收结构、征管标准，试图通过税收优惠政策，调动新型农业生产经营主体的污染治理积极性。因此，目前我国农业税收政策主要针对的是涉农企业等这些新型农业经营主体。

在增值税优惠方面，目前，享受增值税优惠的事项主要体现在流通环节的有机肥批发零售、秸秆综合利用等主要场景。《关于有机肥产品免征增值税的通知》《关于资源综合利用产品和劳务增值税优惠目录的通知》《关于资源综合利用增值税政策的公告》等文件中均有详细规定。值得一提的是，对于以农作物秸秆为原材料生产的相关货物，最高可退税额度达80%。在环境保护税优惠方面，《中华人民共和国环境保护税法》也明确提出，如果征收了环境保护税，则将不再征收排污费的政策举措。在企业所得税优惠方面，企业从事环境保护、节能节水、安全生产等项目所得，或者购置相应的专用设备，可以免征、减征和抵免税款。

②农业生态补贴政策。除了税收工具外，农业生态补贴政策也是"庇古政策工具"的重要内容。但在现实操作中，对农业生产主体征税还是十分困难的。这一点可以从税收政策的征收对象中予以窥探。税收征收的对象主要是涉农企业这类新型农业经营主体，农户并未涉及。相反，对于农户，需要采用"绿色补贴"方式，对其"亲环境"行为进行激励。这些生态补贴政策主要体现在农膜回收利用、有机肥施用、农药施用、生态畜牧、秸秆综合利用等方面。

农膜回收利用方面。2021年，财政部和农业农村部发布的重点强农惠农政策中农膜回收利用是财政补贴的重要范畴和领域。值得一提的是，在内蒙古、甘肃、新疆三地，100个县开展"整县推进"废旧地膜回收行动的覆盖范围还是比较大的。除了"整县推进"外，还鼓励其他地区进行探索和试点，健全废旧地膜加工、回收利用机制以及"谁生产、谁回收"的生产者责任延伸制度。

有机肥补贴方面。为推动化肥"零增长"行动，运用财政政策对有机肥施用进行支持是重要手段。从现实运作来看，政府一般通过购买服务、技术补贴，和物化补贴等方式进行。例如，农业农村部为有效支持长江经济带沿线省份实施化肥"零增长"行动，选择了一批重点县开展示范试点，推广土壤改良、地力培肥、化肥减量增效。例如，2017年农业农村部选中100个县，以"果菜茶"产业为补贴对象，实施有机肥替代化肥行动。当然，除了中央财政补贴外，各个地区也积极探索有机肥补贴方案。又如，广州市补贴标准为每吨300元，购置补贴标准为最高不超过1吨/亩/年。再如，2019年北京市投入资金1亿元，每年每亩有机肥用量限额1吨，市级金额不超过480元/吨。

农药施用补贴方面。除了化肥减量行动外，我国政府还积极推进"农药减量"行动。通过实施绿色防控替代化学防治行动，全面提高农药利用率。具体举措如下：一是在中央财政方面，通过创建绿色防控示范县、推广绿色生物防治技术的方式，实现带头示范作用。二是地方政府为推广新型绿色农药，也纷纷出台了一系列惠农补贴政策。例如，北京市农药减量行动对天敌产品补贴90%，对生物农药等产品补贴50%，对高效低毒低残留化学农药补贴30%。每亩最高可享受最高750元的补贴额度。农业生产者购买非化学农药的，每亩最高补贴额度为650元。购买高效低毒低残留化学农药的，每亩最高补贴额度为100元。

生态畜牧与秸秆综合利用补贴方面。在内蒙古、四川、云南等13个省区，制定了针对草原生态保护的生态畜牧补贴政策。在秸秆综合利用补贴方面，为减少秸秆焚烧产生的大气污染和整体环境质量影响，各地在秸秆还田、离田、加工、利用等方面积极进行补贴模式创新。例如，在秸秆还田作业方面，黑龙江玉米每亩补贴为25~40元，水稻每亩补贴为20~25元；河北省秸秆还田设置了不高于30元/亩的补贴标准。在秸秆离田利用补贴方面，黑龙江玉米、水稻秸秆的补贴标准为每吨50元。

（3）金融政策。

除法律法规、农业补贴等"庇古手段"外，随着我国市场化进程的纵深推进和金融创新加速，在绿色发展理念引领下，金融政策主导的"科斯手段"也逐步成为我国农业面源污染治理"工具箱"的重要构成。不过，从现实层面来看，当前聚焦农业面源污染的金融政策大多是在农业总体环境维度以"绿色金融"的业态出现。总体来看，当前金融政策支持农业面源污染治理还处于起步、初级探索阶段，本部分主要从政策体系特征、机构特征和产品特征三个维度进行。

"自上而下"的顶层推动充分发挥了我国社会主义制度优势和"三农"

超大规模市场优势，中国金融的绿色金融发展实现了从无到有、由弱到强的全新蜕变。就农业经营者而言，作为现代金融资源分配的弱势群体，匮乏的金融资源极大约束了农户经营向可持续发展的转化。而投资行为乏力、经营行为短期，正是农业面源污染的生成深层次原因[①]。

①绿色信贷。在总体层面，按照《中国绿色金融发展报告（2019）》统计数据显示：截至 2019 年末，全国绿色贷款余额达 10.22 万亿元，余额比年初增长 15.4%，比同期企事业单位贷款增速高 4.9 个百分点。同时，绿色信贷风险较低、质量较高。截至 2019 年末，绿色贷款中的不良贷款余额 745 亿元，不良率为 0.73%，比同期企业贷款不良率低 1.54 个百分点。以宏观层面的基准制度为基础，我国各地积极进行绿色金融创新与实践。从发展现实特征来看，截至 2019 年末，东部地区绿色贷款余额为 4.72 万亿元，增速比全国平均水平高 0.7 个百分点；中部地区绿色贷款余额为 2.40 万亿元，增速与全国水平持平。西部地区绿色金融贷款余额为 2.53 万亿元。

从金融机构方面来看，随着我国金融体系建立健全，众多金融机构也加快了农业环境治理与绿色发展的创新和投入力度。政策性银行、大型商业银行以及中小型银行，都是其中的中坚力量。据统计，中国农业发展银行的绿色信贷关键指标占比比 2017 年提高了 6 个百分点，达到了 88.31%，绿色贷款份额提升了 0.98 个百分点，贷款余额增长率为 31.94%，新增绿色项目增长率为 72.69%。除此之外，股份制商业银行在创新绿色金融业务方面也表现了前所未有的热情。兴业银行于 2006 年率先开创了绿色金融业务，并在 2008 年成为国内首家赤道银行。截至 2019 年末，累计发行绿色金融债 1300 亿元，成为全球绿色金融债发行余额最大的商业金融机构。值得一提的是，我国大多数商业银行都设立了绿色金融相关的专职管理机构（见表 4-8）。不断完善对"两高一剩"节能减排、环保等行业绿色信贷分类管理制度。通过实行差异的授信、环保"一票否决制"，可以进一步引导金融资源向绿色、循环、低碳方向倾斜，农业面源污染治理注入金融活水。

---

① 张欣，王绪龙，张巨勇. 农户行为对农业生态的负面影响与优化对策 [J]. 农村经济，2005（11）：4.

表 4 – 8   我国涉农金融机构代表信息

银行名称	绿色金融管理机构	环保"一票否决制"
中国农业发展银行	绿色信贷委员会专职管理	未披露
中国农业银行	社会责任管理委员会兼职管理	已实行
中国工商银行	公司战略管理与投资者关系部兼职管理	已实行
中国邮政储蓄银行	绿色金融专责机构,并成立绿色支行	已实行
兴业银行	绿色金融专项推进小组专职管理,并成立绿色支行	已实行
招商银行	绿色金融领导小组专职管理,并成立绿色专营支行	已实行
华夏银行	绿色金融管理委员会专职管理	已实行
浦发银行	绿色金融团队专职管理	已实行
民生银行	绿色金融专业机构专职管理	已实行

在产品层面,绿色金融的产品体系逐步完善。形成了以绿色信贷为主导,绿色债券、绿色信贷资产证券化、生态补偿抵押融资和绿色发展基金为补充的较为完善的绿色金融产品体系。为了对绿色金融产品体系进行全面刻画,本章整理了全国 13 家主要银行绿色金融产品信息(见表 4 – 9)。从中可以看出,商业银行系的绿色金融产品还是十分丰富、多元的,能够满足绿色、低碳、循环经济发展等"不同场景"下的绿色金融服务需求。

表 4 – 9   全国(不含港澳台地区)13 家银行绿色金融产品信息

银行名称	绿色金融规模	绿色金融产品
中国农业发展银行	绿色信贷余额 3230 亿元	发行绿色贷款;"粤港澳大湾区"主题等绿色金融债券
中国银行	绿色贷款余额 7375.7 亿元	绿色债券;绿色信贷;绿色资产支持票据(ABN);绿色证券主题理财产品
中国建设银行	绿色贷款余额 11758.02 亿元	绿色与可持续金融债;碳排放权质押融资、绿色 e 销通、绿色租融保、节能贷、海绵城市贷款、管廊建设贷款、碳排放权质押贷款,试点排污权融资贷等绿色信贷
中国工商银行	绿色贷款余额 13508.38 亿元	生态环保、清洁能源、节能环保、资源循环利用等节能环保项目与服务的绿色信贷;绿色银团贷款;"粤港澳大湾区"绿色债券、绿色"一带一路"银行间常态化合作债券

续表

银行名称	绿色金融规模	绿色金融产品
中国农业银行	绿色贷款余额 11910 亿元； 绿色债券募集资金 390 亿元	绿色信贷；农银租赁绿色金融债券、绿色＋扶贫债务融资工具；绿色租赁资产证券化、信托资产支持证券、绿色资产支持票据等绿色资产证券化产品；绿色 ESG 主题产品
交通银行	绿色贷款余额 3283.52 亿元	绿色银团贷款等绿色贷款；节能、污染防治、资源节约与循环利用、清洁交通、清洁能源、生态保护和适应气候变化等领域的绿色金融债券
中国邮政储蓄银行	绿色贷款余额 2433.01 亿元； 绿色债券余额 184.81 亿元	排污贷、生态公益林补偿收益权质押贷款、垃圾收费权质押贷款、合同能源管理项目未来收益权质押贷款等绿色贷款；节能环保、污染防治、资源节约与循环利用、清洁交通等相关产业的绿色债券
兴业银行	"绿色按揭贷" 贷款余额 220.07 亿元	"绿创贷"、绿色金融债专项资金、绿色理财、绿色债务融资工具、绿色企业债、绿色公司债、绿色资产证券化、节能环保产业基金、绿色理财、低碳信用卡、绿色消费贷、"绿色" 租赁
平安银行	绿色贷款余额 252 亿元	绿色信贷；绿色债券；绿色基金
华夏银行	绿色信贷业务余额 798.44 亿元； 绿色金融债 30.43 亿元	绿色项目集合融资、能源综合系统化服务、光伏贷、排污权抵质押融资、碳金融、合同能源管理融资绿色资产支持证券 ABS；绿色信用债券；绿色金融债
招商银行	绿色贷款余额 1767.73 亿元	"绿贷通" 绿色金融服务平台；绿色信贷；绿色债券；绿色基金
民生银行	节能环保项目及服务贷款余额 322.55 亿元	绿色循环经济资产证券化（ABS）；绿色信贷；绿色债券；绿色基金
浦发银行	绿色信贷余额 2260 亿元	"低碳城市" 主题绿色债券、绿色中期票据、能效融资、清洁能源融资、环保金融、碳金融、绿色装备供应链融资等服务

②绿色债券。中国人民银行《关于加强绿色金融债券存续期监督管理有关事宜的通知》、国家发展改革委《绿色债券发行指引》、上交所与深交所《关于开展绿色公司债券业务试点的通知》、中国银行间市场交易商协会《非金融企业绿色债务融资工具业务指引》、中国证监会《关于支持绿

色债券发展的指导意见》等政策，进一步规范健全了环境污染强制责任保险制度，丰富了生态环境保护的市场手段。2019 年，我国绿色债券市场参与主体也更加多元，累计发行绿色债券，1.1 万亿元，存量规模居全球第二位。从募集资金投向来看（见表 4 - 10），与农业面源污染治理密切相关的领域清洁生产产业，债券规模为 102.65 亿元，发行数量为 23 只；生态环境产业的债券规模为 45.17 亿元，发行数量为 17 只。综合而言，将这两项内容相加可知，与农业面源污染治理相关的债券规模为 147.82 亿元，数量共有 40 只，仅占 2019 年债券发行总量的 13.2%。相比较其他绿色债券品类，农业面源污染的债券规模还相对较小、后续发展中需要进一步加强。

表 4 - 10 　　　　　　　　　　2019 年绿色债券募集资金投向

投向分类	债券规模（亿元）	发行数量（只）
节能环保产业	223.5	25
清洁生产产业	102.65	23
清洁能源产业	722.99	57
生态环境产业	45.17	17
基础设施绿色升级	804.02	122
绿色服务	1073.04	59
合计	3001.37	303

资料来源：《中国绿色金融发展报告（2019）》。

③绿色保险。生态环境部和中国银行联合制定的《环境污染强制责任保险管理办法（草案）》是绿色保险开展与创新的基准性文件。该文件的主要适用对象为在中国境内从事高风险生产经营活动的企事业单位，或其他生产经营者。从这个角度来说，农业面源污染中所涉及的化肥、农药、农膜等化学物品生产企业都是绿色保险服务对象。

除此之外，涉农绿色保险创新与发展成效显著。例如，银保监会指导保险公司配合做好病死猪无害化处理，并将"是否进行无公害处理"作为理赔的前提条件，支持保险公司参与政府的无公害化处理体系建设。除此之外，保险公司还为地方特色农产品天气指数产品提供再保险支持。例如，2019 年中国农业保险再保险共同体积极支持成员公司，为浙江文旦蜜柚低温指数、安徽宣城白茶低温指数、陕西汉中茶叶低温指数等，提供专项技术服务和再保险承保能力，全面提升绿色保险的抗风险能力。不过，从目前的产品场景来看，除了农业化学品生产企业的环境污染强制责任保险外，其他并没有关注农业面源污染治理的相关保险产品，尤其是针对家庭分散经营农户层面的险种并未涉及。这是后续绿色保险支持农业面源污染治理的重要选择。

④绿色企业。2021 年，国务院发布的《关于建立健全绿色低碳循环发展经济体系的指导意见》中，指出要发展生态循环农业，提高畜禽粪污资源的利用、农作物秸秆利用、加强农膜污染治理等内容，并提出对绿色企业上市融资、金融机构等境外融资给予政策支持。按照前瞻产业研究院的调查结果，当前，我国 A 股上市的环保型企业有 1000 家，海外上市企业有 23 家，新三板挂牌企业有 217 家。其中，艾可蓝环保、联泰环保、中环环保、上海环境、美尚生态、国祯环保等都有农业主要污染源治理的相关业务内容。

⑤环境权益交易市场。截至 2019 年，全国近 30 个省区市开展了排污权交易试点。在地区层面，也涌现出了像浙江省这样的典型代表性地区。在 2019 年，浙江省发布了全国第一个"排污交易指数"（见图 4-13）。截至 2021 年 6 月，该指数已经达 518.54 点，环比上涨 12.49%，与上年同期相比上升 25.19%。排污交易量呈现整体不断上涨的态势。化学需氧量、氨氮、二氧化硫、氮氧化物等四项排污权成交量合计达到 1257.47 吨，与上年同期相比上升 42.67%。

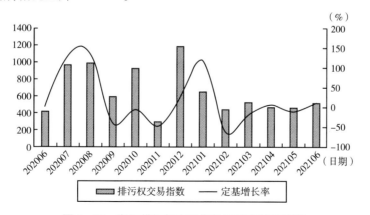

图 4-13　浙江排污权交易指数及其定基增长率

⑥融资模式创新。2016 年的《关于推进农业领域政府和社会资本合作的指导意见》以及 2017 年的《关于深入推进农业领域政府和社会资本合作的实施意见》均指出，除了调动农户、金融机构等市场主体积极性外，农业面源污染的治理也离不开社会资本的有效积极参与。新时期应重点引导和鼓励社会资本参与农业绿色发展领域的推广应用、农业资源节约、废弃物利用、生态保护修复等领域，建立健全农业面源污染治理的多元化投入新格局的政策举措。

4.4 我国农业面源污染治理效果初步判断及其模拟

在前述部分，我们已经对我国目前的农业面源污染的传导路径和政策体系进行了初步分析，但是在实践层面，这些政策体系究竟产生了怎样的政策效果呢？光靠前面的分析显然是远远不够的，这需要继续探索。为此，在接下来的部分，我们将继续在对我国农业面源污染治理效果进行初步评价的基础上，建立计量模型对我国农业面源污染治理效果进行模拟，力争全面客观地揭示农业面源污染治理取得的主要成效和存在的现实问题，为后续解构农业面源污染存在的深层次原因提供现实支撑和经验佐证。

4.4.1 农业面源污染治理效果的初步判断

（1）总体治理效果。

最简单地反映农业面源污染治理的指标就是用农业面源污染源投入总量的倒数来表示。一般来说，如果农业面源污染源的投入量越大，则倒数就越小，这就说明农业面源污染的治理效果也就越差。反之，如果农业面源污染源的投入量越小，则倒数越大，农业面源污染的治理效果也就越好。据此，我们将我国化肥、农药、农膜以及农用柴油的施用量的倒数作为对我国农业面源污染治理效果的初步判断，具体见图 4 – 14。

由图 4 – 14 可以看出，样本跨期内，我国农业面源污染治理效果总体上呈现不断下降态势，陷入农业面源污染程度不断加剧的现实困境。不过值得欣喜的是，从 2015 年后，我国农业面源污染治理的效果得到改善，呈

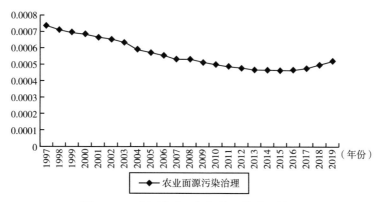

图 4 - 14　我国农业面源污染总体治理效果

现出缓慢上升的态势。这与我国多层次、立体的污染防控措施紧密相关。这与我国农业面源污染总体情况，与主要特征、农业面源污染程度分解部分的结果是一致的。

（2）分污染源治理效果。

延续前述分析逻辑，继续给出化肥、农药、农膜和柴油等不同污染源的治理效果（见图 4 - 15）。由图 4 - 15 可知，化肥污染源治理的曲线形状几乎接近一条直线。这说明我国化肥污染源的治理效果还是十分显著的。当前，我国化肥、柴油的投入量比较稳定。这样经过倒数处理后，这一数值的变动趋势也就比较平缓，这与我国推动的化肥"零增长"行动计划有较大关联。

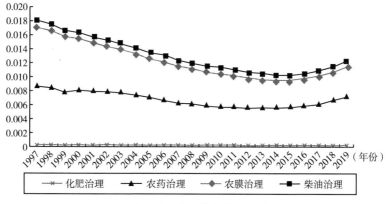

图 4 - 15　分污染源治理效果

除此之外，化肥污染源的投入量，相比其他两种的规模较大。通过倒数处理后，这一数值也就比其他几种污染源要小。当然，这也从 H - P 分解结果以及我国农业面源污染的传导路径中，得到有效的数据支撑和经验印证。另外，农药、农膜和柴油的治理曲线在整体趋势上基本上保持整体上下降趋势。这也说明我国农药、农膜和柴油等污染源的治理效果还有待进一步提升。不过值得肯定的是，从 2015 年后，农药治理、农膜治理和柴油治理三种污染源的治理效果都呈现显著的提升状态，这充分说明这三种面源污染的治理效果不断提升。

（3）分区域治理效果。

从图 4 - 16 可以看出，在样本观察期内，治理成效最好的是西部地区；其次是东部地区，最后是中部地区。总体来看，不论是总体农业面源污染还是分污染源，或是分区域的农业面源污染治理效果，都呈现出成效巩固上升的态势。其主要有以下几个原因：一是政府的相关政策文件都将"绿色农业发展"作为指导思想，指出农业生态环境与农业经济发展辩证统一的关系。因此，农业面源污染治理和农业经济发展的协同发展将获得有效的政策支撑。二是农业企业在税收政策、财政补贴以及金融政策的影响下，有效支撑农业面源污染。三是新型农业主体和农户的"亲环境"逐渐觉醒，尤其是随着农业组织化和现代化的推进以及农业技术创新，也在一定程度上对农业面源污染治理效果提升有一定的提升作用。不过，各个层面的初步判断均表明，我国农业面源污染治理效果还有待进一步提升，农业面源污染治理还需要继续推进和深化。

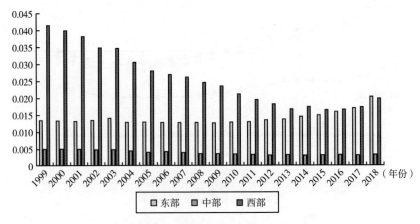

图 4 - 16 分区域农业面源污染治理效果

4.4.2　农业面源污染治理效果模拟方法与变量说明

（1）模拟方法。

在理论基础部分，本章阐释了环境库兹涅茨曲线理论的基本内涵以及对农业面源污染治理的理论。事实上，借鉴环境库兹涅茨曲线的基本理论，还可以用它来模拟我国农业面源污染治理效果。按照库兹涅茨曲线内涵，当跨越临界值后，环境和经济增长才能出现协调发展、良性互动格局。也就是在这样的条件下，一国的发展战略开始向环境友好型转变。换言之，这一阶段其实也就是环境治理效果成效比较显著的阶段和时期。从这个角度来说，可以从农业经济增长和面源污染之间的因果关系、曲线形状和阶段定位来对农业面源污染治理效果进行实证模拟。

追根溯源，美国经济学家格罗斯曼和克鲁格[1]最早开始探讨经济增长和环境质量的关系。近些年，随着发展中国经济增长模式转型，学者开始以发展中国家为研究对象，探讨经济增长和环境质量的基本关系。沙巴兹等[2]、蒂瓦里等、劳拉等[3]、恩吉等[4]分别实证了印度尼西亚、马来西亚等发展中国家经济增长和环境质量问题的关系。我国学者，如彭水军和包群[5]、段显明和许敏[6]选用人均 GDP 和多项环境污染指标进行研究，也得到了同环境库兹涅茨曲线一致的研究结论。

然而，还有一部分学者认为，没有直接证据显示环境质量的不断恶化

---

①　Grossman G M, Krueger A B. Environmental Impacts of a North American Free Trade Agreement [J]. CEPR Discussion Papers, 1992, 8 (2): 223 – 250.

②　Muhammad, Shahbaz et al. Economic growth, energy consumption, financial development, international trade and CO$_2$ emissions in Indonesia [J]. Renewable & Sustainable Energy Reviews, 2013, 25 (25): 109 – 121.

③　Lau Y H. The economic impact of immigration on productivity in Malaysia [D]. University Malaysia Sarawak, 2013.

④　Ng M, Fleming T, Robinson M, et al. Global, regional, and national prevalence of overweight and obesity in children and adults during 1980 – 2013: A systematic analysis for the Global Burden of Disease Study 2013 [J]. The lancet, 2014, 384 (9945): 766 – 781.

⑤　彭水军, 包群. 经济增长与环境污染——环境库兹涅茨曲线假说的中国检验 [J]. 财经问题研究, 2006 (8): 15.

⑥　段显明, 许敏. 基于 PVAR 模型的我国经济增长与环境污染关系实证分析 [J]. 中国人口·资源与环境, 2012 (S2): 4.

与经济增长有必然联系①。经济增长和环境质量的关系会受制于其他变量。诸多研究将这一关键条件指向了金融支持政策。学者普遍认为，在农村金融发展初期，金融政策对农业经济增长和农民收入有重要作用。金融政策提高资金利用效率，能够显著增加物质产出，实现农业经济的快速增长②。但随着物质产出快速增加，更多的自然资源使用、污染排放反过来又会给环境带来更大压力③④。

同时，在农业微观经营主体层面，农户生产决策具有"短视性"⑤，这种"短视性"会对土壤和水造成污染和长期损害。造成的直接结果是：农户在获得较高经济利益的同时，不需要进行任何生态补偿⑥。可以看出，金融政策会从宏观和微观两个维度对农业经济增长的环境加剧机制产生作用。因此，农业经济增长会导致污染程度的增加，与金融发展和政策支持水平这一条件存在密切关联。

但也有学者对金融政策存在的"增长—环境"悖论效应提出了不同看法。在他们看来，当金融政策支持与实体性产业进入深度融合阶段后，环境质量也会迎来"拐点"。这些学者往往从金融功能出发，认为金融的融资功能可以激励企业采用低碳技术、清洁生产工艺，进而推动绿色发展⑦。同时，金融政策还可以通过技术创新路径降低单位产品的污染排放，提高能源效率，形成资源替代⑧。可见，金融支持政策有助于改善环境问题、

---

① Brian，R，Copeland et al. Trade，Growth，and the Environment［J］. Journal of Economic Literature，2004，42（1）：7 – 71.

② 刘金全，徐宁，刘达禹. 农村金融发展对农业经济增长影响机制的迁移性检验——基于 PLSTR 模型的实证研究［J］. 南京农业大学学报：社会科学版，2016，16（2）：10.

③ Dasgupta，Susmita，Laplante et al. Confronting the Environmental Kuznets Curve.［J］. Journal of Economic Perspectives，2002.

④ Dinda S. Environmental Kuznets Curve Hypothesis：A Survey［J］. Ecological Economics，2004，49（4）：431 – 455.

⑤ 杜江，罗珺. 我国农业环境污染的现状和成因及治理对策［J］. 农业现代化研究，2013，34（1）：5.

⑥ 李一花，李曼丽. 农业面源污染控制的财政政策研究［J］. 财贸经济，2009（9）：89 – 94.

⑦ Jamel L，Derbali A，Charfeddine L. Do energy consumption and economic growth lead to environmental degradation？ Evidence from Asian economies［J］. Cogent Economics & Finance，2016（4）：1 – 19.

⑧ 贺俊，程锐，刘庭. 金融发展、技术创新与环境污染［J］. 东北大学学报：社会科学版，2019（2）：10.

减少污染排放、面源污染负外部性[①][②]。可以看出，随着金融政策支持水平提升，完善的金融体系能够与环境经济政策形成有效互补，促进绿色发展、提升环境质量[③][④]。这与我国日益健全的绿色金融体系所产生的环境效果是一致的。

综合上述内容，农业经济增长对面源污染的作用机制受限于金融政策这一关键变量。金融政策支持和农业经济增长对面源污染的影响存在显著交互机制；若金融政策水平较低，农业经济增长和面源污染失衡的状态就会进一步强化。

一般来说，揭示这种前置条件和互动机制最常用的方法是引入交互项或者建立面板阈值模型（PTR）。然而，引入交互项方式只能揭示变量间的静态关系，无法刻画动态机制。相较而言，建立面板阈值模型似乎是一个不错选择。然而，汉森[⑤]提出的面板阈值模型往往假定转移函数是离散的、非连续的；转移机制是突变的、非平稳的。这意味着所有参与主体将同时响应、一致行动[⑥]。据此，富基奥和赫林[⑦]放宽了"阈值两侧"假设条件，提出了面板平滑转换模型（PSTR）。因此，本书建立 PSTR 模型，实证揭示不同金融政策支持水平下农业经济增长和面源污染之间的关系机制，并以此为基础评估我国农业面源污染治理效果。

$$NPS_{it} = \alpha_i + \beta_0 AEG_{it} + \beta_1 AEG_{it} g(FD_{it};c) + \mu_{it} \qquad (4-5)$$

其中，i 表示地区，t 表示时间，NPS_{it} 为农业面源污染水平，AEG_{it} 表

① Jalil A, Feridun M. The impact of growth, energy and financial development on the environment in China: A cointegration analysis [J]. Energy Economics, 2011, 33 (2): 284 –291.

② Tamazian A, Rao B B. Do Economic, Financial and Institutional Developments Matter for Environmental Degradation? Evidence from Transitional Economies [J]. EERI Research Paper Series, 2009.

③ 杨友才. 制度变迁、技术进步与经济增长的模型与实证分析 [J]. 制度经济学研究, 2014 (4): 17.

④ 王遥，潘冬阳，张笑. 绿色金融对中国经济发展的贡献研究 [J]. 经济社会体制比较, 2016 (6): 10.

⑤ Hansen, B. E. Sample splitting and threshold estimation [J]. Econometrica 2000, 68, 575 – 603.

⑥ Xepapadeas A, Aslanidis N. Regime switching and the shape of the emission-income relationship [J]. Economic Modelling, 2008, 25 (4): 731 –739.

⑦ Fouquau J, Hurlin C, Rabaud I. The Feldstein-Horioka puzzle: A panel smooth transition regression approach [J]. Working Papers, 2008, 25 (2): 284 –299.

示农业经济增长水平，FD_{it} 是金融政策支持水平。为了体现农业经济增长和面源污染治理的动态关系，本书也将金融政策支持水平设置为阈值变量，c 为阈值参数。$g(FD_{it};c)$ 为转移函数：

$$g(FD_{it};c) = \begin{cases} 1, FD_{it} \geqslant c \\ 0, FD_{it} < c \end{cases} \quad (4-6)$$

式（4-6）蕴含的经济含义是：如果 $FD_{it} \geqslant c$，则农业经济增长对面源污染的影响系数，就为 $\beta_0 + \beta_1$；如果 $FD_{it} < c$，那么在模型（4-5）中农业经济增长对面源污染的影响系数就是 β_0。从上述模型可以清晰看出，农业经济增长对面源污染的影响关系是两机制、离散型的非线性关系。然而，由于过于严苛的理论假设条件，该模型亟待进一步改进优化。为此，将该模型的转换机制拓展为 r 个，并引入平滑的转移函数，以优化模型[①]。

$$\begin{cases} NPS_{it} = \alpha_i + \beta_0 AEG_{it} + \beta_1 AEG_{it} g(FD_{it};\gamma,c) + \mu_{it} \\ g(FD_{it};\gamma,c) = \dfrac{1}{1+\exp[-\gamma(FD_{it}-c)]}, \gamma > 0 \end{cases} \quad (4-7)$$

其中，γ 表示斜率参数，决定机制转移的速度；c 是 PSTR 模型机制转换门槛位置参数，决定机制发生转移的阈值。$g(FD_{it};\gamma,c)$ 是关于转移变量 FD_{it} 的连续平滑有界函数，$0 \leqslant g(FD_{it};\gamma,c) \leqslant 1$。可以看出，相较于 PTR 模型，PSTR 模型优势显而易见。在揭示参数的时变特征的同时，能较好地解决内生性、异质性和稳健性问题。在给定位置参数 c 的情况下，随着 FD_{it} 变化，农业经济增长（AEG）对面源污染（NPS）的影响系数就可以定义为 β_0 和 β_1 的加权平均值；即如果金融政策支持水平（FD_{it}）不同于农业经济增长（AEG），在时间 t 时，第 i 地区的农业经济增长对面源污染的影响系数就可以定义为：

$$e_{it} = \frac{\delta NPS}{\delta AEG} = \beta_0 + \beta_1 g(FD_{it};\gamma,c) \quad (4-8)$$

由于，$0 \leqslant g(FD_{it};\gamma,c) \leqslant 1$，根据式（4-8）可知：当 $\beta_1 > 0$ 时，$\beta_0 \leqslant$

---

① Gonzàlez, G. , Hurlin, C. Threshold Effects in the Public Capital Productivity: An International Panel Smooth Transition Approach. Doc. Rech. LEO 2006. Available online: https://ideas.repec.org/p/leo/wpaper/1669.html（accessed on 23 August 2020）.

$e_{it} \leqslant \beta_0 + \beta_1$；当 $\beta_1 < 0$ 时，$\beta_0 + \beta_1 \leqslant e_{it} \leqslant \beta_0$。进一步地，按照一些学者[①][②]的研究成果，该 PSTR 模型还可以进一步推广至 $r+1$ 个转移机制：

$$NPS_{it} = \alpha_i + \beta_0 AEG_{it} + \sum_{j=1}^{r} \beta_j AEG_{it} g_j(FD_{it}; \gamma_j, c_j) + \mu_{it} \qquad (4-9)$$

在一般表达式中，当处于时间 t 时，第 i 地区的农业经济增长对面源污染的影响系数可以定义为：

$$e_{it} = \frac{\delta NPS}{\delta AEG} = \beta_0 + \sum_{j=1}^{r} \beta_j g_j(FD_{it}; \gamma_j, c_j) \qquad (4-10)$$

（2）变量说明。

①因变量：农业面源污染（NPS）。本章研究的农业面源污染衡量采用化肥、农药、农用膜、柴油等化学要素的平均投入量来表示。农业生产中所使用的化肥、农药、农用塑料膜以及农业机械化中所使用的柴油等，都构成了农业生产的主要污染源。可以看出，农业面源污染的产生随机性较大、机理非常复杂、过程纵横交错，很难通过测度排放力度来量化。只要存在化肥、农药、农用塑料膜以及柴油等农业生产要素的施用，无论是否过量使用或未被农作物吸收都会在降雨、泥沙、灌溉等多重作用下直接成为水污染、土壤污染等面源污染表征的直接源头。因此，变量量化也遵从这一思路从投入角度进行。例如，龙云等[③]、侯孟阳等[④]都从化肥投入量的角度来对农业面源污染进行量化。但这类衡量方法反映的只是农业面源污染表征的一个侧面，并未涵盖其他污染源，代表性需要进一步提升。据此，为了求得农业面源污染的平均水平，本章运用一种更为便捷、科学的方法进行处理，采用简单而透明的均等权重法赋值，将化肥、农药、农用地膜以及柴油使用量的权重均设置为 0.25。后续检验中涉及的农业面源污染数据均以此为基础，在后续部分就不再赘述。相比较已有方法，该方法

①　Ho, P. Greening without Conflict? Environmentalism, NGOs and Civil Society in China [J]. Dev. Chang. 2001, (32): 893 - 921.

②　Corbin, A. Country specific effect in the Feldstein-Horioka paradox: A panel data analysis [J]. Econ. Lett. 2001, (72): 297 - 302.

③　龙云，任力. 中国农地流转制度变迁对耕地生态环境的影响研究 [J]. 福建论坛（人文社会科学版），2016（5）：39 - 45.

④　侯孟阳，姚顺波. 异质性条件下化肥面源污染排放的 EKC 再检验——基于面板门槛模型的分组 [J]. 农业技术经济，2019（4）：104 - 118.

的科学性主要体现在以下方面。

一是指标选取方面，该方法紧扣农业面源污染概念与生成机理，将化肥、农药、农用塑料膜、柴油等主要面源污染进行加权，能够避免泛化指标干扰，在最大程度上贴合农业面源污染的内涵实质和特征，进而揭示我国农业面源污染的总体水平。

二是在权重设置方面，将所有面源污染要素均等赋权，能够确保各污染源在总体维度的一致性，有利于刻画总体层面规律和揭示一般特征。更为重要的是，虽然我国各地资源禀赋不同、发展差异较大，但各类污染源在不同地区都有不同程度、不同范围涉及，各类污染源在各地农业生产经营中都是普遍现象。因此，将各污染源均等赋权一视同仁，能更贴近我国农业面源污染的现实情况，更符合本书从总体层面实证检验的属性。

三是从计量模型角度来看，回归模型估计结果科学性与指标选取有较大关联。由于现实运行的复杂性，如果变量涉及过多或者与核心内涵关联较弱，极易出现"伪回归"问题，进而使结果失真。将面源污染测度指标限定于不同污染源结构层面并进行均等赋值，能有效刻画变量相互作用产生的多重共线性问题、异质性问题以及内生性问题，进而提升估计结果的科学性和可信度。

②自变量：农业经济增长（AEG）。一般来说，农业面源污染及其治理水平与经济增长速度以及经济发展阶段有密切关联。不同的经济发展阶段，政府对于环境问题的重视程度以及干预措施也是不一样的[1]。本章遵循传统的"总量衡量"方法，用农业增加值来度量农业经济增长。

③阈值变量：金融支持政策（FD）。在揭示农业经济增长和面源污染之间的关系、评估农业面源污染治理效果时，将金融支持政策设置为阈值变量。金融政策支持能够满足农业生产经营中多样化的融资需求，加速农用资本积累，优化资源要素配置，引领农业经济增长模式绿色转型、协调发展。考虑到指标科学性、可行性以及数据资料的可获取性，用各省区市的农业贷款余额来度量金融支持政策。

---

① Song Jiang, Shuang Qiu, Jie Zhou. Re-Examination of the Relationship between Agricultural Economic Growth and Non-Point Source Pollution in China：Evidence from the Threshold Model of Financial Development [J]. Water, 2020, (12)：1 – 18.

4.4.3　农业面源污染治理效果总体模拟

（1）阈值效应检验及其结果分析。

进行 PSTR 模型估计的关键是要进行非线性检验，以确定"阈值效应"是否存在。如果不存在阈值效应，则模型就直接"退变"为线性模型了。因此，也就无须建立 PSTR 模型了。一般来说，用于非线性检验的方法主要有 Wald 检验、Fisher 检验、LRT 检验等。为了体现研究的丰富性和完整性，在我国农业面源污染治理效果总体模拟层面，本部分给出了这三种方法的全部检验结果（见表 4-11）。由结果可知，Wald 检验、Fisher 检验、LRT 检验三种检验方法的结果均在 1% 显著性水平下拒绝线性模型，有至少 1 个阈值的 PSTR 模型的原假设；并在 5% 的显著性水平下拒绝有至少 2 个阈值的 PSTR 模型的原假设。因此，可以建立 2 个阈值的 PSTR 模型或者 3 个阈值的 PSTR 模型。但按照冈萨雷斯等[1]提出"最强拒绝原假设的模型为最优"的模型选择准则，最终建立 PSTR 模型以 1% 显著性水平的结果为准。因此，在总体层面应该建立有 2 个阈值的 PSTR 模型。

表 4-11　　　　　　　　　　总体模型的阈值效应检验

假设	统计量		
	Wald	Fisher	LRT
H_0：线性模型；H_1 有至少 1 个阈值的 PSTR 模型	69.402 *** (0.000)	74.116 *** (0.000)	73.603 *** (0.000)
H_0：有至少 1 个阈值的 PSTR 模型；H_1 有至少 2 个阈值的 PSTR 模型	19.382 *** (0.000)	18.910 *** (0.000)	19.691 *** (0.000)
H_0：有至少 2 个阈值的 PSTR 模型；H_1 有至少 3 个阈值的 PSTR 模型	5.180 ** (0.023)	4.928 ** (0.027)	5.201 ** (0.023)

注：*** 、** 分别表示 1%、5% 显著性水平下显著。

（2）总体层面的 PSTR 模型估计。

基于阈值效应检验结果，进一步对总体层面的 PSTR 模型进行估计。

---

[1] Gonzàlez, G., Hurlin, C. Threshold Effects in the Public Capital Productivity: An International Panel Smooth Transition Approach. Doc. Rech. LEO 2006. Available online: https://ideas.repec.org/p/leo/wpaper/1669.html（accessed on 23 August 2020）.

按照富基奥和赫林[1]的研究结果，一般采用非线性最小估计二乘法（NLS）对 PSTR 模型进行估计（见表 4 - 12）。从结果可以看出，在总体模型中，金融政策支持水平存在两个阈值，分别是 2489.17 亿元、7603.45 亿元。为此，可以将金融发展水平划分为低阈值区间（ $-\infty$, 2489.17]、中等阈值区间（2489.17, 7603.45]、高阈值区间（7603.45, $+\infty$ ）三个区间。在这三个阈值区间下，农业经济增长对面源污染的影响系数，分别为 0.491、-0.195、-0.039，并且均在 1% 的显著性水平下通过检验。从中可以看出，农业经济增长对面源污染的影响机制会因金融政策支持水平的不同而存在显著差异性。

具体来说，在金融政策支持处于低水平区间时，农业经济增长对面源污染的影响显著为正，主要表现为"加剧效应"。在这一阶段，农业经济增长和面源污染之间的矛盾对立性表现十分突出。当金融政策支持水平跨越第一个临界值 2489.17 亿元、第二个临界值 7603.45 亿元，进入中等阈值区间和高阈值区间后，农业经济增长对面源污染的影响才显著为负，主要表现为"抑制效应"。两者协调互动、共生共赢的格局在这一阶段才会出现。

综合来看，农业经济增长并不会必然导致面源污染加剧，两者之间能否实现协调发展在很大程度上取决于金融政策支持水平这一关键变量。当金融政策支持水平较低时，农业经济增长和面源污染之间的对立关系表现较为突出；当金融政策支持水平跨越临界值后，农业经济增长和面源污染的协调格局才会出现。

表 4 - 12　　　　　　　　总体层面的 PSTR 模型估计结果

变量	总体
$AEG_{g(FD1)}$	0.491 *** (25.65)
$AEG_{g(FD2)}$	-0.195 *** (-9.15)
$AEG_{g(FD3)}$	-0.039 *** (-2.88)

---

① Fouquau J, Hurlin C, Rabaud I. The Feldstein-Horioka puzzle: A panel smooth transition regression approach [J]. Working Papers, 2008, 25 (2): 284 - 299.

续表

变量	总体
位置参数 c	2489.17
位置参数 c_1	7603.45
转移函数斜率 γ	0.208
转移函数斜率 γ_1	0.200
AIC	27.243
BIC	27.293

注：*** 表示1%的显著性水平下显著。

那么，当前我国农业经济增长对农业面源污染的影响到底怎样呢？为精确刻画农业经济增长和污染的影响效应，我们进一步计算出我国金融支持政策的平均水平。在总体层面，计算出来我国金融政策支持水平量化指标的平均值为3004.24亿元，大于第一个临界值。对照 PSTR 模型结果，金融政策支持水平已经跨越第一个"临界值"。为此，可以判断当前我国农业经济增长对面源污染的影响表现为"抑制效应"。总体上，农业经济增长和面源污染治理协调发展的格局已经出现。这与我国不断深化农村金融体制改革，不断促进农村金融深化、推进绿色金融产品创新有很大关系。综合来看，在总体层面，我国农业面源污染治理效果还是比较显著的。

4.4.4 农业面源污染治理效果的结构性特征

（1）阈值效应检验结果及其分析。

接下来，继续给出了从化肥、农膜、柴油、农药等不同污染源角度的阈值效应检验结果和 PSTR 模型估计结果（见表4-13）。可以看出，化肥污染源模型、农药污染源模型的 Wald 检验、Fisher 检验、LRT 检验结果均拒绝线性模型、有至少1个阈值的 PSTR 模型的原假设，所以化肥污染源模型、农药污染源模型均是具有2个阈值的 PSTR 模型。农膜污染源、柴油污染源模型的 Wald 检验、Fisher 检验、LRT 检验结果，均拒绝建立线性模型的原假设。可以判断，农膜污染源模型和柴油污染源模型是具有1个阈值的 PSTR 模型。综合而言，在结构层面，针对不同污染源建立的 PSTR 模型存在显著异质性。

表4-13   分污染源模型的阈值效应检验

类型		模型					
		H_0：线性模型；H_1有至少1个阈值的PSTR模型			H_0：有至少1个阈值的PSTR模型；H_1有至少2个阈值的PSTR模型		
		Wald	Fisher	LRT	Wald	Fisher	LRT
分污染源	化肥	95.364*** (0.000)	106.881*** (0.000)	103.549*** (0.000)	40.430*** (0.000)	40.879*** (0.000)	41.809*** (0.000)
	农药	68.766*** (0.000)	73.352*** (0.000)	72.887*** (0.000)	20.92*** (0.000)	20.465*** (0.000)	21.283*** (0.000)
	农膜	51.071*** (0.000)	52.782*** (0.000)	53.297*** (0.000)	2.486 (0.115)	2.359 (0.125)	2.491 (0.115)
	柴油	2.419* (0.100)	2.303* (0.100)	2.424* (0.100)	0.490 (0.484)	0.463 (0.496)	0.490 (0.484)

注：***、**、*分别表示1%、5%和10%显著性水平下显著。

（2）分污染源层面的PSTR模型估计结果。

基于阈值效应检验结果，继续给出分污染源层面的PSTR模型估计结果。承接前述分析，本部分继续采用NLS方法进行估计，结果见表4-14。由结果可知，在化肥污染源模型中，金融政策支持水平存在两个阈值，分别是2489.17亿元和7788.9亿元。金融政策支持水平也可以划分为低阈值区间（$-\infty$，2489.17]、中等阈值区间（2489.17，7788.9]、高阈值区间（7788.9，$+\infty$），在这三个区间下，农业经济增长对化肥面源污染的影响系数分别为0.352、-0.135、-0.034，均通过显著性检验。

可以看出，只有当金融支持水平跨越第一个临界值后，农业经济增长对面源污染的影响才表现为"抑制效应"。在农药污染源模型中，金融政策支持水平也存在两个阈值，分别是3110亿元和5680亿元，金融政策支持水平也可以划分为低阈值区间（$-\infty$，3110]、中等阈值区间（3110，5680]、高阈值区间（5680，$+\infty$），在这三个区间下，农业经济增长对面源污染的影响系数分别为0.013、-0.005、-0.003，均通过显著性检验。在农药污染源模型中，金融政策支持水平也唯有在跨越第一个阈值后，农业经济增长对面源污染的影响才会表现为"抑制效应"。

在农膜污染源模型、柴油污染源中，金融政策支持水平均存在一个阈值：2489.17。因此，在农膜污染源和柴油污染源模型中，金融政策支持水平均可以划分为（−∞, 2489.17]、（2489.17, +∞）两个区间。还可以看到的是，农膜污染源、柴油污染源模型中，不同金融支持水平下农业经济增长对面源污染的影响分别为正和为负，且均在 1% 的显著性水平下通过检验。可以看出，在这两种污染源下，农业经济增长和面源污染的关系是典型的倒"U"形关系。金融政策支持水平处于低阈值区间时，农业经济增长对面源污染产生"加剧效应"；当金融政策支持水平处于高阈值区间时，农业经济增长对面源污染产生"抑制效应"。

那么在不同污染源层面，我国农业面源污染治理又存在怎样的结构性特征呢？为此，延续前述分析逻辑，继续计算出金融政策支持水平的临界值。通过计算可知，金融支持政策的两个临界值分别为 2489.17 亿元、7603.45 亿元。由此可知，在化肥污染源模型、农膜污染源模型以及柴油污染源模型中，金融发展水平已经跨越临界值，农业经济增长对面源污染的影响主要表现为"抑制效应"。这也说明，我国化肥污染源治理、农膜污染源治理和柴油污染源的治理效果较好。但需要特别关注的是，在农药污染源模型中，金融政策支持水平并未跨越临界值。因此，农业经济增长对面源污染的影响主要表现为"加剧效应"。从中可以看出，新时期农业面源污染治理进程中，应将农药污染源治理作为重要突破口。在金融政策支持层面，也应围绕"农药减量"这一领域进行，通过金融创新等方式，引导金融资本、社会资本参与农药的减量增效工作。

表 4 −14　　　　　　　　分污染源维度的 PSTR 模型估计结果

变量	分污染源			
	化肥污染源	农药污染源	农膜污染源	柴油污染源
$AEG_{g(FD1)}$	0.352 *** (29.52)	0.013 *** (21.95)	0.012 *** (9.97)	0.115 *** (8.72)
$AEG_{g(FD2)}$	− 0.135 *** (−9.37)	− 0.005 *** (−9.50)	− 0.005 *** (−4.41)	− 0.052 *** (−4.03)
$AEG_{g(FD3)}$	− 0.034 *** (−3.07)	− 0.003 *** (−4.53)		

续表

变量	分污染源			
	化肥污染源	农药污染源	农膜污染源	柴油污染源
位置参数 c	2489.17	3110	2489.17	2489.17
位置参数 c_1	7788.9	5680		
转移函数斜率 γ	0.208	0.209	0.205	0.208
转移函数斜率 γ_1	0.200	0.200		
AIC	26.658	20.069	21.399	26.251
BIC	26.708	20.119	21.428	26.279

注：*** 表示在1%的显著性水平下显著。

此外，为了更好地进行区域比较，进一步计算出分区域层面的金融政策支持的平均水平。东部地区、中部地区和西部地区金融政策支持平均水平分别为3765.4亿元、3250.1亿元、2142.1亿元。对照PSTR模型结果可以看出，东部地区、中部地区在总体层面和结构层面，金融政策支持水平都已经跨越第一个临界值，农业经济增长对面源污染都产生了"抑制效应"。但西部地区无论是在总体层面还是在分污染源结构层面，金融政策支持平均水平都小于临界值。因此，西部地区农业经济增长对面源污染的影响均表现为"加剧效应"。因此，从区域层面来看，研究结论一方面反映了当前西部地区金融发展水平落后，甚至存在金融抑制的棘手问题（张前程和杨光，2016[①]），另一方面也反映了西部地区农业经济增长和面源污染治理的背离性、脱节性问题比较突出的问题。从这个角度来说，西部地区农业面源污染治理效果还有待进一步提升。

最后，对前述实证结论进行归纳和整理，形成表4-15。综合研究结论可知，在金融政策支持水平处于低水平阈值区间，农业经济增长对面源污染影响表现为"加剧效应"；当金融政策支持水平迈入中等阈值区间和高阈值区间后，农业经济增长才会对面源污染形成抑制作用。通过计算金融政策支持水平和阈值门槛发现，总体上我国农业经济增长对面源污染的影响表现为"抑制效应"。农业面源污染治理效果是比较显著的。分污染源结构的检验可知，农药污染源模型中，金融支持水平并未跨越临界值，

---

① 张前程，杨光. 产能利用、信贷扩张与投资行为——理论模型与经验分析 [J]. 经济学（季刊），2016，15（3）：26.

农业经济增长对面源污染的影响表现为"加剧效应"。最后,分区域检验发现,东部和中部地区表现为"抑制效应";西部地区表现为"加剧效应",西部地区农业面源污染治理效果还有待进一步提升。

表 4-15   总体及分区域效应判断

地区	总体	分污染源			
		化肥	农药	农膜	柴油
中国	抑制效应	抑制效应	加剧效应	抑制效应	抑制效应
东部地区	抑制效应	抑制效应	抑制效应	抑制效应	抑制效应
中部地区	抑制效应	抑制效应	抑制效应	抑制效应	抑制效应
西部地区	加剧效应	加剧效应	加剧效应	加剧效应	加剧效应

第 5 章　我国农业适度规模发展与农业面源污染治理

在第 4 章，本书揭示了我国农业面源污染的总体概况和治理效果。那么，随着我国农业经营体系由家庭分散经营向适度规模经营转变，农业面源污染治理又会面临哪些新机遇？农业适度规模经营对农业面源污染治理的影响作用如何？农业适度规模经营能否达到引领绿色发展的目标预期呢？在接下来的部分，本章首先解析当前我国经营体系演变的客观性、基本条件、主要途径及效率测度，然后剖析农业适度规模经营给农业面源污染带来新机遇以及由此形成的作用机制，以此为基础实证农业适度规模经营对面源污染的影响效应和结构异质性，明确当前我国农业适度规模经营发展对农业面源污染影响的总体效应、结构性矛盾和薄弱环节，为新时期探寻适度规模经营视角下，农业面源污染协同治理路径奠定坚实经验基础。

5.1　经营体系演变的基本条件与主体特征

5.1.1　经营体系演变的客观性

农业适度规模经营是农业现代化发展的一般规律。总体而言，一般土地要素资源丰富、劳动力资源缺乏的区域，更适应采用农业适度规模经营的方式从事农业生产。先行国家的发展经验一再表明，在农业现代化推进过程中，土地经营规模一般和经济增长呈现同步的发展态势。据统计资料显示，法国从 20 世纪 60 年代以来，农场总数平均每年减少 3%，农场平均规模每年扩大 2% ~3%，农场数量由 1955 年的 228.6 万个减少到 1970 年的 155.9 万个，平均规模由 14.75 公顷扩大到 21.06 公顷，有效促进了农业生产的高速增长。据统计资料显示，1978 年谷物总产量达到 456 亿公斤，比 1949 年增长 2.3 倍，年均增长率 4.1%，高于英国和日本，居主要资本国家之首。德国、荷兰也曾发生了类似现象①。

但值得注意的是，农业的经营规模也并不是规模越大越好。农业适度规模经营的预期目标是追求生产要素的最优配置和平衡，是一个长期的过程，并不是一蹴而就的，要与当地的资源禀赋和生产效率相适应。只有当农业劳动生产率和土地生产率都表明，新规模优于已有规模时，才能证明农业适度规模经营效果是好的、措施是可行的、制度是可信的。从我国发展实际来看，农业适度规模经营是化解现行制度约束，推动市场化改革、实现农业增效、农民增收的必然选择。

（1）化解先行制度约束。

家庭联产承包责任制在调动农民生产积极性、提高农业生产率和促进农村经济全面发展方面做出了卓越的贡献。但在这一制度约束下，也涌现出诸多问题：经营规模狭小、土地细碎化、技术采用和推广成本高、经营管理效率低下等问题也成为新时期农业现代化建设的障碍。化解的主要举措就是推进农业适度规模经营。不过，家庭经营与适度规模经营并不冲突。相反，两者是相互兼容、相互促进的，但作为我国基本经济制度，其制度活力并未释放殆尽。因为前车之鉴都充分表明：无论是以大规模农场为主体的欧美发达国家，还是小规模农户占据主体的东亚国家，所依托的经营制度框架都是家庭经营。因此，农业适度规模经营途径的探索也应立足于家庭经营框架和寻求新的突破上。

（2）市场化改革。

市场化改革的纵深推进，在改变农业生产函数的同时，也拓展了农业的产业链条。农业生产的"小而全"的经营格局，也势必向"大而专"的商品化、市场化方向转变，这些都需要农业实施适度规模经营。

（3）农业增效和农民增收。

相比其他产业，农业产业具有明显的弱质性、低收益性特征。这一点

---

① 曾福生. 农业发展与农业适度规模经营［J］. 农业技术经济，1995（6）：42 - 46.

可以从农民收入中得以窥见一斑。一般而言，农民家庭人均经营性纯收入
是体现农业生产经营情况的重要指标。该指标越大，就说明农业经营情况
越好，产业水平越高（见图 5 - 1）。可以看出，虽然总体上来看，2013 ~
2020 年，我国农民家庭人均可支配经营净收入呈现稳步上升的态势，但是
农民家庭人均经营性净收入占比却呈现逐年下降的态势。从 2013 年的
41.73% 下降到 2020 年的 35.4%。虽然这种下降趋势在一定程度上可以反
映我国农民收入来源渠道不断拓展、类型多样化的结果，但也折射出我国
农业弱质性强化的特征事实。而这恰恰要求农业经营主体必须进一步提升
农业适度规模经营水平及效率，以提高对农民增收、农业经济增长和乡村
振兴的内在推动力。

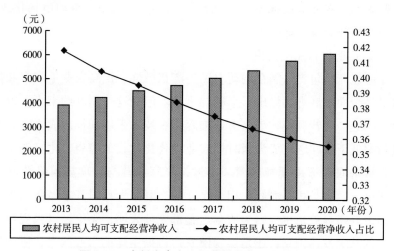

图 5 -1　农村家庭人均经营性纯收入及其占比

5.1.2　经营体系演变的基本条件

农业适度规模经营是农业发展新阶段经营模式的重要抉择。虽然农业
适度规模经营是农业现代化发展的基本规律，但其存在和发展是有一定的
基本条件的，这也是一个区域实施农业适度规模经营能否取得预期目标和
成效的关键因素。反之，若无视这些因素，贸然地推进农业适度规模经营
可能会适得其反，甚至还会产生不良影响。因此，当务之急，揭示农业适
度规模经营的基本条件就显得格外重要。本章认为农业适度规模经营的基
本条件主要包括要素条件、分工条件和支撑条件。

（1）要素条件。

要素条件是实现农业适度规模经营的基础。农业适度规模经营与资源禀赋、比较优势存在紧密的关联。资源禀赋和比较优势将直接约束农业适度规模经营。一般而言，资源禀赋条件和比较优势越卓越，农业适度规模经营发展水平也就越高。如美国地域辽阔，人口稀少，土地要素、机器设备等农业物质资本的价格较低，但农业发展的劳动力要素较为稀缺，获取成本和价格较高①。因此，通过土地适度规模经营化解了劳动力资源稀缺的发展困境并实现了农业现代化发展。另外，对农业适度规模经营来说，只拥有丰富资源禀赋条件显然是不够的。例如，一个国家或者地区土地资源比较丰富，但农业劳动力却十分庞大。可以想象，在这样的条件下，推进土地规模经营不但不能达到冲减农业生产成本的预期目标，而且还存在使农业生产率下降的可能性。因此，要达到预期目标，一个非常重要的前提条件就是农业生产要素的配比必须达到"合意"状态。

若落实到实践操作维度，可以通过以下两个途径对农业生产要素的配置比率进行优化。一是城镇化引领下的农业劳动力的"非农化"转移加速。在城镇化以及城乡收入差距"拉力"指引下，农业劳动力向非农产业转移、向城镇转移已成为不可逆转的大趋势。近几年来，虽然农业劳动力出现了"回流"的态势，但是"大形势"并未改变。尤其是，随着统筹城乡综合配套改革的纵深实施，这一外部"拉力"的作用会更大。二是土地流转市场与模式创新加速。随着劳动力的非农化流转，土地要素重新整合、配置就势在必行。基于家庭经营框架，在实现土地所有权、承包权、经营权"三权分置"的基础上，坚持土地所有权集体所有、保留农户承包权的前提下，已经形成了土地经营权流转的发展格局。可以看出，无论是在制度建设还是在实践操作层面，我国大多数地区承包权、经营权分置的条件已经基本成熟，土地流转市场也逐步发育完善。

（2）分工条件。

分工条件是实现农业适度规模经营的前提。在农户小规模、分散经营的现实情况下，农业产业分工形态主要以初级的、简单的性别分工为主。

① 姜松，王钊，周宁. 西部地区农业现代化演进、个案解析与现实选择［J］. 农业经济问题，2015（1）：8.

不过在这种分工形态下，农业生产也是富有效率的。但当这种封闭性条件被打破后，或者说，当农业生产融入社会化大生产后，农业分工形态也会发生根本性变革。这种变革主要表现在以下两个方面：一是在农业内部，以市场化、商品化和收入最大化为导向的专业大户，或者专业化经营的家庭农场就会涌现。这些专业大户、家庭农场的最主要表征就是适度规模经营、产业化和市场化运作。二是从农业外部来看，随着农业产业同其他产业的关联效应、融合效应增强，农业产业环节和产业链条得到极大拓展，农业市场的交易成本会逐步增加。这恰恰正是农业进一步分工的重要市场化诱因。

（3）支撑条件。

在所有保障条件中，健全的农业社会化服务体系就是最重要构成内容。农业社会化服务体系与农业适度规模经营，往往表现为相互促进、相互影响的关系。一般而言，农业适度规模经营水平越高，对农业社会化服务需求也就越强烈、需求层次也就越高。农业社会化服务是农业分工和专业化发展的产物，影响到专业化生产的经营规模。农业社会化服务主体与不同产业环节的服务商衔接、结合，创新出了许多行之有效的农业社会化服务模式，形成了服务规模经济①。可以说，其促进了社会资源的高效配置的同时，也有效提高了农业生产力②。对于推进规模化更具普遍性、更有快速发展潜力，比之于农业生产规模的制约，农业服务规模经营不受人地关系、农地制度等强约束条件的制约，可以有效促进规模经营发展③④。

5.1.3 适度规模农业经营主体特征

（1）总体规模与区域分布特征。

基于对农业适度规模经营客观性、基本条件的总体认知，继续将视角转至微观主体层面，描绘农业适度规模经营微观主体特征（见表5-1）。

---

① 姜松，王钊，周宁. 西部地区农业现代化演进、个案解析与现实选择 [J]. 农业经济问题，2015（1）：8.
② 黄季焜. 新时期的中国农业发展：机遇、挑战和战略选择 [J]. 中国科学院院刊，2013，28（3）：6.
③ 韩俊. 我国"三农"政策基本走向研究 [J]. 水利发展研究，2010（8）：41-44.
④ 李春海，沈丽萍. 农业社会化服务体系的主要模式、特点和启示 [J]. 改革与战略，2011，27（12）：4.

按照中国第三次农业普查数据，我国农业生产经营人员有 31422 万人。这其中，规模农业经营户有 1289 万人，占比仅为 4%。这一方面反映了当前我国小规模分散经营主体还相对较大的发展现实，另一方面也反映了我国农业适度规模经营水平有待进一步提升、经营体系有待进一步建立健全的发展不足。从区域分布来看，东部地区规模农业经营户有 382 万人，中部地区有 280 万人，西部地区有 411 万人，东北地区有 217 万人。规模农业经营户排序为：西部地区 > 东部地区 > 中部地区 > 东北地区。从占比来看，东部地区规模农业经营户占比为 4.37%，中部地区为 2.85%，西部地区为 3.83%，东北地区为 10.17%。通过区域间比较发现：东北地区 > 东部地区 > 西部地区 > 中部地区。

表 5 - 1　　　　　　　　适度规模农业经营主体总体规模与区域分布

地区	农业生产经营人员总数（万人）	规模农业经营户人数（万人）	占比（%）
全国	31422	1289	4.10
东部地区	8746	382	4.37
中部地区	9809	280	2.85
西部地区	10734	411	3.83
东北地区	2133	217	10.17

资料来源：第三次中国农业普查主要数据公报。

同全国水平比较发现，东北地区农业适度规模经营主体占比远超全国平均水平，而且在所有区域中是最大的。其次是东部地区。这与东部地区夯实的经济基础和产业体系有很大关联。东部地区二三产业发达、城镇化水平较高，对农业沉淀下来的剩余劳动力形成了较大"拉力作用"。在现实层面，直接的表现就是农民工规模和数量的增加（见图 5 - 2）。根据统计显示，2010 年我国农民工人数为 24223 万人，到 2020 年上升至 28560 万人，增长了 1.18 倍，年均增速达到 1.7%。外出农民人数由 15335 万人增长到 2020 年的 16959 万人，增长了 1.106 倍，年增速达到 1%。农民工月均收入由 2010 年的 1690 元增长到 2020 年的 4072 元，增长 2.41 倍，年均增速达到 9.19%。而东部地区是农民工集聚的"蓄水池"，个中缘由不言而喻。

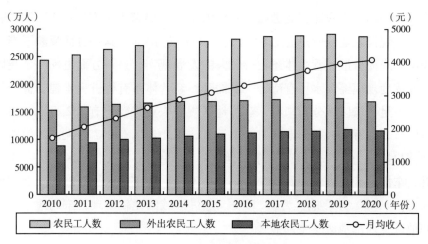

图 5 – 2　我国农民工规模情况

西部地区农业经营户规模最大。这可能与西部地区特色农业资源、农产品丰富的自然禀赋条件有很大关系。这些农业产业和农产品的特性与经济属性，决定其更适宜从事适度规模经营活动。不过需要特别引起注意的是，拥有较强资源禀赋优势的中部地区，适度规模经营户不但数量是最少的，而且占比也是最低的。中部地区农业适度规模经营"塌陷"的问题表现得十分明显。中国农业适度规模经营的空间布局，仍表现为典型的"哑铃式"布局特征。这一现象需要引起决策层高度关注。

（2）结构特征。

从性别、年龄、受教育程度和从事农业行业等四个维度，揭示规模农业经营户的人员结构性，具体见表 5 – 2。从性别构成来看，规模农业经营户中，男性有 680 万人，占比为 52.8%，女性有 609 万人，占比为 47.2%。男性高于女性 5.6 个百分点。在分区域层面，除西部地区的男性和女性比例一样外，东部地区、中部地区和东北地区的男性占比均高于女性，与全国总体情况保持一致。

从年龄构成来看，当前，我国规模经营户仍以 36 ~ 54 岁的这一年龄段群体为主。而且通过加总我们会发现，36 岁以上人群占比为 79%，规模农业经营户的年龄结构偏大的现实是在推进农业适度规模经营、乡村振兴建设中需要正视并予以关注的重要问题。在分区域层面，东部地区、中部地区、西部地区和东北地区的规模农业经营人员的年龄结构，也以

36~54 岁这一年龄群体为主，各区域并未表现出显著差异性。但在年龄 35 岁及以下这一年龄段群体占比中，西部地区 > 东北地区 > 中部地区 > 东部地区。这说明西部地区和东北地区规模农业经营的劳动力储备充足。

从受教育程度来看，规模经营农业户的受教育程度以小学和初中为主，两者的占比分别为 30.6% 和 55.4%，合计达到 86%。不识字、高中或中专、大专及以上的占比分别为 3.6%、8.9%、1.5%。可以看出，我国规模经营农业的人口平均受教育水平显著提高，但"长尾特征"也十分突出。在分区域层面，东部地区、中部地区、西部地区和东北地区的受教育特征也与总体情况基本保持一致。随着适度规模经营农业的发展，对经营者的市场挖掘意识、专业技能、产业链运营管理等各方面要求也会显著提高，这也势必要求相应的人力资本积累水平应予以保证。因此，提升我国规模经营农户的人力资本积累水平也是题中之义。

从农业行业划分来看，规模农业户主要分布于种植业，占比为 67.7%。其次是畜牧业，占比为 21.3%。再次为渔业、林业和农林牧渔服务业，占比分别为 6.4%、2.7%、1.9%。比较发现，当前在我国整体层面，从事农业适度规模经营的行业仍以种植业和畜牧业为主。在分区域层面，东部地区、中部地区、西部地区和东北地区的规模农业经营户的人员分布，主要集中于种植业和畜牧业。

表 5-2　　　　　　　规模农业经营户的基本构成　　　　　　　单位:%

类型		全国	东部地区	中部地区	西部地区	东北地区
性别	男性	52.8	54.0	53.7	50.0	54.7
	女性	47.2	46.0	46.3	50.0	45.3
年龄	年龄 35 岁及以下	21.1	16.8	17.1	27.0	22.6
	年龄 36~54 岁	58.3	57.8	58.7	57.9	59.2
	年龄 55 岁及以上	20.7	25.4	24.3	15.1	18.2
受教育程度	未上过学	3.6	3.4	3.7	5.2	1.0
	小学	30.6	28.8	26.9	35.7	28.6
	初中	55.4	56.5	56.8	48.6	64.3
	高中或中专	8.9	9.9	11.2	8.4	5.2
	大专及以上	1.5	1.3	1.4	2.1	0.9

续表

类型		全国	东部地区	中部地区	西部地区	东北地区
从事农业行业	种植业	67.7	60.0	60.9	73.3	79.8
	林业	2.7	2.9	3.0	3.1	1.1
	畜牧业	21.3	19.3	28.6	21.6	14.6
	渔业	6.4	15.5	4.6	1.0	2.8
	农林牧渔服务业	1.9	2.3	2.9	1.1	1.6

5.2 农业适度规模经营的主要途径及效率测度

前面本章揭示了农业适度规模经营的客观性以及基本条件。在接下来的部分,本章将进一步分析农业适度规模经营主要实现途径,并对我国农业适度规模经营的效率进行测度,全面揭示我国农业适度规模经营的总体情况和现实特征。

5.2.1 农业适度规模经营主要途径及概况

农业适度规模经营是指在既定技术和制度约束下,通过对农业生产要素的优化重组、合理配比,在农业产前、产中和产后各环节,所达到的一种合理化、均衡化状态。在这样的概念框架下,推进农业适度规模经营,不仅包括通过土地流转途径实现的"土地规模经济"、通过社会化服务途径实现的"服务规模经济",还包括通过生产经营主体的横向联合、纵向联合途径实现的"经营者规模经济"。因此,从这一概念可知,农业适度规模经营可以基本上划分为土地集中型模式、社会化服务型模式以及合作经营模式三种典型性、代表性模式。

(1) 土地集中型模式。

土地集中型适度规模经营是实践中最为常见的农业适度规模经营形态。尤其是随着《关于引导农村土地经营权有序流转发展适度规模经营的意见》以及《关于完善农村土地所有权承包权经营权分置的办法》等决策意见的出台,"落实集体所有权、稳定承包权和放活经营权",稳步推进"三权分置",成为经营体系改革的主脉络。土地集中型适度规模经营迎来新契机。作为

"放活经营权"的重要构成内容，土地经营权流转，势必会对"释放"巨大的制度红利，提升资源配置效率，现实意义和战略意义也就更为突出。

①总体情况。从实践发展来看，我国通过土地流转途径，推动农业适度规模经营发展成效比较显著（见图 5−3）。2005 年，家庭承包耕地流转总面积为 5467.37 万亩，到 2019 年跃升至 55498.04 万亩，增长了 10 倍，年均增长率达 18%。农业经营主体签订耕地流转合同 5741 万份、流转耕地面积 36421 万亩；从定基增长率来看，我国家庭承包耕地流转总面积的定基增长率也呈现逐年上升的态势。2019 年定基增长率达到最大值，为 915%。

从环比增长率来看，家庭承包耕地流转面积，存在显著阶段性特征。2008 年，我国耕地流转面积的环比增长率为 70.81%，也是样本区间内的最大值。为什么会这样呢？这主要与 2008 年召开的十七届三中全会有很大关联。在该决定中，明确提出了农业适度规模经营的实践模式，这有利于明确农业适度规模经营主要类型和内容，指引农业适度规模经营发展方向。当然，这在一定程度上有效刺激了我国承包耕地流转总面积环比增长率的大幅提升。另外，从 2008 年后，我国承包耕地流转总面积的环比增长率，基本上保持在稳定水平。

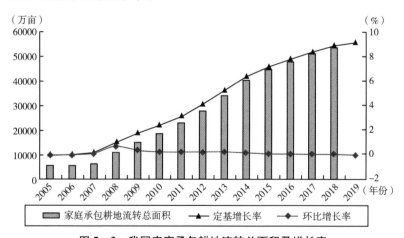

图 5−3　我国家庭承包耕地流转总面积及增长率

②结构特征。从流转模式、流转去向、流转用途、流转形式四个方面揭示我国土地流转型适度规模经营的结构特征。其中，在流转用途方面，2019 年，出租（转包）＞股份合作＞其他形式＞互换＞转让。由表 5−3 可以看出，当前我国土地流转型适度规模经营模式仍以出租（转包）形式

和股份合作模式为主导。从增速来看，2019 年，通过出租（转包）、转让、互换、股份合作、其他形式等模式，流转的土地面积的环比增幅分别是 2.04%、14.11%、－10.39%、12.15%、17.55%。可以看出，除互换模式的环比增长率为负外，其他模式均呈现正增长态势。通过比较可得，其他形式＞转让＞股份合作＞出租。其他形式的土地流转模式的环比增速最快，出租模式的增速最慢。

从家庭承包耕地流转去向来看，我国家庭承包耕地主要流入了农户和专业合作社这两类经营主体。这也说明农户和专业合作社仍是从事土地流转型适度规模经营的主要力量。从增速来看，流入农户、专业合作社、企业、其他主体的耕地流转面积的环比增速分别为 1.17%、3.96%、3.67%、10.22%。可以看出，流入其他主体、专业合作社和企业三类主体的环比增速较快，流入农户耕地面积的环比增速最慢。

从流转用途和去向来看，耕地流转后，用于粮食种植的面积有 29505 万亩，占家庭承包耕地流转总面积的比重为 53.16%。可以看出，流转耕地的用途并未发生改变，粮食种植仍是耕地流转的最主要用途，有利于保障粮食安全和杜绝"非粮化"趋势。从增速来看，耕地流转后用于粮食种植面积的环比增速为 1.09%。从流转形式来看，流出承包耕地的农户数有 7321 万户，比上年增长 1.19%。

表 5 – 3 　　　　　　　　　 土地流转型模式的结构性特征

指标	2019 年	比上年增长（%）
一、农户家庭承包耕地流转总面积	55498	2.96
1. 出租（转包）	44601	2.04
2. 转让	1687	14.11
3. 互换	2798	－10.39
4. 股份合作	3308	12.15
5. 其他形式	3104	17.55
二、家庭承包耕地流转去向	—	—
1. 流转入农户的面积	31177	1.17
2. 流转入专业合作社的面积	12591	3.96
3. 流转入企业的面积	5762	3.67

续表

指标	2019 年	比上年增长（%）
4. 流转入其他主体的面积	5967	10.22
三、流转用于粮食作物种植的面积	29505	1.09
四、流转出承包耕地的农户数（万户）	7321	1.19

资料来源：根据《全国农村经济情况统计资料》《中国农村经营管理统计年报》《2019 年中国农村政策与改革年报》整理。

（2）社会化服务型模式。

农业社会化服务是农业分工和专业化发展的产物，会影响到专业化生产的经营规模。农业社会化服务主体在农业产前、产中、产后的服务商与农民经营有机结合，创新出了很多有效的农业社会化服务模式[①]。在现行制度框架下，找到了农户与规模经济的"交集"。因而，其作用是不容忽视的。农业社会化服务引领的"服务规模经营"模式，加速了农业经营主体"裂变"和实现专业化，推进了分工深化，降低了交易成本和拓展了农业适度规模经营的维度[②]。另外，从世界农业发展趋势来看，农户小规模、分散经营的现实约束，无法在短期内完全改变。因此，农业社会化服务这种适度规模经营模式具有更强的适应性，能够助力农业产业规模经济、生产规模经营和农业经营者规模经济。

①农业社会化服务模式的宏观概况。截至 2020 年底，我国农业社会化服务组织数量已经超过 90 万个，服务体系不断丰富和健全。从服务内容来看，在产中环节采用农业托管方式的服务面积，超过 16 亿亩，社会化服务粮食作物面积达到 9 亿亩，占比达 56.25%，有效保障了粮食安全生产。社会服务有效带动农户 7000 万户，占全国农业经营户的 30% 左右。同时，在具体实践探索中，也涌现出湖南、江西、山西等典型性、代表性案例。其中，湖南省和江西省等地，通过重点支持水稻种植的机插秧、早稻工厂化育秧等环节，助力水稻增产幅度达 15%。山西省万荣县通过托管病虫害防治、化肥除草等环节，有效地减少了农药投入量，为打赢面源污染防治

---

① 姜松，王钊，周宁. 西部地区农业现代化演进、个案解析与现实选择 [J]. 农业经济问题，2015（1）：8.

② 姜松，曹峥林，刘晗. 农业社会化服务对土地适度规模经营影响及比较研究——基于 CHIP 微观数据的实证 [J]. 农业技术经济，2016（11）：4-13.

攻坚战贡献了新的实践操作方案。综合来看，农业社会化服务型模式在引领农业面源污染治理方面具有较强的应用范围和创新空间。

从服务能力来看，农业社会化服务能力亦不断增强。以机耕服务为例（见表5-4）第三次农业普查的数据显示：在种植业方面，我国有拖拉机2690万台，其中，东部地区758万台，中部地区888万台，西部地区582万台，东北地区463万台；全国共有耕整机513万台，其中，东部地区70万台，中部地区163万台，西部地区240万台；全国共有旋耕机825万台，其中，东部地区148万台，中部地区183万台，西部地区430万台；全国共有播种机652万台，其中，东部地区108万台，中部地区258万台，西部地区126万台，东北地区160万台；全国共有水稻插秧机68万台，其中，东部地区9万台，中部地区11万台，西部地区6万台，东北地区42万台；全国共有排灌动力机械1431万台，其中，东部地区442台，中部地区521台，西部地区384台，东北地区84台；全国共有联合收割机114万台，其中，东部地区33万台，中部地区45万台，西部地区16万台，东北地区20万台；全国共有机动脱粒机1031万台，其中，东部地区134万台，中部地区271万台，西部地区600万台，东北地区26万台。在畜牧业和渔业方面，全国共有饲草料加工机械409万台，其中，东部地区23万台，中部地区37万台，西部地区303万台，东北地区46万台；全国共有挤奶机10万台，其中，东部地区2万台，中部地区1万台，西部地区5万台，东北地区2万台；全国共有剪毛机5万台，其中，东部地区1万台，中部地区1万台，西部地区2万台，东北地区1万台；全国共有增氧机194万台，其中，东部地区125万台，中部地区42万台，西部地区23万台，东北地区3万台；全国共有果树修剪机49万台，其中，东部地区21万台，中部地区13万台，西部地区14万台，东北地区2万台；全国共有内陆渔用机动船28万台，其中，东部地区13万台，中部地区10万台，西部地区3万台，东北地区1万台（见表5-4）。

表5-4　　　　　　　　机耕服务能力

类型	全国	东部地区	中部地区	西部地区	东北地区
拖拉机	2690	758	888	582	463
耕整机	513	70	163	240	40

续表

类型	全国	东部地区	中部地区	西部地区	东北地区
旋耕机	825	148	183	430	65
播种机	652	108	258	126	160
水稻插秧机	68	9	11	6	42
排灌动力机械	1431	442	521	384	84
联合收获机	114	33	45	16	20
机动脱粒机	1031	134	271	600	26
饲草料加工机械	409	23	37	303	46
挤奶机	10	2	1	5	2
剪毛机	5	1	1	2	1
增氧机	194	125	42	23	3
果树修剪机	49	21	13	12	2
内陆渔用机动船	28	13	10	3	1

资料来源：第三次全国农业普查数据。

②农业社会化服务的情况调研。本章继续将视角转至微观层面。以重庆市酉阳县、江津区、大足区、潼南区、万州区等23个区县为样本进行调研（见表5-5）。通过比较发现，农户对于技术服务需求的强度最大，样本占比达到48.2%。是几类综合性服务需求中占比最大的。其次是农资供应服务。其需求强度仅次于农业技术服务。再次是金融服务，在所有社会化服务类型中，农户对金融服务需求也较为强烈。调研数据显示，55.1%的农户主要通过亲戚朋友获得了资金。通过银行和农村信用社等渠道，取得资金的农户较少。因此，农户对金融服务需求也十分强烈。在被调查农户中，有45.0%的农户认为自己强烈需要农业信息服务。此外，对农资服务、加工销售服务有强烈需求的农户占比均在40%以上。可见，在微观层面，农业社会化服务对于农业生产经营的重要性也十分显著。

表5-5　　　　　　　　农户社会化服务需求强度

类型	强烈（%）	一般（%）	无需求（%）	合计
农资供应服务	47.10	39.80	13.10	100
农机服务	41.40	41.40	17.30	100

续表

类型	强烈（%）	一般（%）	无需求（%）	合计
技术服务	48.20	39.30	12.60	100
加工销售服务	40.30	39.30	20.40	100
农业信息服务	45.00	38.70	16.20	100
金融服务	46.10	35.60	18.30	100

从不同农业生产环节的服务强度来看，农户对各生产环节的服务需求强度也存在显著的异质性。对于产前服务而言，化肥、农药、薄膜等农资价格上涨增加了农业生产经营成本，影响了农业生产效益。因此，农户对购置良种、化肥、和农药等农资的需求十分强烈。在产中服务中，农户对公共物品或准公共物品属性范畴的社会化服务，需求较为强烈。对于具有私人物品属性的社会化服务，需求强度较弱，如收割、脱粒等。在产后服务中，调研显示，农户对产品运输、储藏服务的需求强烈。

除此之外，在各类农业社会化服务中，农户对于农业信息服务需求也十分强烈，尤其是价格信息服务和市场供求信息服务。这充分反映了农户市场意识的增强。此外，随着农业产业化发展，农业技术水平不断提高，农户对农业技术信息的需求也表现得十分强烈，占比达57.1%（见表5-6）。

表5-6 农户对各类农业信息的需求情况

信息内容	频率	百分比（%）
农民用工信息	69	36.1
技术信息	109	57.1
价格信息	116	60.7
政策信息	112	58.6
市场供求信息	98	51.3
气象信息	81	42.4
其他	2	1.0

在农业技术推广和培训机会方面，通过调查发现，40.3%的农户接受过农业技术培训，59.7%的农户没有接受过技术培训，培训的覆盖率很低。从培训频次来看，41.6%的农户一年接受过一次培训，一年接受过多次培训的农户占比为26.0%（见表5-7）。可以看出，农户获得技术培训

机会和强度需要进一步增强。

表 5 - 7　　　　　　　　　　农业技术培训频率情况

农业培训频率	培训频率	占比（%）
多年一次	13	16.9
两年一次	5	6.5
一年一次	32	41.6
一年两次	7	9.1
一年多次	20	26.0

不过，从借贷渠道来看，农户金融服务需求满足仍以通过亲戚朋友渠道为主。仅有 35.6% 的农户曾经从银行获得贷款。这样的发展现实显然无法适应新时期适度规模经营引领农业面源污染治理和实现绿色发展的现实需要。强化金融服务，对农户生产经营的支持力度仍是社会化服务新机制构建的重要内容。

（3）合作经营型模式。

除上述两种模式外，合作经营型模式也是农业适度规模经营的重要途径。合作经营模式体现的是：农业劳动力要素通过在产前、产中和产后的联合，所实现要素配置效率提高和优化。当然，需要注意的是，合作经营模式和社会化服务模式，也存在一定的交集和重合。除生产型合作社外，有的合作社也以供给社会化服务为主。第三次农业普查数据显示，以农业生产经营或服务为主的农民合作社有 91 万个，占比达50.4%，已构成"半壁江山"。该类合作社实现适度规模经营的机制，与生产型合作社的机制存在一定的差异。为了体现差异性，本部分的合作经营模式主要是农民在生产环节通过横向的互助、联合所成立的生产型合作社。

截至 2019 年，我国农民专业合作社已经达到 1935273 个，同比增长2.29%。农业农村主管部门认定的标准社有 157141 个，占比为 8.12%。农民专业合作社成员数为 66827867 人，其中普通农户、家庭农场、企业成员、其他团体成员的占比分别为 95.35%、3.14%、0.423%、1%。普通农户是农民专业合作社的最重要构成主体。

在增长速度方面，相较于 2018 年，农民专业合作社普通农户数、企业成员数和其他团体成员数，分别增长 9.78 个百分点、1.78 个百分点和 144.77 个百分点，其中，其他团体成员的增速最快，普通农户的增速次之。这充分表明，农民专业合作社在引领分散经营农户方面所表现出的巨大潜力。另外，在农民专业合作社成员中，家庭农场成员数和建档立卡的贫困农户数相较于 2018 年，分别降低了 2.53 个百分点和 86.71 个百分点。特别值得一提的是，农民专业合作成员中，建档立卡贫困户的降幅最为显著。因此，新时期应充分发挥农民专业合作社在脱贫攻坚和乡村振兴有效衔接中的作用。一言以蔽之，在结构层面，农民专业合作社会员的增加，与农民专业合作社普通农户数、企业成员数和其他团体成员数的增加有直接关联。

从农民专业合作社从事行业来看，2019 年，从事种植业及相关的农民专业合作社有 1056353 个，占农民专业合作社总数的 54.58%；从事林业及相关的农民专业合作社有 117307 个，占农民专业合作社总数的 6.06%；从事畜牧业及相关的农民专业合作社有 408724 个，占农民专业合作社总数的 21.12%；从事渔业及相关的农民专业合作社有 58555 个，占农民专业合作社总数的 3.03%；从事服务业的农民专业合作社有 153687 个，占农民专业合作社总数的 7.9%；从事其他行业的农民专业合作社有 140647 个，占农民专业合作社总数的 7.27%。比较发现，当前农民专业合作社主要从事种植业、畜牧业、服务业等农业产业。从增长速度来看，相较于 2018 年，2019 年从事种植业及相关、从事林业及相关、服务业的农民专业合作社数量都表现出上升态势，增长率分别为 2%、4.14%、4.89%。比较发现，从事服务业的农民专业合作社增速最快。但也需要关注的是，相比 2018 年，从事畜牧业及相关、从事其他行业的农民专业合作社，分别下降 4.48 个和 2.2 个百分点。

从农民专业合作社牵头人身份来看，农民作为牵头人成立的专业合作社有 1644369 个，占农民专业合作社总量的 84.97%。其中，村组干部作为牵头人成立的合作社有 230137 个，占农民专业合作社总量的 11.89%，占农民牵头成立合作社数量的 14%。企业牵头成立的农民专业合作社有 40986 个，占农民专业合作社总量的 2.12%。总体而言，我国农民专业合作社规模不断壮大、质量不断提升、类型日渐多元、涉足产业不断丰富、引领主体不断增加，在我国农业经营体系建立健全、农业适度规模经营发展中的贡献不断增强（见表 5 - 8）。

表 5 - 8　　　　　　　　农民专业合作社经营情况

指标	2019 年	比上年增长（%）
一、农民专业合作社基本情况		
（一）农民专业合作社数	1935273	2.29
其中：被农业农村主管部门认定为示范社的	157141	- 1.79
（二）农民专业合作社成员数	66827867	- 7.08
（1）普通农户数	63722642	9.78
其中：建档立卡贫困农户数	511866	- 86.71
（2）家庭农场成员数	2101709	- 2.53
（3）企业成员数	283138	1.78
（4）其他团体成员数	720378	144.77
二、农民专业合作社分类情况		
（一）按从事行业划分		
1. 种植业及相关	1056353	2
2. 林业及相关	117307	4.14
3. 畜牧业及相关	408724	- 4.48
4. 渔业及相关	58555	- 2.2
5. 服务业	153687	4.89
6. 其他	140647	—
（二）按牵头人身份划分	—	
1. 农民	1644369	- 4.74
其中：村组干部	230137	0.26
2. 企业	40986	- 6.75

资料来源：农业农村部农村合作经济指导司。

5.2.2　农业适度规模经营效率测度与结果比较

（1）模型及说明。

在前述部分，本章揭示了农业适度规模经营主要实现途径，并对其总体概况进行了分析。那么，我国农业适度规模经营实践效果到底如何呢？

为此，在接下来的部分，本章继续从效率的角度展开农业适度规模经营效率测度，以反映我国农业适度规模经营的现实运行成效。本章遵循的基本思路是：首先，测度农业生产的全要素生产率，然后运用全要素生产率分解技术，分解出技术效率指数和技术进步指数。技术效率指数等于规模效率指数乘以纯技术效率指数。因此，规模效率指数就可以用来揭示和反映农业适度规模经营效率情况。

因此，如何测度农业全要素生产率并对其进行分解就是关键步骤。本章通过 DEA 效率和 Malmquist 指数相结合的方式进行。其中，DEA 主要利用数学规划和统计数据确定最优的生产前沿，通过比较决策单元偏离生产单元的前沿程度，来评价它们的相对有效性。根据规模报酬是否可变的假设，可以将 *DEA* 方法分成两类：

一是 C²R 模型，其立足的基本假定是规模报酬不变，利用线性规划的方法，推导生产前沿边界。在该模型中，假定每一个决策单元 j，都对应一个效率评价指数 h_j：

$$h_j = \frac{u^T y_j}{v^T x_j} = \frac{\sum_{r=1}^{s} u_r y_{rj}}{\sum_{i=1}^{n} v_i x_{ij}}, \quad j = 1, 2, \cdots, n \qquad (5-1)$$

其中，x_{ij} 为投入要素总量，满足条件 $x_{ij} \geq 0$；y_{rj} 为产出变量。u_r、v_i 分别为两类变量的加权系数。一般来说，h_j 越大，就表明要素配置效率越高。如果要对决策单元 j_0，在所有 n 个决策单元中的相对最优性进行求解，就可以得到 C²R 模型：

$$\begin{cases} \max h_{j0} = \mu^T y_o \\ s.t. \ w^T x_j - \mu^T y_j \geq 0, j = 1, 2, \cdots, n \\ w^T x_0 = 1 \\ w \geq 0, \mu \geq 0 \end{cases} \qquad (5-2)$$

将式（5-2）转为线性规划和投入产出变量的现象组合，就可以求解出相对效率值，其介于 0 ~ 1 区间范围内。越接近 1，就说明效率越高。

二是 BC² 模型。在该模型下，往往假定规模报酬递增。可以看出，从某种意义上来说，BC² 模型是对 C²R 模型的修正和改进。

$$
\begin{cases}
\max h_j = \displaystyle\sum_{r=1}^{s} u_r y_{rj} - u_j \\[2mm]
st \displaystyle\sum_{i=1}^{m} v_i x_{ij} = 1 \\[2mm]
\displaystyle\sum_{r=1}^{s} u_r y_{rj} - \displaystyle\sum_{i=1}^{m} v_i x_{ij} - u_j \leqslant 0
\end{cases} \quad (5-3)
$$

按照上述分析，农业适度规模经营的实质是，农业产业内部生产要素比例相对变化，投入要素的总量并不会发生改变。因此，本章主要运用产出导向的 BC² 模型，来测度农业纯技术效率并分解出规模效率。此外，为了使研究更具可信度，增强决策单元之间的效率比较，本章主要采用面板数据来扩充样本容量和进行效率测度。进一步，引入 Malmquist 指数方法。该方法最早由马姆奎斯特[①]提出。然后，查瑞斯等[②]将 Malmquist 指数与DEA 技术相结合，形成了动态效率测度方法：

$$
\underbrace{M(x^{t+1}, y^{t+1}, x^t, y^t)}_{TFPCH} = \left[\frac{D_0^t(x^{t+1}, y^{t+1})}{D_0^t(x^t, y^t)} \times \frac{D_0^{t+1}(x^{t+1}, y^{t+1})}{D_0^{t+1}(x^t, y^t)} \right]^{\frac{1}{2}}
$$

$$
= \underbrace{\frac{D_0^{t+1}(x^{t+1}, y^{t+1})}{D_0^t(x^t, y^t)}}_{\substack{EFFCH \\ = SECH \times PECH}} \times \underbrace{\left[\frac{D_0^t(x^{t+1}, y^{t+1})}{D_0^{t+1}(x^{t+1}, y^{t+1})} \times \frac{D_0^t(x^t, y^t)}{D_0^{t+1}(x^t, y^t)} \right]^{\frac{1}{2}}}_{TECHCH}
$$

$$(5-4)$$

其中，$\dfrac{D_0^t(x^{t+1}, y^{t+1})}{D_0^t(x^t, y^t)}$ 表示从 t 到 $t+1$ 时期的技术效率指数，

$\left[\dfrac{D_0^t(x^{t+1}, y^{t+1})}{D_0^{t+1}(x^{t+1}, y^{t+1})} \times \dfrac{D_0^t(x^t, y^t)}{D_0^{t+1}(x^t, y^t)} \right]^{\frac{1}{2}}$ 表示从 t 到 $t+1$ 时期的技术进步指数。

基于前述方法，接下来的关键步骤就是要设置投入和产出变量。本章将农业增加值设置为产出变量。由于农业涵盖范畴较广，如果按照"大农业"口径来进行操作，可能会影响研究结论科学性和有效性。而且，

---

①　Malmquist S. Index numbers and indifference surfaces [J]. Trabajos De Estadistica, 1953, 4 (2)：209–242.

②　Charnes A, Cooper W W, Rhodes E. Measuring the efficiency of decision making units [J]. European Journal of Operational Research, 1978, 2 (6)：429–444.

从现实层面来看，林业、牧业和渔业的规模经营特征，已经十分明显。因而，从政策导向来看，国家层面鼓励多种形态的农业适度规模经营的政策，重点聚焦的是狭义层面的农业范畴。为此，在投入变量方面，本章遵循 C－D 生产函数基本范式，将农作物播种面积和乡村人口设置为投入变量。

（2）时序特征。

基于 DEA-Malmquist 指数方法，测度出 2004～2020 年我国农业适度规模经营效率（SECH）。同时，为了便于分析和比较，本章还给出了时序层面的技术效率指数（EFFCH）、纯技术效率指数（PECH）、全要素生产率指数（TFPCH）、技术进步指数（TECHCH）的测度结果（见表 5－9）。从中可以看出，样本跨期内，我国农业适度规模经营效率指数的平均值为 0.99，非常接近于标准值"1"。但不可否认的是，农业适度规模经营效率还是小于 1 的，这说明我国农业适度规模经营效率还有一定的改进空间。

从全要素生产率分解结果来看，我国全要素生产率平均值为 1.136，大于 1。这说明我国农业全要素生产率提升效果还是比较显著的。从分解结果来看，我国农业全要素生产率的提升主要是农业技术进步推动的，农业技术效率的作用还并不显著。样本跨期内，规模效率是制约农业技术效率提升的关键原因，也是阻止农业全要素生产率提升的关键。研究结果可能表明，我国农业适度规模经营在"量"提升的同时，可能并未带来效率的同步提高。这可能也会影响到其对农业面源污染治理引领作用的发挥。当然，这需要后续研究的进一步佐证，此处不进行赘述。

从静态维度来看，样本跨期内，农业适度规模经营效率大于"1"的年份有 6 年，分别是 2007～2008 年、2013 年、2015 年、2017 年、2020 年，占总样本的 35.29%。除此之外，其他年份的规模效率指数均小于"1"。可以看出，我国农业适度规模经营效率仍有较大的改进空间。新时期随着"三权分置"改革的推进以及现代农业发展提速，我国推进农业适度规模经营过程中，应转变发展思路，提升农业适度规模经营效率。更加注重农业适度规模经营发展质量的提升和效果的改进。唯有此，才能更好地发挥农业适度规模经营，在市场开拓、产业示范和绿色发展中的引领作用，更好地助推面源污染治理。

表5-9　　　　　　　　　　农业适度规模经营效率的时序特征

年份	EFFCH	TECHCH	PECH	SECH	TFPCH
2004	1.032	1.137	1.041	0.991	1.173
2005	0.97	1.091	0.99	0.98	1.058
2006	0.958	1.172	1.012	0.947	1.122
2007	1.067	1.083	0.995	1.073	1.156
2008	1.076	1.162	1.032	1.043	1.251
2009	0.988	1.107	0.993	0.995	1.093
2010	0.992	1.236	1.025	0.968	1.226
2011	1.02	1.134	1.024	0.996	1.157
2012	0.979	1.166	1.002	0.976	1.141
2013	1.022	1.09	1.008	1.014	1.115
2014	0.931	1.166	1	0.931	1.086
2015	0.987	1.083	0.96	1.028	1.069
2016	0.908	1.138	1.003	0.906	1.034
2017	0.976	1.035	0.948	1.03	1.01
2018	1.082	1.607	1.088	0.994	1.738
2019	0.973	1.115	1.021	0.953	1.085
2020	1.016	0.946	0.991	1.024	0.961
平均值	0.998	1.139	1.007	0.99	1.136

　　同时，为更好地反映我国农业适度规模经营效率的时变特征，基于表5-9中的数据，本章绘制形成折线图（见图5-4）。从中可以看出，我国农业适度规模经营效率，总体上表现相对平稳、但"低位游走"的状态。比较来看，只有2005年、2009年、2013年、2014年、2016年、2020年的农业适度规模经营效率指数，与技术效率指数、纯技术效率指数总体水平相当。不过，从整个时序区间来看，农业适度规模经营低水平游走的状态还是普遍现象。尤其需要关注的是，2018年，当农业全要素生产率指数、农业技术进步指数均达到"顶点"时，农业适度规模经营效率指数反而处于"谷点"，成为制约农业全要素生产率提升的主要原因。因此，提升农业适度规模经营效率是新时期我国推动农业适度规模经

营的重要抓手。

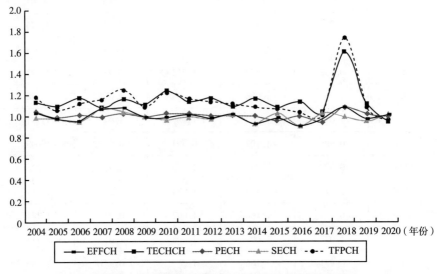

图 5-4　农业适度规模经营效率的时变特征与比较

（3）区域分布特征与比较。

表 5-10 给出了我国农业适度规模经营效率指数的区域分布特征。中国 31 个省区市的农业适度规模经营效率指数的平均值为 0.99，接近于"1"。这与各地区进行的各种农业适度规模经营实践有密不可分的关系。但即便如此，农业适度规模经营效率较低的现实也仍是区域层面各地区面临的普遍特性。具体来看，在我国 31 个省区市中，只有北京、内蒙古、吉林、黑龙江、福建、海南等地，农业适度规模经营效率指数的平均值大于或者等于 1，这说明这些省区市农业适度规模经营效率较高。为了更好地进行区域比较，通过计算可得，东部地区农业适度规模经营效率指数的平均值，为 0.994，中部地区农业适度规模经营效率指数的平均值，为 0.998，西部地区农业适度规模经营效率指数的平均值，为 0.992。中部地区的农业适度规模经营效率最高，其次是东部地区，最后是西部地区。在区域层面，西部地区的农业适度规模经营效率需要进一步提升。不过，从农业适度规模经营效率指数值来看，区域间的差距并不明显，分化、分异的现象并不突出。

表 5 – 10 农业适度规模经营效率的区域分布特征

地区	EFFCH	TECHCH	PECH	SECH	TFPCH
北京	1	1.13	1	1	1.13
天津	0.97	1.144	1.018	0.952	1.109
河北	0.978	1.145	0.99	0.987	1.119
山西	0.99	1.145	1.003	0.987	1.134
内蒙古	1.018	1.123	1.006	1.012	1.142
辽宁	0.993	1.143	1.001	0.992	1.135
吉林	0.969	1.121	0.961	1.008	1.086
黑龙江	1.035	1.126	1.009	1.025	1.165
上海	0.968	1.135	0.984	0.983	1.098
江苏	0.998	1.143	1	0.998	1.141
浙江	0.982	1.132	0.987	0.995	1.111
安徽	1	1.141	1.004	0.997	1.141
福建	1.005	1.131	1.002	1.003	1.137
江西	0.989	1.145	0.997	0.992	1.133
山东	0.988	1.144	1	0.988	1.13
河南	1.01	1.143	1.017	0.994	1.155
湖北	1.005	1.142	1.006	0.999	1.147
湖南	0.989	1.144	0.999	0.99	1.132
广东	0.988	1.132	1	0.988	1.119
广西	1.009	1.144	1.019	0.99	1.154
海南	1	1.147	1	1	1.147
重庆	1.007	1.143	1.012	0.995	1.15
四川	0.999	1.146	1.016	0.983	1.145
贵州	1.036	1.144	1.043	0.993	1.185
云南	1.003	1.145	1.011	0.991	1.149
西藏	0.946	1.134	1	0.946	1.072
陕西	1.028	1.147	1.039	0.99	1.179
甘肃	1.001	1.145	1.011	0.99	1.146
青海	0.997	1.146	1.038	0.96	1.142
宁夏	1.031	1.126	1.061	0.972	1.162
新疆	0.998	1.119	1	0.998	1.117
平均值	0.998	1.139	1.007	0.99	1.136

5.3 农业适度规模经营与面源污染治理：影响与新机遇

5.3.1 农业适度规模经营对面源污染治理的影响

当前，我国农业适度规模经营无论是在途径层面还是在效率层面，都取得了重要突破。在变革我国农业经营体系的同时，也给农业面源污染的治理带来了新的影响。归纳起来，农业适度规模经营对面源污染治理的影响可以归结为"三个改变"：改变了农业面源污染的生成机理、改变了农业面源污染的责任主体、改变了农业面源污染治理模式。

（1）改变了农业面源污染的生成机理。

农业面源污染的产生，与小农户分散生产、经营的行为特征有密切关系。若深挖农业面源污染的生成机理就会发现，农户的分散生产经营也并不是唯一症结，还需要气候、市场、区位以及技术等其他外部环境因素的联合作用。因此，从本质上来看，农业面源污染产生实际上是农户生产行为和气候、市场、区位和技术等外部环境因素联合作用、相互影响的结果。这不但极大增加了农业面源污染的治理难度，也提升了农业面源污染治理成本、降低了治理效率。从这个角度来看，农业面源污染的产生机理十分复杂。不过，随着农业适度规模经营的发展，农业面源污染的生成机理会发生显著变化。

在生产行为方面，适度规模经营主体和农户生产经营行为均存在显著的异质性特征。相较于农户家庭分散经营的零碎性、自发性、无序性，适度规模经营主体的经营行为更加突出规模经济效应，更加重视集约化生产、科学生产和绿色生产。事实上，通过要素整体配置、社会化服务、组织化等途径，农业适度规模经营在一定程度上推进农业面源污染向"点源性污染"转变。这极大地增强了农业面源污染的可控性、可追溯性，为农业面源污染治理提供了新的可能性。

在应对外部环境不确定性方面，适度规模经营主体也有绝对优势，尤其是在技术方面。新型农业经营主体，在良种、测土配方、低风险农药推广、农膜高效利用等方面，拥有无可比拟的技术优势，这些技术条件也更有利于从源头防范农业面源污染。

（2）改变了农业面源污染的责任主体。

事实上，从农业面源污染产生源头来看，分散经营农户是农业面源污染的主要排放源头。因此，按照"谁污染谁治理"基本原则，农户应是农业面源污染治理的主要承担者和责任人。同时，由于农业面源污染的"外部性"特征，政府在这其中也应发挥重要作用。综合这两方面内容可知，农户和政府是传统农业面源污染治理的主要责任主体。

然而，随着农业适度规模经营的发展，责任主体构成正悄然改变。在构建农业社会化服务新机制的政策导向下，中国农村基本经营制度已发生深刻变革，农业经营主体内部开始分化、裂变。除分散经营农户外，以专业大户、家庭农场、土地合作社和工商企业为代表的，多元化新型农业经营主体发展势头强劲，正逐步成为中国建设现代农业、保障国家粮食安全和主要农产品供给的重要载体①。这些新型农业经营主体和分散经营的农户共同构成我国农业经营体系组成单元。更为重要的是，随着农业分工向精细化和复杂化演进，新型农业经营主体与农户农业生产经营联系、权责分工也更为密切，逐步成为相互联系、相互牵制、互惠共生的"利益共同体"②。因此，就这方面而言，农户和新型农业经营主体共同构成农业面源污染治理的责任主体。作为各类价值链、供应链和产业链的主导者，新型农业经营主体有责任、有义务，凭借其技术优势、市场优势、资金优势，引领各类农业生产经营主体从事农业面源污染治理。

另外，从这个方面来看，金融政策支持适度规模经营主体在从事农业面源污染治理的过程中，也应紧密围绕这些"利益共同体"，进行金融产品和服务创新。这一转变将成为金融服务农业现代化建设、农业绿色发展的根本立足点、落脚点和创新"底色"。为此，金融创新应坚持促进产业发展、加速三次产业融合的大方向，以产业链、供应链和价值链为"授信主体"，深刻挖掘新型农业经营主体的"内生增信"机制，增加农业经营主体联保、订单质押、核心企业担保、保理、账户质押等产业链型金融产

---

① 姜松，曹峥林，刘晗．农业社会化服务对土地适度规模经营影响及比较研究——基于 CHIP 微观数据的实证［J］．农业技术经济，2016（11）：4 - 13.

② 姜松．金融服务创新 助推农业现代化［N］．中国社会科学报，2021 - 6 - 16.

品供给与创新力度。通过"集体约束"和"共同利益",探寻金融服务适度规模经营和绿色发展新机制,不断夯实系统性金融服务供给的产业根基,全面变革金融供给模式①。

(3) 改变了农业面源污染的治理模式。

农业适度规模经营除了改变农业面源污染的责任主体,也势必会带来农业面源污染治理模式的改变。在小农户分散经营的制度框架下,农业面源污染的治理大多依靠农户的绿色生产行为自觉和外部的政策约束,体现的是"激励"与"惩罚"的双重现实。因此,在行为自觉方面,政府通过各类补贴政策引导农户采用绿色生产技术、科学施肥等,达到农业面源污染防治的目标。在外部的环境约束方面,主要通过法律政策对各类违反环境的行为进行规制。

综合这两点可以看出,无论是对农户绿色生产行为自觉进行"激励",还是对外部性效应进行"惩罚",体现的都是政府的主导作用。综合来看,在小农分散经营的制度框架下,政府是农业面源污染治理的主体。农业面源污染自组织、协同治理格局并未出现,不利于农业面源污染的长效治理。但随着农业适度规模经营的发展,也会引发治理模式的变革。农业适度规模经营会引致农业生产要素的重组变革,激发农业资源的资产价值。在利润最大化机制的引导下,各类市场化经营主体会涌入农业产业,形成各类产业链、供应链和价值链,进而提升农业产业的现代化水平和核心竞争力。

这导致的直接结果就是农业的资产属性被极大激活。以金融机构等一些为追求利润最大化的各类市场化主体,在其"企业本质"的内生引领下,存在进入农业领域的直接动力。金融政策将同财政政策一道,构成形成促进农业发展的重要政策支柱,这将直接导致治理模式改变。农业适度规模经营主体、农户、政府以及金融机构,都将在农业面源污染治理中发挥新的重要作用,进而推动农业面源污染治理模式由政府主导型治理向市场主导型协同治理转变。

5.3.2 农业适度规模经营为面源污染带来的新机遇

农业适度规模经营为农业面源污染带来"三个改变"的同时,也为农

---

① 姜松. 金融服务创新 助推农业现代化 [N]. 中国社会科学报, 2021 – 6 – 16.

业面源污染治理带来了新机遇。这些新机遇主要体现为治理技术机遇、治理效率机遇和治理政策机遇三个方面。

（1）治理技术机遇。

在小农家庭分散经营框架下，农户知识、人力资本水平的不足致使其生产经营行为存在粗放经营的特征。小农户的技术采用行为，尤其是生态型技术采用行为，具有高风险性、高投入性并存的特性。因此，从本质层面来看，小农户的绿色生产和环境预防行为，往往比较被动（见图 5-5）。就化肥施用技术而言，通过交叉分析发现，当农户拥有从别人出转（租）的耕地面积小于 2 亩时，化肥施用量小于或等于 15 公斤的占比为28.78%；当农户流转的耕地面积介于 2~5 亩区间内时，化肥施用量小于或等于 15 公斤的占比为 28.78%；当农户拥有流转耕地的面积大于 5 亩，化肥施用量小于或等于 15 公斤的占比为 38.26%。从中可以看出，农业经营规模与化肥施用量之间存在反向关系。

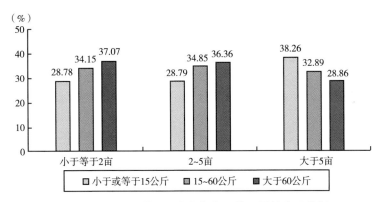

图 5-5　土地流转面积变化与化肥施用量的交叉分析

也就是说，农业经营规模越小，化肥施用量越大；相反，随着农田流转面积增加、农业经营规模的适度扩大，化肥施用量反倒会出现下降趋势。这一结论，一方面印证了小农生产行为对化肥面源污染的"加剧效应"；另一方面，也印证了农业适度规模经营对化肥面源污染的"抑制效应"。另外，合作型农业适度规模经营模式也进一步支撑了这一发现。从调研数据的交叉分析可知，加入合作社的农户和未加入合作社的农户的化肥施用量，也存在显著异质性。在加入农民专业合作社的农户中，施用化肥量小于等于 15 公斤的占比为 31.36%。而在加入专业合作社的农户中,化肥施用量处于小于等于 15 公斤的占比则为 32. 09%。合作型农业适度规模经营模式对化肥面源污染源也有较好的抑制作用。从这个角度来说,适度规模经营发展为农业面源污染治理提供了有效技术支撑。

(2) 治理效率机遇。

农业适度规模经营也为面源污染治理带来了效率层面的新机遇,有利于提升农业面源污染治理质量。

一是相较于分散经营农户,适度规模经营主体本身具有较高的经营效率。不同经营主体特性和禀赋决定了其经营目的、效率和逻辑的不同。在产量最大化和收入最大化刺激下,从事农业适度规模经营的新型农业经营主体规模经济意识更强、效率更高。新型农业经营主体不断流入土地,除了可以优化资金、技术和劳动力组合,以实现生产规模经营和推动现代农业发展外[①],在市场需求引领下,从事绿色有机生产、环境治理的意识也更为坚定和明确。在技术优势的加持下,能够显著提升农业面源污染治理效率。

二是农业适度规模经营,通过"三链"提升治理效率。农业适度规模经营在很大程度上也是农业价值链、供应链和产业链"三链"在现实运用层面的"代名词"。农业适度规模经营一般体现的是新型农业经营主体和农户在价值链上有机联系、密切配合所形成的"生态圈"。这样,农业面源污染治理行为就从农户"个体行为",演变为价值链、供应链和产业链的"集体意志"。为此,在这种情形下,一旦农户的生产行为导致农业面源污染加剧,这不仅会影响到农户个体、新型农业经营主体等农业经营主体,更会影响到整个农业价值链、供应链和产业链运行,对所有相关利用参与个体产生不可估量的影响。

因此,为了防范农户做出有损"利益共同体"的生产行为,新型农业经营主体必定会通过各类契约约束、规范农户生产行为,并同农户一道形成农业面源污染共防、共治的新格局。更为重要的是,新型农业经营主体还可以通过产前、产中和产后的协同运营,供应链上游和下游企业的密切

---

① 姜松,曹峥林,刘晗. 农业社会化服务对土地适度规模经营影响及比较研究——基于 CHIP 微观数据的实证 [J]. 农业技术经济, 2016 (11): 4-13.

配合，农业适度规模经营，有效整合农业面源污染治理的各类要素资源、服务资源、技术资源，实现信息流、资金流和商品流协同共促，带来农业面源污染整体治理效率和质量的提升。

三是分散经营农户通过"专业合作"途径从事农业适度规模经营，也可以提升农业面源污染治理效率。本章调研数据显示，农民专业合作社提供良种，有机肥、种植绿肥等绿色生产资料，生物防虫，农业环保服务，水环境治理，高效低风险农药推广，农膜回收与加工，防腐保险的运输技术等服务的占比分别为58.73%、60.18%、57.47%、54.3%、56.11%、61.99%、60.63%、57.92%、59.73%、62.9%。可以看出，当前农民专业合作社提供的面源污染防治服务类型还是十分丰富的，基本涵盖农业生产的各个环节、各个阶段，为农业面源污染治理效率提升带来新机遇。

（3）治理政策机遇。

除了治理技术和治理效率方面的机遇外，农业适度规模经营还为农业面源污染治理带来了政策变革新机遇。这些新机遇主要体现在财政政策关注范围的拓展和力度增强和金融政策的强势补位两个方面。

在财政政策方面，从农业面源污染治理体系部分的分析可知，当前我国财政政策和补贴政策均存在向新型农业经营主体转变和侧重的大趋势。这些集中体现在农业税收优惠政策中的增值税优惠、环境保护税优惠、企业所得税优惠、农膜回收利用、有机肥补贴、农药施用、生态畜牧补贴等方面。在这些优惠性财政政策引导下，新型农业经营主体从事适度规模经营的成本会得到有效冲减，在农业绿色发展和农业面源污染治理方面的积极性、主动性也会被极大调动。

在金融政策方面，与小农经营相比，农业适度规模经营最大的优势就是能够化解传统的"金融排斥"问题。因此，站在金融机构角度，它们有能力也有动力支持农业适度规模经营主体从事农业面源污染治理。因此，在适度规模经营框架下，金融支持政策实现了强势补位，绿色信贷、绿色债券、绿色保险、绿色企业、环境权益交易市场、融资模式创新等金融工具和服务方式的创新，有效补充了农业面源污染治理工具体系、政策体系，为农业面源污染治理带来了新机遇。

5.4　适度规模经营与农业面源污治理的关系检验

基于前述分析，本章继续将视角转至现实层面建立实证模型，在检验农业适度规模经营和面源污染的相互关系的基础上，评估适度规模经营对农业面源污染的治理的影响效应及作用机理，找到当前农业适度规模经营，引领农业面源污染治理，为新时期战略调整和政策制定提供经验佐证。

5.4.1　面板格兰杰因果检验方法与变量说明

（1）检验框架。

在研究变量之间关系方面，格兰杰因果关系检验是在实证过程中被反复利用、操作便捷的一种实证方法。该方法最早由格兰杰[1]提出，并用于检验平稳时间序列的表征及其运作机理[2]。在后续的发展中，格兰杰因果关系检验逐步由时间序列向面板数据拓展，应用范围也极大扩展。本章在进行农业适度规模经营和面源污染之间关系检验时，运用的也是面板数据。为此，采用面板格兰杰因果关系检验方法。假设一个单协变量的线性动态面板数据模型如下：

$$y_{i,t} = \phi_{0,i} + \sum_{p=1}^{P} \phi_{p,y} y_{i,t-p} + \sum_{q=1}^{Q} \beta_{q,i} x_{i,t-q} + \varepsilon_{i,t}; t=1,\cdots,T, \quad (5-5)$$

对于每一个 $i=1,\cdots,N$，$\phi_{0,i}$ 代表每个个体特定的固定效应，$\varepsilon_{i,t}$ 表示随机误差项，$\phi_{p,y}$ 代表异质自回归系数，$\beta_{q,i}$ 代表格兰杰因果参数。因此，该模型假设 $y_{i,t}$ 遵循 $ARDL(P,Q)$ 过程，且 $y_{i,t}$ 可以被视为联合 VAR 模型之一。为了表示简洁性，这里仅仅采用二元模型。模型的原假设为：序列 $x_{i,t}$ 不是序列 $y_{i,t}$ 的线性格兰杰原因。该假设可以表示，为式（5-5）中 β 的一组线性约束集，如式（5-6）所示：

$$H_0: \beta_{q,i} = 0, \text{所有个体的 } i \text{ 和 } q, \quad (5-6)$$

① Granger C. Granger, C. W. J. Investigating Causal Relations by Econometric Models and Cross-spectral Methods. [J]. Econometrica, 1969, 37 (3): 424–438.
② 姜松，黄庆华. 互联网金融发展与经济增长的关系——非参数格兰杰检验 [J]. 金融论坛，2018 (3): 6–23, 51.

备择假设如式（5 - 7）所示：

$$H_1: \beta_{q,i} \neq 0, \text{一些个体的 } i \text{ 和 } q, \tag{5-7}$$

该模型的原假设和备择假设与杜米特雷斯库和赫林[1]相同。拒绝原假设表示，存在足够多的截面单位 i 拒绝原假设[2]。但一般来说，当 $T < N$ 时，杜米特雷斯库和赫林[3]所提出的检验方法，会出现严重的规模失真现象。本章所运用的面板数据，明显存在 $T < N$ 的现象。如果直接运用 DHT 方法，可能就会出现"伪回归"和不一致性问题。在这样的条件下，HPJ（Half Panel Jackknife）方法就有很好的替代性，且具有较高的检验功率。给定一个平衡面板数据集，HPJ 估计量定义为：

$$\tilde{\beta} \equiv 2\tilde{\beta} - \frac{1}{2}(\tilde{\beta}_{1/2} + \tilde{\beta}_{2/1}) \tag{5-8}$$

其中，$\tilde{\beta}_{1/2}$ 和 $\tilde{\beta}_{2/1}$ 分别表示基于第一个 $T_1 = T/2$ 和第一个 $T_2 = T - T_1$ 观测值估计量。HPJ 估计量，可以分解为两个项的总和。

$$\tilde{\beta} = \tilde{\beta} + \left(\tilde{\beta} - \frac{1}{2}(\tilde{\beta}_{1/2} + \tilde{\beta}_{2/1}) \right) = \tilde{\beta} + T^{-1}\hat{b} \tag{5-9}$$

$\tilde{\beta}$ 的偏差是（T^{-1}）级的，且满足达纳和乔希曼斯[4]的扩展要求。故该模型使用 HPJ 估计方法是合理的。如达纳和乔希曼斯[5]所示，若数据是平稳的，HPJ 估计值可以最小化高阶偏差。故本章将重点限制在式（5 - 8）上。在费德兹瓦和李[6]的条件下，给定 $N/T \to a^2 \in [0; \infty)$，$\varepsilon_{i,t} \sim i.i$。

$$\hat{W}_{HPJ} = NT\beta^{-1}(\hat{J}^{-1}\hat{V}\hat{J}^{-1})\tilde{\beta} \xrightarrow{d} \chi^2(Q) \tag{5-10}$$

其中，假设 $\varepsilon_{i,t} \sim i.i.d.(0, \sigma^2)$，

①③　Dumitrescu E I, Hurlin C. Testing for Granger non-causality in heterogeneous panels [J]. Economic Modelling, 2012, 29（4）: 1450 - 1460.

②　Pesaran M H. Testing Weak Cross-Sectional Dependence in Large Panels [J]. CESifo Working Paper Series, 2012.

④⑤　Dhaene G, Jochmans K. Profile-score adjustments for incidental-parameter problems [J]. Sciences Po Publications, 2015.

⑥　Fernández-Val, Iván, Lee J. Panel Data Models with Nonadditive Unobserved Heterogeneity: Estimation and Inference [J]. Quantitative Economics, 2013, 4（3）.

$$\hat{J} = \frac{1}{NT} \sum_{i=1}^{N} X_i' M_{Z_i} X_i \qquad (5-11)$$

$$\hat{V} = \hat{\sigma}^2 \hat{J} \qquad (5-12)$$

$$\hat{\sigma}^2 = \frac{1}{N(T-1-P)-Q} \sum_{i=1}^{N} (y_i - X_i \hat{\beta}) M_{Z_i} (y_i - X_i \hat{\beta}) \qquad (5-13)$$

这个推论的证明,来自费德兹瓦和李(2013)[①] 以及达纳和乔希曼斯(2015)[②] 的相应研究结果。$\hat{V}$的公式较为灵活,可以考虑横截面和时间序列维度的异方差对其进行修改。例如,基于阿雷拉诺[③]的聚类方差矩阵估计,横截面异方差可以通过设置以下内容来使用。同时,鉴于胡迪克等[④]的最新结果,本章假设 $N/T^3 \rightarrow 0$,则有:

$$\hat{V} = \frac{1}{N(T-1-P)-Q} \sum_{i=1}^{N} X_i' M_{Z_i} \hat{\varepsilon}_i \hat{\varepsilon}_i' M_{Z_i} X_i \qquad (5-14)$$

(2)变量说明。

本部分进行农业适度规模经营和面源污染相互关系检验时,主要涉及农业面源污染和适度规模经营两个主要指标。农业面源污染(NPS)在上述部分已经进行说明,此部分就不再进行过多阐述。按照现行学界的观点认知和本章的概念界定,农业适度规模经营是总量和效率内涵的结合体,是过程和结果的有机统一。其中,总量内涵体现的是农业单位生产规模的扩大;效率内涵体现的是农业生产要素配置效率的提升。但需要特别注意的是,在总量内涵维度,农业单位生产规模并不是越大越好,需要保持一定的"适度性"。在效率维度,效率值应该是越大越好。因此,要系统评估农业适度规模经营对面源污染的影响效应,既要体现总量维度的"适度性",又要体现效率层面的内涵。为此,本章主要从总量和效率的双重维

---

① Fernández-Val, Iván, Lee J. Panel Data Models with Nonadditive Unobserved Heterogeneity: Estimation and Inference [J]. Quantitative Economics, 2013, 4 (3).

② Dhaene G, Jochmans K. Profile-score adjustments for incidental-parameter problems [J]. Sciences Po Publications, 2015.

③ Arellano M. Computing robust standard errors for within-groups estimators [J]. Oxford bulletin of Economics and Statistics, 1987, 49 (4): 431 – 434.

④ Chudik A, Kapetanios G, Pesaran M H. A one covariate at a time, multiple testing approach to variable selection in high-dimensional linear regression models [J]. Econometrica, 2018, 86 (4): 1479 – 1512.

度，展开农业适度规模经营对面源污染的影响效应及其动态特征的评估。其中，在总量内涵层面，农业适度规模经营用主要农作物的播种面积来衡量（ASO_1）；在效率层面，农业适度规模经营用规模效率指数来衡量（ASO_2）。

5.4.2 数据平稳性检验结果

正如实证分析方法介绍部分所言，进行面板格兰杰因果关系检验的关键是必须确保面板数据是平稳数据。本部首先运用 LLC 方法对数据的平稳性进行检验（见表 5 – 11）。从结果可知，NPS、ASO_1、ASO_2 的 $Adjusted\ t$ 均在 1% 的显著性水平下拒绝"Panels contain unit roots"的原假设。这说明三个变量均是平稳的面板数据，可以直接进行面板格兰杰因果关系检验。以此为基础，在接下来的部分，本章也主要从总量内涵维度和效率内涵维度两个层面展开适度规模经营和面源污染的格兰杰因果关系检验。

表 5 – 11   LLC 面板数据平稳性检验

类型	农业面源污染	总量内涵维度	效率内涵维度
	NPS	ASO_1	ASO_2
	Ho：Panels contain unit roots Ha：Panels are stationary	Ho：Panels contain unit roots Ha：Panels are stationary	Ho：Panels contain unit roots Ha：Panels are stationary
$Unadjusted\ t$	– 9. 8158	– 7. 1500	– 23. 9334
$Adjusted\ t^*$	– 6. 6025	– 2. 8595	– 12. 1221
p-value	0. 0000	0. 0021	0. 0000
观测值	31 × 20	31 × 20	31 × 20

5.4.3 总量维度检验结果分析

对于面板格兰杰因果关系检验方法的基本原理，最新的检验模型设定形式主要有以下五种：一是设置为给定滞后项的动态模型；二是具有给定滞后阶数、横截面异质性稳健标准差的动态模型；三是具有给定滞后阶数、横截面异质性稳健标准差，但报告滞后系数总和的动态模型；四是基于 BIC 滞后长度选择且具有横截面稳健标准差的动态模型；五是基于

BIC 选择滞后长度、具有横截面稳健标准差和无方差自由度校正的动态模型。

为了全面揭示检验结果的稳健性，本部分同时给出了五种模型的检验结果（见表 5-12）。从检验结果可知，在五种模型下，表 5-12 中模型（1）中的 HPJ 统计量在 10% 的显著性水平下拒绝 "ASO_1 不是 NPS 的格兰杰原因" 的原假设；模型（2）至模型（5）均在 1% 的显著性水平下拒绝 "ASO_1 不是 NPS 的格兰杰原因" 的原假设。这说明，在总量内涵维度，五种模型下农业适度规模经营是面源污染的格兰杰原因。这一检验结果为农业适度规模经营在绿色发展、农业面源污染治理中发挥引领作用，提供了有效经验佐证。

表 5-12　　　　　　　　　　总量维度的关系检验结果

模型	总量内涵维度				观测值
	H_0 : ASO_1 does not Granger-cause NPS. H_1 : ASO_1 does Granger-cause NPS for at least one panelvar.				
	HPJ	P	BIC	lag	
（1）	4. 6721937	0. 0967	-2885. 1134	2	31×18
（2）	11. 229251	0. 0036	-2885. 1134	2	31×18
（3）	11. 229251	0. 0036	-2885. 1134	2	31×18
（4）	11. 407848	0. 0007	-3194. 3015	1	31×19
（5）	12. 698143	0. 0004	-3194. 3015	1	31×19

5.4.4　效率维度检验结果分析

依然遵从前述分析思路，本章给出五种模型下效率内涵维度的面板格兰杰因果关系检验结果。从中可以看出，表 5-13 中模型（6）和模型（8）中，在滞后 2 期时 HPJ 统计量在 5% 的显著性水平下拒绝 "ASO_2 不是 NPS 的格兰杰原因" 的原假设；模型（9）至模型（10）中，在滞后 1 期时 HPJ 统计量在 1% 的显著性水平下拒绝 "ASO_2 不是 NPS 的格兰杰原因" 的原假设。因此，在效率内涵维度，适度规模经营也是农业面源污染的格兰杰原因。

综合两部分结论可知，无论是在内涵维度还是在效率维度，适度规模经营都是农业面源污染的格兰杰原因。农业适度规模经营的变动，会引致农业面源污染及其治理的变化。

表 5 – 13　　　　　　　　效率维度的关系检验结果

模型	效率内涵维度				观测值
	H_0: ASO_2 does not Granger-cause NPS. H_1: ASO_2 does Granger-cause NPS for at least one panelvar.				
	HPJ	P	BIC	lag	
(6)	6.9028966	0.0317	−2847.4311	2	31×18
(7)	7.1897359	0.0275	−2847.4311	2	31×18
(8)	7.1897359	0.0275	−2847.4311	2	31×18
(9)	2.3077825	0.1287	−3141.2233	1	31×19
(10)	2.5688064	0.1090	−3141.2233	1	31×19

5.5　农业适度规模经营对农业面源污染的影响效应实证

需要看到的是，格兰杰因果关系检验反映的只是适度规模经营和面源污染之间的关系。那么，适度规模经营究竟对农业面源污染产生了怎样的影响呢？影响方向如何？这就是接下来部分需要解决的问题。

5.5.1　实证模型、估计方法与变量

（1）实证模型与估计方法说明。

基于解释框架刻画的理论基础，在农业或技术社会中，每个人的行为都会对环境产生负面影响。他一方面要对其农业生产所导致的生态系统不稳定性负责，另一方面还要参与可再生和非可再生资源的利用。随着人口增加，人均环境负面影响会比现行增长更快。因而，人均环境负面影响主要与收益高度相关，收益的减少就是环境负面影响最重要因素。在农业生产中，这一观点也是适用的。在收益不断减少的情况下，人们一般会通过牺牲环境的途径来满足人口日益增长的粮食需求。推动农业适度规模经

营，是提高农民收入的重要途径①②。因此，随着农民收入水平的提升，环境的负面影响也会减少、效应也会减弱。从这个角度来说，在理论层面农业适度规模经营应该与面源污染之间存在负向理论关系。为此，建立以下模型：

$$NPS_{it} = \alpha_0 + \alpha_1 ASO_{it} + \lambda Control_{it} + \mu_{it} \qquad (5-15)$$

其中，i 表示省份，t 表示年份，NPS 表示农业面源污染水平，ASO 表示农业适度规模经营水平；$Control$ 为涉及的控制变量；μ 代表随机误差项。如果式 $\alpha_1 < 0$ 就说明适度规模经营对面源污染有抑制作用。换言之，农业适度规模经营能推动农业面源污染治理。不过，模型（5-15）是一个典型的静态面板模型。

事实上，就农业面源污染本身而言，其一般存在显著的"路径依赖"特征③。或者说，一个地区当前的农业面源污染水平会受到既往农业面源污染水平的影响。为了考察农业面源污染的这种路径依赖特征，进一步地，将模型（5-15）改写为动态面板模型。

$$NPS_{it} = \alpha_0 + \beta_1 NPS_{i,t-1} + \alpha_1 ASO_{it} + \lambda Control_{it} + \mu_{it} \qquad (5-16)$$

进一步地，农业适度规模经营是一个典型的动态性、阶段性概念，并不是一成不变的，是一个固定值（夏益国和宫春生，2015）。因此可以看出，适度性和动态性是农业适度规模经营的"关键词"和本质特征。为了反映农业适度经营的适度性和动态性，本章在模型构建中，借鉴门槛回归技术。假定适度规模经营的门槛值为 Q^*。为此，就可以划分为 $ASO \leq Q^*$、$ASO > Q^*$ 两个不同阶段。通过观测农业适度规模经营，在这两个区间的不同系数就可以在揭示农业适度规模经营"适度性"的同时，分析农业适度规模经营影响效应的"动态性"。将已有模型改写为动态门槛面板模型：

---

① 胡小平，星焱. 新形势下中国粮食安全的战略选择——中国粮食安全形势与对策研讨会综述 [J]. 中国农村经济，2012（1）：94-98.

② 钱忠好，王兴稳. 农地流转何以促进农户收入增加——基于苏、桂、鄂、黑四省（区）农户调查数据的实证分析 [J]. 中国农村经济，2016（10）：39-50.

③ 揭昌亮，王金龙，庞一楠. 中国农业增长与化肥面源污染：环境库兹涅茨曲线存在吗？[J]. 农村经济，2018（11）：110-117.

$$NPS_{it} = \alpha_0 + \beta_1 NPS_{i,t-1} + \alpha_1 ASO_{it}I\{ASO \leq Q^*\}$$

$$+ \alpha_2 ASO_{it}I\{ASO > Q^*\} + \lambda Control_{it} + \mu_{it} \qquad (5-17)$$

除了农业适度规模经营这一核心变量外，农业面源污染治理还会受到其他一系列因素的影响。归纳起来，这些因素主要体现在财政政策、金融政策、富裕程度、城镇化、产业结构等方面。这一点，在理论框架部分的解释框架中已经做出说明。其中，在财政政策方面，财政政策是"庇古手段"的主要构成，例如，里包多（Ribaudo，2004）[①]、格里辛格等（Griesinger et al.，2017）[②] 以及侯孟阳和姚顺波[③]都主张通过财政政策措施，引导农民使用"绿色技术"，进而实现对面源污染的源头控制。在金融政策方面，金融的融资功能可以降低融资成本，激励市场主体采用低碳技术和清洁生产工艺，助力绿色转型[④]。富裕程度对面源污染的影响机理在逻辑框架部分已经予以揭示。在城镇化方面，丁琳琳等[⑤]、吴义根等[⑥]认为城镇化会带来外生性污染转移，给农村环境造成了一定不良影响。在产业结构层面，谷树忠和谢美娥[⑦]认为农村产业结构变化会给农村生态环境建设造成一定影响。为此，引入金融政策（*FIN*）、财政政策（*FIS*）、富裕程度（*INC*）、城镇化（*URB*）、产业结构（*STR*）等作为本模型的控制变量，进而模型（5-17）改写成模型（5-18）。

①　Ribaudo M O. Policy Explorations and Implications for Nonpoint Source Pollution Control：Discussion [J]. American Journal of Agricultural Economics，2004，86（5）：1220-1221.

②　Griesinger D H. Where not to install a reverberation enhancement system [J]. The Journal of the Acoustical Society of America，2017，141（5）：3852-3853. DOI：https：//doi. org/10.1121/1.4988595.

③　侯孟阳，姚顺波. 异质性条件下化肥面源污染排放的 EKC 再检验——基于面板门槛模型的分组 [J]. 农业技术经济，2019（4）：104-118.

④　Jamel L，Derbali A，Charfeddine L. Do energy consumption and economic growth lead to environmental degradation? Evidence from Asian economies [J]. Cogent Economics & Finance，2016（4）：1-19.

⑤　丁琳琳，吴群，李永乐. 新型城镇化背景下失地农民福利变化研究 [J]. 中国人口资源与环境，2017（3）：163-169.

⑥　吴义根，冯开文，李谷成. 人口增长、结构调整与农业面源污染——基于空间面板 STIRPAT 模型的实证研究 [J]. 农业技术经济，2017（3）：75-87.

⑦　谷树忠，谢美娥. 基于生态文明建设视角的农业资源与区划创新思维 [J]. 中国农业资源与区划，2013（1）：5-12.

$$NPS_{it} = \alpha_0 + \beta_1 NPS_{i,t-1} + \alpha_1 ASO_{it} I\{ASO \leq Q^*\}$$
$$+ \alpha_2 ASO_{it} I\{ASO > Q^*\} + \lambda_1 FIN_{it} + \lambda_2 FIS_{it}$$
$$+ \lambda_3 INC_{it} + \lambda_4 URB_{it} + \lambda_5 STR_{it} + \mu_{it} \qquad (5-18)$$

对式（5-18）进行估计，首先需要消除模型中存在的个体固定效应。目前一般有一阶差分法和组内变换法两种典型的处理方法。由于在动态门槛面板模型中，$NPS_{i,t-1}$ 和个体误差项存在序列相关性，这时组内估计结果无法满足一致性条件。在这样的情况下，即使运用一阶差分，也会导致随机误差项存在负相关，进而使汉森[1]构建的静态面板门槛模型的估计方法失效。据此，在对动态面板门槛模型进行估计时，借鉴克雷默等[2]的处理方式：通过前向正交离差变换消除固定效应，并运用 GMM 方法来解决因变量滞后项引入带来的内生性问题。

（2）控制变量说明。

适度规模经营（ASO）、农业面源污染（NPS）等核心变量在上述部分已经进行了说明。此部分重点说明财政政策（FIS）、金融政策（FIN）、富裕程度（INC）、城镇化（URB）、产业结构（STR）等控制变量。

①金融支持政策（FIN）。金融支持政策是强农惠农富农政策体系的重要组成部分，有利于现代农业的建设和农业可持续发展。斯科尔斯和丹姆[3]认为金融政策能够对环境污染起到有效抑制作用。其中，农业面源污染防治需要改进农业经营规模、提高农业生产技术效率以及优化农药化肥等生产资料投入，使农户对资金投入的需求增大。有效的资金投入以及信贷支持是农业绿色发展的首要发力点，尤其是绿色信贷能够有效弥补"市场失灵"，利用金融杠杆将环保调控手段具体化，是农业面源污染防治的重要金融手段[4]。但是，目前我国绿色信贷业务尚处于起步阶段，存在标准不统一、环境数据质量较低等问题，不利于本章实证研究的科学性和准

① Bruce, E, Hansen. Threshold effects in non-dynamic panels: Estimation, testing, and inference [J]. Journal of Econometrics, 1999, 93 (2): 345-368.

② Kremer S, Bick A, Nautz D. Inflation and growth: New evidence from a dynamic panel threshold analysis [J]. Empirical Economics, 2013, 44 (2): 861-878.

③ Scholtens B, Dam L. Banking on the equator: Are banks that adopted the equator principles different from non-adopters [J]. World Development, 2007, 35 (8): 1307-1328.

④ 李明贤，柏卉. 信贷支持农业绿色发展研究 [J]. 农业现代化研究，2019，40 (6): 900-906.

确性。因此，本章采用农业信贷来表示我国金融政策的支持力度。

②财政政策（FIS）。农业面源污染防控越来越受到国家政府重视，国家出台了一系列政策意见用以治理农业面源污染。尤其是一系列财政政策的出台，对于农村基础设施建设、农业清洁生产设备购置、适度规模经营的推进都起着助力作用。在税收政策方面，我国运用税收规制农业生态环境的机制尚未成熟。在财政支农政策方面，我国财政支农政策主要包括财政拨款、价格补贴、财政贴息等形式。其中，农林水事务支出是我国政府增加农业投入、保护农业发展的有效手段。许多学者以农林水事务支出代表财政支出，衡量财政支出对于财政支农效率、化肥面源污染排放的影响[1][2]。因此，本章用地方农林水事务支出来表示我国财政政策的支农力度。

③富裕程度（INC）。富裕程度也是影响农业面源污染重要指标，这一点可以从环境库兹涅茨曲线得到印证。不过，在具体指标量化中，富裕程度的量化指标很多。本章参考申云和李京蓉[3]的方法，利用农村居民可支配收入来衡量我国农村居民的生活富裕程度。

④城镇化（URB）。城镇化主要通过污染效应和减排效应对农业面源污染产生影响。在污染效应层面，城镇化使大量农村劳动力向城镇地区转移，农村剩余劳动力减少，只有加大化肥农药等生产资料的投入来替代劳动力的减少，这会使农业面源污染加剧。在减排效应层面，随着城镇化带来的农村人口大量减少，农村人口消费水平会下降，生活排污、垃圾总量等也会不断下降。除此之外，城镇化带来的先进生产技术会提高农业生产效率，促进农业规模发展。在现有研究中，以人口城镇化即城镇人口占总人口的比重来衡量城镇化水平的居多[4][5]。因此，本章用城镇人口占总人口

① 厉伟，姜玲，华坚. 基于三阶段 DEA 模型的我国省际财政支农绩效分析［J］. 华中农业大学学报（社会科学版），2014，109（1）：69－77.

② 侯孟阳，姚顺波. 异质性条件下化肥面源污染排放的 EKC 再检验——基于面板门槛模型的分组［J］. 农业技术经济，2019（4）：104－118.

③ 申云，李京蓉. 我国农村居民生活富裕评价指标体系研究——基于全面建成小康社会的视角［J］. 调研世界，2020（1）：42－50.

④ 吴义根，冯开文，李谷成. 人口增长、结构调整与农业面源污染——基于空间面板 STIRPAT 模型的实证研究［J］. 农业技术经济，2017（3）：75－87.

⑤ 薛蕾，徐承红，申云. 农业产业集聚与农业绿色发展：耦合度及协同效应［J］. 统计与决策，2019（17）：125－129.

的比重来衡量城镇化水平。

⑤产业结构（STR）。目前，我国传统农业粗放的发展模式与经济发展相违背，不仅阻碍了农业现代化发展进程，还使农业生态环境遭到严重破坏。对产业结构进行调整和优化、转变农业发展方式，成为防治农业面源污染的根本出路。产业结构调整有助于产业之间相互整合、渗透，由此带来的现代物质条件和科学技术推进了农业机械化、信息化步伐，使农业发展从资源消耗型向资源节约型转变，从源头上减少了农药化肥等生产资料的投入，改善了农业生态环境。产业结构的主要衡量指标有三次产业的产出占比、产业结构演变系数（DCIS）等。目前关于产业结构对农业面源污染的研究中，以农业产业结构即农业内部的产业结构、三次产业比值[1]作为衡量指标的颇多。本章基于狭义农业（种植业）的角度研究农业适度规模经营与面源污染的关系，因而对衡量指标进行相应的改进，以农业增加值与第二、第三产业增加值之和的比值来衡量产业结构。

本部分涉及的控制变量数据为我国 1999~2018 年 31 个省区市的面板数据。金融政策的衡量指标农业贷款、财政政策的衡量指标地方财政农林水务支出、富裕程度的衡量指标农村居民可支配收入、城镇化和产业结构数据来自《中国统计年鉴》《中国金融年鉴》《新中国六十年统计资料汇编》等。需要特别说明的是，对于样本中缺失的数据，用前后两年的平均值予以替代和补充。描述性统计信息如表 5-14 所示。

表 5-14　　　　　　　　主要控制变量的描述性统计信息

变量	类型	平均值	标准差	最小值	最大值	观测值
FIN	总体	3.15e+07	4.90e+07	8705	3.10e+08	620
	组间		2.55e+07	2117425	1.15e+08	31
	组内		4.21e+07	-8.08e+07	2.27e+08	20
FIS	总体	242.756	259.742	1.25	1310.89	620
	组间		103.005	67.888	447.005	31
	组内		239.127	-169.36	1124.66	20

---

① 吴义根，冯开文，李谷成. 人口增长、结构调整与农业面源污染——基于空间面板 STIRPAT 模型的实证研究 [J]. 农业技术经济，2017（3）：75-87.

续表

变量	类型	平均值	标准差	最小值	最大值	观测值
INC	总体	6780.941	5048.142	1258	30374.73	620
	组间		2565.462	3998.237	14172.75	31
	组内		4370.831	-1910.805	22982.93	20
URB	总体	0.490	0.1525	0.220	0.896	620
	组间		0.134	0.299	0.858	31
	组内		0.077	0.279	0.645	20
STR	总体	0.087	0.053	0.002	0.283	620
	组间		0.043	0.005	0.177	31
	组内		0.032	0.014	0.244	20

5.5.2　总量维度的实证检验结果分析

（1）农业适度规模经营对农业面源污染影响效应。

表 5-15 中给出了农业适度规模经营总量内涵维度的估计结果。其中，表 5-15 中模型（11）至模型（12）给出的是总量内涵维度的只涵盖农业适度规模经营（ASO_1）这一核心变量的个体固定效应（FE）和个体随机效应（RE）的估计结果。通过比较发现，当引入所有控制变量后，各变量的影响方向并未发生改变。因此，在总量内涵维度，评估农业适度规模经营对面源污染的影响以模型（13）为分析基准。

由模型（13）可知，农业适度规模经营（ASO_1）对面源污染的影响系数为正，且在 1% 的显著性水平下通过检验。研究表明，样本跨期内，农业适度规模经营会加剧农业面源污染程度。这可能与"规模效应"机制作用和农业种植结构转换升级有很大关联。其中，在"规模效应"机制方面，农业适度规模经营会通过环境库兹涅茨曲线中的"规模效应"机制——"种植面积扩大→环境库兹涅茨曲线→面源污染"对面源污染产生影响。具体来说，一方面，随着农作物播种面积的增大，农业生产的要素投入增加，进而增加资源的使用；另一方面，更多的农业产出也会带来农业污染排放的增加。在农业种植结构变化方面，随着各类惠农政策，尤其是农业补贴政策的力度增强，农业种植结构存在"趋粮化"

现象①。在这种情形下，粮食的边际生产成本以及市场价格将会被改变，农业经营主体从事粮食种植的积极性将会被大幅调动，耕地的利用方式、化肥、农药等化学投入品的施用强度会增加，加剧面源污染程度。同时，粮食作物种植面积不断提升会导致秸秆废弃物的增加，加剧农业面源污染。

从其他变量来看，农业面源污染的滞后项（NPS_{t-1}）对面源污染的影响显著为正，这说明农业面源污染存在显著的"路径依赖"特征。金融政策（FIN）对农业面源污染的影响显著为负，这主要与如火如荼发展的绿色金融有很大关系②。财政政策（FIS）对农业面源污染的影响为正，在1%的显著性水平下通过检验。长期以来，政府只重视工业点源污染治理，相关的农业生态基础设施投资较少，缺乏直接的公共支出渠道③。富裕程度（INC）对农业面源污染的影响显著为负，研究表明农民收入提升、富裕程度提高后，会在一定程度上激发绿色生产和环境保护意识、促进其引用环境友好型技术，利于抑制农业面源污染。城镇化（URB）对农业面源污染的影响显著为正。随着城镇化进程的加快，大量污染物进入湖泊系统，湖泊的营养化日益严重④，这也在一定程度上加剧了农业面源污染。产业结构（STR）对农业面源污染的影响显著为负，农业产业结构转型升级，能在一定程度上抑制农业面源污染。

表 5 – 15　　　　　农业适度规模经营对面源污染影响效应评估

变量	总量维度			
	FE	RE	FE	RE
	(11)	(12)	(13)	(14)
截距项	– 12.308 (– 0.76)	– 2.389 (– 0.11)	9.940 (0.48)	4.461 (0.18)
ASO_1	0.049 *** (15.73)	0.047 *** (17.97)	0.359 *** (13.40)	0.038 *** (16.54)

---

① 孙博文. 我国农业补贴政策的多维效应剖析与机制检验 [J]. 改革, 2020 (8)：102 – 106.

② 刘贯春, 张军, 丰超. 金融体制改革与经济效率提升——来自省级面板数据的经验分析 [J]. 管理世界, 2017 (6)：9 – 22.

③ 李一花, 李曼丽. 农业面源污染控制的财政政策研究 [J]. 财贸经济, 2009 (9)：89 – 94.

④ 葛俊等. 砾间接触氧化法对白鹤溪低污染水体的净化效果 [J]. 环境科学研究, 2015 (5)：816 – 822.

续表

变量	总量维度			
	FE	RE	FE	RE
	(11)	(12)	(13)	(14)
FIN			$-3.43\mathrm{e}-07$ *** (-4.84)	$-3.11\mathrm{e}-07$ *** (-4.37)
FIS			0.121 *** (6.49)	0.113 *** (6.13)
INC			-0.002 *** (-3.71)	-0.002 *** (-3.39)
URB			154.301 *** (4.98)	141.098 *** (4.59)
STR			-360.937 *** (-6.77)	-374.767 *** (-7.00)
R^2	0.70	0.70	0.705	0.712
F/Wald	247.48 ***	322.78 ***	140.6 ***	925.95 ***
LM test		4158.86 ***		3748.99 ***
F test	110.52 ***		155.03 ***	
Hausman test		1.31		11.35 **

注：（）内为 T 值，*** 、** 分别表示 1% 、5% 的显著性水平下显著；无标注表示不显著。

（2）农业适度规模经营对农业面源污染影响门槛效应。

农业适度规模经营的"适度性"决定，其一定是一个动态概念。为了揭示这种动态性，本章继续运用前沿计量方法——动态面板门槛模型予以进一步检验。一般来说，进行动态面板门槛估计主要分门槛效应检验、门槛模型估计"两步走"。本部分依然延续前述分析思路，从总量内涵维度和效率内涵维度分别进行检验。其中，总量内涵维度的检验结果，一方面，可以判断当前农业生产规模的"适度性"问题；另一方面，可以反映随着生产规模变化，其对面源污染影响效应的变化。效率内涵维度的检验，可以揭示农业适度规模经营影响面源污染的效率矛盾。

①门槛效应检验。从计量理论可知，建立动态门槛面板模型的首要步骤是要确定门槛效应以及门槛值的存在性与显著性。在门槛效应检验方面，总量层面计算出来的 LR 统计量分别为 41.19，拒绝"不存在门槛效应"的原假设。可以看出，农业适度规模经营存在明显的门槛效应且通过显著性检验。从门槛值来看，总量层面计算出来的门槛值为 8467.51 千公顷，也就是说，主要农作物播种面积的门槛值为 8467.51 千公顷。为了判断总量层面农业适度规模经营的"适度性"问题，继续计算出当前我国主要农作物播种面积的平均值为 5126.351 千公顷。比较发现，当前我国主要农作物播种面积并未超过 8467.51 的门槛值，在总量内涵维度，农业经营规模仍是"适度的"，因而仍存在较大的发展空间（见表 5-16）。

表 5-16   总量维度的门槛效应检验

类型	估计值
门槛效应检验 LR	41.19*
Threshold	8467.51*
Lower	8467.51
Upper	8638.5

注：*表示在 10% 的显著水平下显著。

运用两步差分 GMM 对模型进行估计。为了解决变量过多产生的多重共线性问题，在引入控制变量时采用独立添加控制变量、分别逐次引入控制变量的方式进行处理（见表 5-17）。其中，表 5-17 中模型（15）至模型（19）为分别引入金融政策（FIN）、财政政策（FIS）、富裕程度（INC）、城镇化（URB）、产业结构（STR）等单一控制变量的结果；模型（20）至模型（23）则是逐次添加控制变量的结果。需要值得关注的是，当引入所有控制变量后，财政政策的影响方向虽然没变，但并不显著。因此，在分析时主要以模型（15）至模型（19）为基准。从结果可知，基于总量维度的农业适度规模经营的门槛值 8467.51 千公顷，为此可以将总量层面的农业适度规模经营划分为低阈值区间（$ASO_1 \leqslant 8467.51$）、高阈值阶段（$ASO_1 > 8467.51$）两个阶段。从中可以看出，在影响方向方面，无论是低阈值区间还是在高阈值区间，适度规模经营对面源污染的影响都显著为负；在影响程度方面，农业适度规模经营对面源污染的影响系数在跨越

表5-17　总量维度农业适度规模对面源污染门槛效应估计结果

变量	模型								
	(15)	(16)	(17)	(18)	(19)	(20)	(21)	(22)	(23)
截距项	50.781*** (8.17)	46.207*** (14.43)	49.855*** (13.87)	64.093*** (14.47)	73.482*** (15.96)	23.579*** (3.17)	124.131*** (20.18)	83.573*** (11.49)	78.724*** (7.16)
NPS_{t-1}	0.879*** (686.05)	0.939*** (351.63)	0.941*** (385.51)	0.928*** (475.31)	0.872*** (204.14)	0.837*** (213.87)	0.901*** (345.69)	0.893*** (271.21)	0.852*** (59.18)
ASO_1≤8467.5	-0.012*** (-74.45)	-0.007*** (-52.23)	-0.008*** (-23.02)	-0.010*** (-129.65)	-0.009*** (-17.53)	-0.012*** (-20.00)	-0.009*** (-10.15)	-0.011*** (-7.57)	-0.007*** (-6.39)
ASO_1>8467.5	-0.008*** (-53.16)	-0.004*** (-25.68)	-0.005*** (-14.53)	-0.007*** (-59.50)	-0.006*** (-10.99)	-0.009*** (-14.88)	-0.005*** (-6.49)	-0.007*** (-4.56)	-0.003*** (-2.78)
FIN	1.236*** (15.66)					3.894*** (40.88)	7.215*** (93.69)	7.101*** (48.54)	8.813*** (20.91)
FIS		-0.011*** (-23.08)				-3.691*** (-17.19)	2.462*** (5.52)	3.378*** (13.37)	-0.012 (-0.02)
INC			-0.001*** (-27.27)				-22.773*** (-97.75)	-11.027*** (6.73)	-6.948*** (-3.10)
URB				-19.391*** (-9.27)				-102.222*** (-8.85)	-168.110*** (-9.22)
STR					-88.322*** (-14.14)				-266.990*** (-21.06)
Wald	2.27e+06	4.43e+07	1.56e+07	2.80e+07	1.08e+07	1.10e+07	532436.62	950145.50	229458.17
Hansen J	23.29	25.91	25.32	26.17	26.32				23.11

注：（）内为T值，*** 表示1%的显著性水平下显著；无标注表示不显著。

门槛值后，表现为明显的边际递减特征。这充分说明农业适度规模经营不是规模越大越好，必须与地方的自然环境和技术条件相适宜①。不过，从实证结论来看，在总量内涵层面，适度规模经营对农业面源污染仍表现为抑制作用，并不是实证效应评估部分问题产生的原因。

从控制变量来看，建立动态门槛面板模型后，富裕程度（INC）、产业结构（STR）等变量对农业面源污染影响的估计结果与效应评估部分的结果一致，均显著为负，本部分就不再对其原因进行解释。但需要特别注意的是，金融政策（FIN）、财政政策（FIS）、城镇化（URB）等变量对农业面源污染的影响系数均发生了显著变化。这说明，适度规模经营对农业面源污染的抑制作用能否有效发挥可能会受限于这些条件，需要进一步的机制检验予以支撑。

5.5.3 效率维度的实证检验结果分析

（1）农业适度规模经营对面源污染的影响效应检验。

表 5 - 18 中模型（24）至模型（25）给出的是效率维度的只涵盖农业适度规模经营（ASO_2）这一核心变量的个体固定效应和个体随机效应的估计结果。F 检验和 LM 检验均拒绝建立混合效应模型的原假设、Hausman 检验接受建立随机效应模型的原假设，最终需要建立个体随机效应模型。模型（26）至模型（27）给出的是添加各控制变量后的估计结果。同样，从各变量的影响系数方向可以看出，添加所有控制变量后，在效率维度，农业适度规模经营对面源污染的影响方向并未发生改变。最终以模型（26）作为效率维度，农业适度规模经营对面源污染影响效益评估的分析基准。

在效率内涵维度，由模型（26）可知，农业适度规模经营（ASO_2）对面源污染的影响系数为正，且在 10% 的显著性水平下通过检验。研究结果表明，样本区间内，农业适度规模经营会加剧面源污染程度。为什么呢？本章认为可能有以下几个方面原因：一是我国农业整体发展战略依然是"产出导向型""收入导向型"的总体思路，化肥、农药等农业生产资料要

---

① 赵德起，谭越璇. 制度创新、技术进步和规模化经营与农民收入增长关系研究 [J]. 经济问题探索，2018（9）：165 - 178.

素投入存在"过度冗余"的问题,这会导致非期望产出增加,限制效率改进幅度。而非期望产出的增加往往与环保意识、政策执行效率等因素有很大关系。这可能会加剧适度规模经营对面源污染的不良影响。二是在微观层面,传统农户缺乏环境友好型技术采用的积极性,新型农业经营主体能凸显环境友好型技术优势。研究结果在一定程度上也反映了当前我国新型农业经营体系需要不断建立健全的特征事实。综合总量内涵维度和效率内涵维度的检验结果,样本跨期内,我国农业适度规模经营均未达到抑制面源污染、引领绿色发展的政策预期目标。从控制变量来看,金融政策(*FIN*)、财政政策(*FIS*)、富裕程度(*INC*)、城镇化(*URB*)、产业结构(*STR*)等变量与总量内涵维度的估计结果影响方向并未发生根本性变化。

综合总量内涵维度和效率内涵维度的检验结果,样本跨期内,我国适度规模经营均未达到抑制农业面源污染、引领绿色发展的政策预期目标。

表 5 - 18 内涵维度的门槛效应检验

变量	效率维度			
	FE	RE	FE	RE
	(24)	(25)	(26)	(27)
截距项	233.942 *** (66.65)	233.967 *** (6.98)	187.382 *** (10.37)	197.505 *** (7.09)
ASO	5.223 ** (2.13)	5.202 ** (2.12)	2.914 * (1.61)	2.901 * (1.54)
FIN			-5.26e-07 *** (-6.62)	-5.07e-07 *** (-6.14)
FIS			0.216 *** (11.01)	0.222 *** (10.95)
INC			-0.004 *** (-5.58)	-0.004 *** (-5.49)
URB			131.779 *** (3.73)	107.145 *** (2.96)
STR			-264.090 *** (-4.38)	-258.822 *** (-4.14)

续表

变量	效率维度			
	FE	RE	FE	RE
	(24)	(25)	(26)	(27)
R^2	0.03	0.03	0.468	0.467
F/Wald	4.54 **	4.50 **	85.4 ***	473.20 ***
LM test		5113.46 ***		3845.47 ***
F test	285.65 ***		359.45 ***	
Hausman test		0.49		16.09 ***

注：（ ）内为 T 值，***、**、*分别表示 1%、5% 和 10% 的显著性水平下显著；无标注表示不显著。

（2）农业适度规模经营对面源污染的影响门槛效应。

①门槛效应检验。延续前述分析思路，在效率维度首先进行门槛效应检验（见表 5 - 19）。在门槛效应检验方面，效率层面计算出来的 LR 统计量为 9.99，拒绝"不存在门槛效应"的原假设。可以看出，农业适度规模经营存在明显的门槛效应，且通过显著性检验。从门槛值来看，效率维度计算出来的门槛值为 0.647，由于在效率维度，农业适度规模经营的量化指标采用的是"规模效率指数"，同"1"比较发现，规模效率不高的问题比较突出。

表 5 - 19　　　　　　　　效率维度的门槛效应检验

类型	估计值
门槛效应检验 LR	9.99 *
Threshold	0.647 *
Lower	0.642
Upper	0.671

注：（ ）内为 T 值，*分别表示 10% 的显著性水平下显著；无标注表示不显著。

②门槛效应估计。继续运用两步差分 GMM 方法估计效率维度的适度规模经营对农业面源污染的影响（见表 5 - 20）。其中，表 5 - 20 中模型（28）至模型（32）为引入单一控制变量结果；模型（33）至模型（36）为模型（28）的基础上逐次引入其他控制变量的估计结果。在内涵维度，农业适度规模经营的衡量指标——规模效率指数的门槛值为 0.647。

表 5-20　效率维度适度规模经营对面源污染门槛效应估计结果

变量	模型								
	(28)	(29)	(30)	(31)	(32)	(33)	(34)	(35)	(36)
截距项	54.233*** (12.17)	35.300*** (17.04)	41.760*** (17.55)	59.538*** (19.79)	60.914*** (15.03)	14.907** (2.44)	-48.229*** (-12.07)	82.939*** (13.93)	-21.122*** (-4.56)
NPS_{t-1}	0.898*** (424.45)	0.947*** (368.46)	0.943*** (325.12)	0.942*** (148.06)	0.882*** (242.31)	0.911*** (246.83)	0.876*** (276.99)	0.925*** (65.70)	0.844*** (224.31)
$ASO_2 \leqslant 0.647$	-0.007*** (-24.97)	-0.003*** (-9.41)	-0.004*** (-13.69)	-0.006*** (-11.48)	-0.006*** (-14.09)	-0.007*** (-6.34)	-0.006*** (-9.09)	-0.006*** (-2.57)	-0.003*** (-3.07)
$ASO_2 > 0.647$	-0.007*** (-28.76)	-0.004*** (-11.25)	-0.005*** (-15.66)	-0.006*** (-12.44)	-0.006*** (-15.81)	-0.008*** (-6.88)	-0.007*** (-9.73)	-0.006*** (-2.81)	-0.003*** (-3.80)
FIN	0.197** (2.14)					3.882*** (16.15)	8.239*** (69.22)	6.951*** (32.30)	9.651*** (18.74)
FIS		-0.014*** (-65.52)				-5.374*** (-37.80)	-2.348*** (-16.43)	0.083 (0.14)	-5.470*** (-12.89)
INC			-0.001*** (-22.79)				-0.002*** (-64.66)	-15.489*** (-6.64)	-0.002*** (-12.45)
URB				-35.467*** (-6.82)				-36.606* (-1.73)	-52.415*** (-3.86)
STR					-51.923*** (-5.53)				-242.808*** (-9.46)
Wald	3.06e+07	1.44e+07	7.10e+07	1.77e+07	9.15e+06	1.06e+06	2.66e+06	2.09e+06	538811.18
Hansen J	27.94	26.70	25.49	26.86	23.28	26.78	20.23	19.80	11.06

注：（ ）内为 T 值，***、**、* 分别表示 1%、5% 和 10% 的显著性水平下显著；无标注表示不显著。

为此，继续将内涵维度的农业适度规模经营划分为低阈值区间（$ASO_2 \leqslant$ 0.647）、高阈值区间（$ASO_2 > 0.647$）两个部分。从结果可知，在影响方向方面，在适度规模经营的低阈值区间，其对农业面源污染的影响为负，并在 1% 的显著性水平下通过检验。当规模效率指数跨越 0.647 临界值、迈入高阈值区间后，其对农业面源污染的影响亦显著为负。从影响程度来看，无论是在低阈值区间还是在高阈值区间，适度规模经营对农业面源污染的抑制作用都较为恒定。

从其他变量来看，面源污染的滞后项（NPS_{t-1}）对农业面源污染的影响显著为正，这说明在效率维度，农业面源污染也存在显著的路径依赖特征，这与总量内涵维度的估计结果是一致的。综合总量内涵维度和效率内涵维度的动态面板估计结果、结合静态面板的估计结果可知，富裕程度（INC）、产业结构（STR）两个变量对农业面源污染的影响均显著为负。但金融政策（FIN）、财政政策（FIS）、城镇化（URB）等变量在各个模型中的表现存在异质性，需要后续进一步分析。

第6章 我国金融支持政策与
农业面源污染治理

在前述部分，本书已经揭示和评估了农业适度规模经营对农业面源污染的影响及作用机制，并发现农业适度规模经营对面源污染的抑制作用并未达到预期，并不是农业适度规模经营本身带来的，而是金融政策、财政政策以及城镇化等外部条件，对适度规模经营的支撑不足造成的。为此，在本部分，本书将研究视角聚焦至金融支持政策视角，刻画我国金融政策支持面源污染治理的特征事实，评估我国金融支持政策对农业面源污染治理的影响效应。需要重点关注的是，本章主要从宏观和微观两个维度进行，全面反映当前金融政策支持农业面源污染的总体效果和结构性矛盾，为明确金融支持政策支持农业面源污染治理中所面临的主要问题、调整金融政策支持方向提供经验佐证和决策参考。

6.1 金融政策支持农业面源污染治理的宏观事实

在实践层面，农业面源污染治理主要以"项目"的形式运行。在众多的治理项目中，农业综合开发项目占据主要地位。国务院于1988年设立农业综合开发基金，助推农业综合发展。经过多年的实践运行和经验积累，农业综合开发项目亦不断向纵深发展，有效提高了农业的经济效益、社会效益和生态效益，为推动我国农业现代化贡献了中国方案。

从结构特征来看，农业综合开发项目主要包括土地治理和产业化经营两大类。土地治理涵盖中低产田改造、生态林建设等。产业化运营项目主要包括经济类与设施农业种植项目、畜牧水产养殖项目、农产品加工项目、储藏保鲜项目和产业批发市场流通项目等。这些项目，也恰恰是农业面源污染治理的主要特征和主攻方向。因此，就这个角度而言，从农业综合开发项目的角度，探究和反映农业面源污染治理，具有较大的代表性和现实价值。另外，从资金构成来看，农业综合开发项目资金来源主要包括中央财政资金、地方财政资金、银行贷款、自筹资金四个部分。因此，其中的银行贷款占资金投入的比重，就可以在一定程度上反映金融支持农业面源污染治理的总体概况。

6.1.1 总体特征

总体来看，1988～2017 年我国农业综合开发项目涉及开发县及农场达到 2297 个。其中，开发县有 2170 个，占比达到 94.47%。累计投入资金 85552528.60 万元。其中，中央财政资金累计投入 34882093.27 万元，地方财政资金累计投入 20756089.88 万元，银行贷款累计投入 4187932.79 万元，自筹资金累计投入 25706412.67 万元，各种资金占总投入资金的比重分别为 42%、24.5%、4.55%、28.93%。此外，农业综合开发与面源污染治理存在交叠重合的部分，主要建设内容包括改造中低产田、建设高标准农田，生态综合治理，改善农业生产条件等方面。截至 2017 年，我国在上述三个方面累计完成建设面积分别为 79696.56 万亩、9984.48 万亩和 151879.71 万亩。这也在一定程度上表明该项目在农业面源污染治理中所起到的作用和效果。

比较发现，我国农业综合开发项目仍以中央政府财政资金投入和自筹资金为主导。还需要特别关注的是，银行信贷只占全部资金投入的 4.55%，占比非常小。从这个角度来看，金融政策在农业绿色发展、面源污染治理的规模还相对较小，金融政策支持强度需要进一步强化。在总体层面，我国农业面源污染治理仍以"庇古手段"为主，金融政策占主体地位的"科斯手段"还需要进一步强化。因此，新时期金融政策支持新型农业经营主体在进行农业面源污染治理的过程中应加快金融创新，不断满足农业面源污染治理的新需求（见表 6-1）。

表6-1　　　　　　　　　我国农业综合开发项目的投资概况

年份	开发范围（个）		资金投入（万元）				
	开发县及农场总数	其中：开发县数	合计	中央财政资金	地方财政资金	银行贷款	自筹资金
1988	746	495	178368.70	50267.00	37324.10	23332.30	67445.30
1989	949	658	347770.38	100858.00	77694.60	61236.00	107981.78
1990	1101	796	495558.13	140563.90	113782.37	96663.42	144548.44
1991	1092	864	566910.25	152508.30	139653.07	111549.48	163199.40
1992	1293	1060	622907.52	157720.90	139149.17	109288.29	216749.16
1993	1335	1106	720708.58	182138.90	153749.40	129552.33	255267.95
1994	1399	1177	682714.80	182136.80	167871.77	111807.79	220898.44
1995	1441	1197	871689.40	235224.00	226903.00	122120.57	287441.83
1996	1531	1270	1198520.50	305263.00	258913.00	197321.55	437022.95
1997	1547	1335	1291707.54	293129.00	302841.00	199825.54	495912.00
1998	1675	1470	1642497.92	421135.00	409431.70	191805.30	620125.92
1999	1745	1516	1887745.37	472563.81	468367.80	210188.94	736624.82
2000	1802	1559	1972322.32	676790.91	572010.20	120612.84	602908.37
2001	1884	1645	2065077.22	708629.60	594679.90	182712.12	579055.60
2002	2023	1786	2374018.23	761896.82	615948.40	255688.60	740484.41
2003	2101	1864	2379916.78	867132.39	625027.81	203686.30	684070.28
2004	2106	1872	2566991.19	856504.12	582983.51	213373.26	914130.30
2005	2109	1882	3067780.62	1018301.48	627123.01	261254.31	1161101.82
2006	2114	1893	3367437.48	1099003.45	741514.99	235023.67	1291895.37
2007	2136	1916	3633491.63	1210595.51	798649.09	241079.18	1383167.85
2008	2160	1948	3925882.55	1324435.30	905516.74	220284.85	1475645.66
2009	2167	1957	4522569.83	1659041.56	977810.32	256379.37	1629338.58
2010	2183	1975	5097659.41	1951232.11	1140227.75	162187.32	1844012.23
2011	2230	2013	5183292.41	2302203.66	1300022.04	75781.59	1505285.12
2012	2267	2045	5662809.36	2899091.20	1445757.32	41708.10	1276252.74
2013	2325	2094	6308125.49	3274494.02	1588565.44	43659.72	1401406.31
2014	2357	2123	7540544.78	3597091.00	1818181.59	47472.33	2077799.86
2015	2306	2139	7954442.41	3922298.46	1947788.46	50524.22	2033831.27
2016	2297	2170	7403067.80	4059843.08	1978602.32	11813.50	1352808.90
2017	2297	2170	6717422.07	3860000.00	1860495.3	12990.00	982936.77
合计	—	—	85532528.60	34882093.27	20756089.88	4187932.79	25706412.67

6.1.2 结构特征

在运作层面，金融政策支持农业面源污染治理，也主要以"财政贴息"的方式进行。贴息贷款的项目特征见表 6 - 2。由表 6 - 2 可知，2017年我国农业综合开发项目以贴息贷款的方式进行金融支持的政策类型，主要集中于产业化发展项目、土地治理贷款项目两个层面。具体来讲，在产业化发展项目方面，固定资产贴息贷款额度为 742781. 60 万元，其中贴息额占比为 2. 81%。流动资产贴息贷款的贴息额度为 7205562. 49 万元，其中贴息额度为 151302. 48 万元、占比为 2. 09%。通过计算可知，固定资产贴息贷款、流动资产贷款的平均贴息额度为 2. 45%。可以看出，农业面源污染治理的融资成本还是比较低的，为强化农业面源污染的治理强度奠定了坚实的资金支持。

从产业化发展项目内部来看，改扩建加工项目、新建加工项目、种植基地项目等获得的贴息贷款额度和贴息额列所有项目前列。储藏保鲜项目的贴息贷款额度和贴息额度最小，因而需要进一步强化。从土地治理项目来看，金融政策支持的渠道和范围主要集中于高标准农田建设，贴息贷款额为 90936 万元，贴息额度为 5579. 24 万元，占比为 6. 13%。比较发现，土地治理项目的融资成本要远高于产业化运营项目的融资成本。当然，这可能与土地治理项目的融资期限有很大关联。高标准农田建设不仅仅是改善农业生产条件的重要工程，更是推进农业面源污染治理、改进农业生态环境的重要抓手。因此，新时期一方面要加大金融政策对土地治理项目的支持力度，满足多元化资金需求；另一方面要不断加大金融产品创新和金融产品供给，引导土地治理项目融资成本下降，更好地满足农业面源污染治理新需要。

另外，从金融机构的角度来看，中国农业发展银行提供的贴息贷款额度为 71260 万元，占贴息贷款额度的 78. 36%，贴息额度为 2899. 24 万元。其他银行提供的贴息额度为 19676 万元，占贴息贷款额度的 21. 64%，贴息额度为 2680. 00 万元。从中可以看出，在供给侧，土地治理项目主要以开发性金融机构为主。商业银行的作用需要进一步激发，尤其是支农的第一大金融机构——中国农业银行并未参与其中。这显然很难适应新时期农业面源污染治理巨大的资金需求。如何实现各类金融机构的协同，以支持农业面源污染治理就是其中所蕴含的政策内涵。

表6-2　金融政策支持的项目特征

单位：万元

项目名称、贷款银行	中央财政贴息额及涉及贷款额									中央财政贴息额及涉及贷款额	
	固定资产贷款				流动资金贷款				贴息额合计	贴息贷款额	贴息额
	贴息贷款额	贴息额合计			贴息贷款额	贴息额合计					
		小计	中央贴息额	地方贴息额		小计	中央贴息额	地方贴息额			
一、产业化发展贷款贴息项目	742781.60	20896.21	16582.10	4314.11	7205562.49	151302.48	120963.06	30339.42	172198.69		8039280.09
（一）种植基地项目	89902.00	3135.11	2435.16	699.95	589709.40	13402.72	10427.55	2975.17	16537.83		
（二）养殖基地项目	97408.00	2528.60	2257.52	271.08	693292.35	14453.61	11397.23	3056.38	16982.21		
（三）新建加工项目	117363.80	3734.92	2842.50	892.42	1095294.31	22230.75	18173.61	4057.14	25965.67		
（四）改扩建加工项目	212267.80	6144.78	5145.97	998.81	4456832.43	92831.04	74288.16	18542.88	98975.82		
（五）产地批发市场项目	142695.00	3048.00	2537.90	510.10	108968.00	2504.00	1692.80	811.20	5552.00		
（六）储藏保鲜项目	83145.00	2304.80	1363.05	941.75	261466.00	5880.36	4983.71	896.65	8185.16		

续表

项目名称、贷款银行	中央财政贴息额及涉及贷款额										中央财政贴息额及涉及贷款额	
	固定资产贷款				流动资金贷款				贴息额合计		贴息贷款额	贴息额
	贴息贷款额	贴息额合计			贴息贷款额	贴息额合计						
		小计	中央贴息额	地方贴息额		小计	中央贴息额	地方贴息额				
二、土地治理贷款贴息项目											90936	5579.24
高标准农田建设											90936	5579.24
1. 中国农业发展银行											71260	2899.24
2. 中国银行												
3. 中国农业银行												
4. 中国建设银行												
5. 中国工商银行												
6. 农村信用合作社（含信用联社）												
7. 其他银行											19676	2680.00

6.1.3　时序特征

前述本章主要从"静态角度"揭示了金融政策支持农业面源污染治理的总体特征和结构特征。接下来，继续从"动态"视角来刻画金融政策支持农业面源污染治理的演进速度及阶段特征。为更加直观地对演进态势、发展阶段进行分析，本章将表 6 - 1 的银行贷款一列进行视觉化表达，绘制形成图 6 - 1。同时，为了更好地解释金融政策支持和面源污染的描述性统计关系，将前面部分运用的面源污染变量也放置图中。由图 6 - 1 可知，1988 年，我国农业综合开发项目中的银行贷款为 23332.30 万元，到 2017 年下降为 12990.00 万元，降幅达 44.33%，年均降幅达 2%。尤其是从 2019 年以后，农业综合开发项目中的贷款呈现"断崖式"下跌态势。自此以后，演进过程有点类似于"N"形。同其他资金来源相比，银行贷款无论是在总量层面还是在增速层面，都显得十分薄弱，波动性特征十分明显。

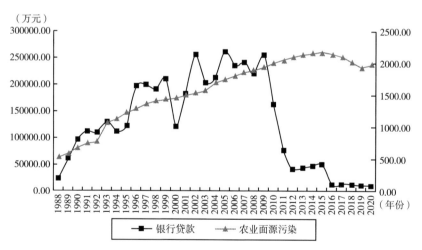

图 6 - 1　金融政策支持农业面源污染治理的时序特征

资料来源：《中国统计年鉴》《全国农业综合开发项目效益表》。

为了更好地刻画金融政策支持农业面源污染的波动性，继续将银行贷款按照变动趋势划分为 1988 ~ 1994 年、1995 ~ 2000 年、2001 ~ 2009 年、2010 ~ 2020 年等四个主要阶段。其中，1988 ~ 1999 年金融政策支持农业面源污染治理的强度不断上升。银行贷款总量呈现波动上涨态势，尤其是

1988 年、1989 年、1990 年、1991 年这四年，银行贷款的增速十分稳定。然后，银行贷款出现轻微波动，但总体是上升的。这充分说明，银行贷款对农业面源污染治理的政策支持力度是不断加大的。在 1995～2000 年这一阶段，银行贷款的倒 "U" 形趋势十分明显。1996 年，银行贷款同比增长 61.6%，1997～1999 年，银行贷款保持稳定增长。但到 2000 年，银行贷款收缩约 42.6%，下降到 1995 年同期水平。说明在这一阶段，金融政策对农业面源污染治理的支持力度稍显不足。2001～2009 年，银行贷款投入的波动性较大。最后，2010～2020 年，银行贷款资金总体出现 "断崖式" 下跌。

那么，金融支持政策强度的变化，对农业面源污染到底产生了怎样的影响呢？这些需要进行综合判断。从统计层面来看，1989～1994 年、1996～2009 年这两个期间，银行贷款曲线位置高于农业面源污染曲线。但从 2009 年以后，随着银行信贷资金出现的 "阶梯式" 下降，农业面源污染曲线和银行信贷曲线的 "敞口"，也出现爆发式下跌的现象。

6.1.4 区域特征

由于各地农业资源禀赋条件和发展基础的异质性，农业综合开发项目资金投入的异质性特征也十分明显。这一点在金融政策支持上也体现得淋漓尽致。为此，本章继续揭示金融政策支持农业面源污染治理的区域分布特征（见图 6-2）。由图 6-2 可以看出，我国东部、中部和西部三大区域，金融支持农业面源污染治理的政策强度，均总体上表现为不断下降的演进趋势。

具体来看，2004～2009 年，东部地区银行贷款额度和金融政策支持力度明显高于中西部地区。这与我国东部地区显著的区位条件和经济发展优势有关。与之相匹配的金融支持政策也相对于更加完善，能够有效保障农业面源污染治理的资金需求。从 2009 年以后，中部地区实现反超，金融支持政策强度逐步加码。可以看出，2009 年是中部地区金融政策支持农业面源污染治理的 "拐点"，自此以后，中部地区金融政策支持农业面源污染的强度呈现逐年下降的态势，但总量仍然高于东部和西部地区。值得注意的是，2013 年西部地区金融支持农业面源污染治理的政策强度开始呈现 "反降为升" 的特点，在三大区域板块处于领先地位。总而言之，从区域空间分布来看，金融政策支持农业面源污染治理的强度的区域差异性特征表现得十分明显。

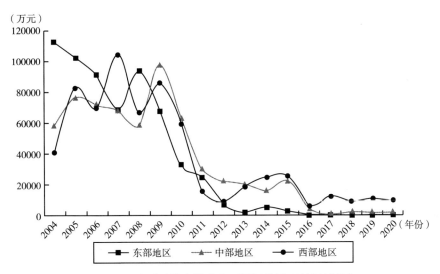

图 6-2　金融政策支持农业面源污染治理的区域特征

资料来源：《全国农业综合开发项目效益表》。

6.2　金融政策支持面源污染治理的微观事实

前面本章已经从农业综合开发项目的角度，揭示了我国金融政策支持农业面源污染治理的宏观特征事实。在接下来的部分，本章继续将研究转至微观层面探究金融政策支持农业面源污染的微观行为特征。数据主要来自重庆市 500 位农户的调研数据。调查农户中男性占比为 48.8%，女性占比为 51.8%。为了描述金融政策对农业面源污染治理支持的现实特征，本章以"签订订单后，新型农业经营主体是否会满足您家的相关融资担保需求"来反映金融政策支持情况。

由调研结果可知，农户同当地贩销大户、经纪人、超市等个体户，龙头企业或公司，村集体经济组织，农机部门，农民专业合作社，生产基地等经营主体签订订单合同后，新型农业经营主体能够满足订单参与农户融资担保需求的占比为 39.83%，无法满足参与农户融资担保需求的占比为

53.81%。可以看出，从调查样本来看，金融支持政策的支持力度还需要进一步强化。不过，这也从侧面反映出当前新型农业经营主体和农户利益连接的不稳定性。换言之，签订农业订单合同后，新型农业经营主体愿意为农户提供相关担保和融资服务，说明新型农业经营主体和农户之间的利益连接是稳健的，整个农业价值链的运行也是持续健康的；反之，新型农业经营主体不愿意为农户提供相关的融资和担保，这说明整个农业价值链运行的风险是比较大的。

那么，这种金融政策支持现实特征会对农业面源污染产生怎样的统计影响呢？在接下来部分，本章将从化肥施用量、施肥依据、施肥方式、治理意愿等维度进行交叉统计分析，来刻画金融政策支持和农业面源污染的交互经验特征。

6.2.1 化肥施用量层面

首先，通过交叉分析揭示金融支持政策对农户每年化肥施用量的影响（见图6-3）。从图6-3中可以看出，当农户同新型农业经营主体签订相应的合约后，如果新型农业经营主体能够满足农户相关融资担保服务需要，那么农户施用化肥量小于或等于15公斤、15公斤至60公斤的占比分别为31.91%、39.36%。获得新型农业经营主体相关融资担保需要的农户普遍具有较少的化肥施用量；相反，如果签订合约后，新型农业经营主体无法满足农户的融资担保需要，则农户施用化肥量小于或等于15公斤、15公斤至60公斤的占比分别为28.35%、32.28%，均小于上述情况。

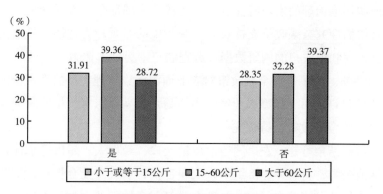

图6-3 金融政策支持与化肥施用量的交叉分析

　　比较发现，金融政策支持能够有效地抑制农户的化肥施用量，进而起到抑制农业面源污染的作用。还需要注意的是，在高化肥施用量的农户中，获得新型农业经营主体相关融资担保需求的农户，施用化肥量大于 60 公斤的占比为 28.72%；反之，如果签订相应合约后，新型农业经营主体无法满足农户的相关融资和担保需求，则农户每年化肥施用量大于 60 公斤的占比，则上升至 39.37%。因此，可以判断，金融政策支持能够起到抑制化肥施用量的作用，进而推动农业面源污染治理。

6.2.2　施肥依据层面

　　金融支持政策对农户化肥施用量有一定抑制作用。那么，金融支持政策能否通过现代化金融理念影响到农户的施肥依据呢？为此，进一步对金融支持政策和施肥依据进行交叉性分析（见图 6-4）。

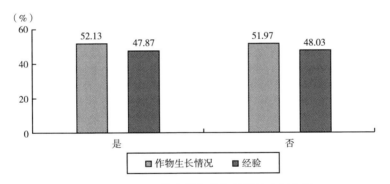

图 6-4　金融政策支持与施肥依据的交叉分析

　　由图 6-4 可知，签订相应订单后，如果新型农业经营主体向农户提供相应的融资和担保支持，则在调查样本中按照作物生长规律进行施肥的农户占比为 52.13%。按照经验施用化肥的农户占比为 47.87%。比较发现，获得新型农业经营主体相关融资担保的农户按照作物生产规律进行施肥的占比要高于按照经验进行施肥的占比；反之，如果签订相应订单后，新型农业经营主体没有满足相应的融资担保需要，则农户按照作物生长规律施用化肥的占比为 51.97%。农户按照经验施用化肥的占比为 48.03%。

　　比较发现，在未获得新型农业经营主体相应的融资担保需要的农户按照作物生长规律施肥的比例也要大于按照经验进行施肥的比例。不过，也需要看到的是，在施肥依据方面，获得新型农业经营主体相关融资和担保服务的农户和未获得新型农业经营主体相关融资和担保服务的农户之间的差异并不明显。这可能说明，当前金融支持政策在改变农户施肥依据方面的作用并不显著。当然，这需要后续计量模型的进一步辅助和佐证。

6.2.3 施肥方式层面

除施肥依据的不同会对农户绿色生产行为和农业面源污染治理产生影响外，农户不同的施肥方式也是造成农业面源污染的重要原因。那么，金融支持政策会对农户的施肥方式产生怎样的影响呢？为此，本章继续进行金融支持政策同施肥方式的交叉性分析（见图6-5）。

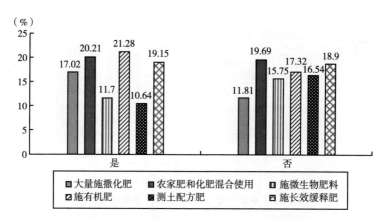

图6-5 金融政策支持与施肥方式的交叉分析

从图6-5中可以看出，在获得新型农业经营主体提供的相关融资担保的农户中，大量施用化肥的比重为17.02%。农家和化肥混合使用、微生物肥料、施有机肥、测土配方肥、长效缓释肥的比重分别为20.21%、11.7%、21.28%、10.64%、19.15%，合计为82.98%，远高于大量施用化肥的农户。从这个角度来说，金融政策支持对农户调整施肥方式有一定的促进作用。从未获得金融政策支持的样本群体来看，大量施用化肥的农户占比为11.81%，采用农家肥和化肥混合使用、微生物肥料、施有机肥、测土配方肥、长效缓释肥的占比分别为19.69%、15.75%、17.32%、

16.54%、18.9%，合计为88.19%。在没有获得金融政策支持农户中，农户环境友好型施肥方式占比也要高于大量施用化肥这一环境危害型方式占比。因此，金融支持政策到底是不是农户调整施肥方式的原因，在此处无法进行判断，也需要后续进一步分析。

6.2.4　治理意愿层面

化肥施用量、施肥依据、施肥方式等内容，在一定程度上都集中于农业的产前和产中环节，往往体现的是金融支持政策在农业面源污染预防过程层面。那么，农业面源污染"结果"事实产生后，金融支持政策对农业面源污染治理，又会产生怎样的影响呢？这里就涉及金融支持政策对农业面源污染治理意愿影响方面的内容，为此，继续对金融支持政策和农业面源污染治理意愿进行交叉性统计分析（见图6-6）。

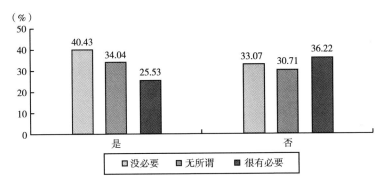

图 6-6　金融政策支持与治理意愿的交叉分析

从图6-6中可以看出，签订订单后，在新型农业经营主体满足相关融资担保的农户中，农户认为农业面源污染没有必要治理的占比为40.43%，无所谓的占比为34.04%，很有必要治理的占比为25.53%。因此农户认为农业面源污染治理的愿望并不强烈。在未获得新型农业经营主体相关融资担保服务的农户组中，农户认为农业面源污染没必要治理的占比为33.07%，无所谓的占比为30.71%，很有必要占比为36.22%。比较来看，获得金融政策支持的农户组的治理意愿并不比没有获得金融政策支持组的农户强烈。这在一定程度上说明金融政策支持力度可能需要进一步强化的特征事实。

6.3 金融政策支持农业面源污染治理的宏观效应实证

在前述分析中，本章从宏观事实和微观事实两个层面，揭示了金融政策支持农业面源污染治理的特征事实。那么金融支持政策对农业面源污染的影响方向和程度如何呢？在接下来的部分，本章将围绕此进行展开。

6.3.1 检验思路与方法

宏观层面的检验仍从农业综合开发项目的角度进行展开。按照上述分析，农业综合开发项目的资金主要由银行贷款（FIN）、中央财政资金（CFF）、地方财政资金（IFF）和自筹资金（SRF）等不同渠道资金构成。为此，本章主要运用该项目中的银行贷款资金来表示金融政策支持水平。同时，为了比较和揭示不同政策的影响异质性，在具体实证中也将中央财政资金（CFF）、地方财政资金（IFF）和自筹资金（SRF）引入计量模型。通过比较变量影响方向、影响系数来刻画不同政策支持对农业面源污染影响的异质性。为此，建立如下计量模型：

$$NPS_{it} = \beta_0 + \beta_1 FIN_{it} + \beta_2 CFF_{it} + \beta_3 IFF_{it} + \beta_4 SRF_{it} + \nu_i + \mu_{it} \quad (6-1)$$

此处，仍然延续上述的量化方法，用化肥、农药、柴油、农膜等主要农业面源污染源投入量的平均值表示。由于运用的是面板数据，实证估计前需要检验和确定面板数据模型的类型。一般来说，面源数据模型一般涉及个体固定效应模型、个体随机效应模型和混合效应模型三个主要类型。因此，如何选择合适的模型进行分析就是建模的关键步骤。这里主要运用 F 检验、LM 检验和 Hausman 检验来识别。一是通过 F 检验来识别是建立混合效应模型还是个体固定效应，其中，SSE_r 为约束模型的残差平方和，SSE_u 为非约束模型的残差平方和。如果拒绝原假设，则应选择建立固定效应模型；反之，应选择建立混合效应模型①。

---

① 姜松，黄庆华，周虹. 小微金融发展与城镇化：影响效应与非线性特征 [J]. 金融与经济，2016（4）：8 - 14.

$$F = \frac{(SSE_r + SSE_\mu)/(N-1)}{SSE_\mu/(NT-N-k)} \qquad (6-2)$$

二是通过 LM 检验来识别建立混合效应模型还是个体随机效应模型。Breusch 和 Pagan 所构建的 LM 检验统计量,其中,$\hat{\mu}$ 为混合效应模型估计残差,$\hat{\mu}'$ 为随机效应模型估计残差。如果拒绝原假设,则应选择建立随机效应模型;反之,应选择建立混合效应模型[①]。

$$LM = \frac{NT}{2(N-1)} \times \{\hat{\mu}'(I_N \otimes J_T)\hat{\mu}/(\hat{\mu}'\hat{\mu}) - 1\}^2 \qquad (6-3)$$

三是若 F 检验和 LM 检验都拒绝原假设,则面板数据模型就涉及是选择个体固定效应模型还是个体随机效应模型的问题了,因而需要进行 Hausman 检验。其中,$\tilde{\beta}_{fe}$ 表示个体固定效应估计量,$\tilde{\beta}_{re}$ 表示个体随机效应估计量,$S(\tilde{\beta}_{fe})^2$ 为个体固定效应估计的残差平方和,$S(\tilde{\beta}_{re})^2$ 为个体随机效应估计的残差平方和。如果拒绝原假设,则应选择个体固定效应模型;反之,应选择个体随机效应模型[②]。

$$Huasman = \frac{(\tilde{\beta}_{fe} - \tilde{\beta}_{re})}{S(\tilde{\beta}_{fe})^2 - S(\tilde{\beta}_{re})^2} \qquad (6-4)$$

通过上述三种类型的检验,就可以判断所建立的面板数据模型的类型。另外,一般来说,囿于市场一体化进程、要素流动以及气候变化等诸多原因的影响,一个地区的农业面源污染情况会对邻近地区或者在河流、降水等气候因素的作用下对上下游地区产生一定的"溢出性"影响。换言之,农业面源污染存在明显的空间溢出效应。从这个角度来看,就需要在模型(6-1)中考虑空间相互作用因素。为此,有必要将模型(6-1)改写成空间计量模型。借鉴空间计量经济学的技术范式,引入空间权重和农业面源污染量化指标的交互项 $W \times NPS$,来刻画各地区农业面源污染在各地区、上下游间的相互影响。则式(6-1)可进一步改写为:

---

①② 姜松,黄庆华,周虹. 小微金融发展与城镇化:影响效应与非线性特征 [J]. 金融与经济,2016(4):8-14.

$$NPS_{it} = \beta_0 + \alpha(W \times NPS_{it}) + \beta_1 FIN_{it} + \beta_2 CFF_{it} + \beta_3 IFF_{it}$$
$$+ \beta_4 SRF_{it} + \nu_i + \mu_{it} \qquad (6-5)$$

关于空间权重的设定方法，国内外学者进行了诸多有益的尝试，主要有基于欧式距离法、地理距离法、空间邻接矩阵法等。由于我国东部地区面积相对较小、经济发达、人口密度高，而西部地区面积辽阔、经济欠发达、人口密度小，中国这一独特结构使用欧式距离和空间距离原则来构建空间权值矩阵是不可靠的①②。为此，本章所引入的空间权重主要通过空间邻接矩阵方法进行度量：

$$W_{ij} = \begin{cases} 1, & \text{省 } i \text{ 和省 } j \text{ 相邻} \\ 0, & \text{省 } i \text{ 和省 } j \text{ 不相邻} \end{cases} \qquad (6-6)$$

由式（6-6）可知，其只能反映因变量的空间效应，其他变量的空间效应并不能反映。虽然，空间杜宾模型（SDM）能够揭示模型中所有变量的空间效应，但当变量增多时，空间杜宾模型的检验效果往往会受到很大影响，估计结果变得并不稳健。同时，在实践操作中，许多实证研究使用"点估计"方法来对一个或者多个空间回归模型的空间溢出效应进行检验。这种估计方法，可能导致错误结论，而使研究结果存在偏误③。要克服这种偏误，前沿计量经济学理论典型的做法就是采用偏导数的形式对影响效应进行直接效应和间接效应分解，以保障实证结果的有效性、科学性和无偏性。目前，能进行直接效应分解的空间计量模型的只有空间自回归模型（SAR）和空间杜宾模型。因此，本章就在式（6-5）空间自回归的基础上，进行直接效应和间接效应的分解。一般意义上的偏导数形式如下：

$$\left[\frac{\partial Y}{\partial x_{1k}} \cdot \frac{\partial Y}{\partial x_{Nk}} \right]_t = \begin{bmatrix} \frac{\partial y_1}{\partial x_{1k}} \cdot \frac{\partial y_1}{\partial x_{Nk}} \\ \frac{\partial y_N}{\partial x_{1k}} \cdot \frac{\partial y_N}{\partial x_{1k}} \end{bmatrix}_t = (I - \lambda W)^{-1} \begin{bmatrix} \beta_k \cdot w_{12}\theta_k \cdot w_{1N}\theta_k \\ w_{21}\theta_k \cdot \beta_k \cdot w_{1N}\theta_k \\ \cdots \\ w_{N1} \quad w_{N2}\theta_k \cdot \beta \end{bmatrix}$$
$$(6-7)$$

---

① 姜松，王钊. 中国城镇化与房价变动的空间计量分析 [J]. 科研管理，2014 (11)：8.

② 姜松，王钊，刘晗. 中国经济金融化与城镇化的空间计量分析——基于直接效应与间接效应分解 [J]. 贵州财经大学学报，2017 (3)：14.

③ Lesage J P, Pace R K. Introduction to Spatial Econometrics [J]. Spatial Demography, 2009, 1 (1)：143-145.

在式 (6 - 7) 中，直接效应反映的是矩阵主对角线上元素的平均值，衡量的是自变量是否对本地区的因变量具有显著影响。间接效应是矩阵所有非对角线元素的平均值，主要用于检验是否存在空间溢出效应。因此，通过直接效应和间接效应的分解，既可以观测金融支持政策对本地区农业面源污染的影响效应，又可以观测金融支持政策对邻近地区农业面源污染的影响效应，也就是"空间溢出效应"。该研究方法大大丰富了研究维度，能够全面反映金融支持政策对农业面源污染的影响效应。

6.3.2　总体效应检验结果

首先，从总体层面揭示金融支持政策对农业面源污染治理的影响效应，估计结果见表 6 - 3。综合 F 检验、LM 检验和 Hausman 检验结果可知，分析金融支持政策对农业面源污染的影响应建立个体固定效应模型，也就是要以表 6 - 3 中的模型 (2) 为基准。

由表 6 - 3 中的模型 (2) 可知，从核心变量来看，金融支持政策 (FIN) 对农业面源污染的影响为负，并在 1% 的显著性水平下通过显著性检验。这说明金融支持政策能够显著抑制农业面源污染。换言之，在农业综合开发项目中，银行贷款这一资金投入渠道所产生的环境效应还是比较显著的。这也直接为金融政策支持农业面源污染治理提供了坚实的经验支撑。

从控制变量来看，中央财政支持 (CFF) 对农业面源污染的影响显著为正，并在 1% 的显著性水平下通过检验。这说明中央的财政资金政策并未达到政策预期目标，反倒对农业面源污染产生了"加剧效应"。这可能说明当前中央财政资金运用的配置效率需要进一步提升。地方财政资金 (IFF) 对农业面源污染的影响为负，并在 1% 的显著性水平下通过检验。这说明样本跨期内地方财政资金投入对农业面源污染产生了抑制效应。从中可以看出，相比较中央财政资金，地方财政资金投入在农业面源污染治理中的效果更为显著。换言之，地方政府在治理农业面源污染中的作用更为显著，所以新时期强化农业面源污染治理应充分发挥地方政府的作用。通过体制机制创新，实现地方政府在农业面源污染治理中的"财权"和"事权"的统一。自筹资金 (SRF) 对农业面源污染的影响为正，并在 1% 的显著性水平下通过检验。实证结果表明，自筹资金也并未起到抑制农业面源污染的预期作用。

综合实证结果可知，样本区间内银行信贷、地方财政资金两个资金来源对农业面源污染均产生了显著抑制效应。中央财政资金和自筹资金不但没有达到抑制农业面源污染的政策预期目标，反倒对农业面源污染起到了加剧效应。因此，在新时期的农业面源污染治理过程中应不断优化资金投入结构、强化银行信贷主导的金融政策支持以及地方财政政策支持力度，提升资金运用效率，形成财政金融政策协同支持农业面源污染治理的新格局。

表6-3   金融政策支持对农业面源污染影响效应

变量	模型		
	(1)	(2)	(3)
截距项	13.776*** (4.28)	56.873*** (47.84)	56.291*** (9.59)
FIN	-0.00007 (-0.24)	-0.00018** (-2.17)	-0.00018** (-2.00)
CFF	0.0002*** (5.13)	0.0001*** (5.93)	0.0001*** (5.84)
IFF	0.0003*** (3.71)	-0.0001* (-1.90)	-0.0001*** (-1.68)
SRF	0.001*** (7.47)	0.00007*** (3.74)	0.0001*** (3.89)
R^2	0.425	0.491	0.509
F/Wald	96.47	29.47	119.70
F test		311.61*** (0.00)	
LM			2381.60*** (0.00)
Hausman			35.23*** (0.00)
观测值	31×17	31×17	31×17

注：( ) 内为T值，***、**、*分别表示1%、5%和10%的显著性水平下显著；无标注表示不显著。

6.3.3 空间溢出效应检验与分解

按照理论模型的基本界定，农业面源污染的产生往往具有很强的空间关联效应。或者说，一个区域的农业面源污染状况或程度往往会受到邻近区域的影响。如果忽视这种地域空间关联性，模型估计就可能存在"伪回归"的情况。为此，在接下来的部分，本章将引入空间权重变量构建空间计量模型，检验金融支持政策对农业面源污染影响的空间溢出效应及其稳健性，并通过直接效应和间接效应分解技术，实证金融支持政策对农业面源污染影响效应的空间异质性（详见表6-4）。

其中，表6-4中模型（4）给出的是引入空间权重后的空间自回归模型（SAR）。模型（5）和模型（6）给出的是直接效应和空间效应的分解结果。由模型（4）可知，$W \times NPS$ 的估计系数为正，并在1%的显著性水平下显著。这说明，邻近地区农业面源污染程度对本地区的农业面源污染有推波助澜作用。该结论表明，强化农业面源污染的治理需要构建区域间的联动合作机制。当然，这也是农业面源污染协同治理的题中之义。

继续对空间效应进行分解，得到直接效应和间接效应。结合表6-4中模型（5）和模型（6）可知，金融支持政策（FIN）对本地区和邻近地区农业面源污染的影响均为负，并在10%的显著性水平下通过检验。可以看出，金融政策支持不仅能对本地区的农业面源污染产生抑制效应，还存在显著的"空间溢出"效应。或者说，金融支持政策对邻近地区农业面源污染治理也能起到抑制效应。

从其他变量来看，中央财政资金支持（CFF）对本地区和邻近地区农业面源污染治理的影响均显著为正，且在1%的显著性水平下通过检验。可以看出，中央财政资金在农业面源污染治理中表现出来的效率低的特征事实，并不是某一区域的个案，而是普遍现象。强化对中央财政资金运用绩效的评估将是优化财政资金投放结构的关键环节。地方财政资金（IFF）对本地区和邻近地区农业面源污染的影响均为负，分别在1%和10%的显著性水平下通过检验。这说明地方财政资金不但对本地区农业面源污染治理存在显著的抑制效应，还存在显著的空间溢出效应。这说明，农业面源污染治理存在显著的示范带动作用，进而提升区域农业面源污染治理水平和层级。自筹资金（SRF）对本地区和邻近地区农业面源污染治理的影响方向均为正，分别在1%和5%的显著性水平下通过检验。可以看出，自筹资金无论是在本地区还是在邻近地区都未达到政策预期。农业面源污染治理是一个系统工程，自筹资金无论是在规模还是在风险承受能力等方面都可能与治理目标和资金投入相去甚远。

综合两部分结果可知，样本跨期内，金融支持政策对农业面源污染的抑制效应是比较显著的，且存在显著的空间溢出效应。在本地区和邻近地区都有较好的表现。不过需要注意的是，当前金融支持政策的影响系数还相对偏小。这说明新时期金融支持政策强度需要进一步增强。除此之外，地方政府的资金投入在抑制农业面源污染方面也有显著表现。这也说明，当前金融机构和地方政府在农业面源污染治理中所起到的积极作用。但需要看到的是，中央财政资金投入和自筹资金投入均没有起到抑制农业面源污染的作用；相反，还起到了"加剧效应"。这可能在一定程度上反映了样本跨期内两种资金渠道的配置效率偏低、效果有待进一步提升的现实困境。中央政府和其他市场主体在农业面源污染治理中的角色定位和发挥需要进一步厘清。

一言以蔽之，当前我国农业面源污染治理过程中，金融支持政策和财政支持政策并未形成强劲合力，仍存在结构性矛盾，有待进一步优化。新时期推动农业面源污染协同治理除了要进一步发挥金融机构、地方政府作用外，还应进一步厘清中央政府和其他市场主体角色，化解结构性矛盾，提升金融支持政策和财政政策合力，形成多主体联动、协同配合的农业面源污染治理新格局。

表6－4　　　　金融政策支持农业面源污染治理的空间效应实证

变量	模型		
	(4)	(5)	(6)
	总体效应	直接效应	间接效应
FIN	− 0. 0001 *	− 0. 0001 *	− 0. 0001 *
	(− 1. 68)	(− 1. 60)	(− 1. 40)
CFF	0. 00009 ***	0. 00009 ***	0. 00005 ***
	(5. 94)	(6. 13)	(2. 57)
IFF	− 0. 00009 ***	− 0. 00008 ***	− 0. 00004 *
	(− 2. 64)	(− 2. 63)	(− 1. 77)
SRF	0. 00006 ***	0. 00006 ***	0. 00003 **
	(3. 33)	(3. 29)	(2. 36)
$W \times NPS$	0. 342 ***		
	(4. 25)		
within R^2	0. 211		

续表

变量	模型		
	（4）	（5）	（6）
	总体效应	直接效应	间接效应
between R^2	0.401		
overall R^2	0.241		
观测值	31×17	31×17	31×17

注：（）内为T值，***、**、*分别表示1%、5%和10%的显著性水平下显著；无标注表示不显著。

6.4　金融政策支持农业面源污染治理的微观效应实证

在前述分析中，本章从宏观维度检验了金融支持政策对农业面源污染的影响效应。在接下来的部分，本章继续将视角转至微观维度，基于微观调研事实，探讨金融支持政策对农业面源污染的微观效应和行为特征，进而挖掘金融政策支持农业面源污染治理的新矛盾、新问题，形成新结论、新认知，进而平衡宏观调控和微观行为激励。

6.4.1　实证设计与变量量化

（1）实证设计。

农业面源污染的产生与农户的生产行为存在密切关系。在众多的农业面源污染源构成中，化肥污染源占据主导。关于这一点，可以从本章之前的内容中得到有效佐证和经验支撑。综合这两点就可以看出，农户的化肥施用量、施肥方式、施肥依据，就是农业面源污染的直接体现和实质内涵。因此，在微观层面，要揭示金融政策对农业面源污染治理的微观效应，就可以从金融支持政策对农户的化肥施用量、施肥方式、施肥依据的影响等方面展开。另外，如果只论证金融支持政策对化肥施用量、施肥方式、施肥依据的影响，这也只能说明金融支持政策的"过程效应"，无法揭示农业面源污染"结果"产生后金融支持政策的作用效果和干预成效。为此，还有必要进一步论证金融支持政策对农业面源污染治理意愿的影响。这样就可以揭示金融支持政策在结果维度的影响效应。

$$Fertilizer\_a = \alpha_0 + \alpha_1 Financial_i\_s + \alpha_2 control_i + \mu_i \qquad (6-8)$$

$$Fertilizer\_b = \beta_0 + \beta_1 Financial_i\_s + \beta_2 control_i + \varepsilon_i \qquad (6-9)$$

$$Fertilizer\_m = \chi_0 + \chi_1 Financial_i\_s + \chi_2 control_i + \nu_i \qquad (6-10)$$

$$Governance\_w = \delta_0 + \delta_1 Financial_i\_s + \delta_2 control_i + \varphi_i \qquad (6-11)$$

其中，$Fertilizer\_a$、$Fertilizer\_b$、$Fertilizer\_m$ 分别表示农户的化肥施用量、施肥方式、施肥依据。这三个变量主要用于反映农业面源污染的过程特征。$Governance\_w$ 表示治理意愿，用以揭示农业面源污染的结果特征。通过过程和结果双重维度的刻画，全面反映农业面源污染的综合情况。$Financial_i\_s$ 表示金融政策支持情况。$control_i$ 为各种控制变量。如果 α_1、β_1、χ_1、δ_1 小于 0，就说明金融支持政策能够在过程和结果的双重维度对农业面源污染起到抑制作用；相反，如果 α_1、β_1、χ_1、δ_1 大于 0，就说明金融支持政策在过程和结果维度对农业面源污染起到了加剧作用。

当然，除了受到金融支持政策这一核心变量影响外，农业面源污染还受到其他一系列因素的影响。参照理论分析框架中的因素梳理，本部分进一步将影响农业面源污染的因素划分为个人因素、产业发展因素以及外部政策环境因素。

其中，个人因素重点考虑农户的人力资本水平（$Human\_c$）、适度规模经营水平（$Scale\_o$）、富裕程度（$Affluence$）等因素。一般来说，农户人力资本水平越高、适度规模经营水平越高、富裕程度越高，农户在过程和结果层面从事环境型生产行为和进行农业面源污染治理的意愿也就越强。

产业发展因素主要考虑当地的农业市场化（$Marketization$）、产业化（$Industrialization$）、组织化（$Organization$）、社会化服务（$Services$）等主要变量。

外部政策环境因素重点考虑财政支持政策。除了金融支持政策外，财政支持政策也是抑制农业面源污染重要政策工具，财政政策支持力度的强弱也将直接影响农业面源污染治理的强度和力度。为此，也将财政政策（$Subsidy$）作为其他变量引入模型。为此，模型则可以进一步拓展为：

$$Fertilizer\_a = \alpha_0 + \alpha_1 Financial_i\_s + \alpha_2 Human\_c_i + \alpha_3 Scale\_o + \alpha_4 Afflunce$$
$$+ \alpha_5 Marketzation + \alpha_6 Industrialization + \alpha_7 Organization$$
$$+ \alpha_8 Services + \alpha_9 Subsidy + \mu_i \qquad (6-12)$$

$$Fertilizer\_b = \beta_0 + \beta_1 Financial_{i\_s} + \beta_2 Human\_c_i + \beta_3 Scale\_o + \beta_4 Afflunce$$
$$+ \beta_5 Marketzation + \beta_6 Industrialization + \beta_7 Organization$$
$$+ \beta_8 Services + \beta_9 Subsidy + \varepsilon_i \qquad (6-13)$$

$$Fertilizer\_m = \chi_0 + \chi_1 Financial_{i\_s} + \chi_2 Human\_c_i + \chi_3 Scale\_o + \chi_4 Afflunce$$
$$+ \chi_5 Marketzation + \chi_6 Industrialization + \chi_7 Organization$$
$$+ \chi_8 Services + \chi_9 Subsidy + \nu_i \qquad (6-14)$$

$$Governance\_w = \delta_0 + \delta_1 Financial_{i\_s} + \delta_2 Human\_c_i + \delta_3 Scale\_o + \delta_4 Afflunce$$
$$+ \delta_5 Marketzation + \delta_6 Industrialization + \delta_7 Organization$$
$$+ \delta_8 Services + \delta_9 Subsidy + \varphi_i \qquad (6-15)$$

通过对模型（6-12）、模型（6-13）、模型（6-14）、模型（6-15）进行估计，就可以评估金融支持政策与其他变量在过程和结果双重维度对农业面源污染影响方向、影响程度，进而揭示农业面源污染治理的主要限制性因素。

（2）变量量化。

①因变量。本章的因变量为农业面源污染。农业面源污染主要从过程和结果两个维度进行衡量。

在过程层面，主要从化肥施用量（Fertilizer_a）、施肥依据（Fertilizer_b）、施肥方式（Fertilizer_m）等三个维度进行。化肥施用量（Fertilizer_a），基于调查问卷中的"每年使用的化肥量是?"选项进行量化。选择"小于或等于15公斤"，则赋值为"0"；选择"15公斤至60公斤""大于60公斤"的，则赋值为"1"。施肥方式（Fertilizer_m），基于"您如何施农肥"选项进行量化。选择"大量施撒化肥"，则赋值为"0"；选择"农家肥和化肥混合使用""施微生物肥""施有机肥""测土配方肥""施长效缓释肥"的均赋值为"1"。施肥依据（Fertilizer_b），基于选项"施肥依据是什么?"进行量化。选择"作物生长情况"，则赋值为"1"；如果选择"经验"，则赋值为"0"。

在结果维度，用农业面源污染治理意愿（Governance_w）来反映。在具体操作方面，根据选项"您认为农业面源污染是否有必要进行防治?"进行量化。选择"没必要进行防治或者无所谓的"，赋值为"0"；选择"很有必要进行防治"，赋值为"1"。

②核心变量。核心变量包括金融支持（Financial_s）和适度规模经营（Scale_o）。其中，金融服务（Financial_s）通过选项"签订订单后新型农

业经营主体是否会满足您的融资担保需求?"来反映。选择"是",赋值为"1";反之,赋值为"0"。农业适度规模经营(Scale_o)通过选项"拥有的土地中从别人处转(租)的耕地有多少亩?"进行量化。

③其他变量。除了受到核心变量的影响外,农业面源污染无论是在过程层面还是在结果层面,都会受到其他一系列因素的影响。为此,结合理论分析框架部分内容,还需要将人力资本(Human_c)和富裕程度(Affluence)两个因素考虑其中。另外,按照系统科学的观点,任何事物的演变都是内生因子和外生因子联合驱动的结果。因此,在解构其他因素方面,除了考虑人力资本和富裕程度等内生因素外,还需要考虑一系列外部因素。基于理论分析和框架设定的内容,本部分涵盖的外部因素主要包括市场化水平(Marketization)、产业化水平(Industrialization)、组织化水平(Organization)、社会化服务(Services)、财政补贴政策(Subsidy)等。在具体量化层面,内生因素中的人力资本(Human_c),通过选项"您的文化程度是?"进行量化。选择"小学及以下",则赋值为"0";选择"初中""高中或中专""大专及以上"等,均赋值为"1"。富裕程度按照选项"您家的总收入是?"进行量化。

在外生因素方面,市场化水平(Marketization)通过选项"您家生产的农产品主要销往什么地方?"进行量化。选择"自留不售",则赋值为"0";选择"本地市场""外地市场""国外市场"等,则均赋值为"1"。产业化水平(Industrialization)通过选项"您家是否签订生产订单?"进行量化。选择"是",赋值为"1";反之,则赋值为"0"。组织化水平(Organization)通过选项"您是否加入了农民专业合作社或其他合作经济组织?"进行量化。选择"是",则赋值为"1";选择"否",则赋值为"0"。社会化服务(Services)通过选项"农民专业合作社或经济组织是否为您提供下列服务?"进行量化。选择"良种""有机肥、种植绿肥等绿色生产资料""土壤改良、秸秆还田、沼渣沼液还田""生物防虫""农业环保服务""水环境治理""高效低风险农药推广""农膜回收与加工""防腐保险的运输技术"等均赋值为"1";选择"没有服务",则赋值为"0"。财政补贴政策(Subsidy)通过选项"您是否获得了有关氮肥流失防治、商品有机肥、测土配方肥、修建生态沟渠、退耕还林等的政府补贴?"进行量化。选择"有",赋值为"1";反之,赋值为"0"。经过量化后的数据的描述性统计信息见表6-5。

表 6－5　变量量化方式与描述性统计信息

变量		问卷选项及量化方式	Mean	Median	Maximum	Minimum	Std. Dev.	Jarque-Bera	Probability	Observations
Fertilizer_a	化肥施用量	您家每年的化肥施用量是?	0.664	1.000	1.000	0.000	0.473	88.178	0.000	500
Fertilizer_b	施肥依据	您家的施肥依据是?	0.516	1.000	1.000	0.000	0.500	83.334	0.000	500
Fertilizer_m	施肥方式	您家如何施肥?	0.804	1.000	1.000	0.000	0.397	197.977	0.000	500
Governance_w	治理意愿	您认为农业面源污染是否有必要进行防治?	0.356	0.000	1.000	0.000	0.479	86.060	0.000	500
Financial_s	金融服务	签订订单后新型农业经营主体是否会满足您的融资担保需求?	0.188	0.000	1.000	0.000	0.391	218.874	0.000	500
Scale_o	适度规模经营	拥有的土地中从别人处转（租）的耕地有多少亩?	0.578	1.000	1.000	0.000	0.494	83.541	0.000	500
Human_c	人力资本	您的文化程度是什么?	0.712	1.000	1.000	0.000	0.453	99.347	0.000	500
Affluence	富裕程度	您家的总收入是多少?	0.610	1.000	1.000	0.000	0.488	84.196	0.000	500
Marketization	市场化水平	您家的农产品主要销往什么地方?	0.700	1.000	1.000	0.000	0.459	95.427	0.000	500
Industrialization	产业化水平	您家是否签订过生产订单?	0.442	0.000	1.000	0.000	0.497	83.395	0.000	500
Organization	组织化水平	您是否加入了农民专业合作社或其他合作经济组织?	0.798	1.000	1.000	0.000	0.402	184.500	0.000	500
Services	社会化服务	农民专业合作社或经济组织是否为您提供下列服务?	0.442	0.000	1.000	0.000	0.497	83.395	0.000	500
Subsidy	财政补贴	您是否获得了有关氮肥流失防治、商品有机肥、测土配方肥、修建生态沟渠、退耕还林等的政府补贴?	0.482	0.000	1.000	0.000	0.500	83.334	0.000	500

6.4.2 过程维度的实证结果与分析

由于实证时运用的是微观调研的截面数据,如果直接运用普通最小二乘法(OLS)来估计很容易存在异方差问题。按照实证方法部分的说明,解决异方差问题可以运用加权最小二乘法(WLS)。此外,为了充分体现金融支持政策对农业面源污染的影响效应的稳健性,本部分在进行具体估计时,分别单独给出只涵盖金融支持政策唯一变量的模型估计结果,并在此基础上引入其他控制变量的模型估计结果(见表6-6)。其中,表6-6中模型(1)、模型(3)、模型(5)给出的是只涵盖金融支持政策单独变量的估计结果。模型(2)、模型(4)、模型(6)给出的是在金融支持政策基础上引入其他变量的估计结果。从中可以看出,当引入其他控制变量后,各模型中金融支持政策的影响方向均未发生变化,模型总体上具有较强的稳健性和解释能力。为此,在过程维度,揭示金融支持政策对农业面源污染的影响效应,分别以模型(2)、模型(4)、模型(6)为分析基准。

从核心变量来看,金融支持政策($Financial\_s$)对化肥施用量($Fertilizer\_a$)的影响为负,并在1%的显著性水平下通过检验。从中可以看出,签订订单后,各类新型农业经营主体如果能够满足农户融资担保需求的话,则能够显著抑制农户的化肥施用量,在源头层面对农业面源污染产生抑制作用。金融支持政策($Financial\_s$)对施肥依据($Fertilizer\_b$)的影响虽然为负,但并不显著。这说明金融支持政策并没有推动施肥依据,从"经验"到"根据作物生长规律"转变。金融支持政策($Financial\_s$)对施肥方式($Fertilizer\_m$)的影响也虽然为负,但也并不显著。这也说明金融支持政策并没有对农户施肥方式的改变产生促进作用。综合以上几点实证结果可知,在过程维度,金融支持政策只对农户化肥施用量产生了一定的抑制作用,但在改变施肥依据、施肥方式两个方面的效果并不显著。

农业适度规模经营($Scale\_o$)对化肥施用量($Fertilizer\_a$)的影响为负,且在5%的显著性水平下通过检验。这说明,农业适度规模经营对农户的化肥施用量有抑制作用。这一检验结论,直接为发挥农业适度规模经营的引领作用提供了直接的经验佐证。另外,农业适度规模经营对施肥依据($Fertilizer\_b$)和施肥方式($Fertilizer\_m$)的影响均为正,且均在1%的显著性水平下通过检验。从中可以看出，农业适度规模经营能够改变农户的施肥方式和施肥依据，进而在过程层面对农业面源污染产生抑制效应。综合来看，农业适度规模经营不仅能够抑制农户的化肥施用量，而且能够改变农户的施肥依据和施肥方式。这与宏观层面的检验结果也是一致的。因此，新时期仍需要不断发挥农业适度规模经营的引领作用。

从其他变量来看，农户人力资本（Human_c）对化肥施用量（Fertilizer_a）、施肥依据（Fertilizer_b）、施肥方式（Fertilizer_m）的影响均为负，但显著性却不同。其中，人力资本水平对化肥施用量的影响并不显著。但对施肥方式、施肥依据的影响显著为正。这说明，当前农户的人力资本水平仍是制约农户施肥方式和施肥依据改变的重要因素。富裕程度（Affluence）对化肥施用量（Fertilizer_a）、施肥依据（Fertilizer_b）、施肥方式（Fertilizer_m）的影响均显著为负。这也说明，样本区间内，收入水平仍是约束农户减少化肥施用量，改变施肥方式和施肥依据的重要制约因素。从这个角度来说，提升农户收入水平仍是推动农业面源污染治理的题中之义。

当然，如果放置于共同富裕这一大背景下，提升农民收入水平不仅具有经济社会内涵，更有生态内涵。这与理论分析的"IPAT"框架下的预期结果是一致的。农业市场化（Marketization）对化肥施用量（Fertilizer_a）的影响均为正，且在 1% 的显著性水平下通过检验。这说明，农业市场化的发展会强化农户收入最大化的目标导向，进而在一定程度上加大了农户的化肥施用量。不过，农业市场化（Marketization）对施肥依据（Fertilizer_b）的影响均为正，且在 1% 的显著性水平下通过检验。农业市场化能够改变农户的施肥方式。但也需要看到的是，农业市场化（Marketization）对施肥方式（Fertilizer_m）的影响为负，且在 5% 的显著性水平下通过检验。这说明当前农业市场化仍是制约农户施肥依据改变的因素，需要在农业面源污染治理中予以格外关注。

产业化水平（Industrialization）对化肥施用量（Fertilizer_a）的影响为正，且在 1% 的显著性水平下通过检验，农业产业化水平的提升对农户化肥施用量产生了"加剧效应"。产业化水平（Industrialization）对施肥依据（Fertilizer_b）、施肥方式（Fertilizer_m）的影响均为正，且均在 1% 的显著性水平下通过检验。农业产业化的推进在一定程度上改变了农户的施肥方式和施肥依据。农业组织化水平（Organization）对化肥施用量（Fer-

tilizer_a）的影响显著为正，且在 5% 的显著性水平下通过检验。农业组织化水平（*Organization*）对施肥依据（*Fertilizer_b*）的影响为正，且在 10% 的显著性水平下通过检验。农业组织化水平的提升能够改变农户的施肥方式。农业组织化水平（*Organization*）对施肥方式（*Fertilizer_m*）的影响为负，且在 1% 的显著性水平下通过检验。为什么会这样呢？

该研究认为，通过生产合作连接起来的农户，在本质上仍属于同一类农户，存在一定的行为示范和施肥依据的路径依赖，这会在一定程度上加剧农业面源污染。社会化服务（*Services*）对化肥施用量（*Fertilizer_a*）的影响显著为负，其在 10% 的显著性水平下通过检验。农业社会化服务，对于农户的化肥施用量有抑制效应。社会化服务（*Services*）对施肥依据（*Fertilizer_b*）的影响为负，且在 1% 的显著性水平下通过检验，仍是制约农户施肥方式改变的原因。社会化服务（*Services*）对施肥方式（*Fertilizer_m*）的影响虽然为正，但并不显著。

最后，财政补贴政策（*Subsidy*）对农户化肥施用量的影响为正，且在 10% 的显著性水平下通过检验；对施肥依据（*Fertilizer_b*）的影响为负，在 5% 的显著性水平下通过检验；对施肥方式（*Fertilizer_m*）的影响并不显著。这说明财政补贴政策，虽然促使农户化肥施用量提升，却没有推动农户施肥方式和施肥依据的转变。这与宏观效应层面的检验存在明显的矛盾性。为什么会这样呢？

这主要是由宏观政策激励和微观行为之间的偏差导致的。近些年，我国调整了农业补贴政策的方向，补贴对象逐步从小农户向新型农业经营主体转变，在这样的政策约束下，小农户为了提升农业产量势必会加大化肥要素的投入。因此，新时期加大对小农户的政策补贴力度，仍应作为我国财政补贴政策的重要一环，需要进行统筹考虑。

综上所述，在农户化肥施用量方面，金融支持政策、农业适度规模经营、富裕程度和社会化服务对农户化肥施用量都有显著的抑制效应，而农业市场化、产业化、组织化、财政补贴政策等对农户的化肥施用量都产生了显著的加剧效应。人力资本对农户化肥施用量的影响并不显著。在农户施肥方式方面，农业适度规模经营、农业市场化、产业化、组织化对改变农户的施肥方式都有重要推动作用，但人力资本、富裕程度、社会化服务、财政补贴政策会抑制农户施肥方式的改变。金融支持政策对农户施肥方式改变的效应并不显著。在农户施肥依据方面，农业适度规模经营、人力资本、农业产业化对农户施肥依据的改变有显著促进作用，但富裕程度、市场化、组织化对农户施肥依据的改变产生了显著抑制作用。金融支持政策、社会化服务和财政补贴政策对农户施肥依据改变的效应并不显著。

表6-6　　　　　　　　过程维度的实证估计结果

变量	Fertilizer_a		Fertilizer_b		Fertilizer_m	
	(1)	(2)	(3)	(4)	(5)	(6)
截距项	0.163 ***	0.050	0.456 ***	0.262 ***	0.016 ***	0.965 ***
	(7.00)	(1.31)	(18.47)	(6.01)	(2.68)	(150.30)
Financial_s	-0.063 ***	-0.176 ***	-0.019	-0.013	-0.008	-0.002
	(-3.918)	(-4.68)	(-0.34)	(-0.381)	(-0.53)	(-0.99)
Scale_o		-0.060 **		0.093 ***		0.007 ***
		(-2.47)		(3.085)		(2.86)
Human_c		-0.005		-0.276 ***		0.011 ***
		(-0.182)		(-9.05)		(2.748)
Affluence		-0.065 **		-0.113 ***		-0.002 **
		(-2.35)		(-4.05)		(-1.55)
Marketization		0.084 ***		0.100 ***		-0.003 **
		(3.38)		(2.95)		(-1.802)
Industrialization		0.134 ***		0.173 ***		0.020 ***
		(3.50)		(5.30)		(5.26)
Organization		0.066 **		0.535 ***		-0.005 ***
		(1.99)		(15.57)		(-3.04)
Services		-0.044 *		-0.087 ***		0.001
		(-1.84)		(-3.02)		(1.21)
Subsidy		0.102 *		-0.055 **		1.16E-05
		(4.22)		(-1.96)		(0.01)
F	15.348	5.612	0.116	134.145	0.593	7.519
观测值	500	500	500	500	500	500

注：（ ）内为 T 值，*** 、** 、* 分别表示 1%、5% 和 10% 的显著性水平下显著；无标注表示不显著。

6.4.3 结果维度的实证结果与分析

在前述分析中，本章已经从过程维度实证揭示了当前影响农业面源污染产生的影响因素。但当农业面源污染产生后，金融支持政策对农业面源污染影响效应如何呢？为了揭示这一效应，本部分继续从结果维度实证金融支持政策对农业面源污染影响效应。为了更好地体现研究的稳健性，本部分依然延续前述分析思路，选择加权最小二乘法（WLS）进行估计，并分别给出只涵盖金融支持政策（*Financial_s*）的估计结果，以及添加控制变量后的实证结果（见表 6 - 7）。其中，表 6 - 7 中模型（7）为只涵盖金融支持政策（*Financial_s*）单一变量的估计结果；模型（8）为涵盖控制变量的估计结果。通过比较发现，当引入控制变量后，金融支持政策（*Financial_s*）对农业面源污染治理意愿的影响方向并未发生改变，模型稳健性较好。因此，在结果层面最终以模型（8）作为分析基准模型。

在核心变量层面，金融支持政策（*Financial_s*）对农户面源污染治理意愿的影响为正，且在 5% 的显著性水平下通过检验。这说明，当签订农业订单后，如果新型农业经营主体能够满足农户的融资担保需求，这会显著提升农户的农业面源污染治理意愿。可以看出，在结果层面，金融支持政策的作用也是十分显著的，需要在新时期农业面源污染治理中发挥重要作用。农业适度规模经营（*Scale_o*）对农业面源污染治理意愿的影响显著为正。农业适度规模经营能够显著提升农业面源污染治理意愿。该研究结论，也再一次为发挥农业适度规模经营，在农业面源污染治理中的引领作用提供了直接理论支撑。综合而言，核心变量中的金融支持政策、农业适度规模经营都能够显著提升农户的农业面源污染治理意愿，在结果维度对农业面源污染产生抑制效应。

从其他控制变量来看，人力资本（*Human_c*）、富裕程度（*Affluence*）、农业市场化（*Marketization*）、农业社会化服务（*Services*）四个变量对农业面源污染治理的影响均显著为正。具体来看，人力资本（*Human_c*）对农业面源污染治理意愿的影响为正，且在 1% 的显著性水平下通过检验。这说明农业人力资本水平越高，治理农业面源污染的意愿越强。富裕程度（*Affluence*）对农业面源污染治理意愿的影响为正，且在 1% 的显著性水平下通过检验。这说明农户富裕程度越高，其治理农业面源污染的意愿也越强。这与理论框架部分所揭示内容是一致的。农业市场化（*Marketization*）

对农户面源污染治理意愿的影响为正，且在5%的显著性水平下通过检验。这说明农业市场化程度越高，农户进行面源污染治理的意愿也就越强。不过需要注意的是，农业产业化（Industrialization）、农业组织化水平（Organization）、财政补贴政策（Subsidy）三个变量，对农业面源污染治理意愿的影响为正，但均不显著。新时期提升农户的农业面源污染治理意愿需要从提升农业产业化、组织化、财政补贴政策力度等角度入手。这也蕴含着新时期推动农业面源污染协同治理的政策内涵。

表 6-7 结果维度的估计结果

变量	Governance_w	
	（7）	（8）
截距项	0.814 *** (52.51)	0.411 *** (5.97)
Financial_s	0.147 *** (8.24)	0.078 ** (2.16)
Scale_o		0.10 *** (3.33)
Human_c		0.151 *** (4.01)
Affluence		0.150 *** (4.65)
Marketization		0.037 ** (1.07)
Industrialization		0.017 (0.45)
Organization		0.012 (0.29)
Services		0.134 *** (4.68)
Subsidy		0.034 (1.192)
F	67.952	9.801
观测值	500	500

注：（）内为 T 值，*** 、** 分别表示 1%、5% 的显著性水平下显著；无标注表示不显著。

6.4.4 综合结果与分析

为了更好地对实证结果进行综合评判，发现当前金融政策支持农业面源污染治理的结构性矛盾，本部分将前述实证结果进行归纳和汇总，形成表 6-8。从中可以看出，当前金融支持政策在过程维度和结果维度都产生了一定影响。这主要表现在，金融支持政策对农户化肥施用量有一定的抑制效应，对提升农户的面源污染治理意愿有显著的推动作用。但也需要看到的是，金融支持政策在推动农户施肥方式和施肥依据转变等方面仍表现不足，需要再予以进一步强化。农业适度规模经营在过程维度和结果维度都表现了积极的作用。农业适度规模经营有利于抑制农户的化肥施用量，推动施肥方式和施肥依据的改变，提升农户的农业面源污染治理意愿。

表 6-8　　　　　　　　　　　　实证结果归纳汇总

变量	过程维度			结果维度
	化肥施用量	施肥方式	施肥依据	治理意愿
Financial_s	负向	不显著	不显著	正向
Scale_o	负向	正向	正向	正向
Human_c	不显著	负向	正向	正向
Affluence	负向	负向	负向	正向
Marketization	正向	正向	负向	正向
Industrialization	正向	正向	正向	不显著
Organization	正向	正向	负向	不显著
Services	负向	负向	不显著	正向
Subsidy	正向	负向	不显著	不显著

从其他变量来看，人力资本在改变农户施肥依据和提升农户的农业面源污染治理意愿等方面都表现出了积极作用。不过需要看到的是，人力资本在抑制化肥施用量和改变施肥方式这两个方面的作用，还有待进一步提升。富裕程度虽然抑制了农户化肥施用量、提升了农业面源污染治理意愿，却在农户施肥方式、施肥依据的改变方面产生了抑制作用。农业市场化对农户施肥方式和治理意愿的影响都产生了促进作用，但加剧了农户化肥施用量、制约了施肥方式的改变。农业产业化对改变农户施肥方式和施肥依据，都产生了促进作用，但对化肥施用量却产生了加剧效应；对农户

面源污染治理意愿的影响并不显著。农户的组织化对施肥方式改变有较大的推动作用，但却加剧了农户化肥施用量，抑制了施肥依据的改变，对农户面源污染治理的影响也并不显著。农业社会化服务在抑制农户化肥施用量、提升农业面污染治理意愿等方面产生了积极作用，但对施肥方式的改变产生了阻碍作用，对施肥依据改变影响并不显著。最后，财政补贴政策对农户化肥施用量产生了加剧效应、制约了农户施肥方式的改变，对施肥依据改变、面源污染治理意愿的影响均不显著。

6.5　金融创新对农业面源污染治理的影响效应实证

在前述部分，本章基于金融政策支持农业面源污染的宏观事实和微观事实，实证了金融政策支持农业面源污染治理的宏观效应和微观效应，系统揭示了金融政策支持农业面源污染的影响效应以及结构性矛盾。综合两个方面原因可知，新时期在推动农业面源污染治理过程中，金融政策仍需进一步强化。因此，需要创新多种金融政策支持工具，加速金融政策创新。从当前金融创新趋势来看，金融科技主导的"数字化"是大方向、大趋势。金融科技是世界金融创新与发展的最前沿。中国虽然不是金融科技的起源国，但是金融科技在中国获得突破性、根本性、爆发性发展。据资料显示，金融科技全球投资（主要是贷款）从 2013 年的 40.5 亿美元增长到 2014 年的 122.1 亿美元，到 2018 年上半年这一投资额已经高达 579 亿美元。这其中，在所有投资中，中国占据 25%[①]。随着规模膨胀、服务场景拓展，金融科技在解决小微企业以及低收入群体融资、"三农"发展，尤其是在绿色发展和环境治理方面，其作用已经开始显现。例如，支付宝上线的"蚂蚁森林""垃圾分类回收"等平台已经在绿色发展、低碳生活和环境治理等方面，表现出了前所未有的发展潜力。为此，本部分主要从金融科技的视角，探究金融政策工具和服务方式创新对农业面源污染治理的影响效应。

---

① 皮天雷，刘垚森，吴鸿燕. 金融科技：内涵、逻辑与风险监管［J］. 财经科学，2018（9）：16 – 25.

6.5.1 实证设计与变量说明

（1）实证设计。

从理论分析框架中的解释框架可知，在众多学者中比较有代表性的就是约克等[①]的研究成果。他们拓展假设条件、基于"IPAT"模型，构建了"STIRPAT"模型：

$$I = aP_i^b A_i^c T_i^d e_i \qquad\qquad (6-16)$$

其中，i 代表地区；a、b、c、d 分别为待估参数；由于式（6-16）为可以进行对数处理以转化成线性方程。因此，待估参数就可以看成是人口规模、富裕程度和技术水平对环境污染的影响弹性。e 为随机误差项。

综合来看，这一模型已经不再是平衡的会计等式，而是可以进行假设检验的测试框架，可以揭示人口规模、富裕程度和技术水平对环境污染的不同影响水平。需要说明的是，由于本章的研究揭示的是金融科技发展对农业面源污染的影响，模型中的技术水平主要限定为金融科技水平。金融科技对于环境污染的影响效应本质上反映的是金融发展和科技水平对农业面源污染的复合型影响。这相比现有学者在"STIRPAT"模型框架下，单列金融发展这一变量[②]来评估金融发展的环境效应，更有价值和现实意义。同时，将金融科技发展水平纳入技术进步范畴，还可以很好地解决技术进步和金融发展之间的多重共线性问题。对式（6-16）两边进行对数操作可得：

$$\ln I = \ln a + b\ln P + c\ln A + d\ln T \qquad\qquad (6-17)$$

对模型（6-17）进行估计，就可以求得各变量的影响方向以及影响弹性。由于本章中运用的数据类型为截面数据，易存在异方差问题。要克服异方差问题，最常用处理方法就是运用加权最小二乘法（WLS）对模型

---

① York R, Rosa E A, Dietz T. STIRPAT, IPAT and ImPACT: analytic tools for unpacking the driving forces of environmental impacts [J]. Ecological Economics, 2003, 46 (3): 351-365.

② Dai H, Sun Tao, Zhang Kun, et al. Research on Rural Nonpoint Source Pollution in the Process of Urban-Rural Integration in the Economically-Developed Area in China Based on the Improved STIRPAT Model [J]. Sustainability, 2015, 7 (1): 782-793.

进行重新估计。其主要操作原理是：首先，通过对原模型进行加权，使之成为一个新的不存在异方差的模型，然后，运用最小二乘法进行估计其参数。若假定权重为 $w_i = \dfrac{1}{\sigma_i}$，将所对应的矩阵形态如下：

$$W = \begin{pmatrix} w_1 & 0 & \cdots & 0 \\ 0 & w_2 & \cdots & 0 \\ \cdots & \cdots & \cdots & \cdots \\ 0 & 0 & \cdots & w_N \end{pmatrix} \tag{6-18}$$

同时，为了进一步增强研究结果的科学性和检验异方差问题是否已经解决，本章继续运用 Breusch-Pagan-Godfrey、Harvey、Glejser、ARCH 和 White 等方法，对模型异方差问题进行进一步检验。由于变量的影响在一定程度上是非线性的、动态性的，因此，在"STIRPAT"模型最新发展中，约克等[1]进一步对式（6-17）进行改造，引入了富裕程度的二次项以反映人民收入的动态变化影响，则模型（6-17）可以进一步改造为：

$$\ln I = \ln a + b \ln P + \left[c_1 \ln A + c_2 (\ln A)^2 \right] + d \ln T \tag{6-19}$$

相比较约克等[2]构造的非线性模型和研究预期，本章更希望揭示金融科技对农业面源污染影响效应及其动态变化。因此，与约克等[3]的处理方式不同，本章引入金融科技的二次项用于反映金融科技影响效应的动态变化和阶段性特征，则模型可以转化为：

$$\ln I = \ln a + b \ln P + c \ln A + \left[d_1 \ln T + d_2 (\ln T)^2 \right] \tag{6-20}$$

运用加权最小二乘法对模型（6-20）进行估计，就可以揭示并判断金融科技发展对农业面源污染的影响效应及其特征。一般来说，金融科技是经济发展到一定阶段后的产物和必然结果。因此，在农业经济增长的不同阶段，金融科技对于农业面源污染影响也可能存在显著差异性。当前，中国农业经济已经整体进入结构调整、新旧动能转换和绿色发展的新阶

---

①②③　York R，Rosa E A，Dietz T. STIRPAT，IPAT and ImPACT：analytic tools for unpacking the driving forces of environmental impacts [J]. Ecological Economics，2003，46（3）：351-365.

段，为了揭示这种阶段特征、体制转换特性，将式（6－20）改写成门槛回归模型。本章主要根据汉森①的方式进行，为此将农业经济增长水平（q）设置为门槛变量，其所对应的门槛值为 q^*。则模型（6－20）可以转变为：

$$\begin{cases} \ln I = \ln a_1 + b_1 \ln P + c_1 \ln A + \left[d_1^1 \ln T + d_1^2 (\ln T)^2 \right], q \geqslant q^* \\ \ln I = \ln a_2 + b_2 \ln P + c_2 \ln A + \left[d_2^1 \ln T + d_2^2 (\ln T)^2 \right], q < q^* \end{cases} \quad (6-21)$$

模型设置好以后，接下来一个非常重要的步骤就是要确定农业经济增长水平门槛值 q^*，是否存在以及具体值应该是多少。这里仍然遵循汉森（Hansen）的基本思想，在其看来，要估计的 $\hat{q}^*$，也就是 q^* 的回归值，应该为回归残差平方和最小时所对应的值。因而可以将其表示为：

$$\hat{q}^* = \underset{q^*}{\mathrm{argmin}} S_n(q^*) \quad (6-22)$$

第一个门槛值确定以后，接下来的关键就是要检验门槛值的个数，并以此来说明划分群组、估计参数是否存在显著性差异特征。为此，将原假设就可以表达为：$H_0: b_1 = b_2; c_1 = c_2; d_1^1 = d_2^1; d_1^2 = d_2^2$。在汉森的研究中其主要通过构建 LM 统计量对假设进行检验。

$$F = n \frac{S_0 - S_n(q^*)}{S_n(q^*)} \quad (6-23)$$

其中，S_0 为原假设下的残差平方和，$S_n(q^*)$ 为存在门槛效应下的残差平方和，由于式（6－23）中的 F 分布为非标准分布。按照汉森的基本理念，可以通过 bootstrap 法，获取"临界值"。检验通过后，就可以获取估计值 q^* 的置信区间。

$$LR_n(q_1^*) = n \frac{S_n(q^*) - S_n(q_1^*)}{S_n(q_1^*)} \quad (6-24)$$

（2）变量说明。

①自变量。自变量包括金融科技水平（T）、人口规模（P）和富裕程

---

① Hansen B E. Sample splitting and threshold estimation [J]. Econometrica, 2000, 68（3）: 575－603.

度（A）① 三个主要变量。

金融科技水平（T）。金融科技发展主要用 FinTech 普惠金融指数来衡量，并以此来反映金融创新情况。该指数是由国家金融与发展实验室等机构编制。在编制的过程中，充分借鉴国际组织和各个国家所提出的普惠金融评价指标体系，并结合了我国金融科技和互联网金融发展的实际情况。从金融科技服务使用、金融科技服务可得性、金融科技基础设施以及金融科技服务质量四大方面来搭建指标体系，并合成 Fintech 普惠金融指数，综合这几方面的信息可知，该指数能够在较大范围内反映金融创新的数字化方向和质量。其主要包括五个：FinTech 普惠金融指数（T_F）、金融科技服务使用指数（T_U）、金融科技服务可得性指数（T_G）、金融科技基础设施指数（T_I）以及金融科技服务质量指数（T_Q）。在具体检验时，也从总体和结构两个层面进行，力争全面反映当前金融创新的水平和质量。其中，总体层面检验主要运用 Fintech 普惠金融指数来反映金融科技总体水平；结构层面主要运用金融科技服务使用指数、金融科技服务可得性指数、金融科技基础设施指数以及金融科技基础设施指数反映金融科技发展的结构水平。通过总体分析与结构比较的结合，明确当前我国金融数字化创新的主要问题和不足，形成新时期中国农业面源污染治理模式改进、创新的突破口。

人口规模（P）。农村人口规模扩大会形成粮食及其他农产品、农业资源的强大需求，这也是农村人口对农业面源污染所产生的最基本影响。同时，随着人口规模扩大，农村人口消费水平会进一步上升，生活排污、垃圾总量等也会不断上升。如果这些生活废弃物得不到有效处理，就会加剧农业面源污染程度。这是农村人口规模扩大，在生活方面对农业环境产生的影响。此外，农村人口的扩大也是农业生产活动增加的推动力之一，会在生产方面加剧农业面源污染程度，形成生产型、生活型农业面源污染并存的格局。本章用乡村人口来表示人口规模。

②门槛变量。选定为农业经济水平（q）。一般来说，农业面源污染及其治理水平与经济增长速度以及经济发展阶段有密切关联。不同的经济发展阶段，政府对于环境问题的重视程度以及干预措施也是不一样的。因

---

① 富裕程度指标量化方法在上述部分已经进行说明，此处不做过多阐述。

此，除了上述影响因素外，农业经济水平必须予以考虑。此外，金融科技的产生、人口规模、富裕程度等也与农业经济总体规模、发展水平以及增长速度密切相关，是随着农业经济增长水平不断发展的。换言之，在不同的农业经济阶段，农业面源污染、金融科技、人口规模和富裕程度等指标均有不同的特征和表现形式。为了反映这种阶段性特征，本章将农业经济水平设置为门槛变量，揭示不同经济发展阶段的影响效应差异与特征。在具体衡量中，用中国农林牧渔增加值来表示。

（3）数据来源。

研究中所运用的数据类型为我国 31 个省区市的截面数据。测度农业面源污染水平时所使用的化肥、农药、农用地膜以及柴油使用量数据来自《中国农村统计年鉴》；FinTech 普惠金融指数、金融科技服务使用、金融科技服务可得性、金融科技基础设施以及金融科技服务质量等测度中所使用的指标数据主要来自中国互联网络信息中心发布的《中国互联网络发展统计报告》，Wind 数据库，中国保险行业协会网站，国家金融与发展实验室、中国社会科学院金融研究所、中国社会科学院投融资研究中心的前期研究成果以及零壹财经等。人口规模、富裕程度、农业经济水平等指标来自《中国统计年鉴》。描述性统计信息见表 6－9。

由表 6－9 可以看出，中国农业面源污染水平的标准差为 1.159，数值较大，且最大值（5.366）和最小值（1.131）的差距明显。这说明中国各地区的农业面源污染存在较大的差异。FinTech 普惠金融指数、金融科技服务使用指数、金融科技服务可得性指数、金融科技基础设施指数、金融科技服务质量指数的标准差均较小，而且各指标的最大值和最小值差距并不大，总体上说明中国各地区金融科技发展水平并不存在较大差异性，这也在一定程度上反映了当前我国金融数字化创新的普遍现象和大趋势。从结构角度来看，金融科技服务使用、金融科技服务可得性以及金融科技服务基础设施的方差较大，说明在这三个方面中国金融科技发展存在一定的差异性。这也就会使其对农业面源污染的影响效应在一定程度上存在结构性矛盾。人口规模、富裕程度的标准差分别是 0.935和 0.297，数值不大，且两者的最大值和最小值之间的差距并不悬殊，差异性也较小。农业经济水平的标准差为 1.155，数值较大，最大值（8.551）和最小值（4.732）的差距较大，这说明中国各地农业经济水平存在较大的差异。综合来看，农业经济水平在所有因素中的标准差最大，这个因素可能也是导致中国农业污染面源污染水平差异的重要原因。因此，本章选取农业经济水平作为门槛变量，揭示不同农业经济水平区间下金融科技及其他解释变量对农业面源污染的不同影响效应就显得十分必要和恰当。

表 6-9　　　　　　　　　　各变量描述性统计信息

变量	均值	中位数	最大值	最小值	标准差
I	3.803	4.352	5.366	1.131	1.159
T_F	4.168	4.159	4.557	3.782	0.183
T_U	2.818	2.758	4.565	0.000	0.917
T_G	2.881	2.907	4.542	0.536	0.859
T_I	3.139	3.168	4.557	1.194	0.803
T_Q	3.991	4.089	4.377	2.457	0.350
A	9.413	9.379	10.147	8.917	0.297
P	7.21	7.385	8.499	5.451	0.935
q	7.241	7.582	8.551	4.732	1.155

注：所有变量的描述性统计信息为取对数后的结果。

6.5.2　IPAT 模型与 STIRPAT 模型估计结果与分析

在接下来的部分，本章主要基于金融科技视角，从三个方面揭示金融创新对农业面源污染影响效应进行实证。一是估计"STIRPAT"模型，刻画金融科技对农业面源污染影响的总体效应，进而反映金融创新的总体效应；二是对"STIRPAT"模型进行改进，不重点关注富裕程度及其平方项对农业面源污染的影响，而是关注金融科技及其平方项对农业面源污染影响，用于揭示和检验金融科技对农业面源污染的影响是否符合倒"U"形规律特征，进而刻画金融创新的动态性特征；三是以农业经济水平为门槛变量建立门槛回归模型，揭示在不同的农业经济增长阶段金融科技对农业污染影响的差异性，进而反映在新发展阶段金融创新的战略取向和重点选择。

运用加权最小二乘法对"IPAT"模型以及"STIRPAT"模型进行估

计。为了比较金融科技发展及其结构对于农业面源污染的差异化影响，在具体检验过程中分别从总体和结构两个角度进行。其中，总体角度中对于金融科技水平的衡量运用的是 Fintech 普惠金融指数（T_F），估计结果见表 6 – 10 中模型（1）。结构层面分别运用的是金融科技服务使用（T_U）、金融科技服务可得性（T_G）、金融科技基础设施（T_I）以及金融科技服务质量（T_Q）。估计结果分别见模型（2）至模型（5）。下面检验也遵循这种操作思路，后面就不再赘述。从 Adjusted R^2 来看，模型（1）至模型（5）都具有较强的解释能力，模型较为可靠。从 Breusch-Pagan-Godfrey、Harvey、Glejser、ARCH 以及 White 等异方差检验方法表明[①]，各模型不存在异方差问题，估计结果可靠。

从结果可知，总体上金融科技发展（T_F）对农业面源污染的影响为负，并在1%的显著性水平下通过检验，研究结论充分证明，金融科技发展对农业面源污染有抑制作用。这也表明，金融数字化创新的大趋势在农业面源污染治理中的效果是比较显著的、突出的，在农业面源污染治理的过程中，应充分利用金融科技作用，强化金融创新力度，在顺应金融创新大趋势、大方向的同时，满足农业面源污染治理的金融政策需求。从结构的角度来看，金融科技服务使用（T_U）、金融科技服务可得性（T_G）对农业面源污染的影响为负且在1%的显著性水平下通过显著；金融科技基础设施（T_I）对农业面源污染的影响显著为正。这如何理解呢？

本章认为可能由以下两个原因造成：一是目前中国金融科技发展虽然速度很快，但是金融科技基础设施有待进一步完善，当前中国金融科技基础设施比较完善的地方大多是中国经济较为发达的地区，研究结果同理论的现实背离，事实上反映的是当前金融科技基础设施有待进一步完善、辐射面有待进一步扩大、绿色发展贡献有待进一步提升的特征事实。这也说明，在农业面源污染治理的过程中，健全金融科技基础设施体系是创新的重要内容和突破口。金融科技服务质量（T_Q）对农业面源污染的影响并不

---

① 为体现异方差检验结果的完整性，估计结果中给出了现行主要的异方差检验方法的检验结果，但在具体结果分析中，只要一种方法通过检验，就认为模型不存在异方差问题。不过本章研究的检验结果，每个模型至少有两种检验方法都证明不存在异方差问题。

显著，这说明在农业面源污染治理的过程中，金融科技服务质量有待进一步提升。从这个角度来说，在农业面源污染治理的过程中，金融创新不仅要满足规模数量上的要求，还需要达到质量考核要求，不断提升金融创新质量。金融科技发展总体指数及其结构指数对于农业面源污染的影响并不一致。

从其他变量来看，富裕程度（A）对农业面源污染的影响在表 6 - 10 中模型（1）至模型（3）以及模型（5）中对农业面源污染的影响均显著为正，这与理论分析中所得到的结果是一致的。但需要注意的是，在模型（4）中，其影响效应却显著为负。综合来看，富裕程度（A）对于农业面源污染的影响可能是非线性的，可能存在倒 "U" 形特征，为此，在接下来的部分，本章继续运用 "STIRPAT" 模型予以进一步佐证和检验。人口规模（P）对农业面源污染的影响显著为正，且在模型（1）至模型（5）中是一致的，这与理论分析中所揭示的结论是一致的。

表 6 - 10　　　　　　　　　　传统 IPAT 模型估计结果

变量	模型				
	Fintech 普惠指数（T_F）	金融科技服务使用（T_U）	金融科技服务可得性（T_G）	金融科技基础设施（T_I）	金融科技服务质量（T_Q）
	（1）	（2）	（3）	（4）	（5）
常数项	- 6. 51 *** （ - 15. 53）	- 10. 722 *** （ - 37. 44）	- 9. 612 *** （ - 38. 33）	- 0. 031 （ - 0. 09）	- 8. 214 *** （ - 11. 63）
T	- 1. 185 *** （ - 4. 94）	- 0. 233 *** （ - 30. 88）	- 0. 183 *** （ - 6. 40）	0. 256 *** （15. 0）	- 0. 002 （ - 0. 11）
A	0. 732 *** （8. 75）	0. 676 *** （13. 23）	0. 561 *** （14. 04）	- 0. 544 *** （ - 11. 33）	0. 353 *** （4. 87）
P	1. 162 *** （53. 34）	1. 221 *** （53. 26）	1. 198 *** （112. 93）	1. 134 *** （103. 04）	1. 20 *** （31. 34）
R^2	0. 999	0. 999	0. 999	0. 998	0. 976
Adjusted R^2	0. 999	0. 999	0. 999	0. 997	0. 973
F-statistic	13561. 21	22573. 21	54332. 30	4743. 787	366. 6

续表

变量	模型				
	Fintech 普惠指数（T_F）	金融科技服务使用（T_U）	金融科技服务可得性（T_G）	金融科技基础设施（T_I）	金融科技服务质量（T_Q）
	(1)	(2)	(3)	(4)	(5)
Breusch-Pagan-Godfrey	0.216	1.512	0.017	2.675	8.2
Harvey	8.139	5.527	0.395	7.601	5.158
Glejser	0.788	2.388	0.395	5.702	7.794
ARCH	1.135	0.177	0.127	0.125	0.269
White	0.470	50.187	7.831	1.202	34.41

注：（ ）内为 T 值，*** 表示 1% 的显著性水平下显著；无标注表示不显著。

由于富裕程度在不同的金融科技发展指标量化下，估计效应存在一定的差异性，本章继续建立 "STIRPAT" 予以刻画，并通过比较揭示在 "STIRPAT" 金融科技发展及其结构对农业面源污染影响效应的变化及稳定性。估计结果见表 6-11 的模型（6）至模型（10）。从 Adjusted R^2 结果来看，各模型的解释能力较强；从异方差检验结果可知，各模型估计结果不存在异方差问题，估计结果较为可信。从结果可知，富裕程度（A）及其二次项（A^2）对农业面源污染的影响分别显著为正和显著为负，这说明农业面源污染和富裕程度也符合环境库兹涅茨曲线所刻画的倒 "U" 形规律，这与戴等[1]的研究结果一致。总体上金融科技发展（T_F）对农业面源污染的影响显著为负，这与 "IPAT" 模型所揭示的结论是一致的。该模型下的实证结果也进一步佐证了金融创新对农业面源污染具有显著的抑制作用。新时期建立农业适度规模经营协同治理体系需要借助金融科技手段，强化金融创新，助力农业面源污染治理。

从结构层面来看，在 "STIRPAT" 模型下，金融科技服务使用（T_U）、金融科技服务可得性（T_G）、金融科技基础设施（T_I）对农业面

---

[1] Dai H, Sun Tao, Zhang Kun, et al. Research on Rural Nonpoint Source Pollution in the Process of Urban-Rural Integration in the Economically-Developed Area in China Based on the Improved STIRPAT Model [J]. Sustainability, 2015, 7 (1): 782-793.

源污染的影响均显著为负，金融科技服务质量（T_Q）对农业面源污染的影响显著为正，可以看出，相较"IPAT"模型，"STIRPAT"有明显的优越性。但也需要注意的是，在"STIRPAT"模型下，金融科技服务质量（T_Q）对农业面源污染的影响显著为正，这在一定程度上也反映了当前中国金融科技服务质量有待进一步提升的发展现实。要系统地认知金融科技对农业面源污染影响的影响效应，单纯的总体指数无法全面概况，需要结构化指数的综合辅助。综合来看，金融科技基础设施和金融科技服务质量是金融科技发展在结构层面的不稳定因素，影响效应存在不确定性，这也是新时期中国依托金融创新、助推农业面源污染治理的关键。

表6-11　　　　　　　　　　STIRPAT 模型估计结果

变量	模型				
	Fintech 普惠指数（T_F）	金融科技服务使用（T_U）	金融科技服务可得性（T_G）	金融科技基础设施（T_I）	金融科技服务质量（T_Q）
	(6)	(7)	(8)	(9)	(10)
常数项	-134.25 *** (-9.89)	-207.745 *** (-9.17)	-177.496 *** (-5.92)	-302.183 *** (-11.16)	-167.82 *** (-9.98)
A	27.72 *** (9.73)	42.687 *** (8.813)	36.078 *** (5.62)	62.908 *** (11.02)	34.709 *** (9.76)
A^2	-1.447 *** (-9.64)	-2.228 *** (-8.61)	-1.872 *** (-5.45)	-3.303 *** (-11.05)	-1.831 *** (-9.76)
T	-0.443 *** (-4.21)	-0.135 *** (-5.52)	-0.1 *** (-4.67)	-0.07 *** (-1.79)	0.042 *** (4.09)
P	1.026 *** (80.85)	1.066 *** (90.63)	1.103 *** (62.88)	0.965 *** (55.63)	1.0 *** (167.15)
R^2	0.999	0.999	0.999	0.998	0.999
Adjusted R^2	0.999	0.999	0.999	0.998	0.999
F-statistic	12834.47	10057.9	21194.11	6239.518	24790.43
Breusch-Pagan-Godfrey	0.564	1.673	0.589	0.530	3.464
Harvey	3.349	4.063	2.56	2.686	8.722

续表

变量	模型				
	Fintech 普惠指数（T_F）	金融科技服务使用（T_U）	金融科技服务可得性（T_G）	金融科技基础设施（T_I）	金融科技服务质量（T_Q）
	(6)	(7)	(8)	(9)	(10)
Glejser	1.245	2.978	0.625	1.214	2.775
ARCH	0.448	3.601	0.007	0.65	2.704
White	0.278	241.958	0.089	173.514	1.394

注：*** 表示在 1% 的显著性水平下显著。

6.5.3　金融创新对农业面源污染影响的非线性特征

事实上，相比较"STIRPAT"模型更为关注富裕程度的非线性影响，本章更乐于关注金融科技发展对农业面源污染的影响效应。为此，本部分对"STIRPAT"模型进行改造，将金融科技发展（T）及其二次项（T^2）引入模型并进行估计，以此揭示金融科技视角下金融创新对农业面源污染影响的动态性变化（见表 6-12）。由 Adjusted R^2 和异方差检验可知，各模型的都有较强解释能力、估计结果较为可信。

总体来看，金融科技发展（T_F）及其二次项（T_F^2）对农业面源污染的影响分别显著为正和显著为负，说明金融科技发展对农业面源污染的影响也存在明显的倒"U"形特征，这说明在金融科技视角下，金融创新在跨越临界值后对农业面源污染的影响存在边际效应递减的规律。在金融科技发展的初级阶段实际上是对金融服务供给渠道以及金融抑制问题的改进，因此，金融科技发展会引起规模扩张，进而会导致污染物排放增加。

金融发展本身就是一把"双刃剑"，会导致污染排放增加、加剧环境污染[1][2]，作为金融发展的重要组成和创新前沿，金融科技发展在早期也势必会形成这一问题。这种现象在长期受到金融排斥的农业部门表现得尤为明显。随着金融科技对于"金融排斥"问题的化解以及对农民等"长尾人

---

① Zhang Y J. The impact of financial development on carbon emissions: An empirical analysis in China [J]. Energy Policy, 2011, 39 (4): 2197-2203.

② Boutabba M A. The impact of financial development, income, energy and trade on carbon emissions: Evidence from the Indian economy [J]. Economic Modelling, 2014, 40: 33-41.

群"的金融普惠，农民势必会加速更新农业机械设备、加大农业生产要素投入，进而会导致农业污染物的排放量增加。但随着金融和科技融合发展的程度进一步增加，金融科技可以通过技术进步、产业结构路径起到抑制农业面源污染的作用。其中，在技术进步方面，金融科技发展能够引领技术进步，化解农业金融服务领域的逆向选择和道德风险问题，减少单位农业产出能耗，实现抑制农业面源污染的目的。在产业结构方面，金融科技发展可以加速"绿色金融"发展，引导社会资源、资金向农业面源污染治理领域发展。

从结构层面来看，金融科技服务使用（T_U）及其二次项对农业面源污染的影响并不同。金融科技服务使用对农业面源污染影响显著为负，但其二次项的影响并不显著。这说明，金融科技服务使用对农业面源污染的影响是线性关系，并不存在倒"U"形关系。金融科技服务可得性（T_G）、金融科技基础设施（T_I）的一次项和二次项对农业面源污染的影响分别显著为正和显著为负，符合倒"U"形规律。金融科技服务质量（T_Q）一次项及二次项对农业面源污染的影响分别显著为正和显著为负，这说明金融科技服务质量对农业面源污染的影响效应存在"U"形特征，也就是说，如果金融科技服务质量比较低，农业面源污染程度也就较严峻。因此，综合上述的"IPAT"模型以及"STIRPAT"模型中金融科技服务质量影响效应结果，进一步印证了当前我国金融科技服务质量有待进一步提高的现实困境。因此，在金融科技视角下，金融产品的创新将提升金融科技服务质量作为重要突破口和立足点，需要予以重点关注。

表 6-12　　　　　金融科技对面源污染影响的估计结果

变量	模型				
	Fintech 普惠指数（T_F）	金融科技服务使用（T_U）	金融科技服务可得性（T_G）	金融科技基础设施（T_I）	金融科技服务质量（T_Q）
	(6)	(7)	(8)	(9)	(10)
常数项	-120.743 *** (-3.137)	-12.987 *** (-33.56)	-16.995 *** (-13.01)	-9.04 *** (-6.947)	-6.366 *** (-3.535)
T	53.238 *** (2.89)	-0.352 * (-1.94)	1.88 *** (5.15)	2.066 *** (7.13)	-0.781 * (-1.96)

续表

变量	模型				
	Fintech 普惠指数（T_F）	金融科技服务使用（T_U）	金融科技服务可得性（T_G）	金融科技基础设施（T_I）	金融科技服务质量（T_Q）
	(6)	(7)	(8)	(9)	(10)
T^2	− 6. 519 ***	− 0. 01	− 0. 405 ***	− 0. 342 ***	0. 124 **
	(− 2. 997）	(− 0. 247）	(− 6. 613）	(− 7. 542）	(2. 057）
A	0. 943 *	0. 982 ***	1. 345 ***	0. 283 **	0. 314 **
	(1. 34）	(21. 83）	(9. 59）	(2. 29）	(2. 41）
P	1. 003 ***	1. 202 ***	0. 892 ***	1. 01 ***	1. 159 ***
	(9. 223）	(81. 20）	(54. 42）	(45. 79）	(36. 71）
R^2	0. 851	0. 999	0. 998	0. 993	0. 998
Adjusted R^2	0. 827	0. 999	0. 998	0. 992	0. 998
F-statistic	35. 775	3733930	5316. 719	924. 264	3851. 973
Breusch-Pagan-Godfrey	1. 34	0. 591	0. 127	22. 421	0. 594
Harvey	1. 845	7. 909	7. 780	11. 673	24. 838
Glejser	1. 663	0. 741	0. 361	12. 490	1. 493
ARCH	1. 329	2. 212	0. 033	0. 297	1. 407
White	0. 848	0. 347	0. 176	21. 958	0. 412

注：*** 表示在 1% 的显著性水平下显著，** 表示在 5% 的显著性水平下显著，* 表示在 10% 的显著性水平下显著。

6.5.4　金融创新对农业面源污染影响的门槛效应

在前述部分，本章主要从金融科技视角下探究了金融创新对农业面源污染治理的影响及动态特征。那么，金融创新在农业经济增长的不同阶段，表现又会有怎样的不同和变化呢？为此，本部分基于门槛效应检验与估计结果，揭示不同农业经济增长阶段金融科技主导的金融创新对农业面源污染的影响效应。

（1）门槛效应的 LM 检验。

进行截面回归的关键，是要确定模型是否存在门槛效应和确定门槛值数量。在具体实施中，也主要从总体和结构两个角度进行。其中，总体层面，检验 FinTech 普惠金融指数（T_F）对农业面源污染影响效应在不同农业经济增长阶段的变化；结构层面，分别检验金融科技服务使用（T_U）、金融科技服务可得性（T_G）、金融科技基础设施（T_I）以及金融科技服务质量（T_Q）对农业面源污染影响效应在农业经济增长不同阶段的变化。为了增强统计量的稳健性，本章分别设置 1000、2000、3000、4000、5000 次的 bootstrap 进行模拟和计算似然比统计量 LM 值。计算结果见表（6 - 13）。

表 6 - 13　　　　　　　　　　　基于 Bootstrap 方法的 LM 检验

Bootstrap 次数	模型				
	Fintech 普惠指数（T_F）	金融科技服务使用（T_U）	金融科技服务可得性（T_G）	金融科技基础设施（T_I）	金融科技服务质量（T_Q）
	(11)	(12)	(13)	(14)	(15)
1000	12.053 (0.02)	12.043 (0.02)	9.945 (0.093)	13.054 (0.012)	12.26 (0.033)
2000	12.053 (0.022)	12.043 (0.024)	9.945 (0.113)	13.054 (0.016)	12.26 (0.027)
3000	12.053 (0.019)	12.044 (0.019)	9.945 (0.100)	13.054 (0.014)	12.26 (0.028)
4000	12.053 (0.018)	12.044 (0.021)	9.945 (0.09)	13.054 (0.015)	12.26 (0.024)
5000	12.053 (0.024)	12.044 (0.019)	9.945 (0.106)	13.054 (0.015)	12.26 (0.024)

注：（　）内为 p 值。

由表 6 - 13 可知，无论是在总体层面还是在结构层面，模拟 1000 ～ 5000 次 bootstrap 所计算出来的 LM 值都是比较稳健的。最终选择 5000 次的 bootstrap 模拟结果作为基准。从结果可知，在总体层面，模型所对应的 LM 检验值为 12.053，从其所对应的 p 值可以得到结论，在 5% 的显著性水平下，模型拒绝"不存在门槛效应"的原假设。在结构层面，金融科技服务使用（T_U）、金融科技服务可得性（T_G）、金融科技基础设施（T_I）以及金融科技服务质量（T_Q）对农业面源污染影响模型的 LM 检验值分别为 12.044、9.945、13.054、12.26，分别在 5%、10%、5% 和 5% 的显著性水平下拒绝"不存在门槛效应"的原假设。

从门槛值的角度来看，将农业经济增长水平作为门槛变量，所计算出来的农业经济增长水平的门槛值分别是 7.346、7.189、7.482、6.885 和 7.188，所对应的置信区间分别为［6.718,8.201］，［7.189,7.189］，［6.718,7.573］，［6.718,7.346］，［7.189,7.189］。从结果可以看出，置信区间内均不涵盖0，并且"犯错误"的概率只有5%。所以各模型下农业经济增长的门槛值是通过显著性检验的。当然，图6-7中所揭示的情况也进一步为表6-13中的计算结果提供了更为直观的图形表达。综合而言，在总体和结构层面，模型都存在显著的门槛效应和门槛值，可以进一步进行门槛回归分析。

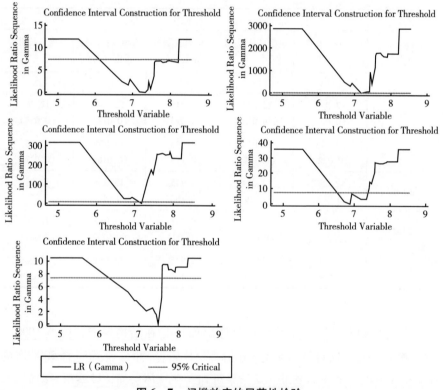

图6-7 门槛效应的显著性检验

（2）门槛效应的估计结果与分析。

由于本章运用的是截面门槛回归模型，因此与普通模型一样，同样存在异方差问题。在化解异方差问题上，汉森（Hansen）也给出了两种解决方案：一是强制同方差假设；二是运用 White 检验修正异方差。通过这两种方法都可以使回归结果实现无偏性、有效性和一致性的目的。为了体现和上述研究的承接性，本章选择第二种方案，即运用 White 检验修正异方差（见表6-14）。从表中的异方差检验表明，各模型下的估计结果均接受

"同方差"的原假设，运用 White 检验修正异方差后的估计结果是可靠的。

在总体层面，当农业经济增长处于 $q \leqslant 7.346$ 这一区间范围时，FinTech 普惠金融指数（T_F）对及其二次项对于农业面源污染的影响分别显著为正和显著为负，呈现倒"U"形特征，存在边际效应递减规律。但当农业经济增长处于 $q > 7.346$ 这一区间范围时，金融科技及其二次项对农业面源污染的影响分别为正和负，但并不显著。这说明，当农业经济增长处于较低水平时，金融科技会成为农业产业不发达地区、偏远落后区域的农业面源污染治理的可行路径。从这个角度来说，对于农业产业不发达地区、偏远落后区域，依托金融科技进行金融创新是重要选择。但当农业经济增长处于较高增长阶段时，金融科技的影响就变得不显著了。因此，一旦农业经济增长到一定阶段后，农业产业就不再是弱质性产业的代名词，而是高附加值、产业链发达的成熟性产业，各类金融要素存在介入的原始动力和积极性，在这样的条件，金融科技的渠道优势、效率优势以及覆盖面广的优势就显得并不明显。

在结构层面，当处于农业经济低增长区间时，金融科技服务使用（T_U）、金融科技服务可得性（T_G）、金融科技基础设施（T_I）及其二次项对农业面源污染的影响效应分别显著为正和显著为负，说明在结构层面，金融科技对农业面源污染的影响效应也存在倒"U"形特征。在农业经济水平较低的区域金融科技服务使用情况、金融科技服务可得性以及金融科技基础设施的完善程度对于农业面源污染治理有很大的贡献作用。因此，农业经济落后地区更应该普及金融科技使用、提升农民金融科技服务可得性和完善金融科技基础设施，助力农业面源污染治理。但在农业经济高增长区间，金融科技服务使用（T_U）、金融科技服务可得性（T_G）、金融科技基础设施（T_I）及其二次项对农业面源污染的影响虽然依然为正和负，但均不显著。需要注意的是，在农业经济低增长区间，金融科技服务质量（T_Q）及其二次项对农业面源污染的影响分别显著为正和显著为负，呈现典型的"U"形特征。当农业经济进入高增长区间时，金融高科技服务质量（T_Q）及其二次项对农业面源污染的影响并不显著。因此，在农业经济增长水平较低的区域，除了要普及金融科技使用、提升农民金融科技服务可得性和完善金融科技基础设施外，更需要注重金融科技服务质量。

从其他变量来看，总体来看，无论是在农业经济增长的低门槛区间还是在农业经济增长的高门槛区间，富裕程度（A）对农业面源污染的影响

表6-14　　金融科技对农业面源污染影响的门槛模型估计结果

变量	Fintech普惠指数 (T_F) (16)		金融科技服务使用 (T_U) (17)		金融科技服务可得性 (T_C) (18)		金融科技基础设施 (T_I) (19)		金融科技服务质量 (T_Q) (20)	
	$q \leq 7.346$	$q > 7.346$	$q < 7.189$	$q > 7.189$	$q < 7.482$	$q > 7.482$	$q < 6.885$	$q > 6.885$	$q \leq 7.188$	$q > 7.188$
常数项	-143.787** [-233.18,-87.97]	-95.016 [-183.3,13.65]	-17.8 [-37.95,2.35]	-6.01 [-18.57,6.55]	-25.882** [-76.66,-13.17]	-17.834 [-27.89,3.86]	-53.723** [-81.41,-23.63]	-3.401 [-14.6,6.96]	186.728** [27.81,345.65]	-1.967 [-13.85,9.91]
T	59.83** [30.38,103.76]	43.265 [-13.01,83.29]	0.854** [0.29,1.42]	0.20 [-1.45,1.86]	1.684** [0.92,2.40]	0.423 [-1.14,4.3]	9.196** [0.71,15.4]	0.927 [-0.326,3.23]	-97.6** [-179.09,-16.11]	-0.1291 [-4.35,4.09]
T^2	-7.557** [-12.73,-4.16]	-5.162 [-9.89,1.31]	-0.258** [-0.33,-0.18]	-0.057 [-0.28,0.16]	-0.418** [-0.61,-0.31]	-0.146 [-0.75,0.11]	-1.576** [-2.56,-0.24]	-0.144 [-0.52,0.07]	12.413** [1.91,22.92]	0.025 [-0.62,0.67]
A	2.224 [-1.087,4.39]	0.54 [-0.69,2.62]	1.422 [-0.43,3.27]	0.671 [-0.55,1.9]	2.06** [0.90,7.01]	1.514 [-0.34,2.48]	4.033** [1.97,6.47]	0.205 [-1.04,1.28]	0.143 [-0.54,0.82]	0.3198 [-0.54,1.18]
P	1.236** [0.30,1.84]	0.495** [0.12,1.31]	1.1** [0.45,1.74]	0.528** [0.06,1.00]	1.333** [0.79,2.47]	1.031** [0.105,1.40]	0.943** [0.69,1.58]	0.581** [0.17,0.96]	0.931** [0.715,1.15]	0.458** [0.11,0.81]
R^2	0.915	0.377	0.898	0.315	0.943	0.613	0.9	0.474	0.833	0.284
Heteroskedasticity Test	0.336		0.389		0.587		0.338		0.892	
Joint R^2	0.919		0.916		0.937		0.92		0.899	

注：（）内为T值，** 表示 5%的显著性水平下显著；无标注表示不显著。

方向并未发生改变，但显著性不同。除了表 6 – 14 中模型（18）、模型（19）中，在农业经济增长的低门槛区间，其对面源污染的影响显著性通过检验外，说明当引入门槛变量后，富裕程度（A）对农业面源污染的影响程度会存在不确定性。中国各地农业资源禀赋条件千差万别，因而既存在像美国那样的劳动节约型农业发展模式，也有像日本那样的土地节约型农业发展模式，还有欧洲的中性技术进步型农业发展模式，因此，农民收入增加后，对于是否会通过增加农药、化肥等要素投入来增加农业产量、加剧农业面源污染的情况也需要具体问题具体分析，这可能是导致富裕程度对农业面源污染影响程度并不确定的一个非常重要原因。从模型（16）至模型（20）来看，无论在农业经济低增长区间还是高增长区间，人口规模（P）对于农业面源污染的影响都显著为正。这说明农业人口规模对于农业面源污染的影响比较恒定。这与国内有些学者的研究结论是一致的。例如，梁流涛[1]、葛继红等[2]研究发现，乡村人口密度对农业面源污染的贡献最大。

6.5.5　综合结果与分析

本章基于 IPAT 和 STIRPAT 的理论框架，从金融科技视角建立金融创新影响农业面源污染影响的计量模型，并运用加权最小二乘法和截面门槛回归技术对模型进行估计，从总体以及结构的双重维度揭示金融创新对农业面源污染的影响效应和特征以及在不同农业发展阶段下影响效应的变化特征。研究发现，总体上，当前金融科技引领的金融创新是一把"双刃剑"，呈现典型的倒"U"形特征。在发展初期，金融科技引领的金融创新对农业面源污染的影响显著为正，会引起农业生产规模扩张，导致农业污染排放物增加，进而加剧农业面源污染程度。只有当金融科技发展指数跨过临界值后，金融科技引领的金融创新才会对农业面源污染的影响显著为负，才会对农业面源污染产生抑制作用和促进农业面源污染治理。因此，在推动农业面源污染治理的过程中，需要不断深化金融创新，以满足农业

---

① 梁流涛. 农业面源污染形成机制：理论与实证［J］. 中国人口·资源与环境，2010，20（4）：74 – 80.

② 葛继红，周曙东. 农业面源污染的经济影响因素分析——基于 1978 – 2009 年的江苏省数据［J］. 中国农村经济，2011（5）：72 – 81.

面源污染治理的新需求、新需要。

从结构层面来看，金融科技服务可得性、金融科技基础设施对农业面源污染的影响效应也呈现倒"U"形关系，与总体层面的检验结果是一致的。但金融服务使用和金融服务质量对农业面源污染的影响与总体情况并不一致。其中，金融科技服务使用对农业面源污染的影响是典型的线性关系，其二次项对农业面源污染的影响效应并不显著。金融科技服务质量对农业面源污染的影响效应呈现"U"形关系。结合总体层面以及结构层面的判断，该结论也进一步印证了当前中国科技金融服务质量有待进一步提高的现实困境。因此，如何提升中国金融服务科技服务质量是新时期农业面源污染治理过程中金融创新和政策支持的重点和关键环节。

从门槛效应来看，在农业经济增长的低门槛区间，金融科技发展对农业面源污染的影响效应也呈现倒"U"形特征，当在农业经济增长的高门槛区间，金融科技发展及其二次项对农业面源污染的影响并不显著。在农业经济低增长区间时，金融科技服务使用、金融科技服务可得性、金融科技基础设施对农业面源污染的影响也存在倒"U"形特征。但当迈入农业经济增长的高门槛区间时，三者对农业面源污染的影响效应均不显著。因此，农业经济增长缓慢、落后的地区，更应该普及金融科技使用、提升农民金融科技服务可得性和完善金融科技基础设施，加快金融创新以助力农业面源污染治理。

还需要注意的是，在农业经济低门槛区间，金融科技服务质量对农业面源污染的影响效应呈现"U"形特征，当农业经济增长迈入高门槛区间时，影响效应也并不显著。综合来看，在农业经济增长水平较低的区域，除了要普及金融科技使用、提升农民金融科技服务可得性和完善金融科技基础设施外，更需要注重金融科技服务质量，这也是当前金融创新的薄弱环节，亦是新时期金融创新以及政策支持需要调整的重点内容。

第7章 适度规模经营和金融支持政策对面源污染的协同效应

在前述分析中，本书分别从适度规模经营和金融支持政策的维度，揭示了两者对面源污染治理的独立影响效应。那么，农业适度规模经营和金融支持政策对面源污染的协同效应如何呢？这就是本部分要解决的科学问题。通过揭示适度规模经营和金融支持政策对农业面源污染的协同效应，一方面，可以检验两者在抑制农业面源污染中的互动作用，从整体性、系统性角度重新审视两者互动过程中存在的薄弱环节；另一方面，还可以检验当前金融政策支持农业适度规模经营，进而抑制农业面源污染的引领效应，及时发现当前金融支持政策的偏差性，为新时期调整金融政策支持重点，创新金融支持政策战略举措，提供有效经验佐证和理论支撑。

7.1 研究假设与检验框架

7.1.1 研究假设

总体上，影响农业面源污染的因素很多，既包括内部因素，又包括外部因素[①]。但在众多影响因素中，农业经营制度因素尤为需要关注。尽管我国农业经营体制经历了若干次重大的历史变迁，但集体所有、均田承包和家庭经营的大格局几乎没有发生根本性变动，并在改革开放之初发挥了

[①] 杨滨键，尚杰，于法稳. 农业面源污染防治的难点、问题及对策 [J]. 中国生态农业学报（中英文），2019（2）：236－245.

显著作用①②，极大地解放了农村生产力，调动了农民的生产积极性，促进农业生产率和农村经济的全面发展③。

然而有学者也表达了不同的意见。家庭联产承包责任制造成了地块分散、经营规模小、科学技术推广难、农户经营行为短视化等问题④。为达到短期增产目标，农户大量施用的化肥、农药等化学试剂以及地膜，使土壤污染严重。并且中间产物如秸秆等农业废弃物利用率极低，农村小型家庭养殖技术落后，废弃物不经处理就直接乱堆乱放，导致农业面源污染负荷加重，附近水体受到严重污染。更为严重的是，这种"负外部性"通常在一定时期甚至多年后才能表现出来⑤⑥。也可以说，家庭分散经营制度，加剧了农业面源污染治理难度和成本⑦。因此，现行土地制度安排的缺失，加剧了农村环境的"公地悲剧"困境，制约着污染治理有效性，是农业面源污染难以根治的深层次原因⑧⑨。

因此，学者普遍认为，解决中国农业面源污染问题的途径之一，就是改进家庭联产承包责任制和该制度下的政府作用。通过农业规模经营，引导农民形成良好的生态行为方式，充分发挥多种形式适度规模经营，在农业机械和科技成果应用、绿色发展、市场开拓等方面的引领功能⑩⑪。农业适度规模经营中的"规模"，不仅是耕地面积，还涉及劳动和资本的经济

---

① 罗必良，李玉勤. 农业经营制度：制度底线、性质辨识与创新空间——基于"农村家庭经营制度研讨会"的思考 [J]. 农业经济问题，2014 (1)：8 – 18.

② 林毅夫. 农民增收要有新思路 [J]. 江苏农村经济，2008 (6)：2.

③ 姜松，王钊. 农民专业合作社、联合经营与农业经济增长——中国经验证据实证 [J]. 财贸研究，2013，24 (4)：31 – 39.

④ 邓小云. 农业面源污染的基本理论辨正 [J]. 河南师范大学学报（哲学社会科学版），2013 (6)：103 – 107.

⑤ 中国规模清洁农业初探 [C] //农业部科技教育司、江苏省农林厅、苏州市人民政府. 全国农业面源污染综合防治高层论坛论文集. [出版者不详]，2008：4.

⑥ 卓成霞，郭彩琴. "高度的生态文明"：理论内涵、现实挑战与实践路径 [J]. 南京社会科学，2018 (12)：73 – 79，105.

⑦ 章明奎. 我国农业面源污染可持续防控政策与技术的探讨 [J]. 浙江农业科学，2015，56 (1)：10 – 14.

⑧ 陈启明. 生态文明视野下的农村环境问题探析 [J]. 农业经济，2009 (9)：12 – 14.

⑨ 邓小云. 农业面源污染的基本理论辨正 [J]. 河南师范大学学报（哲学社会科学版），2013 (6)：103 – 107.

⑩ 马贤磊，仇童伟，钱忠好. 农地流转中的政府作用：裁判员抑或运动员——基于苏、鄂、桂、黑四省（区）农户农地流转满意度的实证分析 [J]. 经济学家，2016，215 (11)：83 – 89.

⑪ 王跃生. 制度因素对农业环境问题的影响 [J]. 经济研究参考，1999 (65)：30.

规模，会通过新知识积累、新技术引进等途径，引导小农户调整生产结构和对环境产生积极影响①。对于这一点，普莱斯等②通过分析农业生态的影响因素，也得到农业规模经营状况和农业生态环境呈现正向关系，规模化经营有利于生态农业发展的研究结论。从这个角度来说，适度规模经营将与绿色发展同步推进③。

与此同时，农业适度规模经营体现的是要素投入的"重新配置"过程，亦会产生环境外部性④。能否产生环境正向激励，在很大程度上取决于经营主体的经济状况，尤其是金融服务状况⑤。发达国家农业发展历程充分表明，金融政策支持是农业适度规模经营的核心力量，农业适度规模经营离不开金融服务的强有力支撑，需要多样化的金融服务保驾护航⑥，除了技术、政治与观念等因素外，具有倾向的金融政策引导是促进农业适度规模经营的关键因素⑦⑧。从现实发展实际来看，金融服务供给存在一定的滞后性，从事现代农业的农户与涉农企业的多层次、多样化的金融需求难以满足，他们所能享受的依旧是传统农户的金融服务⑨。因此，农业适度规模发展及其绿色效应的发挥，在一定程度上会受制于金融政策支持这一关键变量。为此，本章提出以下假设：

① Zaehringer J G, Wambugu G, Kiteme B, et al. How do large-scale agricultural investments affect land use and the environment on the western slopes of Mount Kenya? Empirical evidence based on small-scale farmers [J]. Journal of Environmental Management, 2018, 213: 79 – 89.

② Place F, Barrett C B, Freeman H A, et al. Prospects for integrated soil fertility management using organic and inorganic inputs: evidence from smallholder African agricultural systems [J]. Food Policy, 2003, 28, (4): 365 – 378.

③ 何安华, 郭铖, 陈洁. 要素流入能提高大宗淡水鱼养殖户的养殖效率吗? ——以池塘养殖为例 [J]. 中国农村经济, 2018 (7): 17.

④ Vouvaki D, Xepapadeas A. Changes in social welfare and sustainability: Theoretical issues and empirical evidence [J]. Ecological Economics, 2008, 67 (3): 473 – 484.

⑤ Vanclay F M, Russell A W, Kimber J. Enhancing innovation in agriculture at the policy level: The potential contribution of Technology Assessment [J]. Land Use Policy, 2013, 31 (none).

⑥ 姜松. 农业价值链金融创新的现实困境与化解之策——以重庆为例 [J]. 农业经济问题, 2018 (9): 44 – 54.

⑦ 黄延廷. 家庭农场优势与农地规模化的路径选择 [J]. 重庆社会科学, 2010 (5): 20 – 23.

⑧ 文龙娇, 李录堂. 农地流转公积金制度研究 [J]. 金融经济学研究, 2015, 30, (3): 3 – 13.

⑨ 林乐芬, 法宁. 新型农业经营主体银行融资障碍因素实证分析——基于31个乡镇460家新型农业经营主体的调查 [J]. 四川大学学报 (哲学社会科学版), 2015 (6): 119 – 128.

假设 H7 - 1：适度规模经营对农业面源污染的抑制效应受限于金融政策支持水平这一关键变量。农业面源污染治理要达到政策预期需要发挥适度规模经营和金融支持政策的协同效应。

假设 H7 - 2：金融支持政策的不匹配性，会对农业面源污染形成加剧效应。

7.1.2　宏观层面的检验框架

在前述部分，本书已经分别揭示了农业适度规模经营和金融支持政策对农业面源污染的影响效应。因此，本部分依然延续前述分析思路，从宏观和微观的双重视角，揭示农业适度规模经营和金融支持政策对农业面源污染的协同效应。宏观层面的协同效应主要运用 PSTR 模型和动态面板门槛模型。其中，通过 PSTR 模型结果能够揭示和模拟金融支持政策强度变化后，适度规模经营对农业面源污染影响效应的动态特征；动态面板门槛模型主要用来揭示农业适度规模经营在总量和效率维度变化后，金融支持政策对农业面源污染的影响效应的变化和动态特征。当然，通过对该研究结论的进一步提炼和拓展，还可以提出新时期面临农业适度规模经营新特征、金融支持政策调整的方向和创新重点选择。

（1）PSTR 模型。

按照理论分析和假设条件，适度规模经营对农业面源污染的影响受限于金融发展水平。为此，建立如下 PSTR 模型。

$$\begin{cases} NPS_{it} = \alpha_i + \beta_0 ASO_{it} + \beta_1 ASO_{it} g(FIN_{it}; \gamma, c) + \mu_{it} \\ g(FIN_{it}; \gamma, c) = \dfrac{1}{1 + \exp[-\gamma(FIN_{it} - c)]}, \gamma > 0 \end{cases} \quad (7-1)$$

其中，NPS 为农业面源污染水平，ASO 表示适度规模经营。FIN_{it} 为金融支持政策，也是模型中的转移变量，c 为阈值参数，γ 为机制转移的速度。如果给定位置参数 c，随着金融支持政策（FIN_{it}）的变化，适度规模经营（ASO_{it}）对农业面源污染（NPS_{it}）的影响系数就可以定义为参数 β_0 和 β_1 的加权平均值。换言之，如果阈值变量金融支持政策不同于农业适度规模经营（ASO_{it}），则在时间 t 时第 t 地区的适度规模经营对农业面源污染的影响系数就可以定义为：

$$e_{it} = \frac{\delta NPS}{\delta ASO} = \beta_0 + \beta_1 g(FIN_{it}; \gamma, c) \qquad (7-2)$$

按照富基奥和赫林等[①]的研究成果，一般运用非线性最小二乘法（NLS）对 PSTR 模型进行估计。基于估计结果，就可以揭示金融支持政策变化后，农业适度规模经营对农业面源污染的影响效应变化及其特征。

（2）动态面板门槛面板模型。

在第 5 章本书已经建立动态面板门槛模型，实证了农业适度规模经营对面源污染的影响效应。

$$NPS_{it} = \alpha_0 + \beta_1 NPS_{i,t-1} + \alpha_1 ASO_{it} I\{ASO \leqslant Q^*\} + \alpha_2 ASO_{it} I\{ASO > Q^*\}$$
$$+ \lambda Control_{it} + \mu_{it} \qquad (7-3)$$

其中，Q^* 为农业适度规模经营的门槛值，$ASO \leqslant Q^*$ 和 $ASO > Q^*$ 代表农业适度规模经营低水平和高水平区间。按照第 5 章的内容分析，本书选取的变量主要包括金融政策（FIN）、财政政策（FIS）、富裕程度（INC）、城镇化（URB）、产业结构（STR）。因此，为了体现农业适度规模经营和金融支持政策的交互效应，本书构建两者的交互项（ASO × FIN）并将其引入模型（7-3）中。

$$NPS_{it} = \alpha_0 + \beta_1 NPS_{i,t-1} + \alpha_1 ASO_{it} I\{ASO \leqslant Q^*\} + \alpha_2 ASO_{it} I\{ASO > Q^*\}$$
$$+ \lambda_1 ASO_{it} \times FIN_{it} + \mu_{it}^1 \qquad (7-4)$$

同时，为了揭示农业适度规模经营同其他控制变量的交互效应，并对实证结果进行比较，本部分将继续给出农业适度规模经营与财政政策的交互项（ASO × FIS）、农业适度规模经营与富裕程度的交互项（ASO × INS）、农业适度规模经营与城镇化的交互项（ASO × URB）、农业适度规模经营与产业结构的交互项（ASO × STR）：

$$NPS_{it} = \alpha_0 + \beta_1 NPS_{i,t-1} + \alpha_1 ASO_{it} I\{ASO \leqslant Q^*\} + \alpha_2 ASO_{it} I\{ASO > Q^*\}$$
$$+ \lambda_1 ASO_{it} \times FIS_{it} + \mu_{it}^2 \qquad (7-5)$$

$$NPS_{it} = \alpha_0 + \beta_1 NPS_{i,t-1} + \alpha_1 ASO_{it} I\{ASO \leqslant Q^*\} + \alpha_2 ASO_{it} I\{ASO > Q^*\}$$
$$+ \lambda_1 ASO_{it} \times INC_{it} + \mu_{it}^3 \qquad (7-6)$$

---

① Fouquau J, Hurlin C, Rabaud I. The Feldstein-Horioka puzzle: A panel smooth transition regression approach [J]. Working Papers, 2008, 25 (2): 284-299.

$$NPS_{it} = \alpha_0 + \beta_1 NPS_{i,t-1} + \alpha_1 ASO_{it} I\{ASO \leq Q^*\} + \alpha_2 ASO_{it} I\{ASO > Q^*\}$$
$$+ \lambda_1 ASO_{it} \times URB_{it} + \mu_{it}^4 \qquad (7-7)$$

$$NPS_{it} = \alpha_0 + \beta_1 NPS_{i,t-1} + \alpha_1 ASO_{it} I\{ASO \leq Q^*\} + \alpha_2 ASO_{it} I\{ASO > Q^*\}$$
$$+ \lambda_1 ASO_{it} \times STR_{it} + \mu_{it}^5 \qquad (7-8)$$

动态截面门槛模型建立好后，依然参照卡梅等[①]的处理方式：通过前向正交离差变换消除固定效应，并运用 GMM 方法来解决因变量滞后项引入带来的内生性问题。

7.1.3　微观层面的检验框架

除了在宏观层面对农业适度规模经营和金融支持政策的协同效应检验外，为了体现研究的完备性，本书基于微观调研数据，继续从微观维度检验农业适度规模经营和金融支持政策的协同效应。按照上述分析，微观层面的检验主要从过程和结果的双重维度进行的，因此在此部分本书依然延续上述分析思路，从过程和结果的双重角度揭示农业适度规模经营和金融支持政策对农业面源污染的协同效应。在过程层面，主要建立农业适度规模经营和金融支持政策的交互项（$Scale\_o \times Financial_i\_s$）对农户的化肥施用量（$Fertilizer\_a$）、施肥方式（$Fertilizer\_b$）、施肥依据（$Fertilizer\_m$）的影响。

$$Fertilizer\_a = \alpha_0 + \alpha_1 Financial_i\_s + \alpha_2 Scale_i\_o + \alpha_3 Financial_i\_s$$
$$\times Scale_i\_o + \mu_i \qquad (7-9)$$

$$Fertilizer\_b = \beta_0 + \beta_1 Financial_i\_s + \beta_2 Scale_i\_o + \beta_3 Financial_i\_s$$
$$\times Scale_i\_o + \varepsilon_i \qquad (7-10)$$

$$Fertilizer\_m = \chi_0 + \chi_1 Financial_i\_s + \chi_2 Scale_i\_o + \chi_3 Financial_i\_s$$
$$\times Scale_i\_o + \nu_i \qquad (7-11)$$

在结果层面，按照上述分析，建立农业适度规模经营和金融支持政策的交互项（$Scale\_o \times Financial_i\_s$）对农业面源污染治理意愿的影响效应，建立模型如下：

---

① Kremer S, Bick A, Nautz D. Inflation and growth: new evidence from a dynamic panel threshold analysis [J]. Empirical Economics, 2013, 44, (2): 861 – 878.

$$Governance\_w = \delta_0 + \delta_1 Financial_i\_s + \delta_2 Scale_i\_o + \delta_3 Financial_i\_s$$
$$\times Scale_i\_o + \varphi_i \tag{7-12}$$

7.2　农业适度规模经营与金融支持政策宏观协同效应

7.2.1　PSTR 模型识别与检验结果

（1）模型阈值效应检验与模型识别。

构建和估计 PSTR 模型的第一步，也是关键的一步，就是要检验阈值效应是否存在。也有学者将这一步称为同质性检验或者非线性检验。如果检验结果拒绝原假设，就表明应建立至少存在一个阈值变量的 PSTR 模型。目前，进行阈值效应检验的方法主要有 Wald 检验、Fisher 检验和 LRT 检验。为了更好地体现研究的层次性，本部分在进行阈值效应检验时，主要从总体和结构两个角度进行。其中，总体层面的检验运用的是农业面源污染总体排放量；结构层面的检验主要从化肥、农药、农用塑料膜以及农业机械化进程中所用的柴油等污染源的角度进行。表 7 – 1 给出了总体层面的三种方法的阈值效应检验结果。由结果可知，Wald 检验、Fisher 检验以及 LRT 检验的结果拒绝 "H_0：线性模型" 的原假设并接受 "H_1：至少有一个阈值的 PSTR 模型" 的备择假设；同时，接受 "H_0：至少有一个阈值的 PSTR 模型" 的原假设，并拒绝 "H_1：有至少 2 个阈值的 PSTR 模型" 的备择假设。因此，在总体层面应建立一个阈值的 PSTR 模型。

表 7 – 1　　　　　　　　　　总体模型的阈值效应检验

假设	统计量		
	Wald	Fisher	LRT
H_0：线性模型；H_1 有至少 1 个阈值的 PSTR 模型	37. 665 *** (0. 000)	38. 032 *** (0. 000)	38. 858 *** (0. 000)
H_0：有至少 1 个阈值的 PSTR 模型；H_1 有至少 2 个阈值的 PSTR 模型	0. 014 (0. 905)	0. 013 (0. 908)	0. 014 (0. 905)

注：（）内为 T 值，*** 表示在 1% 的显著性水平下显著。

表 7-2 继续给出了结构层面的检验结果。在分污染源层面，化肥污染源模型、农膜污染源模型、农药污染源模型的 Wald 检验、Fisher 检验以及 LRT 检验结果均拒绝"H_0 线性模型"的原假设，并接受"H_1 有至少一个阈值的 PSTR 模型"的备择假设；接受"H_0 有至少 1 个阈值的 PSTR 模型"的原假设，并拒绝"H_1 有至少 2 个阈值的 PSTR 模型"的备择假设。可以看出，化肥污染源模型、农膜污染源模型、农药污染源模型均是 1 个阈值的 PSTR 模型。此外，柴油污染源模型的结果拒绝"H_0 线性模型"的原假设并接受"H_1 有至少一个阈值的 PSTR 模型"的备择假设；拒绝"H_0 有至少 1 个阈值的 PSTR 模型"的原假设并接受"H_1 有至少 2 个阈值的 PSTR 模型"的备择假设；接受"H_0 有至少 2 个阈值的 PSTR 模型"的原假设，并拒绝"H_1 有至少 2 个阈值的 PSTR 模型"的备择假设。由此可得，柴油污染源模型是 2 个阈值的 PSTR 模型。可以看出，不同污染源建立的 PSTR 模型存在一定的差异性。

（2）PSTR 模型估计结果与分析。

基于阈值效应检验结果，进一步对 PSTR 模型进行估计。按照富基奥和赫林等[1]的研究成果，一般用非线性最小二乘估计（NLS）对 PSTR 模型进行估计。金融支持政策仍然用农业信贷来衡量（见表 7-3）。承接上述分析逻辑，接下来同样从总体和分污染源两个角度进行分析。在总体模型层面，估计出来的转移函数的斜率参数 0.446，金融支持政策的衡量指标农业信贷的阈值为 11.327。基于阈值就可以将金融政策支持强度划分为低阈值区间（$FIN_{it} < 11.327$）和高阈值区间（$FIN_{it} \geqslant 11.327$）。以此为基础，由结果可知，在金融支持政策处于低阈值区间，农业适度规模经营对农业污染的影响系数为 0.547，但并不显著。可以看到，如果金融支持政策水平较低，农业适度规模经营并不会对面源污染形成抑制作用和引领农业绿色发展。在金融支持政策的高阈值区间，农业适度规模经营对农业面源污染的影响系数为 -9.051，并且通过显著性检验。该研究结论表明，唯有在金融支持政策高门槛区间，农业适度规模经营才能对农业面源污染产生抑制作用，才能发挥其在农业面源污染治理和绿色发展中的引领作用。因

---

① Fouquau J, Hurlin C, Rabaud I. The Feldstein-Horioka puzzle: A panel smooth transition regression approach [J]. Working Papers, 2008, 25 (2): 284-299.

表 7 - 2　　　　　　　　分污染源模型的阈值效应检验

类型		模型								
		H_0：线性模型；H_1：有至少 1 个阈值的 PSTR 模型			H_0：有至少 1 个阈值的 PSTR 模型；H_1：有至少 2 个阈值的 PSTR 模型			H_0：有至少 2 个阈值的 PSTR 模型；H_1：有至少 3 个阈值的 PSTR 模型		
		Wald	Fisher	LRT	Wald	Fisher	LRT	Wald	Fisher	LRT
分污染源	化肥 CF	48.354*** (0.00)	49.737*** (0.00)	50.343*** (0.00)	0.009 (0.923)	0.009 (0.92)	0.009 (0.92)			
	农膜 MF	27.542*** (0.00)	27.335*** (0.00)	28.173*** (0.00)	0.401 (0.53)	0.379 (0.54)	0.401 (0.53)			
	农药 PE	28.406*** (0.00)	28.233*** (0.00)	29.077*** (0.00)	0.033 (0.86)	0.031 (0.86)	0.033 (0.86)			
	柴油 DF	2.883* (0.09)	2.747* (0.10)	2.890* (0.09)	5.357*** (0.02)	5.107*** (0.02)	5.380** (0.02)	0.031 (0.86)	0.029 (0.86)	0.031 (0.86)

注：（ ）内为 T 值，*、**、***分别表示在 10%、5%、1% 的显著性水平下显著。

此，在政策层面，要发挥农业适度规模经营的绿色引领作用，必须不断推动金融深化、强化金融创新和政策支持力度，为农业适度绿色效应的发挥提供坚实的条件保障。推而广之，如果在金融支持政策水平较低的地方，推行农业适度规模经营发展，就会事与愿违，无法达到政策预期目标。

进一步分析分污染源模型下农业适度规模经营对面源污染影响的异质性特征。在化肥污染源模型、农膜污染源模型方面，当金融支持政策处于低阈值区间时，农业适度规模经营对农业面源污染的影响均显著为正。可以看出，当金融支持政策水平较低时，农业适度规模经营反倒会加剧化肥、农膜等污染源程度。这是什么原因呢？在现有农业生产条件下，化肥、地膜使用仍然维持在较高的水平，而且主要以粮食作物居多。尤其是，其中的化肥更被看成是粮食生产中的"第二块土地"①。

目前，除粮食主产区外，其他地区的粮食经营规模普遍偏小，金融服务供需脱节问题表现得十分突出。在缺少外部保障条件支撑的条件下，为达到粮食增产的目标，农业生产者势必会增加化肥、地膜的投入力度，因而会加剧农业面源污染程度。但当金融支持政策迈入高阈值区间后，在化肥污染源模型、农膜污染源模型中，农业适度规模经营对农业面源污染的影响则显著为负。可以看出，唯有金融支持政策水平较高的条件下，推动农业适度规模经营才会对农业面源污染产生抑制作用。这与总体层面的研究结论是一致的。此外，在农药污染源模型中，当金融支持政策水平处于低阈值区间时，农业适度规模经营对面源污染的影响并不显著；当金融发展处于高阈值区间时，农业适度规模经营对面源污染的影响才显著为负，才能对农业面源污染产生抑制作用。该实证结论也在政策层面得到有效印证。

还需要注意的是，在柴油污染源模型中，金融支持政策水平存在两个阈值。据此可以将农业适度规模经营对面源污染的影响划分为低阈值区间、中等阈值区间和高阈值区间三种机制。从结果可以看出，在低阈值区间，农业适度规模经营对面源污染的影响效应显著为正，这说明如果金融支持政策水平较低，农业适度规模经营会对面源污染产生"加剧效应"，

---

① 高鸣，马铃. 贫困视角下粮食生产技术效率及其影响因素——基于 EBM-Goprobit 二步法模型的实证分析 [J]. 中国农村观察，2015 (4)：49 - 60，96 - 97.

而且从边际影响系数来看，在低门槛区间内，农业适度规模经营对面源污染的边际系数最大。当金融支持政策迈入中等阈值区间后，农业适度规模经营对面源污染的影响显著为正，但是边际影响系数已经非常小，近乎零。比较低阈值区间和中等阈值区间的估计结果可知，随着金融支持政策水平的不断提升，农业适度规模经营对面源污染的加剧效应也呈现下降态势。当金融支持政策水平进入高阈值区间后，农业适度规模经营对面源污染的影响显著为负，且边际影响系数较大。可以看出，在金融支持政策水平的高阈值区间，农业适度规模经营对面源污染的"抑制效应"才会出现。

一言以蔽之，虽然分污染源模型的估计结果与总体模型存在一定的异质性。但不同模型所反映的内涵实质是一致的。如果金融支持政策程度处于较低水平，农业适度规模经营对面源污染的影响效应会存在不确定性，甚至还会适得其反，产生加剧效应。唯有在金融支持政策水平较高的情况下，适度规模经营才会对农业面源污染产生抑制作用。事实上，早在党的十八届五中全会上，中央就已经明确提出了农业适度规模经营在农业现代化发展中的重要作用。2016 年进一步提出要充分发挥多种形式适度规模经营在农业机械和科技成果应用、绿色发展、市场开拓等方面的引领作用。结合实证结果，这一政策目标能否实现取决于金融支持政策水平。因此，要实现农业适度规模经营的"绿色发展"引领作用，必须对农业适度规模经营给予充分的、完备的、系统的金融政策支持，如果缺少金融政策支持保驾护航，农业适度规模经营引领农业面源污染的政策预期就不会出现，甚至还会陷入政策目标背离困境。

表 7－3　　　　　　　　　　　　PSTR 模型估计结果

变量	总体	分污染源			
		化肥	农膜	农药	柴油
Parameter β_0	0.547 (0.822)	0.085 * (1.044)	0.791 ** (1.670)	-0.1721 (-0.691)	3.43 *** (3.146)
Parameter β_1	-9.051 *** (-6.73)	-1.3121 *** (-7.577)	-4.3564 *** (-6.385)	-2.7857 *** (-5.871)	0.0001 *** (3.601)
Parameter β_2					-3.43 *** (-3.201)

续表

变量	总体	分污染源			
		化肥	农膜	农药	柴油
Location Parameters c	11. 327	12. 417	11. 137	11. 367	0. 99
Location Parameters c_1					−60. 943
Slopes Parameters γ	0. 446	0. 387	1. 606	0. 958	10. 342
Slopes Parameters γ_1					0. 259
AIC	27. 674	28. 081	21. 921	21. 146	26. 692
BIC	27. 703	28. 110	21. 950	21. 174	26. 742

注：( ) 内为 T 值，＊、＊＊、＊＊＊ 分别表示在 10%、5%、1% 的显著性水平下显著。

（3）金融支持政策对农业面源污染影响的弹性分析。

PSTR 模型除了能揭示农业适度规模经营对面源污染的影响外，还能揭示阈值变量金融支持政策对农业面源污染的影响效应（见表 7 -4）。在时间层面，我们计算得到了样本跨期内我国31 个省区市的金融支持政策对农业面源污染影响弹性的平均值。从中可以看出，在影响方向上，我国目前金融支持政策对农业面源污染影响总体都是正向的加剧效应，金融支持政策导致了污染排放增加、加剧了农业面源污染程度①②③。结合上述分析，我们可以综合判断，当前金融支持政策水平并未跨越门槛值，并未对农业适度规模经营产生推动作用。虽然近些年在金融改革和金融科技等因素的助推下，"三农"金融获得了长足发展，但缓解的金融抑制现象仍旧是农业经营主体的消费性融资需求，生产性融资需求刚性始终无法逆转。在农业适度规模经营中，金融服务的属性应是生产性金融服务。从这个角度来说，强化金融对农业适度规模经营的政策支持力度、推动金融服务由消费性金融向生产性金融转变，仍是这其中蕴含的政策内涵和根本诉求。

① Ali S, Waqas H, Ahmad N. Analyzing the dynamics of energy consumption, liberalization, financial development, poverty and carbon emissions in Pakistan [J]. Appl Environ Biol Sci, 2015, 5 (4): 166 -183.

② Boutabba M A. The impact of financial development, income, energy and trade on carbon emissions: Evidence from the Indian economy [J]. Economic Modelling, 2014, 40: 33 -41.

③ Zhang Y J. The impact of financial development on carbon emissions: An empirical analysis in China [J]. Energy Policy, 2011, 39 (4): 2197 -2203.

表 7-4　金融支持政策对农业面源污染的影响弹性

序号	地区	1998年	1999年	2000年	2001年	2002年	2003年	2004年	2005年	2006年	2007年	2008年	2009年	2010年	2011年	2012年	2013年	2014年	2015年	2016年	2017年	均值
1	北京	0.140	0.139	0.135	0.132	0.131	0.130	0.130	0.131	0.130	0.130	0.127	0.121	0.118	0.115	0.114	0.115	0.117	0.123	0.128	0.130	0.127
2	天津	0.132	0.136	0.137	0.139	0.146	0.153	0.156	0.153	0.150	0.147	0.146	0.147	0.149	0.153	0.158	0.162	0.068	0.068	0.068	0.068	0.132
3	河北	0.067	0.067	0.067	0.067	0.067	0.067	0.067	0.067	0.067	0.068	0.067	0.067	0.068	0.068	0.068	0.068	0.068	0.068	0.068	0.069	0.068
4	山西	0.069	0.070	0.071	0.072	0.073	0.074	0.074	0.075	0.075	0.077	0.080	0.083	0.320	0.320	0.321	0.318	0.309	0.301	0.293	0.277	0.168
5	内蒙古	0.258	0.245	0.230	0.207	0.180	0.155	0.136	0.120	0.106	0.097	0.091	0.087	0.085	0.084	0.084	0.085	0.087	0.091	0.098	0.104	0.132
6	辽宁	0.109	0.112	0.114	0.117	0.122	0.129	0.136	0.141	0.065	0.065	0.065	0.066	0.066	0.066	0.066	0.066	0.066	0.066	0.066	0.067	0.089
7	吉林	0.067	0.067	0.068	0.069	0.071	0.073	0.075	0.076	0.077	0.078	0.079	0.080	0.083	0.085	0.086	0.086	0.085	0.084	0.084	0.083	0.078
8	黑龙江	0.084	0.086	0.089	0.092	0.067	0.067	0.067	0.067	0.067	0.067	0.067	0.067	0.067	0.067	0.067	0.067	0.068	0.068	0.068	0.069	0.071
9	上海	0.069	0.069	0.070	0.070	0.071	0.073	0.075	0.077	0.079	0.081	0.084	0.087	0.089	0.090	0.091	0.094	0.096	0.100	0.106	0.112	0.084
10	江苏	0.401	0.400	0.396	0.395	0.379	0.367	0.362	0.357	0.338	0.330	0.318	0.309	0.298	0.285	0.266	0.249	0.235	0.224	0.212	0.201	0.316
11	浙江	0.191	0.183	0.176	0.168	0.163	0.165	0.161	0.150	0.137	0.125	0.115	0.109	0.104	0.100	0.097	0.095	0.074	0.073	0.073	0.072	0.127
12	安徽	0.072	0.073	0.073	0.073	0.074	0.075	0.075	0.075	0.074	0.074	0.074	0.074	0.075	0.075	0.075	0.075	0.075	0.075	0.075	0.076	0.074
13	福建	0.076	0.076	0.077	0.077	0.077	0.076	0.075	0.075	0.074	0.074	0.074	0.074	0.123	0.117	0.112	0.107	0.103	0.100	0.098	0.097	0.088
14	江西	0.096	0.095	0.092	0.089	0.087	0.086	0.086	0.085	0.085	0.085	0.085	0.085	0.086	0.086	0.087	0.087	0.088	0.089	0.092	0.094	0.088
15	山东	0.095	0.095	0.095	0.095	0.096	0.097	0.098	0.100	0.077	0.079	0.081	0.083	0.085	0.087	0.088	0.090	0.090	0.092	0.094	0.092	0.090
16	河南	0.090	0.090	0.091	0.093	0.097	0.098	0.098	0.096	0.091	0.087	0.084	0.083	0.081	0.080	0.080	0.080	0.079	0.079	0.078	0.077	0.087

续表

序号	地区	1998年	1999年	2000年	2001年	2002年	2003年	2004年	2005年	2006年	2007年	2008年	2009年	2010年	2011年	2012年	2013年	2014年	2015年	2016年	2017年	均值
17	湖北	0.077	0.076	0.076	0.076	0.164	0.150	0.141	0.137	0.133	0.124	0.116	0.113	0.108	0.105	0.106	0.107	0.107	0.109	0.111	0.114	0.113
18	湖南	0.117	0.118	0.117	0.114	0.113	0.112	0.112	0.114	0.111	0.106	0.103	0.099	0.095	0.088	0.083	0.080	0.080	0.080	0.083	0.085	0.101
19	广东	0.065	0.065	0.065	0.065	0.065	0.065	0.065	0.065	0.065	0.066	0.065	0.065	0.065	0.065	0.066	0.066	0.066	0.066	0.066	0.066	0.065
20	广西	0.066	0.066	0.066	0.066	0.066	0.067	0.068	0.068	0.069	0.069	0.069	0.070	0.071	0.072	0.075	0.079	0.107	0.105	0.101	0.103	0.076
21	海南	0.104	0.105	0.106	0.107	0.108	0.111	0.113	0.112	0.112	0.112	0.114	0.116	0.116	0.113	0.109	0.105	0.102	0.098	0.095	0.093	0.108
22	重庆	0.092	0.091	0.090	0.090	0.089	0.088	0.088	0.088	0.089	0.089	0.090	0.091	0.064	0.064	0.064	0.064	0.064	0.064	0.064	0.064	0.079
23	四川	0.064	0.064	0.064	0.064	0.064	0.064	0.064	0.064	0.064	0.064	0.064	0.064	0.064	0.064	0.064	0.064	0.064	0.064	0.064	0.064	0.064
24	贵州	0.065	0.065	0.065	0.065	0.065	0.065	0.065	0.064	0.064	0.064	0.064	0.064	0.064	0.064	0.064	0.064	0.064	0.064	0.065	0.065	0.064
25	云南	0.064	0.064	0.064	0.064	0.064	0.064	0.064	0.064	0.064	0.064	0.064	0.064	0.064	0.064	0.064	0.064	0.064	0.064	0.064	0.064	0.064
26	西藏	0.064	0.064	0.065	0.065	0.383	0.381	0.380	0.377	0.372	0.359	0.352	0.348	0.335	0.330	0.327	0.326	0.328	0.329	0.321	0.317	0.291
27	陕西	0.312	0.312	0.312	0.312	0.312	0.312	0.312	0.312	0.312	0.312	0.312	0.312	0.312	0.312	0.312	0.312	0.312	0.312	0.312	0.312	0.312
28	甘肃	0.422	0.421	0.421	0.423	0.422	0.422	0.423	0.424	0.426	0.428	0.429	0.428	0.427	0.426	0.424	0.421	0.417	0.411	0.407	0.403	0.421
29	青海	0.399	0.393	0.387	0.382	0.377	0.372	0.367	0.361	0.347	0.329	0.315	0.299	0.279	0.263	0.257	0.249	0.071	0.072	0.073	0.074	0.283
30	宁夏	0.075	0.077	0.080	0.080	0.082	0.086	0.093	0.097	0.102	0.104	0.109	0.115	0.122	0.125	0.121	0.119	0.114	0.106	0.101	0.099	0.100
31	新疆	0.098	0.095	0.091	0.088	0.087	0.084	0.082	0.082	0.082	0.083	0.083	0.085	0.148	0.141	0.136	0.129	0.120	0.113	0.107	0.103	0.102
	均值	0.127	0.132	0.068	0.168	0.132	0.088	0.078	0.071	0.084	0.316	0.127	0.074	0.088	0.088	0.090	0.087	0.112	0.100	0.065	0.076	

　　纵览整个样本区间，金融支持政策对农业面源污染的影响也存在明显的结构性特征，其弹性值介于区间 [0.065,0.316]。弹性的最大值出现于2007 年，弹性最小值出现于 2016 年。可以说，2007 年是金融支持政策对农业面源污染影响效应变化与转折的"分水岭"。自此，金融支持政策对农业面源污染弹性值介于 [0.065,0.127]，其对农业面源污染的加剧效应也开始逐渐递减。之所以会出现这种现象，与近些年金融机构针对农业适度规模经营、绿色生态等农业发展新变化不断创新金融产品，完善农村金融服务体系有很大的关联（黄益平等，2018；蒋和平，2018）。例如以中国农业银行来说，自 2012 年开始，中国农业银行将绿色信贷理念逐步纳入全行的政策体系中，不断加大特色绿色产品创新力度，并陆续推出"五水共治"专项贷款，"美丽乡村贷""特色小镇建设贷""排污权质押贷""四在农家、美丽乡村""绿色贷款＋"等绿色金融产品和服务模式，有效助力农业面源污染治理，并取得了可喜成就。截至 2017 年 6 月末，中国农业银行的绿色信贷余额累计超过 7000 亿元，发展规模和速度十分显著，对农业面源污染的有一定的减缓作用。

　　在区域层面，为了更好反映各省区市金融支持政策对农业面源污染的影响弹性变化，本书计算出各省区市金融发展对农业面源污染的弹性平均值。从计算结果可知，金融支持政策对面源污染加剧效应的省区市为：云南、四川、贵州、广东、河北、黑龙江、安徽、广西、吉林、重庆，弹性介于区间 [0.064,0.079]。这其中，西部地区有 5 个，占比 50%；中部地区有 3 个，占比 30%；东部地区有 2 个，占比 20%。比较发现，西部地区金融支持政策对农业面源污染的加剧效应较东部和中部地区的发展相对较小。

　　综合来看，无论是在总体层面还是区域层面，金融发展对农业面源污染的加剧效应仍然普遍存在，这也恰恰说明我国金融政策支持强度仍处于低阈值区间，并有效支撑农业适度规模经营发展，政策强度有待进一步提升。金融支持政策的"绿色使命"并未得到激发，并未形成农业适度规模经营的基础性条件，农业适度规模经营对面源污染治理的引领作用需要进一步强化。

　　（4）PSTR 模型分析结论小结。

　　本章建立 PSTR 模型，考察不同金融支持政策水平条件下，农业适度规模经营对面源污染的影响及其阶段性特征。研究发现，当金融政策支持强度处于低阈值门槛区间时，农业适度规模经营对面源污染的影响并不显著，绿色引领效应并不得以发挥。当金融政策支持强度处于高阈值门槛区间时，农业适度规模经营对面源污染的影响显著为负，绿色引领效应才能得以发挥。因此，农业适度规模经营绿色引领效应的发挥，需要以较高金融支持政策水平为前提条件。进一步的弹性分析表明，无论是在总体上还是在区域层面，现行的金融支持政策水平都在一定程度上强化了农业面源污染程度。不过，在区域层面，西部地区要好于东部地区和中部地区。

7.2.2　动态面板门槛模型的检验结果

遵循第 5 章的检验思路，本部分在揭示农业适度规模经营和金融支持政策对农业面源污染影响的协同效应时，也是从总量维度和效率维度两个层面进行。通过总量维度和效率维度的综合比较，揭示当前农业适度规模经营和金融支持政策互动的结构性矛盾和薄弱环节，为新时期调整金融政策支持方向。

（1）总量维度的估计结果与分析。

按照上述分析，在总量层面，农业适度规模经营量化指标的门槛值为 8467.51，则农业适度规模经营在总量层面就可以划分为低门槛区间（$ASO \leqslant 8467.51$）和高门槛区间（$ASO > 8467.51$）。以此为基础，引入农业适度规模经营和金融支持政策的交互项（$ASO \times FIN$）。值得一提的是，为了更好地进行比较和挖掘结构性特征，本部分除了引入农业适度规模经营和金融支持政策的交互项外，还引入农业适度规模经营与财政政策的交互项（$ASO \times FIS$）、农业适度规模经营与富裕程度的交互项（$ASO \times INC$）、农业适度规模经营和城镇化的交互项（$ASO \times URB$）、农业适度规模经营与产业结构的交互项（$ASO \times STR$）。据此，运用动态 GMM 方法对模型进行估计，估计结果见表 7 - 5。

在总量维度，农业面源污染的滞后项（NPS_{t-1}）对农业面源污染的影响为正，并在 1% 的显著性水平下通过检验。这说明，农业面源污染存在显著的路径依赖特征，也在一定程度上说明了农业面源污染治理的艰巨性和复杂性。由于关于农业适度规模经营对面源污染影响的效应及其门槛特征，在本书的第 5 章已经进行了详细分析。为此，本部分重点分析农业适度规模经营与其他变量的交互效应。由结果可知，农业适度规模经营和金融支持政策的交互项（$ASO \times FIN$）对面源污染的影响为正，并在 1% 的显著性水平下通过检验，这说明当前金融政策对农业适度规模经营的支持加剧了农业面源污染程度。结合在不同阈值区间农业适度规模经营对面源污染的影响均显著为负的结论，这一检验结果只能说明当前金融政策对农业面源污染的支持力度还需要进一步提升，支持方向有待进一步优化的现实要求。

　　另外，农业适度规模经营和财政政策的交互项（$ASO \times FIS$）对农业面源污染的影响为正，且在 1% 的显著性水平下通过检验。这说明当前财政政策对农业适度规模经营的支持亦加剧了农业面源污染程度。此外，农业适度规模经营和城镇化的交互项（$ASO \times URB$）的影响效应显著为正。一般来说，城镇化水平提高，能够加速农业剩余劳动力的流动，进而能够推动农业适度规模经营发展，这说明农业适度规模经营与城镇化之间并未形成有效的互动效应。综合来看，在总量层面，金融支持政策、财政政策、城镇化并未对农业适度规模经营绿色引用效应的发挥产生推动作用，在一定程度上加剧了农业面源污染程度。这也是新时期政策需要关注的焦点和调整方向。

　　不过，值得肯定的是，农业适度规模经营与财富水平的交互项（$ASO \times INC$）对面源污染的影响为负，且在 1% 的显著性水平下通过检验。这说明农户收入水平的提升能够显著激发农业适度规模经营对面源污染的抑制效应，这与 IPAT 理论框架下的预期结果是一致的。从这方面来看，在总体维度农业适度规模经营与农户财富水平的提升已经形成互促格局，对抑制农业面源污染产生了积极作用。农业适度规模经营与产业结构的交互项（$ASO \times STR$）对农业面源污染的影响为负，且在 1% 的显著性水平下通过检验。一般而言，从实践探索层面来看，一个区域农业产业结构越合理，农业适度规模经营水平也就越高，进而对农业面源污染的抑制效应也就越显著。总体来看，当前农业适度规模经营与财富水平、农业适度规模经营与产业结构对抑制农业面源污染已形成互促效应。

　　一言以蔽之，在总量层面，农业适度规模经营与金融政策并未形成协同格局，在一定程度上加剧了农业面源污染程度。从其他变量来看，农业适度规模经营与财政政策的交互项、农业适度规模经营与城镇化的交互项，都对农业面源污染的影响显著为正，并未达到政策预期。可喜的是，农业适度规模经营与财富水平的交互项、农业适度规模经营与产业结构的交互项均对农业污染的影响显著为负，起到了抑制农业面源污染的作用。

表 7 – 5　　　　　　　　总量层面的动态面板模型的估计结果

变量	总量层面
截距项	172.254 *** (3.33)
NPS_{t-1}	0.877 *** (120.53)
$ASO \leqslant 8467.51$	– 0.008 *** (– 5.54)
$ASO > 8467.51$	– 0.005 *** (– 2.76)
$ASO \times FIN$	7.128 *** (18.11)
$ASO \times FIS$	2.183 *** (2.84)
$ASO \times INC$	– 27.602 *** (– 21.39)
$ASO \times URB$	23.542 *** (2.56)
$ASO \times STR$	– 4.389 *** (– 2.21)
Wald	472143.64
Hansen J	17.07

注:（ ）内为 T 值，*** 表示在 1% 的显著性水平下显著。

（2）效率维度的估计结果与分析。

在上述部分，本章从总量维度揭示了农业适度规模经营与金融支持政策对农业面源污染的交互效应。由上述分析可知，农业适度规模经营除了涵盖总量内涵外，还涵盖效率维度内涵。为此，在接下来的部分，本章继续从效率维度探讨农业适度规模经营和金融支持政策对农业面源污染的交互效应。同时，为了进行比较，继续给出农业适度规模经营与财政政策的交互项（$ASO \times FIS$）、农业适度规模经营与富裕程度的交互项（$ASO \times INC$）、农业适度规模经营和城镇化的交互项（$ASO \times URB$）、农业适度规模经营与产业结构的交互项（$ASO \times STR$）的估计结果。按照上述分析，在效率维度农业适度规模经营的门槛值为 0.647。为此，在效率维度，农业适度规模经营也可以划分为：低门槛区间（$ASO \leqslant 0.647$）和高门槛区间（$ASO > 0.647$）两个不同的阶段，估计结果见表 7－6。

从结果可知，在效率维度，农业面源污染的滞后项（NPS_{t-1}）的影响显著为正，这说明农业面源污染存在显著的路径依赖特征。这与总量维度的检验结果是一样的。但需要注意的是，当引入各种交互项后，在总量内涵维度和效率内涵维度，农业适度规模经营对面源污染的影响表现出显著的异质性。与总量内涵维度的检验结果不同，在效率维度，农业适度规模经营在低门槛区间和高门槛区间都对农业面源污染的影响显著为正，且均在 1% 的显著性水平下通过检验，对农业面源有一定的加剧效应，这也是新时期充分激发农业适度规模经营引领农业面源污染治理的重要突破环节。如何提升农业适度规模经营效率，就是农业面源污染治理的题中之义。

从交互项来看，农业适度规模经营与金融支持政策的交互项（$ASO \times FIN$）对农业面源污染的影响为正，且在 1% 的显著性水平下通过检验。此外，农业适度规模经营与财政政策的交互项（$ASO \times FIS$）对农业面源污染的影响为正，也在 1% 的显著性水平下通过显著性检验。综合结果可以发现，效率维度的结果同总量层面的结果是一致的。按照国际经验，运用财政金融政策对农业面源污染的支持力度是非常必要的、必须的①。研究结果深刻揭示了财政政策、金融政策在扶持农业适度规模经营方面表现不足。除此之外，农业适度规模经营同财富水平的交互项（$ASO \times INC$）、农业适度规模经营同产业结构的交互项（$ASO \times STR$）对农业面源污染的影响为负，且均在 1% 的显著性水平下通过检验。这说明农业适度规模经营与富裕程度、产业结构对农业面源污染已经形成联动作用。这一点在效率维度和总量维度的检验结果是一致的。

另外，需要注意的是，在效率维度，农业适度规模经营和城镇化的交

①　文龙娇，李录堂. 农地流转公积金制度研究［J］. 金融经济学研究，2015，30（3）：3－13.

互项（$ASO \times URB$）对农业面源污染的影响为负，且在 1% 的显著性水平下通过检验。在效率维度，农业适度规模经营与城镇化已经对农业面源污染产生抑制作用。不过比较后发现，效率维度的估计结果和总量维度的估计结果存在显著的异质性。为什么呢？城镇化通过促进农村土地资源的重新配置效应、农业生产率提升效应，为农业适度规模经营创造有利条件[1][2]。因而，造成这种异质性的原因可能是各地不同的城镇化模式导致的。一般来说，土地主导型的模式能在一定程度上提升土地资源配置，但也亦会产生非农化、非粮化问题，为农业适度规模经营带来不良影响，进而影响其对农业面源污染的抑制效应。但如果是以"人"为本的新型城镇化模式，则能对农业生产效率尤其是规模效率形成强有力的推动作用，成为农业适度规模经营抑制农业面源污染有力的条件支撑。

综合总量维度和效率维度估计结果可知，静态面板模型中适度规模经营对农业面源污染产生的加剧作用，并不是适度规模经营本身带来的。而是由于金融政策、财政政策以及城镇化等外部条件的支撑不足造成的。强化金融政策、财政政策对农业适度规模经营的支持力度，提升城镇化质量，是发挥适度规模经营抑制农业面源污染、引领绿色发展的题中之义和必然要求，也是新时期政策聚焦的关键环节和主攻领域。

表 7-6　　　　　　　效率层面的动态面板模型的估计结果

变量	效率层面
截距项	62. 238 *** （11. 43）
NPS_{t-1}	0. 881 *** （109. 41）
$ASO \leqslant 0.647$	16. 605 *** （10. 21）
$ASO > 0.647$	12. 24886 *** （7. 07）

---

① 李宾，孔祥智. 工业化、城镇化对农业现代化的拉动作用研究 [J]. 经济学家，2016 (8)：55 - 64.

② 翟坤周，侯守杰. "十四五"时期我国城乡融合高质量发展的绿色框架、意蕴及推进方案 [J]. 改革，2020 (11)：53 - 68.

续表

变量	效率层面
$ASO \times FIN$	0. 047 *** （6. 29）
$ASO \times FIS$	1. 419 *** （2. 50）
$ASO \times INC$	− 6. 340 *** （− 8. 64）
$ASO \times URB$	− 15. 845 *** （− 5. 03）
$ASO \times STR$	− 41. 615 *** （− 8. 50）
Wald	2. 01e + 07
Hansen J	16. 84

注：（ ）内为 T 值，＊＊＊ 表示在 1% 的显著性水平下显著。

7.3 农业适度规模经营与金融支持政策的微观协同效应

在上述分析部分，本章已经从宏观角度实证了金融支持政策与农业适度规模经营对面源污染的协同影响效应。继续从微观角度探讨两者对农业面源污染的协同效应。承接上述分析，微观协同效应的检验也从过程和结果的双重维度进行检验。其中，在过程层面，主要探讨金融支持政策（Financial_s）与农业适度规模经营（Scale_o）对农户化肥施用量（Fertilizer_a）、施肥依据（Fertilizer_b）、施肥方式（Fertilizer_m）的协同影响效应。在结果层面，主要探讨金融支持政策与农业适度规模经营对农业面源污染治理意愿（Governance_w）的协同影响。

7.3.1 过程维度的实证结果与分析

为探讨金融支持政策（Financial_s）与农业适度规模经营（Scale_o）在过程层面对农业面源污染的影响，引入金融支持政策与农业适度规模经营的交互项（$Financial\_s \times Scale\_o$），通过观测交互系数方向和大小观测两者对农业面源污染的协同影响效应。同时，由于调研数据为截面数据，为了避免因为数据属性产生的异方差和"伪回归"现象，估计方法依然选择加权最小二乘法（WLS），如表7-7所示。由于金融支持政策、农业适度规模经营对农业面源污染的影响效应在第5章已经进行了分析，此部分就不再赘述，而重点探讨交互项的影响效应。从表7-7可知，金融支持政策与农业适度规模经营的交互项（$Financial\_s \times Scale\_o$），对农户化肥施用量（$Fertilizer\_a$）的影响为负，且在10%的显著性水平下通过检验。这说明金融政策支持农业适度规模经营能够减少农户化肥施用量，在过程层面对农业适度规模经营产生抑制效应。金融支持政策与农业适度规模经营的交互项（$Financial\_s \times Scale\_o$），对农户施肥依据（$Fertilizer\_b$）的影响为正，且在1%的显著性水平下通过检验。这说明金融政策支持农业适度规模经营能够对农户施肥依据的改变有正向影响，对推动农业面源污染治理有显著促进作用。最后，金融支持政策与农业适度规模经营的交互项（$Financial\_s \times Scale\_o$）对农户施肥方式（$Fertilizer\_m$）的影响为正，但并不显著。这说明当前金融政策支持农业适度规模经营，并未显著地改变农户的施肥方式，并未对农业面源污染产生显著影响。

综合检验结果可以发现，金融政策支持农业适度规模经营，能够抑制农户农业生产的化肥施用量，助推农户施肥依据转变，进而在过程维度对农业面源污染治理产生良性作用。但也需要注意的是，在微观维度当前金融政策支持农业适度规模经营，对农户施肥方式的影响虽然为正，但并未通过显著性检验。这也是在过程维度农业面源污染治理面临的一个突出问题。

表7-7　　　　　　　　　　过程维度的检验结果

变量	模型		
	Fertilizer_a	Fertilizer_b	Fertilizer_m
	（1）	（2）	（3）
截距项	0.923 ***	0.570 ***	0.774 ***
	（53.30）	（15.63）	（25.92）
Financial_s	0.071 ***	-0.426 ***	-0.009
	（2.82）	（-5.49）	（-0.125）

续表

变量	模型		
	Fertilizer_a	Fertilizer_b	Fertilizer_m
	(1)	(2)	(3)
Scale_o	0.053 *** (2.60)	0.006 (0.12)	0.043 (1.07)
Financial_s × Scale_o	−0.061 * (−1.860)	0.694 *** (7.00)	0.059 (0.631)
F-statistic	53.304	21.877	1.021
Prob (F-statistic)	0.000	0.000	0.000
Durbin-Watson stat	1.571	2.044	1.924

注：( ) 内为 T 值，***、* 分别表示 1%、10% 的显著性水平下显著；无标注表示不显著。

7.3.2 结果维度的实证结果与分析

金融政策支持农业适度规模经营，除了在过程维度会对农业面源污染产生影响外，在结果维度也会对农业面源污染治理产生影响。为此，在接下来部分，本章继续实证金融支持政策（Financial_s）与农业适度规模经营（Scale_o）对农业面源污染治理意愿的协同效应。延续上述分析思路，本部分依然重点分析金融支持政策和农业适度规模经营的交互项（Financial_s × Scale_o）对农业面源污染治理意愿的影响效应。同时，为了提升估计结果的稳健性以避免"伪回归"的问题，估计方法仍然采用加权最小二乘法（WLS）。结果层面的估计结果见表7-8。

从结果可知，金融支持政策和农业适度规模经营的交互项（Financial_s × Scale_o）对农业面源污染治理意愿的影响为负，且在 1% 的显著性水平下通过检验。这说明在结果维度金融政策对农业适度规模经营的支持，不但没有提升农户的农业面源污染治理意愿，反倒成为农户面源污染治理意愿提升的阻碍因素，是新时期需要着力解决的重点问题。这可能与农业适度规模经营主体和农户的利益连接不紧密、价值链松散、产权边界和权责不明确有很大关系。为此，综合过程和结果层面的双重检验结果可知，金融支持政策和农业适度规模经营能够减少农户的化肥施用量、改变农户的施肥依据，但并未对农户的施肥方式和农业面源污染的治理意愿产生推进作用。为此，应发挥农业适度规模经营在改变农户施肥方式、提升治理意愿等方面的引领作用。当然，这也是金融政策支持的重要方向和突破口。

表7-8   结果维度的检验结果

变量	模型
	Governance_w
	(4)
截距项	0.701 ***
	(25.00)
Financial_s	0.270 ***
	(4.278)
Scale_o	0.178 ***
	(4.879)
Financial_s × Scale_o	-0.195 ***
	(-2.440)
F-statistic	13.224
Prob（F-statistic）	0.000
Durbin-Watson stat	1.436

注：（）内为 T 值，*** 表示 1% 的显著性水平下显著；无标注表示不显著。

7.4　综合结果分析与判断

面源污染防治攻坚战是"三大攻坚战"的重要构成。为治理农业面源污染、打赢污染防治攻坚战，政界和学界都不约而同地将化解路径指向农业适度规模经营。通过发挥农业适度规模经营在农业绿色发展中的引领作用，达到抑制农业面源污染的作用。不过，农业适度规模经营作为一种要素配置和制度变革的新模式，其绿色引领作用的发挥需要各类基础性、前置性条件予以保障。在所有保障条件中，金融服务及其政策支持首当其冲、至关重要。农业适度规模经营的绿色引领作用能否正常发挥，与金融政策支持水平密切相关。为此，本部分从宏观和微观两个角度实证了金融支持政策和农业适度规模经营对农业面源污染的协同效应，力争揭示当前的薄弱环节和结构性矛盾。

在宏观层面，通过运用面板平滑回归模型（PSTR）实证金融支持政策在不同阈值区间下，适度规模经营对农业面源污染的影响效应及其差异性。研究发现，无论是在总体层面还是分污染源的结构层面，在金融支持政策水平的低阈值区间，适度规模经营对农业面源污染的影响存在不确定性，甚至还会形成污染加剧效应。只有在金融支持政策的高阈值区间，适度规模经营对农业面源污染的影响才会显著为负，产生抑制效应和发挥绿色引领作用。可以看出，如果金融支持政策水平较低，适度规模经营的绿色引领效应是不会出现的，甚至还会适得其反。进一步的弹性分析表明，金融支持政策水平对面源污染的影响在总体和省级层面都为正，在一定程度上强化了面源污染的加剧效应。

在微观层面，本章从过程和结果的双重维度揭示了金融支持政策和农业适度规模经营的交互项对农业面源污染的影响及其异质性。研究发现，在过程维度，金融政策支持农业适度规模经营能够抑制农户的化肥施用量，改变农户的施肥依据，进而对农业面源污染产生良性影响。但从样本检验结果来看，金融政策支持农业适度规模经营对农户的施肥方式的影响不显著，并未起到显著的促进作用，成为过程层面金融政策支持适度规模经营引领效应发挥的结构性矛盾。在结果维度，金融政策支持农业适度规模经营对农户面源污染治理意愿的影响显著为负，与结果预期也不一致。综合过程和结果的双重检验结果可知，金融政策支持农业适度规模经营能够减少农户的化肥施用量、改变农户的施肥依据，但并未对农户的施肥方式和农业面源污染的治理意愿产生推进作用。

第8章 农业适度规模经营视角下面源污染协同治理运行机制

在第7章本书从多重维度，实证了金融政策支持农业适度规模经营对农业面源污染影响的协同效应，系统评估了金融支持政策和农业适度规模经营对农业面源污染的交互效果以及结构性特征。研究发现，较高的金融政策支持水平不仅是农业适度规模经营抑制农业面源污染的关键条件，也是助力农户减少化肥施用量和改变农户的施肥依据重要举措。不过，在微观维度，调研样本区间内金融支持政策对农户的施肥方式、污染治理意愿的影响和预期并不一致，成为结构性矛盾产生的重要原因。该研究结论也从侧面说明，在农业适度规模经营视角下，农业面源污染协同治理的新格局并未形成，各微观主体并未达到有效均衡。因此，本部分将视角转至微观行为动机，通过对农业面源污染治理主要参与主体目标函数、行为差异、博弈过程的解构，揭示面源污染协同治理的运行机制及实现条件，为明确新时期农业面源污染协同治理路径、创新金融支持政策方向提供坚实支撑。

8.1 治理主体目标及行为差异

8.1.1 治理主体的目标界定

在农业适度规模经营视角下探讨农业面源污染协同治理运行机制，一个非常重要的目标是：充分发挥农业适度规模经营在绿色发展、市场开拓和产业示范中的引领作用。这也将改变现有政府主导的农业面源污染治理框架和范式，形成政府、新型农业经营主体、农户、金融机构等多元主体合力共治、相互合作、通力配合的协同治理新格局，达到有为政府、有效市场的有效衔接。然而，不置可否的是，农业面源污染治理是一个复杂的系统工程，政府、农户、新型农业经营主体、金融机构都拥有不同的目标函数和面临不同资源约束、利益角度，因而治理主体的目标函数也是不同的。基于理论分析框架的前期基础，本部分涉及的利益主体主要包括政府、农户、适度规模经营主体、金融机构等。

其中，在"庇古手段"框架下，政府是农业面源污染治理的主要主体。一般来说，政府治理农业面源污染可以看成是供给"公共服务"的内涵构成，也是其他农业面源污染治理主体决策的直接参考依据。一般来说，如果当地政府在农业面源污染治理中积极有为，就能为其他农业面源污染治理主体营造良好环境。在这种氛围下，其他市场主体也会随之涌入农业面源污染领域。从这个意义上来说，政府治理农业面源污染水平直接决定着其他市场主体从事农业面源污染治理的积极性和主动性，这也是构建农业面源污染协同治理机制的基础性条件。不过，从目标来看，政府从事农业面源污染治理并不是实现"利润的最大化"，或者说经济利益的最大化，而是提供正外部性较大的服务，使社会效益、环境效益达到最大化，进而实现打赢面源污染防治攻坚战的目标预期。

在构建农业社会化服务新机制的政策导向下，新型农业经营主体发展强劲，正逐步成为中国建设现代农业、保障国家粮食安全的重要载体。不同的经营主体的特性和禀赋决定了其经营的目的、效率和逻辑不同。在产量最大化和收入最大化的刺激下，新型农业经营主体的土地规模经营意识更强烈、效率更高[①]。从这个角度上来说，新型农业经营主体历史性、必然性的承接农业适度规模经营的重任，成为推动农业现代化发展的"生力军"。更为重要的是，新型农业经营主体在价值链运营、市场谈判等方面具有显著比较优势，也是小农户融入"大市场"的关键环节和纽带。因此，在行为目标上，新型农业经营主体也与政府存在显著的差异性。新型农业经营主体参与农业面源污染治理的目标，更多的是实现经济价值。

在规模方面，新型农业经营主体一般都采用适度规模经营方式，经营

---

① 姜松，曹峥林，刘晗. 农业社会化服务对土地适度规模经营影响及比较研究——基于 CHIP 微观数据的实证 [J]. 农业技术经济，2016 (11)：4-13.

规模一般比传统经营主体要大。如果农业面源污染治理体系不完善，产生的危害更大、辐射面更广，就会直接影响新型农业经营主体的经营利润。在质量方面，新型农业经营主体从事农业面源污染治理，能够保证和实现农业价值链的"闭环式"运营。通过农产品的绿色化、有机化生产，形成特色化农产品品牌，进而提升市场份额和市场竞争力，进一步保证利润的实现。

需要注意的是，在新型农业经营主体中，农民专业合作社同其他几类经营主体相比，还存在一定的异质性。也就是，农民专业合作社很多时候提供的只是专项性、专业化服务。农民专业合作社作为一个"整体"，也具有整体目标愿景。除了获得市场利润外，追求集体效益的最大化，也是农民专业合作社的重要目标。而且相比较市场利润最大化，集体利益的最大化是农民专业合作社主要价值诉求。这种集体性价值诉求也能够改变现行的农业面源污染治理大逻辑。农民专业合作社，一般都是同类农产品的生产者，或者农产品服务的提供者、利用者，资源联合、民主管理的互助性经济组织，往往具有相同的价值判断和目标预期。在这样的目标框架下，如果入社农户存在加剧农业面源污染的行为和决策，其他入社会员肯定会在这种内生性约束下催促其变革环境破坏行为，进而优化整体价值和集体效益。因而，相较于政府的社会效益目标行为选择，涉农企业、家庭农场和专业大户的市场效益行为选择，农民专业合作社的行为函数还兼具集体利益目标内涵，具有一定的复合性。

除了政府、新型农业经营主体外，金融机构也是农业面源污染治理的重要主体。金融机构能够根据农业面源污染治理的新形势、新任务，进行金融产品和服务创新，满足农业面源污染治理的融资需求。但从本质来看，金融机构也是经营货币和信贷的"特殊企业"。金融机构主要通过金融产品的利差或者佣金，补偿其参与农业面源污染治理成本。因此，金融机构经营行为选择的底层逻辑，也是实现经济效益最大化。另外，金融机构供给的金融服务也是农业社会化服务体系的重要构成内容。两者的目标函数也存在一致性。不过，唯一的不同是，新型农业经营主体提供的是专业化生产性服务，而金融机构提供的则是货币信贷服务。

除了政府、新型农业经营主体、金融机构外，在农业面源污染协同治理过程中，农户也是重要参与主体。从农业面源污染源的产生机理来看，农户使用的化肥、农药、地膜以及柴油等化学生产资料是造成农业面源污染的重要原因。不过，农业面源污染的生成机理较为复杂，还受限于环境承载、气候条件等外部原因。因此，如果将污染源的"产权主体"直接界定为农户，这在一定程度上是有失公允的，也不利于调动农户从事农业面源污染的治理意愿和积极性。因此，站在农户的角度来考虑农业面源污染治理问题，就有必要弄清楚农户农业生产的主要目标和行为选择逻辑。从本质上来说，农户也是理性"经济人"。其行为决策的出发点、落脚点，也是要实现其种植经济效益的最大化。如果没有外部条件约束，农户加大化肥、农药等污染源的排放也主要是为了提升农产品产量和实现收入的最大化。一言以蔽之，政府从事农业面源污染治理主要是为了实现社会效益最大化。新型农业经营主体、金融机构、农户等主体从事农业面源污染治理主要是为了实现经济效益最大化。

8.1.2　治理主体的行为差异与对比

一般而言，无论是新型农业经营主体提供的专业化生产经营服务还是金融机构提供的金融服务，都具有系统性特征，往往贯穿于产前、产中和产后等各个农业生产环节。因此，农业面源污染治理也具有这种系统性特性。需要过程和结果的有效统一，政府手段和市场手段的有机衔接。其中，政府通过"公共服务供给"纽带，构建农业面源污染治理平台。农业面源污染治理的市场性、社会性以及需求环节的复杂性，又会为其他市场主体参与农业面源污染治理提供广阔的市场空间。但无论是公共服务还是市场化服务，本质上都是一种稀缺资源，直接决定着治理主体的行为差异和力量对比。当然，也正因为如此，才会导致农业面源污染治理主体的行为博弈。为更好地分析，进一步将农业面源污染治理途径划分为政府主导的公益性服务和市场主导的经营性服务两种典型类型。并根据各主体的收益情况，来了解他们的预期目标和行为差异。

政府一般通过法律制定、税收政策、财政补贴、绿色技术培训、环保型生产资料供应等途径，参与农业面源污染治理。当政府供给的公益性服务和农户需求不一致时，治理手段就会出现偏差，形成事实性的博弈行为过程。在这样的条件下，如果由政府来供给农业面源污染治理相关服务，社会效益就十分低下。这不但达不到政策预期目标，更无法保障农业面源污染治理的持续性和达到农户的需求预期。这种结果也是政府创新治理手段、转变治理模式的关键原因。

因此，调动新型农业经营主体、金融机构等市场主体参与农业面源污染治理就是题中之义和必然选择。新型农业经营主体作为农业价值链、供应链和产业链的主导者，既是生产的组织者、技术的推广者，又是资本的集聚者、产品市场的主导者。新型农业经营主体通过与成员建立稳定的购销服务关系和利益关联，帮助农户从事生产经营和商品贸易活动，引领农户融入"大市场"、参与现代农业运营和分享分工收益。

但从比较优势角度来看，不同类型新型农业经营主体，在产前、产中和产后环节的比较优势是不同的，因而对农业面源污染治理的影响也就不同。例如，专业大户、家庭农场的优势往往集中于生产环节。涉农企业、农民专业合作社的比较优势更为明显，综合性也更强。其主要体现在种子供应、技术推广以及产后的产品销售等。不过，客观地讲，追求利益最大化是新型农业经营主体的主要价值追求，而提供污染治理社会化服务只是决策前提和行为手段。

金融机构主要是针对产前、产中和产后等不同环节的融资需求提供金融服务。农业生产是自然风险、生产风险和市场风险多重交织、相互关联的社会、自然生产过程。农业生产不可避免地受到外部气候因素的影响，"靠天吃饭"的局面并未发生根本性、彻底性改变。这将直接影响金融机构支持农业面源污染治理的积极性、主动性。如果这些风险特征得不到有效分散，则金融机构作为理性"经济人"将直接减少金融服务供给。

因此，金融机构供给金融服务关键还是要看农业面源污染治理过程中潜在的各类经济价值。在这样的现实考量下，金融机构就需要采用多样化、异质性的金融服务供给策略与支持政策。现实也是如此，金融机构也会对不同规模农户，采取差异化的服务定价策略，如重点支撑新型农业经营主体，这些不同利益侧重点将直接导致了他们行为的差异化，导致供给和需求的不平衡。如何聚焦不同农业产业环节的农业面源污染治理的侧重点和环节，同时向新型农业经营主体和农户供给不同的金融政策支持将是金融机构策略调整的关键。

最后，在很多情境下，由于谈判能力较弱，农户在需求表达方面往往处于劣势。也正因为如此，如果按照传统的治理模式，将农户锁定为农业面源污染的治理主体，或者确定为财政补贴对象，很难适应价值链上多主体交互作用、相互联系的发展现实。农户很难从金融机构获得正规性、成本低廉的金融服务。同时，在商业性服务领域，分散经营农户更无法成为有效需求方，通过集体行动对金融机构、新型农业经营主体等主体形成实质性约束。唯有成为被"金融排斥"的对象，并选择逃避农业面源污染治理责任。按照调研数据显示，农户认为农业面源污染，没有必要治理或者无所谓的比例为 63.78%。在这样的条件下，农户不但不会成为农业面源污染治理的主体，反倒会成为这一治理体系下的牺牲品和协同治理模式构建的"短板"。综合来看，在农业面源污染协同治理中，由于搜寻成本、监督成本等信息不完全现象，各主体存在显著的力量对比和行为差异。

8.2　主要治理主体博弈过程

基于农业面源污染治理主体及其目标界定、行为差异对比，继续分析主要治理主体的博弈过程。按照理论分析框架界定，农业污染治理手段一般包括"庇古手段"和"科斯手段"。基于这两种模式，可以将农业面源污染治理模式划分为政府主导型的治理模式和市场主导型的协同治理模式。其中，在政府主导型治理模式下，政府和农户是农业面源污染主要治理主体。在市场主导型的协同治理模式下，政府、农户、新型农业经营主体、金融机构以及其他市场主体是农业面源污染的共治主体。当然，需要说明的是，农业面源污染治理系统较为复杂，各类衍生的市场主体也日趋多元。为了便于分析，对于涌现出来的其他非典型性污染治理主体，本章的研究并未涵盖其中。

8.2.1　政府主导型治理模式下的博弈过程

在政府主导型治理模式下，农业面源污染治理主体主要包括政府机构和农户两类主体。政府机构主要通过直接和间接两种途径参与农业面源污染治理。直接途径是指政府通过制定法律、供给农业面源污染治理公共服务等进行。间接途径主要是指通过税收、财政补贴、技术指导、培训等手段推进和引导农户从事农业面源污染治理。为此，要弄清楚政府主导治理模式下，各主体行为博弈过程和决策行为条件就需要重点分析政府和农户污染防治行为机理。此外，按照上述分析，在农业面源污染治理的过程中，因为信息不对称等原因，各主体行为选择、力量对比存在显著差异性。因此，当刻画各主体博弈过程和行为条件时，分别建立基于不完全信息的静态博弈和动态博弈模型，对其中的深层次原因进行系统性解读。

（1）不完全信息静态博弈过程。

继续假定政府、农户是理性"经济人"，并处于不完全信息状态。在这样的情境下，参与博弈过程的政府、农户两类主体对双方的不同行动组合、战略空间和效益函数均处于"盲识"状态。还需要说明的是，在农业面源污染治理的过程中，政府机构提供相关公共服务能够被量化，并具有正向外部性。站在农户角度，他们生产的农产品价格设定为 P。

一般来说，农户提升产量一般有两种行为选择和决策策略：一是加大化肥、农药等主要面源污染源要素的投入力度，提升单位面积产量。这也是实践层面，传统农业主要实践路径和农户行为的普遍问题。这种行为选择虽然能够在短期内提升农业产量，但这也与政府发展绿色农业、治理面源污染的目标背道而驰。二是运用环境友好型的生产策略、配合政府的农业面源污染治理预期。这虽然能够满足、衔接政府农业面源污染治理的目标预期，但如果缺少相应的外部保证措施和政策配套，在短期内，农产品产量可能会受到影响。不过，从长远来看，农户生产农产品的质量也得到相应的提升，有利于政府和农户目标和行为选择均衡。

为此，继续假定：如果农户配合政府的农业面源污染治理要求，那么此时所生产的农产品的产量为 Q_c。反之，如果农户不配合政府的相关治理要求，那么继续加大化肥、农药、农膜等污染源要素的投入。这时，所生产的农产品的产量为 Q_t。另外，假定政府从事农业面源污染治理的效用为 U，提供治理公共服务的投入成本为 C'。在政府不提供相关治理服务时，农户主动治理污染的投入成本为 C。

据此，在政府不确定农户，是否能够配合农业面源污染治理的情境下，政府进行农业面源污染治理的收入就可以表达为 $U-C'$。反之，如果政府不提供相关治理的公共服务，则此时政府的相关收益就为 0。以此类推，就可以写出各种情境下政府和农户行为选择的博弈矩阵（详见表 8-1）。

从农户角度来看，由于信息的不完全性和财政政策资源稀缺性，政府供给相关治理服务会存在较大不确定性。为此，假定政府提供农业面源污染治理相关公共服务的概率为 α，则不提供的概率就是 $1-\alpha$。此时，如果农户接受政府提供的污染治理服务，则农户在这种情境下获得的收益就可以表达为 $[P \times Q_c - C] + \alpha \times [P \times (Q_c - Q_r) + C]$。反之，在不接受政府提供的农业面源污染治理的公共服务的情境下，农户的收益就变为 $P \times Q_c - C$。可以看出，在这些情境下，农户收益多少与政府提供相关治理公共服务的概率没有直接影响。农户从事农业面源污染治理的行为决策，只取决于 $[P \times (Q_c - Q_r) + C]$ 是否大于0。换言之，只有在政府提供污染治理服务致使农户生产的农产品产量减少，或者减少的收益大于采用污染治理服务的成本时，农户才会选择不从事农业面源污染进行治理。

从政府角度来看，在不提供农业面源污染治理的公共服务的情境下，政府的相关收益就为0。但如果政府提供农业面源污染治理相关服务，则需要考虑农户的配合与接受程度。为此，继续假定农户接受政府提供的相关治理服务的概率为 β。反之，不接受的概率为 $1-\beta$。在这样的条件下，政府提供相关治理服务的收益就为 $\beta \times (U - C) + (1 - \beta) \times (- C) = \beta \times U - C$。可以看出，当 $\beta \times U - C > 0$，或者 $\beta \times U - C > 0$ 时，政府机构就存在提供污染治理公共服务的动力。换言之，在农户接受的情境下，政府提供污染治理服务的效用大于投入成本时，政府机构才会提供污染治理的公共服务。

表8-1　　　　　　　　　政府机构与农户的博弈矩阵

情境	政府提供	政府不提供
农户参与	$\alpha \times P \times Q_c$，$\beta \times (U - C)$	$(1 - \alpha) \times (P \times Q_r - C')$，0
农户不参与	$\alpha \times (P \times Q_r - C)$，$(1 - \beta) \times (- C)$	$(1 - \alpha) \times (P \times Q_r - C')$，0

（2）不完全信息动态博弈过程。

在现实实践中，各主体行为选择存在优先序问题。不同行为选择优先序，会导致不同行为决策和结果。这是静态博弈矩阵无法刻画的。为此，本章继续从动态角度揭示政府主导型治理模式下的政府和农户的博弈过程。延续上述假设，建立博弈树，如图8-1所示。据此，在这样的条件下，可以将博弈过程划分为四个阶段：第一阶段，政府机构先做选择，决定是否提供相关污染治理服务；第二阶段，政府做出决策后，农户选择是否接受政府提供的污染治理服务；第三阶段，农户基于行为决策条件 $[P \times (Q_c - Q_r) + C]$，确定政府提供的治理服务的有效性；第四阶段，农户通过观测和比较污染防治的成本收益，修正和优化过去的行为决策。

从图 8-1 可知，该博弈树主要包括四条主要路径：路径一，政府不提供农业面源污染治理公共服务，同时，农户也不接受或者不参与农业面源污染治理；路径二，政府虽然提供农业面源污染治理公共服务，但农户不接受或者不参与农业面源污染治理；路径三，政府提供农业面源污染治理公共服务，但农户要判断政府提供的农业面源污染治理公共服务是否有效，或者与其实现产量最大化的预期目标是否一致，如果政府提供的农业面源污染治理公共服务，使其生产收益减少或者成本增加，农户就会选择不接受；路径四，政府提供治理农业面源污染的公共服务。同时，如果采用后，农户能够增加其农业生产收益，则农户选择接受。

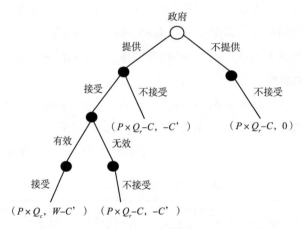

图 8-1 政府与农户的不完全信息动态博弈树

通过比较各路径发现：在路径一情境下，政府不提供农业面源污染治理的公共服务，这时候社会效益并未发生改变；在路径二情境下，农户选择不参与或者不配合农业面源污染治理，这时候造成政府的损失为 C'；在路径三情境下，农户接受政府提供的农业面源污染治理公共服务，但是由于质量等问题和预期不一致问题，致使农户所付出的额外成本较高，这时候农户可能会认定，政府提供的农业面源污染治理服务是无效的，因此，在这样的条件下，农户可能会修正行为选择，进而不接受政府提供的农业面源污染治理服务；在路径四情境下，农户会判定政府提供的农业面源污染治理服务是有效的，因而选择接受这种公共治理服务。在这样的条件下，政府和农业面源污染治理才能够确保稳定性和持续性。

8.2.2　市场主导型协同治理模式下的博弈过程

随着市场化改革推进以及农业分工分化，新型农业经营体系会逐步建立健全。分布于产前、产中和产后的各类新型农业经营主体，在成为引领农业产业变革发展的同时，也逐步成为农业面源污染治理服务的重要供给者和农业面源污染治理的重要参与者。但与政府提供的公共服务不同，新型农业经营主体提供的农业面源污染治理相关服务在很大程度上兼顾公益性和私人产品的双重属性。这些服务主要包括绿色农资服务、绿色技术的推广与应用服务、绿色金融服务、绿色农产品加工销售服务等。从这个角度来说，专业合作组织、涉农企业、家庭农场、涉农金融机构等均是市场主导型模式运行的重要参与主体，共同构成市场主导型农业面源污染协同治理的新格局。

为此，本部分继续分析市场主导型协同治理模式下各主体的博弈行为和过程。这里需要说明的是，从总体层面来讲，新型农业经营主体提供的专业化服务和金融机构提供的金融服务都属于社会化服务内涵中的重要内容构成。为此，本部分将专业合作组织、涉农企业、家庭农场等新型经营主体和金融机构都看成是"中介组织"。因此，市场化主导型协同治理模式下，重点考察政府、中介组织和农户之间的博弈行为和过程。延续上述分析逻辑，依然从静态博弈和动态博弈的双重视角进行考察。

（1）中介组织参与的不完全信息的静态博弈过程。

在静态博弈条件下，假设只涵盖政府、中介组织、农户三类面源污染治理参与主体。各类主体基于自身利益最大化原则，参与农业面源污染治理。同时，假定中介组织和农户在博弈的过程中存在不完全信息。也就是说，中介组织和农户对彼此的战略空间和收益函数不完全了解。还需要说明的是，专业合作社、家庭农场、涉农金融机构等中介组织提供相关污染防治服务能够被量化。同时，在属性层面，中介组织提供的服务具有异质性和私人产品性质。也即产生的外部性效益需要农户支付相关费用。

为此，继续假定农产品价格为 P，Q_1、Q_2 分别表示农户接受和不接受中介服务组织提供的相关治理服务时的农产品产量。R 代表治理农业面源污染所实现的社会效益。该部分收益一般通过政府政策支持实现。I 表示中介组织提供农业面源污染治理相关服务所获得的经营性收入。C_1 表示中介组织提供农业面源污染治理相关服务的投入成本，C 表示中介组织不提供相关农业面源污染治理服务时，农户从事农业面源污染治理所付出的相关成本。最后，由于中介服务组织具有显著的市场开拓能力和专业化优势。相比较农户个体而言，中介服务组织提供的农业面源污染治理服务成本更低，因此，$C > C_1$。

政府在不确定农户是否会接受农业面源污染治理服务时，提供农业面源污染治理所获得收益为 $R - C_2$。相反，政府机构不提供农业面源污染治理服务时的收益就为 0。当农户不确定中介组织是否会提供农业面源污染治理的相关服务时，如果新型农业经营主体、金融机构等中介组织提供农业面源污染治理服务的概率为 X，则不提供的概率就为 $1 - X$，则农户接受的收益就可以表达为：$X \times (P \times Q_1 - C_1) + (1 - X)(P \times Q_2 - C)$。通过整理，收益可以进一步表达为 $P \times Q_2 - C + X \times [P \times (Q_1 - Q_2) + (C - C_1)]$。农户不接受中介组织提供的农业面源污染治理服务的收益则为：$P \times Q_2 - C$。可以发现，中介组织是否提供农业面源污染治理服务，对农户而言并不影响。只要 $[P \times (Q_1 - Q_2) + (C - C_1)]$ 大于 0，农户就会首当其冲地选择中介组织提供的各类治理服务。

从中介组织角度来看，如果中介组织不提供农业面源污染治理服务，收益就为 0。不过，如果中介组织要提供相关治理服务，这时候需要需求端的农户接受的概率。继续假定农户接受中介服务组织提供相关治理服务的概率为 Y，农户不接受的概率则为 $1 - Y$。因此，中介组织提供农业面源污染治理服务的收益为：$Y \times (R + I - C_2) + (1 - Y) \times (-C_2) = Y \times (R + I) - C_2$。因此，当 $Y \times (R + I) - C_2 > 0$，或者说，$Y \times (R + I) > C_2$ 时，中介组织就会提供农业面源污染治理相关服务。因此，中介组织提供农业面源污染治理相关服务时，需要充分考虑农户接受意愿和自身经营的收入和成本关系。从这个角度来说，农业面源污染治理需要坚持"保护农民合法权益"的根本宗旨，实现农业面源污染治理和农户权益保护的双赢。

需要注意的是，中介组织提供农业面源污染治理服务时，会考虑到农业面源污染治理的成本和收入问题。站在中介组织角度，提供的农业面源污染治理服务，就存在优质服务、普通服务两种主要类型。中介组织存在"以次充好"和损害农户利益的动机。如果前期没有让参与农户有充分认知、了解，农户的合法权益也就无法得到有效保障。这其中就需要政府通过政策支持予以支撑。当然，除此之外，政府还应强化监督和处罚力度，维护市场稳定，保护农户合法权益，新时代构建农业面源污染协同治理新模式，需要特别需要考虑的新问题（见表8-2）。

表8-2　　　　　　　　　中介组织与农户的博弈矩阵

情境	中介组织参与	中介组织参与
农户接受	$X \times (P \times Q_1 - C_1)$, $Y \times (R + I - C_2)$	$(1 - X) \times (P \times Q_2 - C)$, 0
农户不接受	$X \times (P \times Q_2 - C)$, $(1 - Y) \times (-C_2)$	$(1 - X) \times (P \times Q_2 - C)$, 0

（2）中介组织参与的不完全信息的动态博弈。

需要注意的是，中介服务组织提供的农业面源污染治理服务，在很多情境下兼具市场性和社会性的双重属性。按照市场化原则运行，如果农业面源污染治理服务中的"社会性"部分让中介组织承担的话，这可能会挫伤中介组织参与农业面源污染治理的积极性。因此，这部分"社会化效益"需要由政府通过政策付出、财政补贴等途径予以支付。延续上述假设，继续假定农产品价格为 P，Q_1、Q_2 分别代表农户接受农业面源污染治理服务、不接受农业面源污染治理服务时农产品的产量，R 代表中介组织提供农业面源污染治理服务的社会效益，主要取决于政府政策支持水平，I 代表中介组织提供相应污染治理服务所取得的经营收入，C_1 代表农户接受中介组织提供的治理服务时所支付的成本，C 代表中介组织不提供农业社会化服务时农户所付出的成本，C_2 表示中介组织提供的农业面源污染治理服务的主要成本。

农业面源污染治理服务兼具经济性和社会性。社会性的部分主要通过政府的政策支持途径实现，假定政府的政策支持水平为 W，政府从事农业面源污染治理的成本假定为 C_0。为此，继续从动态的角度建立涵盖中介组织、政府和农户等主体参与的不完全信息的动态博弈。在这一情境下，政府首先确定是否以政策手段支持中介组织从事农业面源污染治理，中介组织再选择是否向农户提供相关的治理服务，最后农户决定是否接受该服务。将这一动态选择过程绘制形成动态博弈树，如图8-2所示。

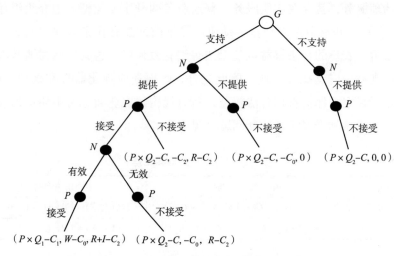

图 8 - 2   政府、中介组织与农户三方不完全信息动态博弈树

基于假设构建模型，模型中 P 代表农产品的价格，Q_1、Q_2 分别代表农户接受和不接受农业社会化服务时的农产品产量，R 代表通过政府支持所实现的社会收益，I 代表中介组织提供相关治理服务所获得的经营收入，C_1 代表农户接受中介组织相关治理服务所支付的相关成本，C 代表当中介组织不提供农业社会化服务时农户从事农业面源污染治理所付出的成本，C_2 表示中介组织在提供农业社会化服务时所付出的成本。由于中介组织提供的相关治理服务具有很强的正外部性，这其中，所带来的社会效益 W 需由政府提供政策支持、资金支持。因此，政府需要付出成本为 C_0。通过政府政策支持，中介服务组织在提供相关治理服务时，所得到的收益为 R。从分析可知，政府选择是否为中介组织从事面源污染治理提供相关政策支持，主要与其所付出的成本与中介组织取得的社会效益有很大关联。因此，需要从以下场景来考虑。

情境一：如果 $W < C_0$，此时中介组织提供农业面源污染治理服务的社会收益小于政府投入成本。政府一般选择拒绝支持，中介组织提供农业面源污染治理服务。在这样的情形下，农户的收益可以表达为 $P \times Q_2 - C$，政府的收益为 0，中介组织的收益为 0。情境二：如果 $W > C_0$，中介组织提供农业面源污染治理服务的社会效益大于政府投入成本，这样，政府一般会选择支持中介组织，提供农业面源污染治理相关服务。不过，这一情境如果出现，还需要满足 $R + I > C_2$ 的基本条件。也就是说，中介组织所得到的社会收益和提供服务的直接收益，还必须大于供给服务所付成本。另外，中介组织提供农业面源污染治理服务，还需要考虑农户接受程度与概率。如果与农户需求不一致，也会产生资源浪费。唯有当 $P \times (Q_1 - Q_2) > C_1 - C$ 时，农户才会选择接受中介组织提供的相关污染治理服务。在这样的条件下，农户收益为 $P \times Q_1 - C$，政府收益为 $W - C_0$，中介组织收益为 $R + I - C_2$，新稳态才会出现。

8.3　农业面源污染协同治理运行机制的实现条件

基于主要治理主体目标行为差异、博弈过程的综合分析，本章发现农业面源污染协同治理的运行机制并不会自发形成，需要具备相应实现条件。任何条件缺失，农业面源污染协同治理的"均衡稳态"就不会出现。综合上述研究结论，本章认为农业面源污染协同治理的运行机制，需要以保障农民合法权益为根本条件，以产量提升为资源条件，以效率和质量提升为动力条件，以有为政府和有效市场的协同配合为环境条件。

（1）以保护农民合法权益为根本性条件。

从政府和中介组织角度来看，农业面源污染治理服务供给均要考虑农户的接受意愿和概率。如果农户不接受，那么政府和中介组织提供农业面源污染治理服务就是无效的。这将直接降低农户参与农业面源污染治理的积极性、主动性。唯有供给端和需求端的有效衔接，才能确保农业面源污染协同治理机制的有效运行。因此，新时期农业面源污染协同治理机制构建需要以遵循农民意愿和保障农民的合法权益为出发点和立足点。任何农业面源污染的参与主体都不能做出违背农户意愿和合法权益的违法行为。否则，这将直接影响农业面源污染治理大局，以及能否打好农业面源污染防治攻坚战。除此之外，农业面源污染协同治理机制构建过程中，政府和中介组织提供的相关治理服务，还必须紧密结合农户的新需求、新特征，实现数量均衡、结构均衡和质量均衡，奠定农业面源污染协同治理的根本条件。

（2）以农业产量提升为资源条件。

在两种行为决策模式下，农户是否参与农业面源污染治理，与政府、中介组织是否提供相关治理服务并不存在直接联系。农户的农业面源污染治理决策行为只与产量或者收益密切关联。在政府主导型模式下，农户是否参与农业面源污染治理主要取决于 $[P \times (Q_c - Q_r) + C]$ 这一条件。如果该值大于 0，农户就会配合政府从事农业面源污染治理。在市场主导型协同治理模式下，农户从事农业面源污染治理主要取决于 $[P \times (Q_1 - Q_2) + (C - C_1)]$ 这一条件。如果该值大于 0，农户就会接受各类治理服务。通过比较发现，无论哪一种模式，只要农业面源污染治理，导致农产品产量减少，或者采用相关该服务的成本大于收益，农户就都会不配合或者不参与农业面源污染治理。因此，稳定和保障农业产量是衡量农业面源污染协同治理机制稳健运行的重要资源性条件，直接决定着农业面源污染治理成效。

（3）以效率和质量为动力条件。

纳什均衡是农业面源污染协同治理机制运行的理想状态。但在信息不对称的条件下，农户并不了解政府和中介组织提供的各类服务质量及其成本收益情况。为此，很大一部分农户会基于经验来判断。如以施肥依据为例，按照第 6 章的调研结果交叉分析显示，获得新型农业经营主体相关融资担保的农户，按照作物生产规律进行施肥的占比，要高于按照经验进行施肥的占比。如果签订相应订单后，新型农业经营主体没有满足相应的融资担保需要，农户按照作物生长规律，施用化肥的占比为 51.97%。农户按照经验施用化肥的占比为 48.03%。比较发现，在没有新型农业经营主体引领的情境下，农户基于经验进行主观判断的可能性也就更大。

另外，若新型农业经营主体在其中发挥引领作用，农户更易按照农作物的生长规律进行农业生产。换言之，在不完全信息条件下，农户选择政府或者中介组织提供的公共服务，判断的标准就是自身效用的最大化。因此，无论是政府还是中介组织，供给农业面源污染治理服务就需要提升服务供给效率，并据此提高农业面源污染服务供给质量。唯有此，才能有效衔接供给端和需求端，才能调动农户参与农业面源污染治理的积极性。只有这样，才能维持农业面源污染治理各方利益均衡，农业面源污染协同治理的格局才会出现。这也是农业面源污染治理博弈过程中各主体均衡的动力条件。

（4）以有为政府和有效市场的衔接与配合为环境条件。

基于博弈过程分析，政府、中介组织以及农户在农业面源污染治理博弈过程中，均以自身利益最大化为考虑准绳。然而，中介服务组织在现实发展中往往面临资金、技术、人才等诸多现实约束，这将直接影响其供给农业面源污染治理服务的效率和质量。如果缺乏外部的环境约束，则中介组织存在通过降低服务质量，来降低成本、提高利润的寻租性动机，进而会造成有效供给不足。另外，农业面源污染治理也存在显著的空间分布特征。经济发达地区的中介服务组织，无论是在数量上还是质量上，都要显著地优于欠发达地区。因而，也就更能为农户提供技术销售、产业示范和市场引领等方面的农业面源污染治理服务。这种区域的不平衡、不充分问题，也将对农业面源污染治理产生一定的影响。而这亟待政府补位、介入。最后，站在农户的角度来说，农户对于农业面源污染治理相关服务的接受程度也存在显著的人口统计学特征。一般而言，农户年龄越小、受教育程度和人力资本水平越高，对于农业面源污染治理新信息、新技术、新方法的接受程度也就越强。然而，在现实层面，农业经营主体老龄化趋势十分明显。针对这些，政府提供相应培训与指导就显得十分必须。总而言之，农业面源污染协同治理新机制的构建，需要有为政府和有效市场的密切配合。这也是农业面源污染治理博弈过程中各主体实现均衡的环境条件。

第9章　适度规模经营视角下农业面源污染协同治理的路径

基于理论和实证分析结果，本章首先提出了适度规模经营视角下农业面源污染协同治理的总体思路、实施步骤、目标预期和方案选择，并据此提出新时期农业面源污染协同治理的典型协同治理方案和实践路径，进而找准新时期金融政策支持的发力点和主攻方向。

9.1　农业面源污染协同治理总体思路

随着新型农业经营体系构建，分布于产前、产中和产后等农业产业环节的新型农业经营主体逐步成为引领农业产业高质量发展、产业转型和绿色发展的生力军。从经营特征来看，相比较家庭经营为主导的小农经营方式，这些新型农业经营主体适度规模经营特征十分明显。因此，在适度规模经营视角下，实现农业面源污染协同治理的关键就聚焦到如何调动各类新型农业经营主体从事农业面源污染治理积极性的层面的问题。基于上述理论分析、实证检验和博弈分析，本章认为新时期农业面源污染治理应该坚持"123"的总体思路。即坚持"1个根本"，遵循"2个原则"，紧握"3把抓手"。其中，"1个根本"为保护农民合法权益；"2个原则"为新型农业经营主体培育与价值链引领相配合，有为政府和有效市场相配合；"3把抓手"为源头管控、过程监督和效果评估。

（1）坚持"1个根本"：保护农民合法权益。

农业面源污染的生成机理复杂、治理难度较大、治理期限较长，是一个阶段性、持续性和长期性的过程。虽然农业面源污染与分散经营有很大关联度，但如果按照"点源污染"治理思路，农户将成为农业面源污染治理的主体，并由此承担治理农业面源污染的相关成本。但我国农业面源污染治理是否应该由农户来承担呢？答案显然不置可否。

按照行为博弈过程部分的分析结果可知，农户之所以会做出通过增加化学物品投入来加剧农业面源污染的行为，一个非常重要的原因是农业生产产量以及与采用政府、中介组织提供污染治理服务的成本有关。作为理性"经济人"，农户如果采用环保型、绿色型生产方式，致使农业生产产量下降，那么农户参与农业面源污染治理的积极性就会受到严峻影响。另外，政府或者中介服务机构在提供相应污染治理服务时，如果不考虑农户需求或者接受意愿的话，也会影响农户参与农业面源污染治理的积极性和主动性。

还需要注意的是，各类市场主体存在通过降低服务质量以冲减农业面源污染治理服务供给成本的寻租动机。这不但会损害农民合法权益，更会挫伤农户参与农业面源污染治理的积极性。综合来看，在农业面源污染协同治理新格局中，无论是在政府主导型模式下还是市场主导型的协同治理模式下，农户的参与都是协同共治新格局的重要主体，是打赢农业面源污染防治攻坚战的关键环节。

因此，如何调动农户参与农业面源污染治理的积极性，就是新时期农业面源污染协同治理体系构建的关键。据此，在农业面源污染协同治理新机制构建中，应始终将保护农民合法权益放置于根本性、基础性地位。要在农业面源污染治理的约束条件下找到农业生产产量提高的可行性路径，继而实现农民合法权益保护和农业面源污染治理协同提高、供需衔接匹配的新格局，奠定新时期农业面源污染协同治理的微观主体基础。

（2）遵循"2 个原则"：新型农业经营主体培育与价值链引领相配合；有为政府和有效市场相配合。

①新型农业经营主体培育与价值链引领相配合。基于实证分析结果可知，农业适度规模经营能够有效地抑制农业面源污染。而且，无论是在低阈值区间还是高阈值区间，农业适度规模经营对面源污染的抑制效应都具有稳定性、恒定性。因此，通过发挥新型农业经营主体的引领作用、推动农业适度规模经营，就是构建农业面源污染协同治理体系的题中之义。从现实来看，农户家庭分散经营的发展现实很难在短期内发生实质性改变，

而且这种现实约束可能会伴随着我国农业现代化进程推进和新型农业经营体系构建的全过程。因此，在现行制度框架下，推进农业适度规模经营、引领农业面源污染治理应从小农经营的现实约束出发进行路径设计与探索。为此，本章认为在适度规模经营视角下，农业面源污染协同治理应遵循新型农业经营主体培育与价值链引领相配合的原则。

在新型农业经营主体培育方面，可以坚持"组织化"和"蜕变"的相互配合思路。其中，在组织化方面，可以通过引导分散经营农户，在自愿、平等、公平的原则下，成立农民专业合作社或集体经济组织。通过农户组织化路径和农民专业合作社载体实现分散经营农户生产经营行为的内部监督和内生激励，进而补齐农业面源污染协同治理"短板"。当然，除了这方面以外，还需要积极引导小农户向专业大户、家庭农场等新型农业经营主体转变。与其他经营主体不同，专业大户和家庭农场在本质属性上仍属于"农户"，聚焦的仍是生产环节。但在经营规模上存在显著优势。因此，该类经营主体更易采用环保型、绿色型生产技术。从这个角度来说，应通过政策引领推动分散经营农户，向专业大户、家庭农场等生产主导型的新型生产经营主体"蜕变"，进而激发其对农业面源污染治理的引领和示范带动作用。

除了新型农业经营主体培育外，价值链引领也是适度规模经营视角下农业面源污染协同治理新格局构建的重要思路。与新型农业经营主体培育思路不同，价值链引领思路主要是以农业价值链为核心载体，以分布于农业价值链环节的涉农企业、生产基地、农民专业合作社及其联合社、集体经济组织等价值链主体为主导，依托它们在绿色农资供应、绿色生产技术与污染防治技术推广与普及、绿色供应链运营等方面的绝对优势，以农业价值链运行中形成的信息流、资金流和商品流为依据，在价值链上形成新型农业经营主体和农户生产合作、技术合作、污染治理合作的"利益共同体"。

那么，新型农业经营主体带领农户共治农业面源污染的动机在哪里呢？这主要是因为，在农业价值链上新型农业经营主体和农户形成相互关联、利益共赢的命运共同体。在这样的条件下，农户的生产行为就不仅仅是关乎农户收入提升的问题，更成为影响价值链整体运行、市场竞争提升的关键环节。换言之，新型农业经营主体与农户利益与共、相互交织，具有相同的目标函数和约束条件。这将直接将促使新型农业经营主体基于自身比较优势更有效参与农业面源污染治理实践，形成协同共治格局。

②有为政府和有效市场相配合。由实证结果可知，金融政策、财政政策等外部条件的不足是致使农业适度规模经营的农业面源污染抑制效应发挥不足的主要原因。其中，在金融政策方面，如果金融政策支持水平较低，适度规模经营对农业面源污染的抑制效应就会存在不确定性，甚至还会截然相反。只有金融支持政策水平较高，适度规模经营对农业面源污染的抑制效应才会出现。换言之，也只有在金融政策支持水平的高阈值区间，金融支持政策与适度规模经营的协同效应才会出现。在微观主体方面，金融政策支持农业适度规模经营能够抑制农户的化肥施用量，改变农户的施肥依据，进而对农业面源污染产生良性影响，但对农户的施肥方式的影响并不显著。更需要注意的是，金融支持政策没有显著提升农户从事农业面源污染治理的意愿。另外，在市场维度，自筹资金亦没有起到抑制农业面源污染的作用。综合来看，金融政策在农业面源污染治理中仍存在诸多结构性"痛点"，"有效市场"均衡并未形成。

在财政政策方面，从实证检验结果来看，当前地方政府在农业面源污染治理中有显著表现、效果明显。但中央财政资金投入和自筹资金投入并没有起到抑制农业面源的作用。相反，还起到了"加剧效应"。从中可以看出，在农业面源污染治理过程中，金融政策和财政政策并未形成协同格局，政策合力并未形成。此外，基于博弈过程和行为分析可知，中介组织存在通过降低服务质量，冲减农业面源污染治理服务成本的可能性动机。这就要求政府一方面强化制度设计和政策创新成为"有为政府"；另一方面，通过政府扶持、市场监管"双管齐下"，引导市场化组织合法、合规经营，提升农业面源污染治理成效。

可以看出，财政政策和金融政策两类治理工具的协同作用并未形成。政府、金融机构、农户、新型农业经营主体以及其他主体等，并未形成协同治理农业面源污染的格局，仍存在主体联系薄弱和脱节的现象。金融政策和财政政策的配合力度还需要进一步增强和优化，这也是新时期有为政府和有效市场协同参与农业面源污染治理的政策设计逻辑思路，唯有此，才能形成多主体联动、协同配合的农业面源污染治理新格局。当然，这也是适度规模经营视角下农业面源污染协同治理必须一以贯之的大逻辑。

（3）紧握"3把抓手"：源头管控、过程监督和效果评估。

除了坚持"保护农民合法权益"的价值导向，坚持新型农业经营主体培育与价值链引领相配合、有为政府和有效市场相配合基本原则外，农业面源污染治理还应紧握源头管控、过程监督和效果评估等"3把抓手"。

①源头管控。农业面源污染的产生与农业生产行为紧密关联。粗放式、非集约化、落后的生产理念和经营方式是农业面源污染产生的根本性原因。分散经营的农户的生产经营行为，对农业面源污染产生及其演化有不可推卸的责任。即使在农业适度规模经营的现实框架下，这一原因也是不可争议的事实。这也就意味着，即使发挥适度规模经营主体在农业面源污染治理中的引领作用，也仍需要重点关注源头层面的分散经营农户的生产经营特征，仍需要深刻挖掘分散经营农户这一环境损害性生产行为动机。通过微观层面的数据实证和行为博弈分析可知，农户配合或者参与农业面源污染治理的主要出发点是农业产量。如果农业面源污染治理会造成农业产量减少，那么农户接受政府、中介组织提供的治理服务的意愿就会大打折扣。因此，源头管控的总体思路应主要以"激励"为主调，通过新型农业经营主体的产业示范、技术指导、市场引领，帮助分散经营农户树立绿色生产经营理念、"亲环境"生产行为，引导农户清洁生产、预防为主，从源头上防范农业面源污染。

②过程监督。与"点源污染"不同，农业面源污染很难从污染的结果事实中进行溯源。农业面源污染往往具有反复性、循环性、阶段性、过程性，危害程度和波及范围要远远高于"点源污染"。因此，如果按照"点源污染"的"谁污染、谁治理"的治理范式，很难达到标本兼治的目的。更为重要的是，如果按照这一治理范式来治理，很容易挫伤相关利益主体的积极性和主动性。所以亟须创新农业面源污染治理范式。

新时期农业面源污染协同治理路径选择中，应从"过程"维度入手，从新型农业经营主体和农户合约缔结、生产合作、价值共创等事前、事中和事后不同过程阶段入手，探索农业面源污染治理的过程监督新机制。

新型农业经营主体可以依托农业价值链，对农户的要素投入过程、技术采用和推广过程进行监督，引导农户采用环境友好型生产行为，将农业面源污染产生概率控制在可控范围内，提升农户参与农业面源污染治理意愿。

政府可以通过制度和政策、体制和机制创新，对新型农业经营主体的农业社会化服务供应质量、市场引领行为等进行过程监督，引导新型农业经营主体提供高质量农业面源污染治理相关服务，提升农业面源污染治理效能。

此外，金融机构在向新型农业经营主体提供金融服务过程中应将"ESG"理念（环境—社会—公司治理）贯穿于新型农业经营主体授信全过程，全面激发新型农业经营主体的绿色引领作用。

③效果评估。除了过程监督外，探索农业面源污染协同治理还应强化农业面源污染治理的效果评估。在适度规模经营视角下，农业面源污染协同治理效果的评估应充分体现系统性特征。

一是政府参与农业面源污染治理效果评估。在协同治理格局下，政府仍是农业面源污染治理的重要主体，仍需具备"有为"政府属性。在传统农业面源污染治理格局中，政府往往"单兵作战"、大包大揽。同其他市场主体的分工并不清晰。因而，政府和市场的权责归属并不明确。这在一定程度上造成政府"越位"和市场"缺位"并存的现象。从某种意义上来说，农业面源污染协同治理新机制的设计过程也是政府职能转变、提升治理效能的过程。因此，应将农业面源污染协同治理作为政府职能转变的重要内容与考核维度。

二是新型农业经营主体参与农业面源污染治理效果评估。随着新型农业经营体系构建和适度规模经营的推进，新型农业经营主体通过产前、产中和产后等农业生产环节的价值链运营，与农户形成了紧密的利益共同体。因此，在农业面源污染协同治理过程中，除了要对新型农业经营主体供给的相关污染治理服务质量进行监管外，还应将新型农业经营主体的"绿色发展"引领作用作为财政政策支持的重要考核依据。为此，财政政策的补贴重点也应逐步向新型农业经营主体转移，以提升资金运用效率和农业面源污染治理效果。

三是金融机构服务农业面源污染治理效果评估。金融机构通过向农业经营主体供给金融服务渠道参与农业面源污染治理。因此，评估金融机构参与农业面源污染治理效果，可以通过观测其污染治理相关产品的广度、深度和温度等多维指标实现，研判其是否能满足农业面源污染协同治理过程中对于金融服务的新需求和新特征。

9.2　农业面源污染协同治理实施步骤

农业面源污染协同治理的总体思路诠释了农业面源污染治理的理念逻辑。农业面源污染协同治理实施步骤诠释的则是新时期农业面源污染协同治理的行动逻辑和行动位序。遵循农业面源污染协同治理的总体思路，本书认为农业面源污染协同治理应遵从由内而外、由面及点、由环式向链式的实施步骤。

（1）由内而外。

在农业适度规模经营视角下，发挥新型农业经营主体等市场化主体的引领作用是构建农业面源污染协同治理新格局的关键和重中之重。但这并不意味着农业面源污染协同治理重任就全部转至新型农业经营主体，也不意味着治理农业面源污染成为新型农业经营体系的专属义务。虽然农业面源污染产生的原因十分复杂，但与小农户的分散经营有千丝万缕的关联，这也是农业面源污染产生的不可忽视的内因和主要矛盾。因此，即便是在适度规模经营的大框架下，新时期农业面源污染协同治理仍应重点关注小农户的分散经营行为，这个是约束农业面源污染治理的"短板"。

为此，农业面源污染协同治理实施也应践行由内而外的治理步骤。站在农户角度，在内部农业面源污染协同治理的关键是：一方面，引导农户变革生产经营理念，强化环保友好型生产技术采纳和应用，培育绿色生产行为，从源头上降低农业面源污染生成概率；另一方面，通过组织化、合作化等途径，聚合分散经营农户，助推其向新型农业经营主体转变。在外部应充分发挥新型农业经营主体在产业示范、技术指导、绿色发展等方面的绝对优势，以农业价值链、供应链和产业链为载体，引导小农户融入农业面源污染治理过程，实现绿色发展。

（2）由面及点。

通过由内而外的农业面源污染治理，接下来就是由面及点推动农业面源污染,由"面源"向"点源"转变。通过由内而外的实施步骤,分散经营农户会"蝶变"形成新型农业经营主体。由分散经营向适度规模经营转变,组织化水平、生产经营水平、绿色技术采纳和应用水平都会获得显著提升,这将直接改变农业面源污染的生成逻辑和治理逻辑。具体而言,在农业面源污染生成逻辑层面,无论是哪种适度规模经营形式,都存在一定的规模经济效应,因而能够减缓农业面源污染产生的不确定性和随机性特征。

以土地适度规模经营模式为例,通过土地经营权流转,土地细碎化的问题将得到根本性缓解。在这样的条件下,各类化肥污染物的排放和施用就相对集中,在这样的情境下,"面源性"污染就会向"点源性"污染转变,治理难度也会大大降低。相比较分散经营格局,土地适度规模经营就能够实现污染源的"追索",以解决因为产权不清晰而形成的"公地悲剧"问题。在这样的条件下,只要锚定新型农业经营主体就能在一定程度上确定污染源。更为重要的是,新型农业经营主体发展生态农业的意愿更强,对测土配方施肥、水肥一体化、秸秆还田、生物膜技术等治理技术的接受程度、运用推广效率更高,进而能提高农业面源污染治理的综合效果,推动治理逻辑转变。

(3)由环式向链式。

由内而外、由面及点的实施步骤完成后,第三个步骤就是要推动农业面源污染治理由环式向链式转变。无论是在由内而外的步骤下还是在由面及点的步骤下,关注的焦点仍然是农业生产环节的内部,体现的仍是纵向维度的治理逻辑。但从现实情况来看,新型农业经营主体和农户往往通过"公司+农户""公司+基地+农户""公司+合作社+农户"等横向联合的方式开展农业适度规模经营。涉农公司、合作社等新型农业经营主体与农户通过产前、产中和产后的多环节价值连接组成"链式"利益共同体。可以说,新型农业经营主体和农户的利益连接是贯穿于农业生产经营全过程的。为此,实现农业面源污染协同治理就不能按照传统思维范式将关注焦点停留于农业内部环节,而应将视野放置于农业产业链的全过程,将协同治理理念上升到农业产业链全局以实现链式治理。通过将传统农业产业链升级成绿色产业链、通过价值链、供应链和产业链的参与主体的系统性整合,形成农业面源污染治理合力。

9.3 农业面源污染协同治理的目标预期

遵循农业面源污染协同治理的总体思路和实施步骤，农业面源污染协同治理要实现怎样的目标预期呢？由第 5 章的实证结果可知，农民收入水平提高、农业产业结构调整、城镇化水平等因素，会影响到农业适度规模经营对农业面源抑制效应的发挥，直接影响农业面源污染协同治理效果。新时期的农业面源污染治理不能就污染治理谈"污染治理"，应站在系统性全局嵌入"五位一体"总体布局、"四个全面"战略布局，坚持农业现代化和农村现代化一体化设计，从整个"三农"发展基本盘角度来确定农业面源污染协同治理的目标预期。否则，将陷入预期悖论，影响宏观战略全局和农业农村现代化进程。因此，综合这几个方面，本书认为农业面源污染协同治理的目标预期是促进农业高质高效、促进农民富裕富足、促进乡村宜居宜业。

（1）促进农业高质高效。

农业适度规模经营发展有其内在客观规律，一般与一个地区的农业产业结构有千丝万缕的联系。农业产业结构又会在一定程度上进一步提升农业适度规模经营质量和效率，这种互促作用又会进一步提升农民收入水平，进而减少农业面源污染意识。从这个角度来说，农业产业结构优化、农民收入提升是适度规模经营发挥抑制农业面源污染作用的有效支撑。这一点在实证结果中已经给出答案。从实证结果可以看出，当前农业产业结构已经对适度规模经营的农业面源污染抑制效应发挥产生了重要推动作用。

按照经济学基本理论的界定，农业产业结构调整的实现目标是要推动农业高质高效发展。农业面源污染协同治理就应将农业产业结构调整、农业高质高效发展作为实现目标预期，并放置于突出位置。为此，新时期农业面源污染协同治理的过程中应始终坚持绿色发展理念，基于各地资源禀赋、要素条件，不断优化农业产业空间布局，调整农业产业结构、种植结构和品种结构，加快发展特色、生态、绿色、循环农业，发展绿色农产品、有机农产品和地理标志农产品，不断提升农业的质量效益和市场竞争力，实现增产向增质转变以及农业资源的"休养生息"。

（2）促进农民富裕富足。

同产业结构调整一样，农民的收入提升也是适度规模经营抑制农业面源污染效应发挥的重要动力条件。农民收入水平和富裕程度与农业面源污染存在密切关联，直接决定着农民的生产模式、管理能力、环保意识以及环境保护和治理技术的采纳效率。因此，在宏观全局维度，农业面源污染协同治理应以提升农民收入和富裕程度为目标预期。同时，在微观行为维度，新型农业经营主体在为农户提供农业面源污染治理相关社会化服务、产业化合作时，也应以此为出发点和立足点，通过建立健全合理的利益分配机制、激励相容机制，引导小农户参与农业现代化发展进程和分享农业现代化收益，促进农民富裕富足，从源头上形成农业面源污染协同治理的内生性动力。

（3）促进乡村宜居宜业。

农业的高质高效发展、农民的富裕富足，最终都将归结于乡村振兴。乡村振兴战略是以习近平同志为核心的党中央，在中国特色社会主义新时期，为解决我国农业发展实际问题，进一步提高农业社会发展福祉的一项伟大战略工程[1]，是新时代"三农"工作总抓手和化解人民日益增长的美好生活和不平衡不充分的发展之间矛盾的必然选择。党的十九大报告及《乡村振兴战略规划（2018～2022 年）》进一步凝练、升级乡村振兴内涵，明确乡村振兴涵盖产业兴旺、生态宜居、乡风文明、治理有效、生活富裕的核心内涵。这是乡村振兴的价值追求、衡量标准，是"五位一体"总体布局在"三农"发展中的铺展与细化。乡村振兴战略，作为我国农村发展政策的升华和重新创制，与以往农村发展政策和措施存在差异，其战略性和系统性更显著[2]。为便于考核和形成内生激励机制，《乡村振兴战略规划（2018～2022 年）》进一步明确乡村振兴核心内涵和量化指标。

---

① 万信，龙迎伟. 论乡村振兴战略的基本内涵、价值及实现理路 [J]. 江苏农业科学，2018，46（17）：335 - 338.

② 何广文，刘甜. 基于乡村振兴视角的农村金融困境与创新选择 [J]. 学术界，2018（10）：46 - 55.

产业兴旺是乡村振兴的重点，是财力保障和经济基础①②，其核心在于激发农业产业活力、提升农业经济发展效益质量、实现农村三次产业融合发展，进而全面提升农业创新力和竞争力。生态宜居是乡村振兴的关键，是"绿水青山就是金山银山"发展理念的具体落实，相较于社会主义新农村建设"村容整洁"内涵，生态宜居作为"污染防治攻坚战"的重要构成，更强调环境友好、资源永续利用，更注重保护与修复自然环境，将"宜居"作为价值归宿和判断标准。

在实现经济强村的同时，实现建设美丽乡村预期目标。乡风文明是乡村振兴保障，涵盖农村思想道德建设、弘扬中华传统文化和丰富乡村文化生活三个层面的内容，是乡村振兴"文化内核"。有效治理是乡村振兴的基础，主要内容是组织振兴。生活富裕是乡村振兴根本、出发点和落脚点，是打好"精准扶贫"攻坚战、全面建设小康、走中国特色乡村富裕之路的必然选择。综合乡村振兴的内涵可以看出，农业面源污染治理是生态宜居内涵维度的直接体现和重要维度。因此，促进乡村宜居宜业也是新时期农业面源污染协同治理的预期目标。

9.4 农业面源污染协同治理的方案与实践路径

基于农业面源污染协同治理总体思路，遵循农业面源污染协同治理的实施步骤，要实现农业面源污染协同治理的目标预期，就需要针对不同情境，选择适宜的农业面源污染治理方案，进而才能有的放矢，充分发挥"有为"政府和有效市场的作用，打赢农业面源污染攻坚战。综合理论分析、经验描述、实证检验和行为博弈，本书认为，新时期农业面源协同治理方案主要存在集约化协同治理、组织化协同治理、产业化协同治理、数字化协同治理等四种典型性治理方案。

---

① 吴海峰. 乡村产业兴旺的基本特征与实现路径研究 [J]. 中州学刊, 2018 (12): 35 - 40.

② 高帆. 乡村振兴战略中的产业兴旺: 提出逻辑与政策选择 [J]. 南京社会科学, 2019 (2): 9 - 18.

9.4.1　集约化协同治理方案与实践路径

（1）集约化协同治理方案。

粗放式的经营方式在农业面源污染产生与演化的过程中扮演重要角色。过多的化学要素投入虽然在短期内提升了农业产量，但这种高投入型的农业发展方式也产生了严重负外部性——农业面源污染，加剧了生态恶化，致使生态承载能力下降，形成系统性问题，对农业生产的负面影响不可估量。可以说，粗放经营虽然获得了局部利益和促进了农业经济增长，但也加剧了社会成本。从长远来看，必将制约农业高质高效、农民富裕富足和乡村宜居宜业的预期目标。

为此，按照世界农业经济发展的一般经验，各国都将经营方向指向了集约化经营。不同于粗放式经营，农业集约化一般指的是在土地要素约束框架下提高技术、资金、劳动等要素投入，以提高单位面积产量的经营方式。农业集约化在提高土地生产率、土地利用率和提高农业经营收益的同时，减少了农业面源污染问题，实现农业生产的经济效益、社会效益和生态效益的有机统一。

在这种方案下，农业经营主体尤其是分散经营的农户，应该从质量、规模、效率等三个方面来调整经营理念，重塑农业生产方式、经营方式，形成环境友好型、资源节约型和投入减量型的集约化模式。其中，在质量方面，农业经营主体应改变重产量、轻质量的思维误区，发展绿色农业、生态农机农产品，不断提升农产品附加值和市场竞争力，以质取胜，实现经济效益和生态效益的综合统一。在规模方面，鉴于城镇化推进劳动由农业流向非农产业、由农村流向城市的趋势不断加速，这样会形成土地、劳动力要素的重新配置与重组，通过土地流转的方式势必会衍生出专业大户、家庭农场等新型农业经营主体，引领生产要素效率配置改进。在效率方面，通过集约化经营，农户能够提高有机肥的利用效率和采纳意愿、提高农业资源利用效率，从生产环节源头抑制农业面源污染。

从这个角度上来说，集约化协同治理方案本质上阐释的是通过重塑农业经营主体经营理念实现理念变革。该方案主要是从农业面源污染形成的源头出发，探讨家庭分散经营制度框架下农业面源的治理问题。本书认为，在集约化协同治理方案下，应充分发挥专业大户和家庭农场两类适度规模经营主体，在农业生产环节、农业面源污染协同治理中的引领作用。

根据研究表明，这两类农业经营主体低碳生产、绿色经营特征非常明显，在农业面源污染治理中的作用十分显著。以山东省齐河县的美盛源家庭农场为例，该农场是种养结合型的综合性家庭农场，实行"以地定养、以养肥地、种养对接"的集约化生产模式。在具体操作中，该农场将养殖环节产生的动物粪便经过发酵制成有机肥，将其用于西红柿、黄瓜、丝瓜和苹果等蔬果种植，减少化肥施用，种出了"放心菜"，结出了"放心果"，节约了生产成本和抑制农业面源污染。同时，该农场建设全智能自动控温大棚，实现自动温湿监控、自动防风，充分发挥有机肥的效力。最后，通过无公害认证，该家庭农场生产果蔬的市场价格较高，提升了农产品附加值和经济效益，实现了经济效益和环境效益双赢，为适度规模主体参与农业面源污染治理提供了可借鉴的有效范式，走出了通过农业集约化经营推动农业面源污染治理的新路子。

（2）集约化协同治理实践路径："政府＋基层党支部＋家庭农场（专业大户）＋农户"。

在实践操作层面，集约化协同治理方案可以通过"政府＋基层党支部＋家庭农场（专业大户）＋农户"的操作路径进行。政府主体参与农业面源污染治理主要通过战略和政策两个维度实施农业面源污染治理。在战略层面，政府应"规划先行"，建立健全绿色农业发展规划、农业面源污染治理规划、农民绿色技能培训规划、农业面源污染治理基础设施规划、公益性社会化服务供给规划以及建立健全农民权益保护法规、农业面源污染治理相关法规等，通过顶层设计、谋篇布局，奠定集约化协同治理方案的战略基调。在政策方面，政府应综合运用税收、财政补贴政策工具，对新型农业经营主体和农户从事农业面源污染治理的行为进行激励、约束。不过，考虑到我国新型农业经营体系演化趋势和方向，在农业面源污染治理中，政府对农业经营主体的政策激励和约束重点应逐步转移到新型农业经营主体层级。

基层党支部可以看成是连接政府、新型农业经营主体和农户的"纽带"。其主要负责宣传政府关于农业面源污染治理的发展规划、行政法规、财税政策等。以基层党支部为载体，对新型农业经营主体、农户进行农业面源污染治理相关知识、治理措施、发展技能等方面的培训。按照本书的调研结果发现，在调查样本区域内，仍有 36.2% 的农户没有听过农业面源污染，33% 的农户听过农业面源污染但并不是很了解。这样的认知状况谈何农业面源污染治理，基层党支部在这方面的作用亟待补位。除此之外，基层党支部还可以充当新型农业经营主体和农户之间连接的"纽带"，实现新型农业经营主体和农户的互促发展，充分发挥基层党支部的战斗堡垒作用。另外，基层党支部还是连接分散经营农户的"纽带"，有效连接分散经营农户，形成农户内生激励和约束机制。可以看出，基层党支部在农业面源污染治理中发挥了显著性作用。为此，新时期需要不断强化农村基层党支部建设，可以考虑从致富能手、大学生、返乡创业农民工等"新乡贤"群体中选拔支部书记，制定"五级书记抓面源污染治理责任清单"，以提升支部建设能力，更好地发挥基层党支部模范带头作用。

家庭农场或者专业大户主要通过生产经验、技术示范与推广、农民培训、产业引领等带动农户从事农业面源污染治理。家庭农场或者专业大户一般都是适度规模经营的典型代表，尤其是在产中环节，相比较其他生产经营主体具有显著的比较优势，能够将积累的生产经验、环境友好型生产行为、政策认知、产业动态和市场运营等传递给农户，形成显著的示范带动作用，提升农业面源污染的认知水平和治理意愿。在技术示范和推广方面，家庭农场或专业大户一般以规模经营为特征，但从现实情况来看，家庭农场或者专业大户，仍是以"家庭"为经营单位，人员规模非常有限。因此，家庭农场或者专业大户，往往采用机械化生产、专业化管理、商品化运营，对新技术、新方法、新工艺的采用热情较高。同时，由于家庭农场和专业大户往往以利润和产量最大化为经营导向，需要不断提升种植技术、种子和化肥技术等，这有助于提升农户对于新技术、新方法的采用效率，加快农业技术示范和推广。另外，由于家庭农场一般采用企业化，需要聘用大量的专业化人才和技能型人才，这将致使家庭农场经营逐步"阵地化"，为充分发挥家庭农场的农户培训作用奠定了基础。可以看出，政府、基层党支部、家庭农场或专业大户、农户等主体形成了协同治理农业面源污染的均衡格局。

9.4.2 组织化协同治理方案与实践路径

(1) 组织化协同治理方案。

按照行为博弈结果可知,农户参与农业面源污染治理主要与农产品产量有关。在这样的条件下,农户存在通过大量施用化肥以提高产量的原始动机,这种决策逻辑势必会成为农业面源污染加剧的重要诱因。在缺乏外部约束的情况下,农户的生产行为是很难监督的。这将直接导致集约化农业面源污染协同治理方案下的预期结果存在不确定性。

另外,在集约化协同治理方案下,虽然也适用于分散经营农户,但覆盖面可能并不会太广。还需要特别注意的是,家庭农场和专业大户发挥农业面源污染治理引领作用的环节主要是生产环节,这主要是由专业大户和家庭农场的本质属性和辐射范围所决定的。既然如此,无论是专业大户、家庭农场等新型农业经营主体还是分散经营农户,他们的集约化生产行为都很难实现有效监督。这一问题如果无法解决,将直接影响农业面源污染治理效果。为此,本书给出了农业面源污染协同治理的第二个方案——组织化协同治理方案。

组织化协同治理方案主要是充分发挥农民专业合作社这一新型农业经营主体的引领作用。按照《中华人民共和国农民专业合作法》中的界定:农民专业合作社是指在家庭联产承包责任制的基础上形成的各类互助性经济组织。所以一般加入专业合作社的会员往往具有共同目标、愿景。这样,除了能够在组织层面实现农民生产行为监督外,还能在入社农户间形成相互监督和激励。

从经营范围来看,农民专业合作社提供生产资料购买、农业信息服务以及农产品的加工销售等服务,能够从全产业链上形成农业面源污染协同治理的有效引领。在国家政策指引与激励下,我国农民专业合作社发展迅速,逐步成为链接"小农户"与"大市场"的重要载体,在实现农业经济增长功能的同时,也逐步成长为实现生态功能和社会保障的重要载体。综合而言,这种组织化协同治理模式已经在农业面源污染治理中发挥了重要作用。

以广东省化州市雄辉农牧专业合作社为例,该合作社是一家集种养结合、综合生产、管理、培训、销售于一体的综合性、多元性专业合作社。为加强面源污染源治理,雄辉农牧专业合作社探索形成了水肥一体化治理模式。其具体操作如下：一是将养殖环节形成的粪液经过固液分离处理，对其中的固体物部分进行腐热发酵处理，将其用作"红江橙"等特色农产品的有机肥料。二是液体部分，流入沼气池进行"厌氧发酵"形成的沼气，用作农户日常生产生活需要。剩余的沼液在沉淀池进行一级好氧分解，然后，通过高压污水处理泵、管道流入果树梯带，转化为果树所需要的有机肥料。值得一提的是，果树种植环节形成的副产物，经过处理，又转变成为养殖环节的饲料辅料成分，因而能够在一定程度上提升畜禽抗病、免疫能力。综合而言，辉雄农牧专业合作社构建的源头减量、过程阻断、养分再利用和生态修复的农业面源污染治理措施，充分印证了农民专业合作社这一新型经营主体在农业绿色发展"五大行动"、打赢农业面源污染防治攻坚战中的关键作用。通过农民的内部联合，"蝶变"形成了组织化协同治理新方案。

（2）组织化协同治理实践路径："政府 + 农民专业合作社 + 农户"。

在实践层面，组织化协同治理方案可以通过"政府 + 农民专业合作社 + 农户"路径进行。在这一实践路径下，政府主要为农民专业合作社的发展提供指导、支持和服务。这也是《农民专业合作社法》的基本界定。在这一实践路径下，政府的主要角色是：充分发挥"有为"政府价值属性，创新农业绿色发展理念，依托本地区资源禀赋和优势，打造生态农业、绿色农业新品牌，形成品牌兴农、地理标识兴农的良性发展格局，助推农业产业强基和现代化蝶变，为其他市场化主体从事农业面源污染治理提供坚实的政策环境。

当然更为重要的是，鉴于实践中，农民专业合作社普遍存在"小散弱"问题。政府应通过财政税收政策对农民专业合作社提供政策支持，为其参与农业面源污染治理和农业绿色发展创造良好的发展条件。除此之外，政府还可以从以下两个方面，为农民专业合作社的发展创造条件：一方面，引导农民专业合作社成立联合社，扩大生产规模、服务规模，不断提高市场竞争力，提升农民专业合作社，在农业面源污染治理的能力和作用。另一方面，推动"三社融合"发展，充分发挥农民专业合作社的生产管理优势、供销社的市场优势以及信用社的金融服务优势，通过资源整合、优势联动，全面提升农民专业合作社在农业面源污染治理中的效能。

按照《农民专业合作社法》的基本规定，农民专业合作社为农户提供的服务主要包括：生产资料的购买与使用，农产品的生产、加工、销售、运输等服务，休闲农业和乡村旅游资源的开发与经营，以及与农业生产经营有关的技术、信息等服务，等等。基于这一业务界定，农民专业合作社可以从以下几个方面带领农户从事农业面源污染治理：在生产资料的购买与使用方面，农民专业合作社可以通过供给绿色农业生产资料，如有机肥、绿肥等生态肥料、生物防治和无公害农药以及良种等，实现化学资料减量、土壤改良等，从产前环节切断农业面源污染的形成源。在农产品生产、销售、运输等服务方面，农民专业合作社可以从废污处理、秸秆加工等参与农业面源污染治理。在休闲农业和乡村旅游方面，应将农业面源污染治理，嵌入乡村振兴战略大局。事实上，从乡村振兴内容来看，农业面源污染治理与乡村振兴中的产业振兴和生态振兴密切相关、高度关联。因此，农民专业合作社参与农业面源污染治理实际上也是实现乡村产业振兴和生态振兴的过程，需要进行高度统一和有效衔接。除此之外，农民专业合作社还可以利用农业生产经营有关的技术、信息等业务优势，为农户提供面源污染治理政策、治理技术等培训和服务。

可以看出，在组织化协同治理实践路径下，农民专业合作社是连接政府和农户的桥梁，能在一定程度上拓展政府职能边界，可以为政府提供农户生产经营活动、污染源结构等环境信息，为政府相关政策提供了有效决策参考，进而能够减少农业面源污染防治决策中政府面临的信息不对称问题和交易成本问题，实现参与主体的有效对接。

另外，农民专业合作社能够带动农户增收致富，进而促进农户发展理念的转变，为农户转变生产方式和实现绿色发展提供有效的经济保障。还需要特别值得一提的是，作为分散经营农户的组织化形式，农民专业合作社还能从农户内部形成有效监督、相互促进的"内生化机制"，有效弥补了法律激励不足的困境，将农业面源污染治理行为与农户追求产量最大化和收入最大化的经济行动有效衔接、内生化转变，形成紧密利益共同体，加快农业面源污染治理进程。

9.4.3 产业化协同治理方案与实践路径

（1）产业化协同治理方案。

家庭农场、农民专业合作社也能在不同的农业生产环节对农户产生示范和带动作用。在具体实践发展中，这两类主体一般都以产中环节为主导，更多体现的是生产环节，很难覆盖农业产业链过程。随着农业价值链升级、结构调整、市场化推进以及城乡融合，仍然面临着"小农户"与"大市场"的矛盾，农业经营主体参与农业面源污染治理和绿色发展仍然面临较高的搜寻成本、信息成本、议价成本和决策成本，不但市场风险加大，而且受限于"议价能力"，小农户无法获取市场分工剩余和绿色发展收益。

由农业面源污染治理的实施步骤可知，农业面源污染治理的预期目标是实现农业产业的"全链条治理"。因此，从治理能效上来看，如果在价值链、产业链的大视域下集约化协同治理模式和组织化治理模式在嵌入大市场后，都将面临"市场失灵"的情况。

为此，本书提出了第三种方案——产业化协同治理方案。产业链协同治理方案主要是发挥农业龙头企业在产业链环节的比较优势。通过利益联结机制，带领农户进入"大市场"，实现产加销、贸工农有机结合和相互促进。农业产业化龙头企业作为农业生产者与现代企业的有效结合体，在推进农业产业化过程中，引领农户以及其他适度规模经营主体参与到现代农业、绿色农业生产活动中，为顺应新时期农业高质量发展方向不断变革农业生产理念和生产方式。尤其是在党中央将农业面源污染治理提至战略高度之后，农业产业化龙头企业应充分发挥其资源要素优势，响应政府提出的农业面源污染治理操作建议，不断改进农业生产发展方式，大力推行农业清洁、标准化生产。

比较发现，农业龙头企业的产业链管理、市场带动能力和绿色发展能力更强，是农业绿色发展进程中的引领力量，有较大的作用空间。为此，以锐华农业开发有限责任公司为典型案例予以阐释。锐华农业开发有限责任公司位于四川省攀枝花市，成立于1998年，注册资金1800万元，总资产1.4亿元，主要从事水果种植、农技培训、电子商务等经营业务；该公司全心致力于攀枝花晚熟芒果、早春枇杷等特色水果的研发和生产，现已发展成为一家融科研、生产、经营为一体的现代农业企业。该公司分别在攀枝花市西区、盐边县、米易县等区县建有标准化种植基地8000余亩。其中，芒果基地6500亩，枇杷基地1500亩。同时，建有3000平方米标准化果蔬加工包装车间一座、10000吨容量气调保鲜库一座，以及配套的检验检测中心和技术开发中心，具备年生产芒果 9000 吨、枇杷 1000 吨的生产能力，是攀枝花地区规模最大、产业最健全、技术最全面、品种最齐全的标准化、现代化水果种植企业。此外，锐华农业还以"公司＋基地＋专合组织＋农户＋品牌＋市场"的产业化经营模式，辐射带动攀枝花市 23 个乡镇、169 个村、812 个合作社的 1.5 万户农户，发展特色水果产业增收致富奔小康。

锐华农业有限公司在芒果、枇杷和其他特色水果种植的大部分环节采取一系列的农业面源污染治理行为。在选种阶段，选用适宜当地环境条件的抗病虫、优质品种。在施肥阶段，公司拥有"测土配方施肥"核心技术，根据不同土壤肥力状况、土壤供肥特点、作物需肥规律和肥效试验结果，采用合理的施肥配方，这样不仅可以降低用肥量，提高肥料的利用率，还能培肥地力、协调养分。在防虫阶段，公司主要采用物理防控技术和阻隔技术对病虫害进行防控。其中，果实套袋是各个种植基地最常使用的一种阻隔技术。通过对芒果、枇杷等果实套袋，不仅可以防御害虫破坏果实，还能防止日灼。在贮藏阶段，锐华农业更加注重高效环保，用气调保鲜方式替代化学防腐的保鲜方式。

从中可以看出，锐华农业有限公司对于农业面源污染的治理贯穿于产前、产中和产后的各产业链环节。在有效防治农业面源污染、促进当地绿色农业发展的同时，提高了周边乡镇、村、合作社、农户的经济效益。综合而言，这种产业链式的协同治理模式的运行效率要远高于其他新型农业经营主体主导的面源污染治理模式，具有很强的示范带动作用，更能适应乡村振兴大背景下农业面源污染治理的新要求和新任务。

（2）产业化协同治理方案实践路径："政府＋龙头企业＋农民专业合作社（协会、供销社、农村电商等）＋家庭农场（专业大户）＋农户"。

在实践层面，产业协同治理方案，可以通过"政府＋龙头企业＋农民专业合作社（协会、供销社、农村电商等）＋农户"的实践路径进行。该路径实际上是组织化协同治理路径的"迭代升级版"。实践中，由于农民专业合作社经营环节往往大部分集中于生产环节。当然，也有农民专业合作社的经营范围分布于产前或者产后环节，甚至是综合性的全产业链环节。但在实践发展中，这种情况还相对较少。也正因为如此，农民专业合作社的面源污染引领效应发挥还存在诸多局限性。这也是产业化协同治理路径提出的重要原因。

在这一路径下，政府角色、发挥作用范围与上述一致，此部分就不再进行赘述。本部分重点说明产业化协同治理路径下其他参与主体的定位和作用范围。

龙头企业一般是跨产业经营的典范，具有带动性强的特征。在市场开拓、科技创新、农民增收和区域经济发展中，肩负着重要责任和担当。因此，龙头企业具有较强的市场开拓能力，能够串联农业产业链条，进而实现产业链运营和市场资源的有效整合。这将有助于弥补家庭农场、专业大户和农民专业合作社在市场、资金、资源以及带动能力上的不足，全面提升农业产业链绿色发展水平和农业面源污染引领能力，为此，在该实践路径下，龙头企业参与农业面源污染治理可以从以下从市场、标准、技术和增收四个方面展开。

在市场方面，龙头企业凭借其市场优势可以从绿色农资、良种供应、冷链物流等社会化服务供给以及生态农业发展模式创新等方面，参与农业面源污染治理。在资金方面，龙头企业也可以依托农业产业链向分布于上下游的农民专业合作社提供"产业链融资"服务。关于这一点，龙头企业可以在供给金融服务的同时，嵌入 ESG 范式，实现"环境—社会—公司治理"的有机统一、多维融合。通过治理手段创新，提升农业面源污染治理综合能力。在标准和技术方面，龙头企业一般负责提供相应的生产资料、良种与畜苗，给农民专业合作社、家庭农场或者农户。

在实践探索中，双方一般以"订单农业"的形式展开。在农业订单中，关于农产品的种植和养殖标准一般都有明确要求、具体规定。这实际上是在产业链上构筑了农业面源污染治理的"闭环"，能够从源头上实现有效治理。还需要值得一提的是，龙头企业对于农业经营主体种植或者养殖提供全过程技术指导、技术培训，能够实现风险可控、源头溯源，从根本上推动农业经营主体经营意识转变，达到"治标又治本"的作用。

另外，在这条治理链条上，农民专业合作社（协会、供销社、农村电商等）可以利用各自在农业价值链上的生产管理优势、市场优势在不同产业环节发挥治理作用。以农业废弃物秸秆为例，农民专业合作社（协会、供销社、农村电商等）可以充当秸秆需求企业与农户之间的沟通桥梁，充当信息中介、交易媒介有效畅通信息。当然，对于综合实力较强的农民专业合作社，还可以与其他市场主体合作建立相应的收购站等，直接参与秸秆回收、秸秆还田技术推广等，进而提高农业废弃物的综合利用效率，达到抑制农业面源污染的作用。

当然，在产业化协同治理模式，农民专业合作社及其他组织的作用角色也与组织化协同治理方案下的角色是一致的，就不再赘述。此外，家庭农场发挥作用的空间也与集约化协同治理模式下的作用是一致的，这里也不再赘述了。

一言以蔽之，产业化协同治理方案下的实践路径实际上体现的是集约化协同治理方案、组织化协同治理方案下的综合化集成。不过需要注意的是，选择哪一种实践治理方案，与一个地区农业经济增长和现代化水平存在密切关联，需要根据各地区不同的实际进行差异化、特色化选择。

9.4.4 数字化协同治理方案与实践路径

（1）数字化协同治理方案。

进入数字经济新时代，数字化技术逐步渗透至生产、流通、销售、融资等环节，成为推动农业生产经营创新、农业部门变革的"引擎"的主要驱动力。人工智能、机器人技术、大数据、物联网等数字技术，将监测、控制和优化活动结合起来，有效提升了农业生产效率。同时，通过数字化技术的"加持"，农业也改变了市场供应、业务流程和模式，为"小农户"和"大市场"衔接提供了全新的解决方案。可以清晰判断，农业数字化将为农业高质量发展提供强有力的信息支撑，也将为农业资源优化配置、农业发展模式创新及农业面源污染治理提供了新的治理方案。

与集约化协同治理方案、组织化协同治理方案和产业化协同治理方案不同，数字化协同治理方案数字化治理方案主要依靠数字化技术，实现了对农业面源污染的分布度量、监测、预警和治理，能够有效提升了农业面源污染治理的效率和治理能力。具体来讲，通过数字化技术，平台可以完善化肥、农药等主要面源污染的审批登记；可以监测土壤质量和墒情；可以提高农业生产经营的监测能力，进而从源头溯源、完善农业生产经营监测能力和健全生态保护和修复体系，推动农业产业绿色化转型。

以有机固废堆肥技术智慧解决方案提供商、农业智慧环保 SaaS 服务商——中农创达为例，该公司运用其技术优势，推出了"农业面源污染监测预警大数据平台"，为农业农村生态环境监测预警提供大数据产品和服务。该平台采取"智慧管理平台＋自动监测站点＋取样监测点"的方式，解决了农业面源污染监测的数据不准确、不及时、不方便的"痛点"问题，通过电脑端、手机端和大屏端联动交互和多场景应用，为监管部门进行农业面源污染治理提供了可视化、结构化和标准化的决策参考。同时，通过与中国农科院的技术合作，中农创达实现了秸秆、尾菜、畜禽粪污、中药渣等污染源的无害化、资源化处理，形成了有机肥，助力农业面源污染治理，促进农业绿色发展和生态文明建设。

（2）数字化协同治理实践路径："政府＋高等院校（科研院所）＋平台公司＋家庭农场＋农户"。

自实施"互联网＋农业"行动以来，我国农业数字化获得了长足发展，效果十分明显。数字化逐步成为解决"三农"发展问题的重要利器。因此，依托数字赋能，将数字化手段运用至农业面源污染治理也是新时期农业面源污染协同治理的重要路径。有鉴于此，数字化协同治理方案主要通过"政府＋高等院校（科研院所）＋平台公司＋家庭农场＋农户"的实践路径进行。

在这一协同治理链条下，政府应强化部门联动和协同，编制数字农业、数字乡村发展规划，加快数字政府进程，加快将农业生产活动、土壤信息、地理标识、污染源演化等数据接入、清洗、度量、确权、开放进程，通过统筹规划、分类指导、资源整合，为高等院校和科研院所、平台公司进行云平台研发和业态模式创新奠定坚实的数据基础。当然，除此之外，政府还应建立健全农业数字化法律法规体系、涉农信息服务资源整合和共享规范标准、加大政策扶持力度，鼓励高等院校和平台公司加大农业面源污染治理技术、商业模式等研发和创新力度，全面提升农业面源污染的数字化治理水平。

高等院校（科研院所）和平台公司在这一治理链条下主要负责技术研发和商业模式创新。其中，高等院校（科研院所）负责研发农业面源污染监测大数据平台，对农业生产活动中的化肥、农药、废弃物等投入品的使用信息、种植环境的气象、土壤环境信息、农作物长势、农户生产决策信息等进行数字化、可视化，为政府决策和平台公司进行商业模式创新提供坚实数据支撑。

　　平台公司主要负责商业模式创新。通过产业化、市场化和商业化转化，充分挖掘农业面源污染治理的经济价值、盈利点、增长点，实现经济价值、社会价值和环境价值的有机统一。为此，在这一链条下，平台公司需要基于农业面源污染治理不同环节、不同场景等进行"结构化"画像，构建电脑端、手机端以及智慧大屏端交互联动，形成"数据＋平台＋服务"的"三位一体"格局，让家庭农场和农户了解农业作物种植的生产要素投入标准、种养殖环境条件以及气象信息等。同时，消费者可以依托互联网连接，接入相应的智能设备和终端，清晰了解种植养殖农产品的"全过程"图像信息、投入品使用信息、气象土壤信息等，形成全过程、全环节的透明化追溯。通过"用脚投票"机制，倒逼农业生产经营主体从事农业面源污染治理和农业绿色发展。最后，家庭农场引领农户从事农业面源污染治理的作用，与上述几种方案中的作用一致，就不再赘述。

第10章 适度规模经营视角下农业面源污染协同治理的金融支持政策

基于全书理论分析、实证检验和行为博弈结论研判可知，当前，金融支持政策并未成为农业适度规模经营的基础性支撑条件，共生共荣、合力共治的"协同效应"并未形成，协同治理的格局并未出现。可以说，农业适度规模经营对农业面源污染治理的引领效应发挥不充分、不彻底，与金融支持政策的支撑不足存在很大关联。因此，强化金融政策的支持力度，不仅是发挥适度规模经营抑制农业面源污染、引领绿色发展的题中之义和必然要求，也是新时期政策聚焦的关键环节和主攻领域。另外，新时期随着农业面源污染治理模式转变，也会对金融政策支持变革提出新要求、新方向。为此，亟须对金融支持政策的总体战略取向和创新方向、金融政策工具选取和产品创新、涉农金融机构建设与管理、风险防范与保障条件等进行调整、重塑，以更好地支持发挥农业适度规模经营的绿色发展引领作用发挥。

10.1 总体战略取向与创新方向

10.1.1 战略取向

新时期农业面源污染协同治理遵循的是由内而外、由面及点、由环式向链式的实施步骤和转化逻辑。这其中蕴含的底层逻辑是：政府、新型农业经营主体、农户等主要污染治理主体，需要形成相互联系、相互依赖、相互合作的"链式关系"。关于这一点，无论是在集约化协同治理方案、组织化协同治理方案，还是在产业化协同治理方案和数字化协同治理方案，都得到了淋漓尽致诠释。可以说，新时期农业面源污染协同治理的进程中，各农业经营主体形成了"利益共同体"。

换言之，在这样的条件下，任何一方的金融服务需求如果无法得到满足，就不仅仅是"个体行为"，而会上升至系统性、全局性行为。也就是说，只要这一"利益共同体"中任一参与方的金融服务需求无法得到满足，农业面源污染协同治理的新格局就无法出现。而这恰恰是金融机构金融服务供给中存在的主要矛盾症结。当前，金融机构供给金融服务主要是通过"点对点"方式进行的。即通过对单一主体、单一环节、单一产业的征信、授信进行的，考察的往往是个体特征、个体行为和履约能力，并未涉及"利益共同体"方面。这种供给方式显然与农业面源污染协同治理的几种主要操作方案和实践逻辑存在一定的背离性，金融政策支持方向亟待调整，支持方式亟待变革。这也是金融政策支持农业面源污染协同治理的战略新取向。

为此，在金融机构层面，应转变传统的"点对点"式的金融服务供给模式，以农业面源污染协同治理中的"利益共同体"以及"关系链"为服务对象，聚焦农业发展中的产业链、供应链和价值链，供给系统性、综合性金融服务。事实上，在实践运行中，金融机构为促进农业适度规模经营发展推出了一系列金融服务。但也仅仅局限于新型农业经营主体自身维度，在一定程度上，并未考虑到链条上农户以及农户与新型农业经营主体之间形成的联动关系。这离"利益共同体"的授信对象还相差甚远。

同时，由案例可知，当前供给这类服务的金融机构主要以村镇银行为主，金融机构自身的资金实力与农业面源污染所需要的资金量相差甚远。因此，战略层面，除了需要在需求侧关注"利益共同体""关系链"外，还应在供给侧强化金融供给侧结构性改革，充分发挥我国多层次金融体系以及金融机构的联合作用，以构建不同类型金融机构的污染防治合作机制。这其中，正规金融服务主要由村镇银行、资金互助社、农业贷款公司等新型金融机构提供；非正规农业供应链金融服务可以由龙头企业、农民专业合作社等新型农业经营主体提供。除此之外，大型商业银行和新型金融机构还应明确分工、建立合作机制，满足农业适度规模经营中农户和新型农业经营主体的资金需求，提升农业面源污染治理能力。

综合来看，只有实现供给侧和需求侧的有效衔接，金融政策支持适度规模经营主体从事面源污染治理的效果才是显著的。不过，另一个事实也不容忽视：囿于农业发展的弱质性特征，农业经营主体长久以来都沦为传统金融机构的主要排斥对象。既然如此，加强金融支持政策对农业面源污染治理的支持强度，是否需要降低金融服务供给门槛呢？

事实并非如此。降低门槛虽然能在一定程度上增加涉农资金流入量，但也会极大增加金融风险和降低金融机构持续盈利能力。一般来说，金融机构只要解决事前的逆向选择问题和事后的道德风险问题，金融服务供给就呈现风险中性特征，就能够实现金融服务供给和需求的有效匹配。因此，只有全面解决相关主体面临的逆向选择和道德风险问题，才能在金融机构盈利和金融服务“触达”之间获得最大性平衡。为此，本书认为，除了把握战略大方向外，还需要从以下两个途径实现战术调整。

一是充分发挥政府作用和力量。一方面，通过财政贴息引导金融机构供给农业面源污染治理等绿色发展领域的绿色产品；另一方面，通过政府主导开展信用村、信用镇评价，化解绿色金融服务供给中的信息不对称问题。例如，重庆市巴南区，就制定了《巴南区信用村、信用镇评定方法》。该方法规定，凡是入了信用村的农户，在贷款、利率、服务及项目资金等方面都将获得优先支持。

特别需要关注的是，在现行评价条件中，并未涵盖“新型农业经营主体”的基本情况。这一点需要在后续发展中进行完善和健全。新时期在推进信用村和信用镇评价中，应增加新型农业经营主体相关量化指标，为金融机构化解逆向选择和道德风险、强化信用支持提供“信用基石”，进而提升金融服务供给力度，助力农业面源污染协同治理。

二是依托市场力量，充分借助新型农业经营主体的增信机制。从力量对比来看，在农业面源污染治理“共同体”中，农户在市场谈判中处于谈判的弱势地位，也是被“金融排斥”的主要对象。因此，充分发挥农业适度规模经营主体在农业面源污染治理中的引领作用，仍需要重点关注，并解决农户的金融服务需求问题。换言之，虽然在战略层面金融机构应将金融服务供给的重点转向新型金融主体，但仍需要兼顾普惠性、包容性特征，将解决农户的金融服务需求问题作为金融政策支持的重点。

按照上述分析可知，在每一种农业面源污染协同治理方案下，各类新型农业经营主体事实上已经通过价值链、供应链和产业链，同农户形成了联系密切、共生共荣的"社会关系网络"。为此，金融机构可以通过挖掘新型农业经营主体和农户之间的利益关系，构建内生性增信机制，进而解决逆向选择和道德风险问题，在提高农户金融服务可获性的同时，提高金融政策支持强度，以满足价值链上的参与农户在农业面源污染治理中的融资需求。

金融机构新型农业经营主体金融服务概况如表 10 - 1 所示。

表 10 -1　　　　金融机构新型农业经营主体金融服务概况

省区市	银行名称	产品名称	产品简介
安徽	长丰科源村镇银行	农户养殖专项贷款	在长丰县域内，从事农、副产品生产加工企业与农户建立一定经济契约关系，如"公司＋农户或公司＋养殖小区＋农户"的养殖经营模式
		农业专业合作社贷款	指本行向辖区内农民专业合作社发放贷款，旨在满足符合农民专业合作社在组织产、供、销过程中所产生的资金需，需要由 3～5 家无关联农民专业合作社组成联保体办理联保贷款
	宿州淮海村镇银行	"公司＋农户或经销商"担保贷款	对农村区域从事种植、养殖、畜牧、农副产品加工的农户或经销商发放的，由与其签订收购协议的农副产品收购公司提供连带责任保证担保的生产经营性流动资金贷款
	当涂/郎溪新华村镇银行	"旺农贷"	农村地区发放的专项用于消费、经营为目的的贷款，贷款金额 1 万～30 万元，日利率最低 0.025%
		"兴农贷"	辖区内农村地区涉及光伏发电、沼气利用、购买节能设备等项目的资金需求，而发放的涉农绿色贷款，贷款金额 1 万～100 万元
	肥西石银村镇银行	贸易贷－农户供应链贷款	向核心农业生产加工企业的上下游农户发放的，用于购置农业机械、扩大生产经营规模、更新或扩建基础设施等农业生产经营
	裕安盛平村镇银行	种植养殖专项贷款	向从事种植、养殖行业并为协议公司代为养殖农畜的农户，因基建、养殖生产资料、防疫等资金需求，而发放的担保贷款

续表

省区市	银行名称	产品名称	产品简介
安徽	寿县联合村镇银行	农机贷款	指本行与农户（买方）、农机经销商（卖方）通过业务合作，给予农户贷款用于满足其向经销商购买农机具
	歙县嘉银村镇银行	"劝耕贷"	贷款投放方向主要为粮食生产、畜牧水产养殖、菜果农等农林优势特色产业等
		"农信贷"	向符合条件的自然人通过评分方式，按照评分结果对应贷款额度，用于农村生产消费、新型农业经营主体为用途的贷款业务
	灵璧本富村镇银行	农业供应链贷款	以农业供应链为依托，为农户及农业供应链上的个人及合作社、家庭农场、种植养殖大户等提供的贷款
北京	房山沪农商村镇银行	涉农个人生产经营贷款	该贷款主要用于种植、养殖等农、林、牧、副、渔的生产经营，农、副业产前、产中、产后的配套经营服务等
	大兴九银村镇银行	"润物贷"	在农户等向我行提供合法抵质押物后，向其发放的用于生产经营等活动的经营性流动资金贷款，且贷款用途符合国家农村工作政策或符合绿色信贷要求
	通州中银富登村镇银行	"欣农贷（生猪）"	专为生猪养殖户设计的一款多用途经营性贷款，主要用于满足养殖过程中的流动资金需求，例如饲料及其他成本的投入
重庆	重庆农村商业银行	设施农用地贷款	从事农业规模化生产的农业产业化龙头企业、农民专业合作社等新型农业经营主体用于设施农用地的固定资产建设
	南川石银村镇银行	"田园富"	针对农村种植业项目的短期流动资金贷款
		"畜牧贷"	针对农村养殖业项目的短期流动资金贷款
		"加业富"	针对农副产品加工业、农产品流通项目的流动资金贷款
	万州中银富登村镇银行	"欣农贷"（水产/生猪/蛋鸡/种植）	适用对象为规模化养殖/种植户

续表

省区市	银行名称	产品名称	产品简介
四川	广元市发展村镇银行	"富民通"	购买农业生产的拖拉机、耕种机具等的贷款品种
		"金满仓"	指向有本地户口且资信良好的农户发放的用于购买化肥、农药、种子、薄膜等产品的贷款品种
		"农丰宝"	指向有本地户口且资信良好的农户发放用于猪、牛、羊、鸡、鸭等家禽养殖的贷款品种
	崇州上银村镇银行	"惠农贷"	主要用于满足农户种养殖业的生产经营及为种养殖业提供服务行业的融资需求,为农户提供快速便捷的融资服务,采用绿色信贷通道
	金堂汇金村镇银行	支农再贷款	向符合条件的农户、家庭农场、专业大户以及涉农小微企业发放的用于农田基本建设、农产品加工,农业生产资料制造,农用物资及农副产品流通等用途的贷款
	成都农商银行	家庭农场贷款	贷款用途主要用于借款人购买农业生产资料、购买农业机具等农业生产经营用途
		央金惠农贷	专门针对"三农"领域发放的优惠利率的贷款
	广元市贵商村镇银行	农民专业合作社贷款	向依法成立的农民专业合作社发放,用于购置种苗、化肥、农药、饲料、大中型农业机具、农业生产、建设标准化生产基地、建造产品分级仓储场所、购买各类包装和加工设施、购置冷藏保鲜设施和运输设备等的专项贷款
浙江	浦江嘉银村镇银行	"葡农贷"专项贷款	以种植葡萄为主的农民专业合作社、家庭农场、农业龙头企业及农户为贷款对象
江苏	南通如皋包商村镇银行	"粮满仓"	是指向农户发放的用于粮食种植所需生产资金的贷款
		"菜农乐"	向农户发放的,用于建设温室大棚、蔬菜种植等用途的贷款
		"有机宝"	向农户发放的,用于有机肥满足作物营养需求的种植业的贷款

续表

省区市	银行名称	产品名称	产品简介
江苏	南通如皋包商村镇银行	"农企快车"	向涉农企业发放流动资金贷款　贷款对象，如从事种植养殖、设施农业、农产品加工、农业生产资料制造等方面的企业
		"惠农贷"	用于从事土地耕作、种养、经营等过程中的流动资金周转
	苏州农商银行	美景田园贷	向辖内家庭农场、合作社等涉农客户发放的用于农业日常生产经营周转的人民币贷款
河北	中国邮政储蓄银行河北分行	"冀农担"	河北分行与河北省农业信贷担保有限责任公司联合开发的一款重点支持新型农业经营主体的个人经营性贷款，适用于规模化种植养殖、农产品初加工、农产品收购存储等
河南	方城风裕村镇银行	"农资贷"	方城县域内用于购买化肥、农药、种子、农机等指定用途的农户
	南阳村镇银行	"惠禽宝"	用于邓州市农民专业合作社社员、农村养殖大户等家禽养殖资金需求，最高授信额 35 万元
		"惠农宝"	针对从事种植业、养殖业及与农业生产相关行业的农户发放的人民币贷款业务，最高额度 10 万元
	长葛轩辕村镇银行	"心连心"农村个人贷款	农村居民从事农业生产、经营所需资金的农户信用贷款
	郑州龙商银行	龙头企业贷	发放贷款给经国家、省、地级市三级任何一级主管部门认定的农业产业化龙头企业
湖南	湖南省农村信用社联合社	家庭农场贷款	以多种担保方式担保，能够满足以种植业、养殖业及农产品加工为主营项目的新型农场经营主体的流动资金周转、固定资产建设、项目开发的资金需求的贷款产品
		种养大户贷款	向种养大户家庭主要成员发放的，用以满足其从事农业种植和养殖生产资金需求的农户生产经营贷款

续表

省区市	银行名称	产品名称	产品简介
湖北	武汉农村商业银行	农业银政担	以武汉市财政涉农贷款风险担保补偿基金和湖北省农业信贷担保有限公司提供担保作为增信手段,对新型农业主体提供信贷支持的创新金融产品
		"银保贷"	由大型专业保险公司承保、武汉农商行发放的用于农业生产经营用途的纯信用贷款,用于农业基础设施建设、技术改造、生产资料购置等
		"惠农贷"	从事农业生产的新型农业经营主体贷款
		农民专业合作社贷款	向服务辖区内合作社及其社员发放的人民币贷款,用于购买种苗等农用物资,建设标准生产基地等用途
	三峡农村商业银行	"互保金"农业新型经营主体贷款	向辖内中小企业、城乡创业者和农村种养大户发放,由借款人缴纳一定比例的互保金提供担保的贷款
广西	南宁江南国民村镇银行	"鑫农贷"	为当地从事种、养殖的新型农业经营主体提供农业贷款
江西	抚州东乡农商银行	"畜禽智能洁养贷"	面向取得生猪养殖许可的养殖大户、养殖农民合作社、生猪养殖产业化龙头企业等生猪养殖经营主体,以互联网智能养殖管理平台为管理依托,以"养殖经营权"为抵押方式,为"洁养"工程实施提供所需信贷资金
广东	广州花都稠州村镇银行	"政银保"	以政府财政投入的担保基金作担保,以银行贷款投入为基础,以保证保险作为保障,由政府成立专门的办公室向我行提供符合担保条件的优质农业企业、农民专业合作社、农业经济组织等所发放的贷款
	广州农商银行	美丽城乡贷	用于修葺翻新、功能扩展、智能改造、绿色升级等
山东	临朐村镇银行	鲁担惠农贷	由临朐村镇银行与山东省农担公司联合推出,服务于家庭农场、种养大户、农民合作社、农业社会化服务组织、小微农业企业等适度规模经营主体

续表

省区市	银行名称	产品名称	产品简介
辽宁	丹东鼎安村镇银行	"农保贷"	向本辖区内农民专业合作社、农业企业、农业产业化龙头企业、发放的用于统一采购农业生产资料、建设标准化生产基地等的贷款
	盘锦大洼恒丰村镇银行	"苇海宝"	以"银行+公司+农户"的方式，以芦苇塘中养鱼、养蟹的农户为服务主体，由盘锦兆海苇业有限责任公司提供担保，解决农户养殖资金不足所发放的贷款
		土地承包经营权抵押贷款	为新型农村经营主体推出的一款信贷产品
	东港同合村镇银行	农民专业合作社贷款	向本辖区内依法组建的合作社发放的贷款，用于采购农业生产资料、建设标准化生产基地等
	锦州松山农商村镇银行	金汇助农贷	向符合条件的农户或农业经营主体，农业经营主体包括城镇自然人、企业及各类新型农业生产主体，发放用于扩大生产规模的贷款
	辽东农商银行	设施农业贷款	用于农户发展设施农业的贷款
甘肃	庆阳瑞信村镇银行	惠农宝贷款	用于支持农户、涉农企业或组织发展，经营范围限定于农、林、牧、渔业
内蒙古	达茂旗包商村镇银行	农田水利设施配套实施贷款	用于购置农田水利设施
新疆	克拉玛依金龙国民村镇银行	"金牧源"	针对克拉玛依区域内畜牧养殖专业合作社及畜牧养殖户
		"金土地"	针对克拉玛依区域内农民专业合作社及社员
	伊犁国民村镇银行	农户种植贷款、农户养殖贷款	专用于农户从事种植、养殖活动
海南	海南省农村信用社	农民专业合作社贷款	用于农民专业合作社购买农业生产资料，建设标准化生产基地等
黑龙江	哈尔滨滨州村镇银行	"农社通"微小农贷款	贷款对象（借款人）是规范化运作的农民专业合作社社员
	哈尔滨农商银行	兴农助企贷	支持各类涉农企业发展，解决其在生产经营过程中出现资金短缺问题而推出的企业流动资金贷款

续表

省区市	银行名称	产品名称	产品简介
福建	漳平民泰村镇银行	"环保贷"	必须用于生猪养殖场环保改造
	福鼎恒兴村镇银行	生态养殖贷	向符合全市渔排、藻类养殖设施升级改造的海上养殖户发放的用于满足其生产经营所需的个人经营性贷款

10.1.2 创新方向

基于适度规模经营视角下农业面源污染协同治理的战略取向、战术调整，金融政策支持创新应从绿色化、产业化和数字化三个维度展开，提升金融政策供给质量、变革金融供给模式、改进金融供给效率，全面提升金融政策支持农业面源污染治理效能。

（1）绿色领航创新。

农业面源污染治理是一个"过程"。金融政策支持农业面源污染治理，除了要看到农业面源污染治理过程中形成的金融需求外，更需要看到农业面源污染治理的"结果"和目标预期对金融需求所提出的变革性要求。农业面源污染治理是要培养农户的环境友好型生产行为、实现农业绿色发展、加快推进美丽中国建设，实现农业现代化。从发展趋势来看，生态环境的可持续是农业现代化直接价值体现，绿色化是衡量农业现代化发展质量评价标准，绿色生态农业是现代农业新业态。

从这个层面来说，实现农业的绿色化转型不仅关乎农业现代化质量，更关乎粮食安全、资源安全和国家安全问题，战略意义显著。站在金融机构的角度来说，金融政策支持农业面源污染治理也就不仅仅是满足农业面源污染治理中的融资需求问题，而是以金融政策支持为纽带，将金融思维、金融逻辑和金融机制融入农业绿色发展的实践操作、产业运行中，引导农业生产经营主体转变生产观念、重塑生产方式、革新生产理念，实现"生态宜居"。

综合这几个方面内容可知，金融政策支持农业面源污染治理与金融政策支持农业绿色发展，实际上是同一问题的不同侧面，本质是相同的。换言之，在这样的条件下，金融政策支持农业面源污染治理就不仅仅是解决农业面源污染治理过程的融资问题"单一线性"问题，而是解决绿色农业、生态农业等风险性、"复杂非线性"问题。因此，新时期金融支持政策应以"绿色"为底色，在绿色金融机构、绿色金融工具和绿色金融标准建设等方面重点谋划、精准发力，让绿色金融成为支持农业面源污染治理，推动农业绿色发展和农业现代化的"助推器"。这是新时期金融政策支持与创新的立足点和大方向。

（2）产业引领创新。

新时期农业面源污染协同治理方案的实践路径均是"链式"的，体现的是新型农业经营主体和农户依托价值链、供应链和产业链达成的契约关系、合作机制、价值共创和利润共享关系。综合战略取向内容，这就要求金融机构要改变传统的金融创新思维，将创新重点转至分布于农业生产中的各类"链条"，将锚定对象更多转至各类生产经营主体相互连接、相互作用和相互合作的"利益共同体"。这些利益共同体在实践主要表现为各类农业价值链、供应链和产业链等农业产业组织形式和新业态。

在这样的条件下，金融创新应坚持促进产业发展、加速三次产业融合的大方向，以产业链、供应链和价值链为"授信主体"，深刻挖掘新型农业经营主体的"内生增信"机制，增加农业经营主体联保、订单质押、核心企业担保、保理、账户质押等"产业链型"金融产品供给与创新力度。通过"集体约束"和"共同利益"，探寻金融服务农业面源污染治理新机制。

一般而言，农业价值链、供应链和产业链的发育程度与一个地区的农业产业化程度，尤其是特色农业产业的发展程度，存在密切的关系。一般而言，农业产业化越彻底，特色农业产业发展程度也就越高，地方政府的参与程度、扶持力度和政策配套程度也就越完善，"有为政府"和"有效市场"的协同作用也就越强。因此，如果这一理论逻辑放置到农业面源污染治理中的话，金融机构在选取农业价值链、供应链和产业链时就应充分考虑生态农业、绿色农业等产业新业态的产业化、市场化水平。

因地制宜，聚焦特色化生态型、绿色型和环保型价值链、供应链和产业链，尤其是彰显地域优势、地理特征的健康型、特色型生态农业产业，这样就能更好地平衡创新和风险、成本与收益的关系，金融创新的风险性一般也较小,解决金融服务创新中的逆向选择和道德风险问题,进而形成多主体共赢、协同治理农业面源污染的良性发展的格局。

不过需要注意的是,金融政策支持农业面源污染治理有较强的正外部性。金融机构本质是企业,以追求利润最大化为目标。如果不考虑这种正外部性,可能会抑制金融机构供给相关金融服务的积极性、主动性。为此,在这方面政府给予金融机构政策支持,通过财政政策和金融政策协同冲减金融创新成本,全面提升金融服务农业面源污染治理效能,不断夯实系统性金融服务供给的产业根基,全面变革金融供给模式。

(3)科技赋能创新。

从中国操作实践来看,虽然各类金融机构都采取了"下沉"战略,"三农"金融规模不断扩大,农业经营主体的金融服务获得感、便利性显著提升,在一定程度上满足了农业现代化建设的部分金融需求。但受限于城乡分割、二元并存的制度影响,金融市场二元分割、矛盾对立的现象依然十分突出。虽然传统金融机构在资金来源上存在绝对优势,但在资金运用上却存在效率低和如何打通"最后一公里"问题。

更有甚者,有些商业银行迫于盈利压力,直接取消了农村地区的贷款业务。偏远地区、弱质性产业以及低收入人群是推进农业现代化、实现乡村振兴的主要利益相关群体。针对效率低的现实,国际经验和实践探索均直指金融科技。作为当前世界金融创新的最前沿,金融科技通过"赋能"重塑了金融发展理论以及金融中介的组织模式,为提升资金运用效率提供一种全新方案。

新时期金融机构应加快数字化进程,聚焦新时期农业现代化过程中的"痛点""痒点""堵点"问题。运用新兴金融科技变革金融服务供给流程,进而提升创新效率和服务质量。例如,可以通过大数据技术有效识别并筛选农业现代化建设主体、精准匹配信贷资金需求主体,以及构建金融服务的动态反馈机制,畅通金融服务供给环节和形成"新闭环"。当然,还可以利用区块链技术的共识机制与去中心化、可追溯性、分布式记账技术,强化农业现代化建设信贷资金审批、使用过程监管,构建新型金融风险预警机制。当然,要达到这一目标,政府也应成为"有为"政府,通过建立农业现代化大数据信息平台、征信平台,助金融机构"一臂之力"。

10.2　金融政策工具选取与产品创新

10.2.1　金融政策工具选取原则

（1）多元化原则。

农业面源污染治理涉及面广、环节多，与农业生产、生活交错影响。这种特征一方面加大了农业面源污染治理难度；另一方面，也使农业面源污染治理中的金融服务需求程度大、需求层次高、需求类型多。这也就意味着，单一金融政策工具很难满足这种农业面源污染治理主体复杂性、综合性的金融服务需求，政策支持效果也就会大打折扣。因此，在新时期金融政策支持农业面源污染的过程中，需要坚持多元化原则，综合运用多种金融政策工具，形成政府公共财政资金支持、社会资本参与和责任主体自筹的多元化工具支持格局，调动多方利益相关主体参与农业面源污染治理，满足农业面源污染治理中的资金需求，全面提升农业面源污染治理效率、效果和效能。

具体而言，金融机构应在适度规模经营的框架下，实现突破式创新和突围，不断创新绿色信贷、绿色保险、绿色债券、环境权益市场、投融资模式等金融政策工具，强化秸秆综合利用、化肥农药减量增效、农膜回收利用、畜禽粪污资源化处理等农业面源污染治理领域的资金支持力度。当然，无论是金融机构还是新型经营主体，从事农业面源污染治理都有很强的正外部性。这种环境正外部性提升了社会总体福利效应，但也增加了金融机构和新型农业主体的经营成本，对从事农业面源污染治理的持续性会有较大影响。为此，这就需要发挥财政政策的引导作用，对相应的金融机构和新型农业经营主体给予财政补贴和税收优惠方面的政策配套支持。

（2）联动原则。

农业面源污染协同治理新格局的本质特征是：通过相应体制和机制建设，形成政府、新型农业经营主体和农户之间的互动配合、共管共治的格局，是以"链式"形态存在的。"链式"形态最主要的特征是：参与主体行为的相互联系和相互约束。但单一的金融政策工具很难兼顾这种互动性。这就意味着，从事农业面源污染治理链条上的任何一方的金融需求无法满足，都将限制全局和影响"打赢农业面源污染防治攻坚战"的实现"时间表"。因此，金融支持政策工具的选择也应该坚持联动原则，充分发挥不同金融支持政策工具的优势，通过不同金融工具的配合提升金融工具的支持效能。

另外，通过不同金融政策工具的配合，还可以充分兼顾"链式"形态下的不同农业面源污染治理主体的行为关联性。以农业产业化运作中最典型的组织模式"公司＋农户"为例，在该模式下，涉农公司负责产前的生产资料提供、产中的技术指导以及产后的销售工作，在后续的发展中，公司亦可以通过担保让金融机构给农户提供生产性金融服务。但这样的利益连接并不稳定，尤其是市场价格存在较大变动的情况下，公司和农户"双方"都存在违约的可能性。这导致的直接结果是：涉农公司并不愿意给农户提供担保服务。因此，在这样的条件下，如果通过"担保＋反担保"的政策工具组合让农户通过土地经营权或者其他抵押物为涉农企业进行反担保，这一问题就能够迎刃而解。这样，"公司＋农户"这一"价值链条"就更为稳定，充分实现治理主体行为的双向互动，提升农业面源污染治理效果。

（3）银行主导原则。

从世界主要国家金融体系演进过程来看，银行主导型的金融体系和市场主导型的金融体系是各国主要实践路径选择。其中，银行主导型的金融体系顾名思义就是充分发挥银行类金融机构对金融资源的配置作用。这种模式能够充分发挥银行的信息优势和动员储蓄能力，实现需求沟通和解决信息不对称问题。市场主导型的金融体系主要是依托资本市场对于金融资源配置的作用，这种模式属于直接融资范畴，在金融配置效率上比银行主导型的金融体系要高。比较发现，我国现行的金融体系类型仍是典型的银行主导型金融体系，因此我国金融政策支持农业面源污染治理也应充分发挥我国银行主导型的金融体系的力量。在具体金融工具选择上，农业面源污染协同治理过程中的金融工具也应以银行信贷类工具为主，充分发挥我国银行主导型体系的体制优势，满足农业面源污染治理的金融服务需求，提升农业面源污染治理能力。

10.2.2 金融政策工具选择举措

基于多元化原则、联动性原则和银行主导型原则，本书认为金融政策工具选择，可以从投贷联动、保险＋期货、资产证券化＋PPP 三个层面进行。其中，通过投贷联动解决金融机构和面源污染治理技术研发类的新型农业经营主体的互动作用问题，满足新型农业经营主体在信息、渠道和客户连接等多方面的金融需求，全面激活农业产业链参与主体从事农业面源污染治理的主动性和积极性。保险＋期货联动主要是为了化解农业产业链中存在的市场性风险，为适度规模经营主体参与农业面源污染治理营造稳定的外部市场环境。资产证券化＋PPP 机制主要是为了解决农业面源污染治理中面临的期限错配问题，满足农业面源污染治理中的长期性资金和金融服务需求。

（1）投贷联动。

投贷联动是一种专门针对高成长、高风险的科创型企业，通过"信贷投放＋股权投资"方式，提供综合性、系统性金融服务的一种融资模式。对于投贷联动的概念，在人民银行、银保监会、科技部等部门联合印发的《关于支持银行业金融机构加大创新力度 开展科创企业投贷联动试点的指导意见》中，也有明确的界定和解读。在盈利方面，该模式基于相应的制度安排，通过投资收益和信贷风险的对冲，为科创型企业提供了全方位的金融服务支持。

可以看出，投贷联动实现了债权工具和股权工具的有效结合，能够充分发挥我国银行主导型金融体系的优势。从实践运行模式来看，投贷联动主要分为大型银行主导型、全国股份制商业银行主导型和中小银行主导型三种主要模式。其中，大型银行主导型模式主要是大型银行依托境外或者专营的持牌子公司进行的；全国股份制商业银行银行主要通过"信贷＋认股期权"的方式进行；中小银行主导型模式一般以"贷款＋财务顾问"的实践方式进行。

从目前情况来看，农业技术研究、产品改良、土地改良、高效浇灌等领域均是技术密集型领域，科创属性也十分明显。同时，按照上述分析可知，农业面源污染的数字化协同治理模式与投贷联动十分契合。随着经济发展阶段的转型，产业生态化和生态产业化将成为新发展阶段的新特征。农业面源污染治理作为产业生态化和生态产业化大趋势下的重要内容，势必成为产业示范引领、绿色信贷市场开拓和绿色技术创新的高地。例如，在数字化协同治理部分，本书提及的农业企业就是典型代表。

无论是从发展大趋势还是从商业模式，投贷联动模式与农业面源污染治理都存在高度契合性、一致性。不过，从现实运行情况来看，在目前试点的商业银行中，主要以政策性银行和各类城市银行为主，涉农类政策性银行、国有大型控股银行、农村商业银行、村镇银行等支农主力军并未涵盖其中。因此，建议新时期国家亟须扩大投贷联动试点范围，将涉农金融机构尤其是在支持农业面源污染治理、绿色发展中表现突出的涉农金融机构，纳入投贷联动试点范畴，更好地平衡农业面源污染治理过程中的金融收益和风险，更好地满足新型农业经营主体在农业面源污染治理中的多元化金融服务需求。

（2）保险＋期货。

除信贷与期权工具的联动外，农业面源污染治理还应通过"保险＋期货"的方式，实现保险工具和期货工具的联动。按照上述分析，农业面源污染治理各参与主体能否形成"利益共同体"，还存在一个重要的前提条件——农业产业链、价值链和供应链的稳定性。如果农业产业链、价值链和供应链不稳定，农户和新型农业经营主体的"共同利益"将受到直接影响。这恰恰是农户和新型农业经营主体参与农业面源污染治理的基础性条件。

确保农业产业链、价值链和供应链的稳定性，就是金融工具选择中必须考虑的重要问题。这也是金融支持农业面源污染协同治理的立足点出发点。当然，不仅如此，这也直接决定着金融机构能否实现流动性、风险性和盈利性"三性"平衡。相比较其他的产业形态，农业绿色金融服务除了会受信用风险影响外，还会受到因为市场价格波动形成的市场风险影响。农业生产是自然生产过程和社会生产过程的统一，还存在典型的"靠天吃饭"的现象。化解这一问题，就需要引入保险和期货工具。

通过"保险＋期货"的联动，为发挥新型农业经营主体，在农业面源污染治理中的引领作用发挥营造稳定的金融环境。在具体运作中，从事适度规模经营的新型农业经营主体或者农户向保险机构购买相应的气象指数或者价格指数保险，保险公司获得了相应的保费，也承担了农业生产的自然风险和市场风险。为了转移这种风险，保险公司通过购买场外期货产品，这样就可以将市场风险转嫁至期货市场和风险投机者。

项目到期后，如果出现市场价格波动，对投保者造成损害，从事适度规模经营的新型农业经营主体和农户则可以基于保险合同向保险公司进行索赔。保险公司因为购买了场外期权产品，就可以行使看跌期权权利，进而获得期货公司支付的结算金额，形成"风险闭环"。可以看出，通过"保险 + 期货"联动方式，可以化解信用风险外的市场风险和自然风险，将农业面源污染协同治理实践方案中的多元风险在更大范围内分散，营造坚实稳定的政策环境。

（3）资产证券化 + PPP 机制。

从表面上看，农业面源污染治理的资金需求具有短期性、间断性特征。但如果从目的来看，农业面源污染治理与实现农业绿色发展、乡村生态宜居和美丽新中国建设是绿色发展理念在不同阶段和时间的不同展现，本质上异曲同工。通过农业污染治理，可以改变农户的生产行为、变革农业发展方式和实现乡村绿色振兴。综合这两点可知，虽然在过程层面农业面源污染治理具有短期性特征，但在结果和目的层面农业面源污染治理中的金融服务需求具有长期性特征。这种过程和结果的复杂性，势必会影响到金融政策支持工具的期限结构。

另外，农业绿色化和生态化发展的特殊性以及产品结构的特色性，也进一步强化了金融政策工具选取的多元性和复杂性。然而，从实践运行来看，现行信贷工具中仍以短期性工具为主，这样的期限设定显然无法适应农业面源污染治理和绿色发展中的金融服务需求期限。而农业品种结构也决定着农业绿色发展中金融需求的期限复杂性。一般来说，在绿色农业发展中，能进行产业化运营的农产品品种往往具有强烈的地域性符号特征。或者说，为了实现经济价值，这些农产品都是一些特色化、差异性十分明显，且高附加值农产品品种。这类特色化农产品无论是种植周期、经营周期还是价值实现周期都非常长。这样的禀赋特性也决定着金融需求期限一定是中长期属性的。因此，综合来看，现行绿色金融政策支持工具的期限特征无法适应农业面源污染治理在中长期维度的金融需求。

要化解期限错配问题，一个比较理想的方式就是对各类绿色金融产品进行证券化。具体操作步骤如下：第一步，农业面源污染治理资产证券化的基础资产确定为绿色信贷产品。并且组建"资金池"，考虑到目前从事绿色金融创新的机构类型，资金池组建可以由从事绿色金融产品创新的银行总行负责实施。第二步，将"资金池"打包出售给 SPV 机构。为防范风险需要，特殊目的机构的组织形式可以选择信托制。其主要职责是负责购买商业银行绿色金融债权和发行绿色金融债券。第三步，考虑到绿色金融发展初期的现实特征，投资者主要界定为机构投资者。

这样，小型银行就可以将其面临的信用风险、市场风险以及流动性风险，有效转嫁给资本市场投资者。通过绿色金融资产证券化，现行绿色金融产品期限错配的问题不但可以迎刃而解，而且可以在一定程度上降低商业银行的运营成本，极大地调动和引导更多的银行类金融机构参与绿色金融创新实践，为绿色农业发展注入强劲动力。除此之外，还可以运用 PPP 合作机制，通过政府和社会资本的合作，强化农业面源污染治理基础设施建设，满足农业面源污染治理中的多维金融需求。

10.2.3　金融产品与服务方式创新

金融政策支持工具诠释的是在产业维度金融政策支持农业面源污染治理的路径选择。如果将视域聚焦至金融机构微观行为维度，金融政策支持工具就可以进一步拓展为金融产品和服务方式创新。那么，为强化金融政策支持农业面源污染，金融机构应该如何创新产品和服务方式呢？基于总体战略取向和创新方向，结合农业面源污染协同治理的实践路径，本书认为金融产品的创新应主要围绕"绿色农业价值链"实施，金融服务方式创新应围绕适农化、适老化和数字化"三化"进行。

（1）金融产品创新。

基于新型农业经营主体和农户，在价值链不同环节的交易关系、业务往来、资金结算等形成的内在增信机制，农业价值链金融有效解决了金融服务供给过程中的逆向选择和道德风险问题。与此同时，通过金融要素和金融机制的引入，也有效化解了新型农业经营主体和农户之间的委托代理问题，有效解决了新型农业经营主体尤其是农户的金融服务需求，顺应了普惠金融改革大逻辑。但在具体实践中，农业价值链的多样性决定着农业价值链金融模式也千差万别、丰富多样。但如果按照运作机制的不同来分类，一般可以将绿色农业价值链金融划分为生产性合作社主导型、核心企业主导型和买方担保型三种典型类型。为此，本部分也主要从生产性合作社主导型、核心企业主导型和买方担保型三种典型类型层面，论述新时期绿色农业价值链金融产品创新逻辑，更好地支持农业面源污染治理。

①生产性合作社主导型产品创新。在生产性合作社主导型模式下，涉及的利益相关者主要包括生产合作社、农户和银行等金融机构。由于生产性合作社是同类绿色农产品的生产者，是自愿联合、民主管理的互助性经济组织。以入社农户为服务对象，提供绿色生产资料购买、产中的绿色技术指导，以及产后的环保加工、绿色农产品销售、冷链存储等社会化服务。因此，生产性合作社主导的绿色农业价值链金融模式运行的动力就是农民组织化所形成的"组织凝聚力"。

商业银行等金融机构通过考察和评估农户与生产性合作社之间的相互关系、业务往来就可以形成对价值链参与农户的绿色金融服务供给的前置价值条件，"小农排斥"问题就可以迎刃而解。农户按照生产性合作社提供的绿色生产技术、生产标准和绿色质量监控体系完成生产后，将农产品交由合作社统一加工、销售，生产性合作社利用销售所得资金，一方面根据最初与银行等金融机构签订的贷款协议，代表农户向银行偿还贷款；另一方面，对加入合作社农户进行剩余利润分配，满足金融机构进行风险管理的后置条件（见图 10 - 1）。

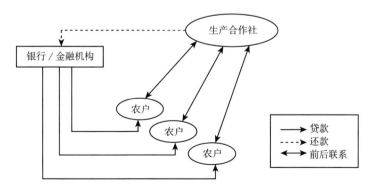

图 10 - 1　生产合作社主导型产品创新

在这一模式下，生产性合作社作为绿色农业价值链的组织者、牵头者，银行等金融机构利用生产性合作社与农户之间因为价值交换形成的信用关系、履约能力、合作期限等，就可以为农户提供绿色农业发展所需资金。农户利用这笔信贷资金，可以向生产性合作社或者其他生产资料供应商购置良种、绿色有机肥料等绿色生产资料，形成价值共创格局和风险闭环。需要注意的是，商业银行等金融机构在为生产性合作社和农户进行授信时，必须将农业生产相关的"环境标准"纳入授信决策全过程。通过金融契约约束，强化生产合作社和农户之间的绿色发展连接，扎实推进农业面源污染协同治理。

②核心企业主导型产品创新。在核心企业主导型产品创新逻辑下，涉及的利益相关者主要包括核心企业、加工企业、农户和银行等金融机构。核心企业在实践中一般指的是从事农业产业化运营的龙头企业。一般来说，龙头企业汇集了绿色技术创新、生态资源开发、绿色产品研发和绿色产业资本利用等多种要素职能，资金实力雄厚，盈利能力、抗风险能力强，是绿色农业价值链中当之无愧的引领者、主导者和组织者。不光在带动农户从事绿色农业集约化、标准化生产，产业化、规模化经营中起了重要作用，也是金融支农的有力、有益抓手，可以确保银行资金安全，防范化解金融服务风险。

运作机制如下：核心企业作为农业价值链上规模庞大、资金雄厚的农业综合性企业，凭借其良好的信用水平高、担保额度大、与金融机构的密切关联，向银行提供其引导的绿色农业价值链参与农户名单，绿色农业价值链金融经营银行通过核查核心企业的担保额度、筛选价值链参与农户，并以此为基础签订担保合同以及贷款合同。农户利用这笔融资投入绿色农业生产，生产完成后交由加工商形成价值增值、价值再造。然后，借助核心企业在农产品市场、绿色农业价值链上的品牌优势、分销渠道和营销网络进行产品的销售、配送实现最终利润创造。最后，金融机构通过与核心企业签订的代理支付协议，扣除本息后向农户支付农产品收购款（见图10-2）。

相比较生产性合作社主导型模式下的农户横向增信机制，银行等金融机构主要基于绿色农业价值链下农户和新型农业经营主体的纵向增信机制向价值链参与农户提供金融服务。从实践层面来说，这种模式的辐射带动效应更强、金融风险产生概率也更低。因为，生产性合作社一般只是局限于绿色农业价值链生产环节，依托的是入社农民的信用水平的合力。由于现实发展中生产性合作发展规模普遍偏小、农民之间的利益联结也普遍松散，无法在授信额度、期限等方面适应绿色农业发展和现代化进程中的金融服务需求。

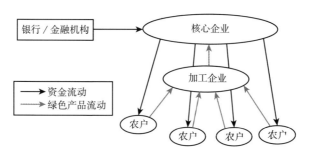

图 10 - 2　核心企业主导型产品创新

但核心企业不同，其是跨产业、跨地域、跨环节等"跨界"经营的典型代表，是在绿色农业价值链上处于主导地位、发挥引领作用，市场份额、盈利状况、谈判能力、信用水平等具有绝对优势，是发展现代农业、实现乡村振兴的重要力量。例如，在《2018 年农业产业化龙头企业 500 强排行榜》中，公布的排名前三位的农业龙头企业分别是正邦集团有限公司、长沙马王堆农产品股份有限公司、新希望集团有限公司。因而，核心企业主导型产品创新模式的可持续更好，能够在更大范围内更好适应农业面源污染治理和绿色农业发展的资金需要。不过需要注意的是，这种绿色农业价值链金融创新模式对当地的绿色农业产业化的发展水平的要求较高。

③买方担保型产品创新。除上述两种典型模式外，绿色农业价值链金融还有一种典型模式——买方担保模式。顾名思义，绿色农产品的买方一般主要指的是加工商或者大型超市集团，通过为农户提供增信的方式来增强农户获取绿色农业生产性金融服务的可获性。买方担保型绿色农业价值链金融运行机制如下：加工商或者大型超市集团，利用其长期与银行等金融机构建立的合作和信用关系，为从事"农超对接"的绿色农业生产农户提供增信服务，使绿色农业价值链参与农户就可以从银行等金融机构获取相应金融服务（见图 10 - 3）。

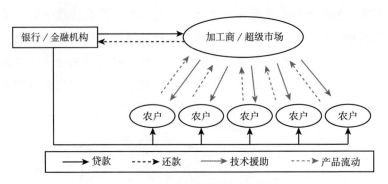

图 10 – 3　买方担保型产品创新

绿色农业价值链参与农户得到信贷资金支持后，向生产资料供应商购买种植、养殖等所需的绿色生产资料、技术服务，并将最终标准化的绿色农产品售给加工商或者大型超市集团、偿还贷款本金和利息和获取剩余利润。由于与农户与大型超市集团之间存在长期、稳定合作关系和价值交换，因此买方担保型农业价值链金融运行较为稳定，也具有良好的发展前景。随着我国新型农业生产体系、产业体系和经营体系的构建，特色农产品、特色农业产业也会进一步涌现"农超对接"模式形成的各类农业价值链，也会更为完善、辐射带动农户范围会更广，对于化解农业融资问题的作用也会更强，贡献也会更大。当然，这也开辟了绿色农业价值链金融创新的一种新范式。凡是农户从事绿色农业产业经营中形成"现金流"，如土地流转租金收入、设备租赁收入、财政补贴账户等，都可以成为银行等金融机构创新绿色农业价值链金融的重要选择。

（2）金融服务方式创新。

在农业面源污染治理过程中，金融产品创新除了要满足广度和深度的需求外，还应体现创新"温度"。为了体现金融政策支持农业面源污染治理的"温度"，金融机构需要从数字化、适农化、适老化三个方面进行金融服务方式创新，以适应农业面源污染协同治理的新需要。

①数字化。数字化具有高效率、公平、覆盖广和可持续发展的内涵优势，金融机构在进行金融服务方式的过程中，应强化数字化赋能，以此解决金融服务供给效率低下的问题。一是强化绿色金融科技基础设施建设，充分发挥互联网、智能终端等在绿色金融发展中的"底层机构"作用，提升绿色金融发展效率，为农业面源污染治理发挥更大作用，做出重大贡

献。二是依托大数据，拓展信息渠道。在大数据的应用场景下，农业绿色发展和面源污染治理需要搭建农业绿色发展大数据平台，发挥大数据在识别、测度、控制和评估方面的作用，拓展金融机构开展绿色金融服务和创新的信息渠道。当然，通过利用农业绿色发展大数据平台，金融机构还可以筛选农业绿色发展中的合格新型农业经营主体和农户，精准匹配供给，化解金融服务创新中的逆向选择问题。更为重要的是，通过动态监测、反馈，金融机构还可以向农业绿色发展大数据平台及时更新和反馈信息，引导绿色信贷等金融产品投向，进而降低金融风险。三是利用区块链技术，提升绿色金融发展效率。通过利用区块链技术的共识机制、防篡改机制、可追溯机制以及分布式特征，金融机构可以强化绿色信贷及其使用用途的监控，给每笔贷款加盖"时间戳"，实现绿色金融申请、发放、使用、管理等全过程监控和不可篡改。

②适农化。作为全面推进乡村振兴和实现农业现代化的主力军，涉农金融机构需要发挥主力先锋队作用。鉴于诸多原因，部分涉农金融机构不断压缩乡镇网点布局，金融"非农化"问题十分突出。一些保留乡村网点的涉农银行也存在业务单一的问题。如有些的涉农银行，只能办理存款业务，贷款业务等其他的金融服务均无法办理。这与绿色发展和乡村振兴的目标相去甚远。

据此，涉农金融机构需要进一步延伸乡镇网点。特别是在一些农业面源污染较为严重，或者绿色农业、生态农业产业化发达地区，涉农金融机构应加大绿色金融产品、金融服务和金融知识的创新力度、营销力度，适应新型农业经营主体和农户绿色发展新需要。对于涉及绿色生产资料购买、农业良种、土壤治理、农业技术研究等场景下的金融需求，金融机构可以在风险可控的"底线思维"下，适度、适时地降低相关准入门槛，优化借贷程序，优化期限结构，不断地进行"适农化"流程改造，降低交易成本，适应农业面源污染治理和绿色发展新需求。

③适老化。从经营主体的年龄属性来看，当前农业经营主体基本上以妇女、儿童、老人组成。事实上，从现实情况来看，农村老龄化趋势在一定程度上领先于我国总体老龄化程度。农业劳动力的这种结构性属性将直接制约农业适度规模经营对面源污染治理的引领效应。基于第 6 章金融政策与农业面源污染治理部分的微观实证发现，人力资本条件是制约金融政

策抑制农业面源污染效应发挥的重要原因。这种现象的产生与当前的劳动力结构性矛盾存在密切关系。依托金融科技赋能，金融机构从事数字绿色金融创新将是大趋势。这种农业劳动力结构特征也会进一步加剧"数字鸿沟"问题。为解决这些问题，金融机构应加强对绿色金融服务供给的"适老化"变革，充分体现绿色金融发展的"温度"。

10.3 涉农金融机构建设与管理

10.3.1 涉农金融机构建设

洞悉和纵览目前的金融发展趋势可以发现，ESG 发展理念是如今市场所积极倡导并践行的实现可持续发展的关键理念。运用 ESG 发展理念来引导涉农金融机构建设，有助于提升农业面源污染治理效率。此外，应重点关注涉农金融机构中绿色金融机构的建设，建立一批高效、普惠、绿色、安全的绿色金融机构服务于农业绿色发展。

（1）践行 ESG 发展理念。

ESG 发展理念的核心目标在于实现经济效益和环境保护、社会责任以及公司治理的均衡发展，这与我国新时期所追求的"创新、协调、绿色、开放、共享"的新发展理念本质是相通的。深化 ESG 发展理念能够引导市场主体在创造经济价值的同时，注重在环境、社会以及公司治理方面所产生的效益，激发各方市场机构在污染治理、保护环境、共同富裕等方面的主观能动性。对于涉农金融机构来讲，践行 ESG 发展理念不仅是为新型农业经营主体、农户等提供 ESG 产品和服务，更为重要的是要以 ESG 发展理念来优化自身组织机构建设，让 ESG 发展理念贯彻于金融机构的整个日常经营过程，引导新型农业经营主体、农户等客户群体采取环境友好型生产行为，从源头上实现管控农业面源污染的目的。从理论上来看，ESG 发展理念能在一定程度上引导农业面源污染的治理，但从现实条件来看，目前我国的 ESG 发展现状存在一系列问题，如相关金融机构以及涉农企业等 ESG 管理组织架构和治理体系不完善、缺乏统一完整的 ESG 信息披露、市场对 ESG 认知不足等，这在一定程度上阻碍其污染治理作用的发挥。因此，新时期金融政策应从以下三个方面重点施力。

一是加强金融机构 ESG 生态系统建设，大力支持涉农金融机构、新型农业经营主体等，全面部署 ESG 管理组织架构，推动涉农金融机构创新 ESG 产品与服务，引导资金向绿色、环保的新型农业经营主体及项目倾斜。二是加强 ESG 信息披露建设，金融监管部门、农业服务机构等涉农主体应加大力度规范各农业经营主体的 ESG 信息披露，尤其是省级监管部门和政府部门，应完善辖区内农业经营主体的 ESG 信息披露平台构建，畅通金融机构与环保信息的传导路径，为涉农金融机构开展绿色金融服务提供有效参考。三是加强 ESG 认知意识培养，涉农金融机构在日常业务开展过程中，应加强对农业经营主体，尤其是新型农业经营主体 ESG 认知意识的宣传和培养，充分调动其农业面源污染治理的积极性。

（2）加强绿色金融机构建设。

农业面源污染治理是绿色金融涉足的重要领域，需要绿色金融政策的支持。而绿色金融政策的实施与绿色金融活动的开展，离不开健全高效的绿色金融机构体系。绿色金融是一种新型金融创新，我国目前的绿色金融发展处于起步阶段，存在产品与服务创新度不够、支持机构专业化程度较低等问题。尤其是支持机构专业化程度较低这一现实问题，也在一定程度上阻碍了农业面源污染的治理。当前，我国绿色金融业务发展的主要支持机构为商业银行，且绿色金融业务在商业银行所开展的金融业务中占有份额较小。因而，商业银行并不会花费较多的资源去提升绿色金融服务效率。

面对缺乏系统的、专门化的绿色金融机构这一现状，本书认为，金融政策应加大力度，支持绿色金融机构建设，不断提升绿色金融业务能力。具体来讲，金融政策可以从银行业绿色金融机构和非银行业绿色金融机构两个方面来支持绿色金融机构体系建设。其中，在银行业绿色金融机构建设方面，金融政策应积极引导并支持银行机构，建立绿色支行、绿色分行、绿色金融事业部、绿色金融创新中心等机构，扩大此类银行业绿色专营机构的覆盖面。同时，还应运用结构性货币政策工具，提升此类机构绿色金融业务能力与绿色金融服务深度。在非银行业绿色金融机构建设方面，金融政策应倾向于非银行业绿色金融机构的多样化建设，鼓励绿色保险、绿色债券、绿色基金等绿色金融机构建设，用以满足农业面源污染协同治理过程中各主体所需的差异化金融需求。

10.3.2　涉农金融机构合作

（1）创新银行类金融机构合作机制。

从组织层面来看，我国目前已经基本形成了多层次、复合型和完备的农业金融组织体系，商业性金融与政策性金融协同配合、国有资本与民间资本互动和正规金融与非正规金融并重，为金融支持农业面源协同治理，提供了很好的组织制度保障。但相关金融支持到底应由哪一类金融机构来承担呢？本书认为由于农业面源污染协同治理本身的复杂性以及多重性，其资金需求是多维的、多样的，尤其是随着各类新型农业经营主体的涌现，单一的金融机构可能无法胜任。因此，在组织制度建设时，应建立正规金融机构与新型农业金融机构的创新合作机制。

在运行中可以借鉴发达国家的"批发贷款"机制，解决新型农业金融机构的资金短缺问题，全面发挥其在绿色金融创新、供应链金融创新和服务"三农"方面的效率优势。具体来说，大中型银行、担保公司、保险公司、农产品期货交易所等金融机构都应参与其中，相互配合、协同创新。其中，大中型银行发挥资金优势、小型银行发挥近距离支农优势，为化解当前中小型银行资金匮乏、短缺的发展困境，可以借鉴国外的发展模式，建立大中型银行和小型银行的贷款批发机制，由大中型银行向小型银行提供流动性支持。

担保公司方应进一步健全政策性担保、再担保体系，创新农业贷款抵押担保方式，充分发挥政策性担保公司在金融支持农业面源污染协同治理中的信用增加作用，化解涉农金融机构创新合作中的信用风险；保险公司应健全农业保障机制，开发针对现代农业发展中遇到的一些自然灾害、突发事件等场景的险种，化解现代农业经营中的不可抗力风险；农产品期货交易所应推动更多符合条件、产业需求较为迫切的农产品期权品种上市，在防范化解市场风险的同时，保障现代农业经营主体的收益。总之，新时期各类金融机构应通力合作、共生共赢，通过"抱团取暖"，形成系统、高效、安全的涉农金融机构协同创新机制，全面助力打赢农业面源污染治理攻坚战。

（2）创新数字化合作新机制。

随着金融科技近年来的规模扩张、服务场景拓展，其在解决小微企业以及低收入群体融资、"三农"发展，尤其是在绿色发展和环境治理方面，已经凸显出一定促进作用。目前，我国的涉农金融机构大多为农村信用社、农村商业银行、村镇银行等中小型金融机构，此类机构在客群范围、经营范围、营销运营、风控能力等方面有一定限制，而通过与金融机构进行数字化合作、寻求数字化转型、共建金融科技生态圈，便是突破限制的关键举措。那么，两者如何进行数字化合作？

当前，我国金融机构与科技公司的合作方式主要以业务/场景合作和战略合作居多，通过成立联合实验室/科技合作共同体形成合作的较少。这一现实情况也在一定程度上说明了我国现有的金融机构与科技公司的数字化合作水平较低，难以实现科技赋予金融的乘数效应。特别值得说明的是，联合实验室/科技合作共同体这种方式不仅是金融机构与科技企业"点对点"的合作，还应涵盖科研院校、政府机构以及客户群体等市场主体。各主体之间优势互补、共同聚能，才能在能力、成果及收益实现共享。

因此，应出台相应的金融、财政支持政策，积极引导更多的金融机构和科技公司联合成立金融科技联合实验室，实现金融与科技的长期融合，以客户需求为导向，实现产品服务的数字化、智能化及精细化，以安全稳健为原则，实现风险管理的精准化、可控化。新时期，各涉农金融机构应牢牢抓住金融科技机遇，借助科技提高自身金融服务水平，为支持农业面源污染协同治理夯实自身业务能力。

10.3.3　涉农金融机构管理

农业面源污染协同治理，所涉及的金融机构数量较多、范围较广，能否对涉农金融机构进行高效管理是实现"三农"金融服务高质量化的重要保障。为切实发挥金融政策支持对农业面源污染治理的促进作用不被复杂、冗余、低效的金融机构管理体系"拖后腿"，应加强涉农金融机构组织管理、健全信息沟通和共享机制、完善绿色金融标准化管理。

（1）组织管理。

目前，我国涉农金融机构大致可划分为政策性银行、商业银行、农村合作涉农金融机构、新型农村涉农金融机构等。面对层次性、区域性和分散性特征的涉农金融机构布局，如何高效组织管理涉农金融机构便是亟待解决的问题。考虑到我国涉农金融机构普遍采用的"总行—分行"制的经营框架，在借助绿色金融治理农业面源污染时，要充分发挥各层级结构的功能，并明确其在绿色金融中分工和角色定位，进而强化业务管理和实现各个分层机构的配合，全面提升绿色金融污染治理效率。各涉农机构在业务管理和实践操作中应根据金融机构的系统机构进行分层次管理，进而实现风险的分散。

具体来说，总行或者省一级的分行充当"管理行"角色。其职责是：制定绿色金融的相关制度、业务审核和实现"主办行""协办行"的业务间的联动。当然，更为重要的是，"管理行"还要负责绿色金融业务"主办行"的资格认定与审理；龙头企业所在地区的"地市分行"，充当业务"主办行"角色。功能定位是：拟订与龙头企业合作方案、商定合作模式和确定农业供应链上下游农业经营主体名单以及业务权限等；农户或者其他农业经营主体所在地区的相关商业银行为"协办行"或者"营销行"。其主要负责绿色金融业务的具体办理和申请、营销工作、授信调查和授信后的具体管理工作。当然，随着金融体系改革的深化，商业性金融机构的信贷管理模式也应向"优化农业生产"的方向转变，适应农业面源污染治理新要求。

（2）信息沟通和共享机制。

金融机构应加强金融产品创新、项目开展实施和参与主体信用能力等信息的沟通与共享。金融机构在进行金融产品和服务方式创新的过程中会花费大量的人力资源、财力资源，在一定程度上阻碍了金融政策支持在农业面源污染协同治理中促进作用发挥。因此，为了减少因重复工作所导致的资源浪费、效率降低，应构建、完善金融机构间的信息沟通和共享机制。

各金融机构通过在产品和服务创新进程的有效对接，能够消除信息壁垒，实现专业化业务的互联互通，有效提升协同服务能力和资源配置效率。对于多家金融机构共同参与的环境治理项目，金融机构应强化项目开展实施的沟通与协调，使环境治理项目实施更加高效化、顺畅化。此外，相比较传统的金融模式的"点对点"金融供给模式，在农业适度规模经营发展的视角下，金融机构要克服其信息不对称和逆向选择的问题，不但需要了解农业面源污染协同治理各参与主体的信用能力，还要了解各主体间的信息，如环保性、稳定性和效益性等问题。通过建立集信息采集、等级评定、信息整合等功能于一体的信息共享平台，使不同金融机构、认证机构或监管机构等能够有效快捷地获取新型农业经营主体、农户等的相关信息，不断改善相关涉农机构在金融决策时面临的信息缺乏问题，有效提升农业经营主体金融服务可获性的能力。

（3）标准化管理。

上述一系列产品与服务方式创新、创新合作等对绿色金融标准化也提出新要求、新挑战。一方面，绿色金融的核心在于引导市场化资金流向绿色产业、项目等领域，那么，以绿色产业目录、绿色项目目录等实体经济标准为基准，制定科学、一致、清晰可执行的绿色金融标准，是绿色金融发挥资源配置作用的制度性基础。另一方面，为了提升金融机构从事绿色金融的热情，政府部门通常通过财政补贴、政策付出、税收优惠等财政政策和金融政策的协同，冲减金融机构从事绿色金融创新的经营成本和交易成本。这也迫切需要完善绿色金融标准化建设，提供绿色判别依据，提升政策倾斜的针对性，避免"监管套利"行为的发生。

从经济社会发展需求来看，对我国绿色金融实施标准化管理是很有必要的。结合目前我国绿色金融标准发展迅速，但缺乏统一性、标准制定滞后于业务发展、标准泛概念化的现实情况，本书认为，新时期绿色金融标准化建设应从以下三个方面发力。

一是加强绿色项目、产业等认定口径的统一化。在加强绿色金融标准建设时，不仅要对标国际主流绿色金融标准体系，还要统一我国国内不同绿色金融标准的认定模式和口径，避免因标准割裂而产生"监管空白"和"监管套利"。二是立足于业务发展需求和现实发展阶段，找到绿色金融标准化建设掣肘环节。加大力度探索绿色保险、绿色基金、绿色信用评级评估、绿色金融信息披露等短板领域的标准化管理，使标准制定紧跟甚至领先于业务发展步伐。三是实施绿色金融标准精细化制定与修订。标准化管理要以产业特点、市场规律为基础，加强标准制定的具体化、精细化及专门化，切忌脱离实际泛泛而谈。唯有此，才能实现绿色金融的健康发展，为绿色金融支持污染防治提供坚实的技术基础。

10.4　风险防范与保障条件

农业面源污染涉及环节多、治理难度大。这种特性决定了金融服务程度具有强烈性，需求层次具有多样性。这种特性决定了农业面源污染的金融需求具有长期性特征。更为重要的是，在适度规模经营框架下，农业面源污染治理逐步向协同治理新机制转变。在协同治理新格局中，涉及政府、金融机构、新型农业经营主体、农户等多种异质性治理群体。更为重要的是，作为市场化框架下农业面源污染治理的直接主体和金融服务的直接需求主体，它们之间的金融需求相互联系、相互交织，任何一个环节的发生风险点后，都将对整条"治理链"产生影响。

按照上述分析可知，农业面源污染治理应充分发挥银行主导型金融体系的作用。从本质来看，银行类金融机构的本质是以盈利为目的的企业，通过金融工具和政策支持农业面源污染治理的最终目的是实现利润最大化。面对农业面源污染治理的复杂性和治理主体的关联性，如果无法通过有效的风险分散机制化解其中的风险，金融机构就会陷入流动性、安全性和盈利性权衡的"陷阱"中，供给的金融服务可能与农业面源污染的本质属性和治理主体的真切诉求不匹配、相背离，在影响农业面源污染治理成效的同时，也会使金融机构面临较大的风险，直接影响金融机构通过金融支持政策工具参与农业面源污染治理的持续性，不利于构建金融支持农业面源污染的长效机制，因此强化风险防范和补偿机制建设就比较迫切。为此，需要在建立健全信用机制、构建风险共担机制、健全农业保险制度等方面进行研究。

10.4.1　健全信用评价体系

（1）关注新型农业经营主体，创新信用制度。

在农业适度规模经营框架下，农业面源污染协同治理的关键环节是新型农业经营主体。因此，要对绿色金融产品风险进行防范，新型农业经营主体的信用水平就是管理各种风险点的关键。为此，构建针对农业新型经营主体的集信息采集、等级评定以及信用共享等多重功能于一体的信用制度体系，将其作为金融产业扶贫的有力支撑。在信息采集方面，采用多手段、多类别和差异化的手段，采集农业新型农业经营主体的信息。如果新型农业经营主体的类型为专业大户，则可以通过央行征信"个人征信记录"获取其信用信息。如果说新型农业经营主体是农民专业合作社或者家庭农场，这里就需要具体情况具体分析。当农民专业合作社和家庭农场有"机构信用代码"时，可以同时采集家庭农场或农民专业合作社和成立时牵头人的个人信用记录，充分发挥央行征信的作用。

除此之外，政府还可以联合科技公司发起成立新型农业经营主体信用信息大数据平台，提升新型农业经营主体的征信效率。当然，还可以通过走访、暗访等多种形式，向新型农业经营主体的生活周围以及业务合作伙伴等了解其综合信息，构建集财务信息、合作能力、经营管理等定量和定性相结合，"硬性指标"和"软性指标"相辅助的信用评价指标体系，实现信息流、商品流和人流的协同整合和提高，形成"央行征信＋大数据征信"相结合的新型农业经营主体征信体系。

（2）建立内生增信机制，强化信用增级。

除了新型农业经营主体外，农户的信用水平也会影响整条"治理链"获取金融服务的整体水平。因此，要提升金融支持政策对农业面源污染的总体支持水平，如何增强农户的经营水平也是其中的关键环节。按照上述分析，在产业化协同治理方案下，农业面源污染治理主要通过"公司＋农户""公司＋合作社＋农户"等农业产业链、价值链和供应链的集成化、系统化运营。事实上，从本质上来看，这种"治理链"本身就形成了一个相互监督、信息共享和风险共担的体系。尤其是在农业产业化比较发达的地区，这种绿色产业组织模式的适应性会更为广泛、更加多元。可以说，依托新型农业经营主体和农户生产性契约可以衍生形成金融契约机制，进而解决逆向选择和道德风险等信息不对称性问题。

但在具体实践中，由于生产性风险和市场性风险交错呼应，农业产业链还十分松散、稳定性较差，新型农业经营主体和农户均存在违约的动机，使金融机构面临较大的不确定性。解决这一问题可以从以下两个方面入手。

一是强化制度建设，商业银行应加强同涉农担保机构、农业保险公司等合作，实现"外部增级"，解决农业产业链的不稳定性问题和商业银行的风险性问题;二是应逐步改变农业经营主体通过联保方式增信机制,充分调动农业价值链上新型农业经营主体为农户提供信用担保服务,引导新型农业经营主体为农户担保,深刻挖掘农业价值链、供应链和产业链上新型农业经营主体和农户因为契约关联和合作关系形成的内生性增信机制,在增强农业经营主体绿色金融服务可获性的基础上,化解金融风险,助力农业面源污染治理行稳致远。

(3)强化改革,拓展抵押物范畴。

从我国当前的信贷实践来看,抵押物存在明显的动产资源闲置和不动产资源枯竭的结构性矛盾。商业银行不动产抵押偏好问题十分突出,不利于农业面源污染治理过程中农业绿色金融的发展。除此之外,这也极大束缚了商业银行进行绿色金融创新的步伐。然而,在这样的导向下,农业生产中的生产性设备、农房等受到金融机构的排斥,这也致使无论是新型农业经营主体还是农户都普遍存在"融资难"的问题。

因此,从金融机构角度来说,就需要拓展农业抵押物范畴。探索利用林权、土地经营权、宅基地使用权、农户房产、资金往来所形成的农业应收账款以及农户同龙头企业签订的"订单农业",设计有针对性、综合性的绿色金融产品。除此之外,还可以建立抵押品拓展机制。农业价值链上的农户、新型农业经营主体将其土地承包经营权或者设备收益权委托给第三方信托公司,并设立"自益性信托"。然后,信托公司利用其"财产隔离制度"功能属性,凭借信托受益权质押,为产业链上的新型农业经营主体提供担保,通过这样的举措,可以将不能抵押的资产转化为可以抵押的资产,实现农户、新型农业经营主体和金融机构之间的行为均衡。参照这一运作机制,就可以盘活绿色农业资产收益,在提升新型农业经营主体和农户融资能力、适应能力的基础上,提升从事农业面源污染治理能力。

10.4.2 构建风险共担机制

农业面源污染治理和绿色发展所需资金量巨大,涉及农业环节多、主体多,风险多元。既涵盖信用风险、市场风险,又涵盖政策风险、自然风险,单一类型的金融机构和农业生产经营主体很难完成如此大的复杂性、系统性工程。加之,农业发展的特殊性以及金融机构风险传导的复杂性特质,金融政策支持农业面源污染治理也应厘清并处理好创新和监管之间的关系，把握好监管和创新、发展与稳定、竞争与合作的尺度，通过建立风险补偿机制、完善保险制度、再担保制度等途径，在"市场失灵"领域发挥作用，构建风险共担机制。

（1）政府主导，创新风险补偿机制。

金融机构为新型农业经营主体和农户提供的绿色金融服务，虽然具有很强的正外部性，但与此同时，金融机构也会面临诸多其自身无法承受的风险外溢。例如，金融机构善于分散化解信用风险、金融市场风险等，但对于农业生产和经营过程中面临的自然风险、生产风险、市场风险等则稍显不足。因此，单靠金融机构的各类金融机制设计是无法分散其中所有风险的。

从这个角度来说，政府应充分发挥"有为"政府作用、主导效应，创新风险补偿机制，对金融政策支持农业面源污染治理中创新的绿色金融风险进行管理。考虑到我国各地区农业绿色发展存在的差异，政府在设立绿色金融风险补偿机制时，需要明确各层级政府的分工、权责归属、权益划分等。

其中，中央政府或者省级政府主要负责"顶层设计"，制定绿色金融风险补偿的总体方案，确立绿色金融风险补偿标准、补偿范围等。市级或区级政府负责风险补偿机制的具体运作和实施，通过密切配合，全力提高补偿基金的运行绩效。该基金公司的主要目的就是调动金融机构创新绿色金融产品的积极性和对农业面源污染治理中的风险进行防范。当然，为了明确分工，该产业扶贫风险补偿基金也并不是对所有风险都予以补偿，而应遵循针对性和自负盈亏的原则，需要在事前明确政策性风险补偿的具体范畴。

（2）强化农业保险制度建设，护航协同治理。

按照上述分析可知，农业面源污染的产生与气候存在密切的关联。化肥、农药、农膜等污染源在降雨等气候变化下，会加剧农业面源污染程度。从目前实践来看，农业还存在典型的"靠天吃饭"问题。构建农业面源污染协同治理新格局不可避免地要面对自然风险，而管理自然风险是保险机构的"专长"。因此，除了政府主导建立风险补偿机制外，强化农业保险制度建设也是构建风险共担机制的重要内容，需要农业保险公司的参与和发挥作用。

一是引导保险"下沉",引导保险下乡,提供特色化、差异化的针对农业大灾、气象指数、降雨指数等险种,并扩大险种的自然灾害覆盖范围、覆盖对象,增强农业产业链、价值链和供应链上的龙头企业、农民专业合作社、家庭农场和专业大户等新型农业经营主体的自然风险抵抗能力,奠定农业面源污染治理的组织基础。二是健全农业再保险制度,通过签订"再保险合同"和"分保"的方式,将已承保的保险业务转移给其他保险公司,将风险在大范围内分散,为扶贫金融创新提供一个良好的制度基础。三是通过调研座谈、媒体报道、保险知识培训等多种途径,加强新型保险的推进、宣传,全面提高农业经营主体对新型保险的认知水平,提升其从事农业面源污染治理能力。

(3)完善再担保制度体系,实现风险共担。

在适度规模经营框架下,农业面源污染协同治理链形成的关键是充分利用新型农业经营主体和农户之间的互动关系和作用,通过新型农业经营主体的契约关系、合作机制和信用增加,解决农户在治理链中的信息不对称问题。虽然这种方式使农业面源污染治理链上的参与主体都能获得金融政策支持和服务,但这样的方式导致的直接结果是:将所有的风险都转至涉农公司、农民专业合作社和家庭农场等新型农业经营主体,在一定程度上反倒加重了新型农业经营主体的财务负担和风险。该风险如果无法得到分散,还有可能形成系统性金融风险,不利于农业面源污染治理链的协同互促,影响金融机构支持农业面源污染治理的持续性。在这样的条件下,就需要完善再担保制度,通过组建"政策性再担保"机构,为新型农业经营主体或者其他主体提供再担保,形成"担保+反担保+再担保""三位一体"的担保新机制,进而降低风险发生的临界点,健全风险共担体系。

10.4.3 完善各类保障条件

在适度规模经营视角下,金融政策支持农业面源污染治理需要具备一定的保障条件。如果离开这些前置性条件,金融政策对农业面源污染的抑制效应并不会出现。因此,农业面源污染协同治理中的绿色金融产品和服务创新也并不是金融机构的"独舞",需要以产业发展能力、补贴政策激励和税收政策优惠为保障条件。

（1）建立政企合作机制，提升产业发展能力。

具体来说，应强化农业产业发展能力建设，应建立政企密切配合、协同共建的合作机制。这其中，政府通过产业规划、基础设施配套、制度保障以及政策支持等途径，对绿色农业产业链、价值链和供应链运行提供支持。尤其是在绿色农业产业规划方面，要确保绿色产业、绿色产品发展规划之间的联动性、一致性，通过制度建设，赋予绿色农业产业规划法律效力，有效消除"任期影响"，确保"一张蓝图干到底"，增强绿色农业产业发展后劲和产业链、价值链和供应链运行的稳定性。涉农企业、专业合作社等产业组织主要通过"社会化服务"切入绿色农业产业链建设，进而强化区域绿色农业发展的专业化程度、效率水平。科研机构发挥农业面源污染治理技术引领、技术推广以及研发优势，在产前的良种供应、产中的技术推广和绿色发展乃至产后的要素管理等方面，充分发挥技术对绿色农业产业发展的引领作用，进而全面增强绿色农业产业发展能力，为金融要素的介入提供基础性支撑和前期条件。

（2）健全兼顾新型农业经营主体和农户的补贴体系。

从我国经营体系构成来看，新型农业经营主体和农户共同建构起新时期我国农业经营体系的微观个体，成为农业绿色发展和面源污染治理的主要力量。尤其是在推动农业适度规模经营的进程中，新型农业经营主体更是表现出显著比较优势。因此，在实践发展中，我国的农业补贴政策也逐步由小农向专业大户、家庭农场、农民专业合作社和其他农业社会化服务组织转变、倾斜。那么，这是否意味着分散经营的农户的补贴政策在远期会发生根本性改变呢？分散经营的农户是否还有必要纳入补贴体系呢？

答案是肯定的。在农业面源污染治理和绿色发展的过程中，新型农业经营主体不但有必要纳入补贴体系，而且必须纳入补贴体系。小农分散经营在农业现代化建设的过程中仍会长期存在。即使在农业现代化比较发达地区国家，家庭经营仍是主要特征。另外，我国的资源禀赋特征和发展历史对这一特征也会进一步强化。更为关键的是，农业面源污染协同治理新格局下新型农业经营主体和农户是利益共同体，是治理链的紧密环节。如果在补贴政策上顾此失彼，这会瓦解"农业面源污染治理共同体"，直接影响治理成效。因此，农户仍是农业绿色发展中的重要补贴对象，需要与新型农业经营主体一视同仁、同等对待。

（3）建立财政金融协同机制，形成政策合力。

要调动金融机构从事绿色金融创新的热情，光靠上述制度是不行的，还必须与政府财政政策协同配合。为提升金融机构从事绿色金融的热情，政府应充分发挥财政政策作用，通过财政政策和金融政策的协同，冲减金融机构从事绿色金融创新的经营成本和交易成本。

一方面，对于涉农金融机构，尤其是村镇银行等小型金融机构从事绿色金融创新，采取差异化准备金政策、结构性货币政策工具，保证充足流动性，全面调动其从事农业绿色发展的积极性。另一方面，政府应运用税收政策，对从事绿色金融创新的金融机构，尤其是新型农业金融机构要加大税收支持力度。继续构建减负增效政策体系，将新型金融机构纳入"营改增"范畴予以重点考虑，全面减缓新型金融机构从事绿色金融创新的成本，激发其创新热情和积极性，推动绿色金融发展迈入新阶段、跨上新台阶，打赢面源污染防治攻坚战。

第 11 章　研究结论与展望

11.1　研究结论

推动农业绿色发展，不仅是农业发展观变革的一场深刻革命，更是实现乡村振兴、推动高质量发展的有力抓手。这也是党中央和国务院在新发展格局、新发展阶段下的新战略预期目标。为此，习近平总书记多次强调：要坚决打赢打好农业面源污染防治攻坚战。在这样的殷殷嘱托和现实约束下，强化农业面源污染治理，是新时代约束整体性、系统性和全局性目标的关键。农业面源污染生成机理复杂、过程演化交互牵扯，直接影响人民群众的获得感、幸福感和安全感。强化农业面源污染治理，推动农业质量变革、效率变革和动力变革，需要充分发挥有为政府和有效市场的联动效应，形成协同治理新格局。在所有的市场化主体中，从事适度规模经营的新型经营主体与农户联系最为密切、最为直接利益相关者。也是我国构建新型农业经营体系的重点培育对象，在市场开拓、产业示范和绿色发展中发挥着引领作用。新时期农业面源污染协同治理新格局构建，必须调动适度规模经营主体力量和引领作用，提升农业面源污染协同治理水平和"集体行动"效率。

然而，从实践运行来看，农业面源污染治理模式和资金投入仍以政府主导为主。市场化主体，尤其是从事适度规模经营的新型农业经营主体，参与热情并不高，协同治理格局并未形成。加之，新型农业经营主体自身规模偏小、资信实力较弱，普遍存在"融资难"和"融资贵"问题，也使其在面源污染治理中的作用受到限制，金融支持政策体系有待进一步构建。那么，在这样的现实困境和观点分歧下，农业适度规模经营对农业面源污染的抑制效应到底如何？是否和理论预期存在一致性？现行金融政策支持水平，是否会制约农业适度规模经营绿色引领效应的发挥？要达到农业面源污染治理目标预期，适度规模经营和金融支持政策互动的一般性条件是什么？新时期如何从农业适度规模经营的视角，探索面源污染协同治理路径？金融支持政策如何调整？这就是本书要解决的科学问题。

基于科学问题，本书确立了"理论分析→宏观效应→微观行为→政策设计"的研究思路：在理论分析农业经营体系演化与农业面源污染治理体系转变基础上，评估适度规模经营和金融支持政策对农业面源污染的影响效应以及农业适度规模经营和金融支持政策对农业面源污染治理的协同效应、异质性和行为博弈过程，解析微观治理主体实现均衡的实现条件，构建新时期农业面源污染协同治理的运行机制、协同治理路径选择、金融政策支持框架与具体举措。研究结论如下。

（1）农业适度规模经营引领效应发挥，需要前置性的金融政策予以保障。

视角框架表明，金融政策支持是引导适度规模经营主体等市场化主体，参与农业面源污染治理的"桥梁"，也是协同治理格局形成的关键条件。作为一种新型制度安排，农业适度规模经营改变了农业面源污染生成机理和方式。新型农业经营主体通过"价值链"方式，同农户形成了牢固利益连接关系，找到了农业面源污染协同治理的制度路径。不过，农业适度规模经营体现的是要素投入的"重新配置"过程，亦会产生环境外部性。农业适度规模经营能否产生环境正向激励在很大程度上取决于经营主体经济状况，尤其是金融政策支持水平。农业适度规模经营对农业面源污染引领作用和抑制效应能否正常发挥，与金融发展水平密切相关。金融政策与发展水平的不匹配性会对农业面源污染形成"加剧效应"。

（2）"社会性收入"提升机制和贴现率降低机制，是适度规模经营主体引领面源污染治理的行为机理。

运用静态和动态利他主义模型搭建本书的解释框架。分析发现，在静态层面，新型农业经营主体任何"社会收入"的提高都将在一定程度上极大化增加其效应。新型农业经营主体会努力提升一切利于提升其"社会收入"的经济行为，并降低一切损害其"社会收入"的行为，因为社会收入是新型农业经营主体自身收入与农户自身收入之和。从动态层面来看，新型农业经营主体和农户将最大化他们的"适应性价值"之和。换言之，新型农业经营主体和农户只有在其中一方适应性提高的价值大于另一方适应性下降的价值时，他们才会提高另一方的价值适应性。新型农业经营主体的适应性环境保护行为动机及其效率要显著高于农户。充分发挥新型农业经营主体在农业面源污染治理中的引领作用，亦是动态利他主义经济模型的题中之意和必然要求。最后，对新型农业经营主体来说，其引领农业面源污染治理的利他行为的决策条件是，减少单位自然资源的开发成本，进而使净收入现金流的现值达到最大化。要实现农业自然资源开发现值的最大化必须要降低贴现率。这也意味着，对于金融机构来说，新时期不仅要增强信贷资金和金融服务支持力度，更需要降低利率水平，为新型农业经营主体提供农业面源污染治理提供低成本的金融服务。

（3）我国农业面源污染存在阶段性反复和间断性演变的复杂趋势。化肥污染源是农业面源污染"加剧效应"产生的"主导源"。

本书运用 HP 滤波法分解出主要面源污染投入的临界值，通过比较实际值和临界值的缺口状态来观测面源污染治理成效。研究发现，总体上我国农业面源污染源投入量，超过临界值的样本占比为 68.18%，处于临界值以下的样本占比为 31.82%，化学要素"过度投入"现象还比较普遍。农业面源污染的治理任务还十分艰巨。从结构性层面来看，虽然化肥、农药、农膜、农用柴油等四种污染源"缺口"总体上呈现不断下降的态势，但四种主要污染源实际值与临界值"缺口"大于 0 的情况仍广泛存在。进一步的小波相干性分析表明，化肥污染源是农业面源污染"加剧效应"产生的"主导源"，强化化肥污染源的治理是新时期我国农业面源污染治理的重要战略选择和治理重点。

（4）我国农业面源污染总体治理效果显著，但存在一定的结构性矛盾和空间异质性。

基于环境库兹涅茨曲线理论，本书运用 PSTR 模型，以金融支持政策为阈值变量，从农业经济增长和面源污染之间的因果关系、曲线形状和阶段定位等角度，对我国农业面源污染治理效果进行实证模拟。研究发现，在金融政策支持水平处于低水平阈值区间时，农业经济增长对面源污染影响表现为"加剧效应"。当金融政策支持水平迈入中等阈值区间和高阈值区间后，农业经济增长才会对面源污染形成抑制作用。通过计算金融政策支持水平和阈值门槛发现，总体上，我国农业经济增长对面源污染的影响表现为"抑制效应"。这也表明，我国农业面源污染治理效果还是比较显著的。分污染源结构检验可知，在农药污染源模型中，金融政策支持水平并未跨越临界值，农业经济增长对面源污染的影响表现为"加剧效应"，农药污染源的治理效果需要进一步提升。最后，分区域检验发现，东部地区和中部地区表现为"抑制效应"；西部地区表现为"加剧效应"。西部地区农业面源污染治理效果，还有待进一步提升。

（5）无论是在总量内涵维度还是效率内涵维度，农业适度规模经营都是农业面源污染的格兰杰因果原因。

基于面板格兰杰因果检验方法，本书分别建立给定滞后项的动态模型；具有给定滞后阶数、横截面异质性稳健标准差的动态模型；给定滞后阶数、横截面异质性稳健标准差，但报告滞后系数总和的动态模型；基于 BIC 滞后长度选择且具有横截面稳健标准差的动态模型；基于 BIC 选择滞后长度、具有横截面稳健标准差和无方差自由度校正的动态模型等五种面板格兰杰因果关系检验模型。从总量内涵和效率的双重维度，检验了农业适度规模经营和农业面源污染的相互关系。研究结果发现，无论是在总量内涵维度还是在效率内涵维度，均拒绝"农业适度规模经营不是农业面源污染格兰杰原因"的原假设。这一检验结果为发挥农业适度规模经营在绿色发展、农业面源污染治理中的引领作用，提供了有效的经验佐证。

（6）适度规模经营对农业面源污染的抑制效应并未达到理论预期，但存在显著的门槛效应。

本书运用中国省级面板数据构建静态面板数据模型和动态门槛面板模型，从总量内涵维度和效率内涵维度实证适度规模经营对农业面源污染的影响效应及其动态性特征。其中，静态面板模型表明，样本跨期内，无论是在总量维度还是效率维度，适度规模经营对农业面源污染影响均显著为正，在一定程度上加剧了农业面源污染，并未达到政策预期目标。不过，进一步的动态面板门槛模型检验结果表明，农业适度规模经营无论是在低阈值区间还是在高阈值区间，都对农业面源污染产生了抑制作用，影响系数也较为恒定。

（7）宏观层面，金融支持政策对农业面源污染的抑制效应是比较显著的，且存在空间溢出效应。

本书基于农业综合开发项目数据，建立面板数据选择模型和面板空间计量模型，实证金融支持政策对农业面源污染的影响效应及其空间特征。研究发现，样本跨期内，金融支持政策对农业面源污染的抑制效应是比较显著的，且存在显著的空间溢出效应，在本地区和邻近地区都有较好的表现，但是影响系数偏小。除此之外，地方政府的资金投入在抑制农业面源污染方面也有显著表现。但需要看到的是，中央财政资金投入和自筹资金投入均没有起到抑制农业面源污染的作用。相反，还对农业面源污染产生了"加剧效应"。当前我国农业面源污染治理过程中，金融支持政策和财政支持政策并未形成强劲合力，仍存在结构性矛盾，有待进一步优化。

（8）微观层面，金融支持政策对农户化肥施用量有一定的抑制效应，对提升农民的面源污染治理意愿有显著的推动作用，但在推动农户施肥方式和施肥依据转变方面的表现不足。

基于微观调研数据，从过程和结果双重维度运用加权最小二乘法（WLS），实证检验金融支持政策对农户污染治理行为的影响效应。研究发现，当前金融支持政策在过程维度和结果维度都产生了一定影响。这主要表现在金融支持政策对农户化肥施用量有一定的抑制效应，对提升农户的面源污染治理意愿有显著的推动作用。但也需要看到的是，金融支持政策在推动农户施肥方式和施肥依据转变等方面仍表现不足，需要在新时期予以进一步强化。从其他变量来看，农业适度规模经营在过程维度和结果维度都表现了积极作用，有利于抑制农户的化肥施用量，推动施肥方式和施肥依据的改变，提升农户的农业面源污染治理意愿。从其他变量来看，人力资本在改变农户施肥依据和提升农户的农业面源污染治理意愿等方面都表现出积极作用，在抑制化肥施用量和改变施肥方式方面作用还有待进一步提升。富裕程度虽然抑制了农户化肥施用量、提升了农业面源污染治理意愿，但对农户施肥方式和施肥依据的改变都产生了抑制作用。农业市场化对农户施肥方式和治理意愿的影响都产生了促进作用，但加剧了农户化肥施用量、制约了施肥方式的改变。农业产业化对改变农户施肥方式和施肥依据都产生了促进作用，但对化肥施用量产生了加剧效应，对农户面源污染治理意愿的影响并不显著。农业组织化对施肥方式改变有较大的推动作用，但加剧了农户化肥施用量、抑制了施肥依据的改变，对农户面源污染治理意愿的影响也并不显著。农业社会化服务在抑制农户化肥施用量、提升农业面污染治理意愿等方面产生了积极作用，但对施肥方式的改变产生了阻碍作用，对施肥依据的改变的影响并不显著。最后，财政补贴政策对农户化肥施用量产生了加剧效应，制约了农户施肥方式的改变，对施肥依据改变和面源污染治理意愿的影响均不显著。

（9）金融科技引领的政策创新，对农业面源污染的影响呈现典型的倒"U"形特征，提升金融服务质量是需要突破的关键。

本书基于 IPAT 和 STIRPAT 的理论框架，从金融科技视角建立金融创新影响农业面源污染影响的计量模型，并运用加权最小二乘法和截面门槛回归技术对模型进行估计，从总体以及结构的双重维度揭示金融创新对农业面源污染的影响效应及特征以及在不同农业发展阶段下影响效应的变化。研究发现，总体上，当前金融科技引领的金融支持政策创新是一把"双刃剑"，呈现典型的倒"U"形特征。在结构层面，金融科技服务的可用性、金融科技基础设施和农业面源污染存在倒"U"形关系，与总体情况一致。进一步的门槛效应检验表明，在农业经济低增长地区，金融科技发展的总体水平、金融科技服务的使用、金融科技服务的可用性和金融科技基础设施与农业面源污染呈倒"U"形关系。在农业经济的发达阶段，金融科技发展及其结构对农业面源污染的影响微不足道。农业经济增长水平较低区域，除了要普及金融科技使用、提升农民金融科技服务可得性和完善金融科技基础设施外，更需要注重金融科技服务质量。这是新时期金融支持政策创新的重点领域。

（10）宏观层面，金融支持政策并未形成农业适度规模经营的基础条件，共生共进的"协同效应"格局并未形成。农业适度规模经营绿色引领效应未达到预期，主要是由于金融政策、财政政策以及城镇化等外部条件的不足造成的。

本书运用 PSTR 模型从宏观层面检验金融支持政策和适度规模经营对农业面源污染的协同效应。研究发现，无论是在总体层面还是分污染源的结构层面，在金融支持政策水平的低阈值区间，适度规模经营对农业面源污染的影响存在不确定性，甚至还会形成污染"加剧效应"。进一步的弹性分析表明，无论是在总体上还是在区域层面，现行的金融支持政策水平都在一定程度上强化了农业面源污染水平。这也恰恰说明当前实践层面，金融政策支持水平仍处于低阈值区间，金融政策支持强度需要进一步强化。进一步的动态面板门槛模型检验表明，无论是在总量维度还是效率维度，静态面板模型中适度规模经营对农业面源污染产生"加剧效应"，并不是适度规模经营本身带来的，而是由于金融政策、财政政策以及城镇化等外部条件的支撑不足造成的。

（11）微观层面，金融政策支持农业适度规模经营，能够减少农户的化肥施用量、改变农户的施肥依据，但并未对农户的施肥方式和农业面源污染的治理意愿产生推进作用。

在微观层面，本书从过程和结果的双重维度揭示了金融支持政策和农业适度规模经营的交互项对农业面源污染的影响及其异质性。研究发现，在过程维度，金融政策支持农业适度规模经营能够抑制农户的化肥施用量，改变农户的施肥依据，进而对农业面源污染产生良性影响。但从样本检验结果来看，金融政策支持农业适度规模经营对农户施肥方式的影响并不显著，并未起到显著的促进作用，成为过程层面的结构性矛盾。在结果维度，金融政策支持农业适度规模经营对农户面源污染治理意愿的影响显著为负，亦与理论预期不一致。综合检验结果可知，样本跨期内，金融政策支持农业适度规模经营，能够减少农户的化肥施用量、改变农户的施肥依据，但并未对农户的施肥方式和农业面源污染的治理意愿产生推进作用。

（12）适度规模经营视角下农业面源污染协同治理运行机制，需要以农民合法权益保护为根本条件，以产量提升为资源条件，以效率和质量提升为动力条件，以有为政府和有效市场的协同配合为环境条件。

基于农业适度规模经营视角下，主要参与主体的目标界定、行为差异与对比，从不完全信息静态博弈和不完全信息动态博弈的双重维度，分别刻画了政府主导型模式和市场主导型协同治理模式下主要污染治理主体的行为博弈过程。研究发现，农业面源污染治理的运行机制并不会自发形成，需要具备相应实现条件。任何一个条件如果无法不满足，农业面源污染协同治理的新格局就不会出现，就属于非均衡形态，农业面源污染协同治理的运行机制需要以农民合法权益为根本条件，以产量提升为资源条件，以效率和质量提升为动力条件，以有为政府和有效市场的协同配合为环境条件。

（13）农业适度规模经营视角下，农业面源污染协同治理存在集约化协同治理方案、组织化协同治理方案、产业化协同治理方案和数字化治理方案等四种典型性方案与实践路径。

农业面源污染协同治理，应以保护农民合法权益为根本，遵循新型农业经营主体培育和价值链引领相配合、有为政府和有效市场相配合的基本原则，紧握源头管控、过程监督和效果评估三把抓手的"123"总体思路，遵从由内而外、由面及点、由环式向链式的实施步骤，达到促进农业高质高效、促进农民富裕富足、促进乡村宜居宜业的目标预期。以此为基础，本书认为农业适度规模经营视角下，实现农业面源污染治理协同治理存在集约化协同治理方案、组织化协同治理方案、产业化协同治理方案和数字化治理方案等四种典型性方案。其中，集约化协同治理方案，通过"政府＋基层支部＋家庭农场（专业大户）＋农户"的实践路径实施；组织化协同治理方案，通过"政府＋农民专业合作社＋农户"的实践路径实施；产业化协同治理方案，通过"政府＋龙头企业＋农民专业合作社（协会、供销社、农村电商等）＋家庭农场（专业大户）＋农户"的实践路径实施；数字化协同治理方案，主要通过"政府＋高等院校（科研院所）＋平台公司＋家庭农场＋农户"的实践路径实施。

（14）新时期金融机构应以农业面源污染协同治理中的"利益共同体"以及"关系链"为服务对象，在金融政策工具选取和产品创新、涉农金融机构建设与管理、风险防范与保障条件等方面进行变革和创新，以适应农业面源污染协同治理新需要。

在金融政策工具选取和产品创新方面，基于多元化原则、联动性原则和银行主导型原则，可以从投贷联动、保险＋期货、资产证券化＋PPP三个层面进行金融政策支持工具选择。金融产品创新应主要围绕"绿色农业价值链"实施，金融服务方式创新，应围绕适农化、适老化和数字化"三化"进行；在涉农机构建设与管理方面，应运用ESG发展理念，引导涉农金融机构建设；建立银行类金融机构合作机制，创新数字化合作新机制；强化组织管理、建立信息沟通和共享机制、标准化管理机制等。在风险防范与保障条件方面，应健全信用评价体系、构建风险共担机制、完善各类保障条件等，全面提升金融支持政策服务农业面源污染治理效率。

11.2　研究展望

在"五位一体"总体布局和"四个全面"战略布局指引下，全面推进乡村振兴，将是新时代我国"三农"发展的主旋律和政策关注焦点。打赢农业面源污染防治攻坚战，是生态宜居内涵维度的必然要求和必然选择，也是贯彻新发展理念、构建新发展格局下构建生态文明体系、建设美丽中国的使命担当。在战略擘画层面，习近平总书记多次强调要"打好污染防治攻坚战""像保护眼睛一样保护生态环境，像对待生命一样对待生态环境"。这其中无不寄托着打赢农业面源污染防治攻坚战，实现农业质量变革、效率变革和动力变革的决心和斗志。在细化操作层面，《"十四五"推进农业农村现代化规划》将农业农村生态环境整体提升，化肥、农药用量持续减少，畜禽粪污综合利用率达到 80% 以上，作为"十四五"农业农村现代化主要目标，并在重点任务部分从持续推进化肥农药减量增效、循环利用农业废弃物、污染耕地治理三个方面，提出了"加强农业面源污染防治"的主要任务。可以预见，伴随着乡村振兴和美丽中国建设，农业面源污染治理会持续升温，研究的理论价值和实践价值将会逐步突出，这将吸引更多学者涌入这一研究领域，贡献更多的研究成果。

相比较其他领域，农业面源污染这一主题天生具有"跨学科""跨专业"属性。不过，从学科演进脉络和成果集中度可知，长久以来，关于这一主题的关注以环境科学为主导，提出的治理措施也往往集中于技术创新维度。其他学科，尤其是经济学、管理学等学科领域的研究，在国内还需要进一步完善。事实上，关于农业面源污染治理，经济学也给出了不同的操作方案和治理措施。这其中，市场机制主导的"科斯手段"备受推崇。依托市场力量、强化农业面源污染治理的研究成果还十分鲜见。在构建新型农业经营体系和社会化服务新机制的政策引导下，分布于产前、产中和产后环节的涉农企业、农民专业合作社、家庭农场和专业大户等适度规模经营主体，逐步演变成为新时代农业事实性经营主体和中坚力量。充分发挥适度规模经营主体在农业面源污染治理和绿色发展中的引领作用，是新型农业经营主体在乡村振兴和农业现代化进程中的价值属性和使命担当。

农业面源污染生成机理复杂、形成过程环环交错、影响范围层层传导，也需要充分调动一切能够调动的力量，形成协同治理新格局。这是本书立足的现实大背景和逻辑大前提。

为此，本书选取农业适度规模经营这一视角，探讨农业面源污染协同治理路径与金融支持政策。相比较现有研究成果，本书的贡献主要体现在以下几个方面：一是从视角框架、解释框架和分析框架"三位一体"的角度，构建了农业适度规模经营、农业面源污染治理和金融支持政策的理论分析框架，拓展了理论研究维度；二是基于经验事实和结构性解析，本书揭示了我国农业面源污染的现实概况、结构特征、空间分布，确立了农业面源污染的"主导源"，评价了我国农业面源污染治理效果和空间异质性，能够深刻挖掘农业面源污染治理中的结构性矛盾和约束因素；三是从微观和宏观相结合的视角，实证检验了农业适度规模经营、金融支持政策和农业面源污染的相互关系、影响效应，以及农业适度规模经营和金融支持政策，对农业面源污染的协同效应、作用机制及其条件，能够评价农业适度规模经营引领面源污染治理效果，揭示当前金融政策支持农业适度规模经营主体，从事农业面源污染治理的薄弱环节和约束条件；四是从不完全信息下的静态博弈和动态博弈相结合维度，刻画农业面源污染治理主要参与主体行为均衡的实现条件，并据此提出农业面源污染协同治理的总体思路、实施步骤和目标预期和治理方案；五是基于不同协同治理方案，提出了不同实践路径，并据此明确了金融政策的战略取向和创新方向、金融政策工具选择、金融产品与服务方式创新、涉农金融机构管理与组织建设、风险防范与补偿机制等政策措施，研究脉络完整、环环相扣，可操作性强；六是本书中运用的 HP 滤波法、小波分析、PSTR 模型、截面门槛模型、空间面板模型、动态门槛面板模型等方法都具有一定的前沿性、新颖性。

总体来说，本书达到了拟订预期目标。不过，农业适度规模经营体系构建及其对面源污染治理的引领作用发挥都需要构建政策协同体系以实现政策间的协同。按照中央经济工作会议的界定，新时期要维持稳健有效的宏观政策、激发市场主体活力的微观政策、畅通国内经济循环的结构政策、扎实落地的科技政策、激活发展动力的改革开放政策、增强发展平衡型协调性的区域政策、兜牢民生底线的社会政策等"七大政策"。基于研究成果内容以及农业面源污染治理的艰巨性和复杂性，农业面源污染协同治理也需要"七大政策"联合发力、共同作用。但本书的内容只涉及宏观政策中的"金融支持政策"，其他政策涉及的内容还有待进一步强化。新时期从"七大政策"联动的角度，探讨农业面源污染治理的新路径将是重点研究内容，也是本书需要进一步深化的重点。

附　　录

农业面源污染治理调查问卷

您好！这是一份学术研究问卷，主要探讨农业面源污染及其治理的基本情况。本问卷中，您所填写的内容，纯作学术研究之用，绝不公开，请放心。本问卷的答题并无对错之分，依您本人实际作答即可。您的宝贵意见将为研究做出巨大贡献。衷心感谢您的热心帮助，祝您生活愉快！

一、基本情况

1. 您的性别是?

A. 男

B. 女

2. 您的文化程度是?

A. 小学及以下

B. 初中

C. 高中或中专

D. 大专及以上

3. 您家总共有多少人?

A. 小于等于 3 人

B. 大于 3 人

4. 您是否有过外出打工或经商的经历?

A. 是

B. 否

5. 有这样一种可以自愿且自由参加的抛硬币游戏：如果抛一枚硬币，

出现正面，则参加者得 1 万元，如果出现反面，则参加者付出 1 万元。请问您作以下如何选择？

　　A. 坚决不参加

　　B. 无所谓

　　C. 欣然参加

6. 您家共拥有多少亩土地？

　　A. 小于等于 5 亩

　　B. 5~10 亩

　　C. 10 亩及以上

7. 拥有的耕地中从别人处转（租）的耕地有多少亩？

　　A. 小于等于 2 亩

　　B. 2~5 亩

　　C. 大于 5 亩

8. 您家去年的总收入是？

　　A. 5 万元以下

　　B. 5 万~10 万元

　　C. 10 万元以上

9. 您家生产的农产品主要销往什么地方？

　　A. 自留不售

　　B. 本地市场

　　C. 外地市场

　　D. 国外市场

10. 您家离最近的农产品销售市场距离有多远？

　　A. 0~5 公里

　　B. 5.1~10 公里

　　C. 10.1~15 公里

　　D. 15 公里以上

11. 当地该农产品价格近年来波动大不大？

A. 基本稳定

B. 波动较小

C. 波动较大

D. 波动很大

12. 您家的通信信息条件（电视、电话、互联网等）如何？

A. 非常完善

B. 比较完善

C. 一般完善

二、农业生产情况

13. 每年使用的化肥量是？

A. 小于或等于 15 公斤

B. 15 公斤至 60 公斤

C. 大于 60 公斤

14. 施肥依据是？

A. 作物生长情况

B. 经验

15. 您如何施农肥？

A. 大量施撒化肥

B. 农家肥和化肥混合使用

C. 施微生物肥料

D. 施有机肥

E. 测土配方肥

F. 施长效缓释肥

16. 您的耕地周围的水质污染程度如何？

A. 无污染

B. 污染程度一般

C. 污染程度严重

17. 土地表层侵蚀和水土损失是否严重？

A. 严重

B. 一般

C. 不严重

18. 您是否听说过农业面源污染？

A. 听说过而且比较了解

B. 听说过，但不太了解

C. 没听说过

19. 您家在目前生产经营过程中，是否与有关单位或组织签订过订单或合同？如果选是，请继续回答第 20 - 24 题，选否，请跳转至 25 题。

A. 是

B. 否

20. 您家是与下列哪类组织签订订单或合同？（可多选）

A. 当地贩销大户、经纪人、超市等个体户

B. 龙头企业或公司（如大超市、电商等）

C. 村集体经济组织

D. 农技部门

E. 农民合作社或专业协会

F. 生产基地

G. 供销社

H. 其他

21. 您家与对方签订的主要是什么内容的合同？

A. 一般销售合同

B. 生产合同

C. 生产销售合同

22. 您家与对方签订订单后，对方是否要求您家有大棚、畜舍等配套投入或预付保证金？

A. 是

B. 否

23. 签订订单后，对方是否会满足您家的相关融资担保需求？

A. 是

B. 否

24. 签订订单后，对方是否提供下列服务？（可多选）

A. 良种

B. 有机肥、种植绿肥等绿色生产资料

C. 土壤改良、秸秆还田、沼渣沼液还田

D. 生物防虫

E. 农业环保服务

F. 水环境治理

G. 高效低风险农药推广

H. 农膜回收与加工

I. 防腐保险的运输技术

J. 没有服务

25. 您是否加入了农民专业合作社或其他合作经济组织？如果选是，请继续回答 26 题；若选否，请直接跳转到 27 题。

A. 是

B. 否

26. 农民专业合作社或合作经济组织是否为您提供下列服务？（可多选）

A. 良种

B. 有机肥、种植绿肥等绿色生产资料

C. 土壤改良、秸秆还田、沼渣沼液还田

D. 生物防虫

E. 农业环保服务

F. 水环境治理

G. 高效低风险农药推广

H. 农膜回收与加工

I. 防腐保险的运输技术

J. 没有服务

三、农业面源污染治理

27. 您认为农业面源污染是否有必要进行防治？

A. 没必要

B. 无所谓

C. 很有必要

28. **农业面源污染治理承担者（可多选）**

A. 农业部门

B. 环保部门

C. 农业企业

D. 农户

E. 其他

29. 当地政府对农业面源污染情况的重视程度

A. 很重视

B. 比较重视

C. 一般

D. 不重视

30. 您是否支持涉农企业、农民专业合作社提供农药使用、有机肥、秸秆利用、农膜处理等方面的技术培训？

A. 非常支持

B. 支持

C. 无所谓

31. 您是否支持农民支付农业环境污染税？

A. 支持

B. 不支持

32. 您是否获得了有关氮肥流失防治、商品有机肥、测图配方肥、修建生态沟渠、退耕还林等的政府补贴？

A. 有

B. 否

33. 你是否愿意减少化肥、农药、农用塑料膜等使用量？回答愿意的，结束问卷调查。如果回答不愿意，请继续回答 34 – 35 题。

A. 愿意

B. 不愿意

34. 您不愿意减少化肥的使用量是因为？

A. 担心粮食产量降低

B. 担心政府发放补贴不到位

C. 耕地离家较远，担心减少施肥量会带来很多麻烦，不便于管理作物

35. 如果金融机构给您提供有农业环保服务方面贷款，您是否愿意减少化肥、农药和农膜的使用量？

A. 愿意

B. 不愿意

参 考 文 献

［1］ Acaravci A, Ozturk I. On the Relationship between Energy Consumption, CO_2 Emissions, and economic growth in Europe ［J］. Energy, 2010, 35 (12): 5412 – 5420.

［2］ Ali S, Waqas H, Ahmad N. Analyzing the dynamics of energy consumption, liberalization, financial development, poverty, and carbon emissions in Pakistan ［J］. J Appl Environ Biol Sci, 2015, 5 (4): 166 – 183. https:// pdfs. semanticscholar. org.

［3］ Altieri M A. Agroecology: The science of natural resource management for poor farmers in marginal environments ［J］. Agriculture, Ecosystems & Environment, 2002, 93, (3): 1 – 2.

［4］ AMS, BQMAH, CAKT, et al. Economic growth, energy consumption, financial development, international trade, and CO_2 emissions in Indonesia ［J］. Renewable and Sustainable Energy Reviews, 2013, 25 (25): 109 – 121.

［5］ Apergis N, Ozturk I. Testing Environmental Kuznets Curve hypothesis in Asian countries ［J］. Ecological Indicators, 2015, 52: 16 – 22.

［6］ Berger A N, Udell G. Lines of Credit and Relationship Lending in Small Firm Finance ［J］. Macroeconomics, 1999.

［7］ Boutabba M A. The impact of financial development, income, energy, and trade on carbon emissions: Evidence from the Indian economy ［J］. Economic Modelling, 2014, 40: 33 – 41.

［8］ Bradshaw T K. The contribution of small business loan guarantees to economic development ［J］. Economic Development Quarterly, 2002, 16 (4): 360 – 369.

［9］ Brian，R，Copeland，et al. Trade，Growth，and the Environment ［J］. Journal of Economic Literature，2004，42（1）：7 – 71.

［10］ Bruce，E，Hansen. Threshold effects in non-dynamic panels：Estimation，testing，and inference ［J］. Journal of Econometrics，1999，93（2）：345 – 368.

［11］ Candice Stevens. Agriculture and Green Growth ［J］. Report to the OECD，2011.

［12］ Carlos C，Jürges H，Ludwig S. The Regulatory Choice of Noncompliance in the Lab：Effect on Quantities，Prices，and Implications for the Design of a Cost-Effective Policy ［J］. B. e. Journal of Economic Analysis & Policy，2016，16（2）：727 – 753.

［13］ Carter M R. Equilibrium credit rationing of small farm agriculture ［J］. Journal of Development Economics，1988，28（1）：83 – 103.

［14］ Carter M，Waters E. Rethinking rural finance：A synthesis of the paving the way forward for rural finance conference ［J］. 2004.

［15］ Charnes A，Cooper W W，Rhodes E. Measuring the efficiency of decision-making units ［J］. European Journal of Operational Research，1978，2（6）：429 – 444

［16］ Clara Villegas-Palacio，Jessica Coria. On the interaction between imperfect compliance and technology adoption：Taxes versus tradable emissions permits ［J］. Journal of Regulatory Economics，2010，38（3）：274 – 291.

［17］ Corwin D L，Vaughan P J，Loague K. Modeling Nonpoint Source Pollutants in the Vadose Zone with GIS ［J］. Environ. Sci. Tech，1997，31（8）：15113 – 15121.

［18］ Dai H，Sun Tao，Zhang Kun et al. Research on Rural Nonpoint Source Pollution in the Process of Urban-Rural Integration in the Economically Developed Area in China Based on the Improved STIRPAT Model ［J］. Sustainability，2015，7（1）：782 – 793.

［19］ Dasgupta，Susmita，Laplante，et al. Confronting the Environmental Kuznets Curve. ［J］. Journal of Economic Perspectives，2002.

［20］ David W，Montgomery. Markets in licenses and efficient pollution control programs [J]. Journal of Economic Theory, 1972.

[21] Dhaene G, Jochmans K. Profile-score adjustments for incidental-parameter problems [J]. Sciences Po Publications, 2015.

[22] Dibden J, Gibbs D, Cocklin C. Framing GM crops as a food security solution [J]. Journal of Rural Studies, 2013, 29: 59 – 70.

[23] Dinda S. Environmental Kuznets Curve Hypothesis: A Survey [J]. Ecological Economics, 2004, 49 (4): 431 – 455.

[24] Egan B A, Mahoney J R. Applications of a Numerical Air Pollution Transport Model to Dispersion in the Atmospheric Boundary Layer [J]. Journal of Applied Meterology, 2010, 11 (7): 1023 – 1039.

[25] Ehrlich P R, Holdren J P. Impact of population growth [J]. Science, 1971, 171 (3977): 1212 – 1217.

[26] Enjolras G, Kast R. Combining participating insurance and financial policies: A new risk management instrument against natural disasters in agriculture [J]. Agricultural Finance Review, 2012, 72 (1): 156 – 178.

[27] Feitelson E. An alternative role for economic instruments: Sustainable finance for environmental management [J]. Environmental Management, 1992, 16 (3): 299 – 307.

[28] Fernández-Val, Iván, Lee J. Panel Data Models with Nonadditive Unobserved Heterogeneity: Estimation and Inference [J]. Quantitative Economics, 2013, 4 (3).

[29] Foley J A et al. Solutions for a cultivated planet [J]. Nature, 2011, 478 (7369): 337 – 342.

[30] Fouquau J, Hurlin C, Rabaud I. The Feldstein-Horioka puzzle: A panel smooth transition regression approach [J]. Working Papers, 2008, 25 (2): 284 – 299.

[31] Fouquau J, Hurlin C, Rabaud I. The Feldstein-Horioka puzzle: A panel smooth transition regression approach [J]. Working Papers, 2008, 25 (2): 284 – 299.

[32] Godfray, H., J. Charles, J. R. Beddington, I. R. Crute, L. Haddad, D. Lawrence, J. F. Muir, J. Pretty, S. Robinson, S. M. Thomas, and C. Toulmin.

Food security: The challenge of feeding 9 billion people [J]. Science, 2010, 327 (5967): 812 – 818.

[33] Granger C Granger, C W J. Investigating Causal Relations by Econometric Models and Cross-spectral Methods. [J]. Econometrica, 1969, 37 (3): 424 – 438.

[34] Griesinger D H. Where not to install a reverberation enhancement system [J]. The Journal of the Acoustical Society of America, 2017, 141 (5): 3852 – 3853.

[35] Griffin R C, Bromley D W. Agricultural Runoff as a Nonpoint Externality: A Theoretical Development [J]. American Journal of Agricultural Economics, 1982, 64 (4): 547 – 552.

[36] Grossman G M, Krueger A B. Environmental Impacts of a North American Free Trade Agreement [J]. CEPR Discussion Papers, 1992, 8 (2): 223 – 250.

[37] Grossman G M, Krueger A B. Environmental Impacts of a North American Free Trade Agreement [J]. Papers, 1991.

[38] Hagem C, Westskog H. Allocating Tradable Permits on the Basis of Market Price to Achieve Cost Effectiveness [J]. Environmental & Resource Economics, 2009, 42 (2): 139 – 149.

[39] Hansen B E. Sample splitting and threshold estimation [J]. Econometrica, 2000, 68 (3): 575 – 603.

[40] Harberger A C. A Vision of the Growth Process [J]. The American Economic Review, 1998, 88 (1): 1 – 32.

[41] Helfand G E, House B W. Regulating Nonpoint Source Pollution Under Heterogeneous Conditions [J]. American Journal of Agricultural Economics, 1995, 77 (4): 1024 – 1032.

[42] Howe C W. Taxes versus, tradable discharge permits: A review in the light of the U. S. and European experience [J]. Environmental & Resource Economics, 1994, 4 (2): 151 – 169.

[43] Jalil A, Feridun M. The impact of growth, energy, and financial development on the environment in China: A cointegration analysis [J]. Energy

Economics, 2011, 33 (2): 284 –291.

[44] Jamel L, Derbali A, Charfeddine L. Do energy consumption and economic growth lead to environmental degradation? Evidence from Asian economies [J]. Cogent Economics & Finance, 2016 (4): 1 –19.

[45] Kersting S, Wollni M. New institutionalarrangements, and standard adoption: Evidence from small-scale fruit and vegetable farmers in Thailand [J]. Food Policy, 2012, 37 (4): 452 –462.

[46] KIT and IIRR. Value Chain Finance: Beyond Microfinance tor Rural Entrepreneurs [J]. Phaseolus Vulgaris, 2010.

[47] Kremer S, Bick A, Nautz D. Inflation and growth: New evidence from a dynamic panel threshold analysis [J]. Empirical Economics, 2013, 44 (2): 861 –878.

[48] Larry Karp. Nonpoint Source Pollution Taxes and Excessive Tax Burden [J]. Environmental and Resource Economics, 2005, 31 (2): 229 –251.

[49] Lau Y H. The economic impact of immigration on productivity in Malaysia [J]. University Malaysia Sarawak, 2013.

[50] Lockie S, Values A H, James H S. Environmental and social risks, and the construction of "best-practice" in Australian agriculture [J]. Agriculture and Human Values, 1998, 15 (3): 243 –252.

[51] Malmquist S. Index numbers and indifference surfaces [J]. Trabajos De Estadistica, 1953, 4 (2): 209 –242.

[52] Mellor J W. The economics of agricultural development [M]. Cornell University Press, 1966.

[53] Miller C, Da Silva C. Value chain financing in agriculture [J]. Enterprise Development & Microfinance, 2007, 18 (2): 95 –108.

[54] Miller C, Jones L. Agricultural value chain finance: tools and lessons [J]. Agricultural Value Chain Finance Tools & Lessons, 2010.

[55] Muhammad, Shahbaz et al. Economic growth, energy consumption, financial development, international trade and \\{ CO_2 \\ emissions in Indonesia [J]. Renewable & Sustainable Energy Reviews, 2013.

[56] Panayotou, Theodore. The environment in Southeast Asia: Problems

and policies. (Cover story) [J]. Environmental Science & Technology, 1993.

[57] Parker D. Controlling agricultural nonpoint water pollution: Costs of implementing the Maryland Water Quality Improvement Act of 1998 [J]. Agricultural Economics, 2000, 24 (1): 23 – 31.

[58] Patrick, Hugh T. Financial Development and Economic Growth in Underdeveloped Countries [J]. Money & Monetary Policy in Less Developed Countries, 1966, 14 (2): 174 – 189.

[59] Perkis D F, Cason T N, Tyner W E. An Experimental Investigation of Hard and Soft Price Ceilings in Emissions Permit Markets [J]. Environmental & Resource Economics, 2016, 63 (4): 703 – 718.

[60] Pesaran M H. Testing Weak Cross-Sectional Dependence in Large Panels [J]. CESifo Working Paper Series, 2012.

[61] Phalan B, Onial M, Balmford A, et al. Reconciling Food Production and Biodiversity Conservation: Land Sharing and Land Sparing Compared [J]. Science, 333, (6047): 1289 – 1291.

[62] Place F, Barrett C B, Freeman H A et al. Prospects for integrated soil fertility management using organic and inorganic inputs: Evidence from smallholder African agricultural systems [J]. Food Policy, 2003, 28 (4): 365 – 378.

[63] Rabotyagov S S, Valcu A M, Kling C L. Reversing Property Rights: Practice-Based Approaches for Controlling Agricultural Nonpoint-source Water Pollution When Emissions Aggregate Nonlinearly [J]. American Journal of Agricultural Economics, 2012, 96 (2): 397 – 419.

[64] Ribaudo M O. Policy Explorations and Implications for Nonpoint Source Pollution Control: Discussion [J]. American Journal of Agricultural Economics, 2004, 86 (5): 1220 – 1221.

[65] Sanin M E, Zanaj S. A Note on Clean Technology Adoption, and its Influence on Tradeable Emission Permits Prices [J]. Environmental & Resource Economics, 2011, 48 (4): 561 – 567.

[66] Scholtens B, Dam L. Banking on the equator: Are banks that adopted the equator principles different from non-adopters [J]. World Development,

2007, 35, (8): 1307 - 1328.

[67] Segerson K. Uncertainty and incentives for nonpoint pollution control [J]. Journal of Environmental Economics and Management, 1988, 15 (1): 87 - 98.

[68] Shafik N, Bandyopadhyay S. Economic growth, and environmental quality: Time series and cross-country evidence [J]. Policy Research Working Paper Series, 1992.

[69] Stavins R N. Experience with Market-Based Environmental Policy Instruments [J]. SSRN Electronic Journal, 2003, 1: 355 - 435.

[70] Stavins, Robert N. What Can We Learn from the Grand Policy Experiment? Lessons from SO_2 Allowance Trading [J]. Journal of Economic Perspectives, 2001, 12 (3): 69 - 88.

[71] Tamazian A, Rao B B. Do Economic, Financial and Institutional Developments Matter for Environmental Degradation? Evidence from Transitional Economies [J]. EERI Research Paper Series, 2009.

[72] Tanaka M. Multi-Sector Model of Tradable Emission Permits [J]. Environmental & Resource Economics, 2012, 51 (1): 61 - 77.

[73] Thierry Bréchet, Pierre-André Jouvet, Gilles Rotillon. Tradable pollution permits in dynamic general equilibrium: Can optimality and acceptability be reconciled? [J]. Ecological Economics, 2013, 91 (6): 89 - 97.

[74] Timmer C P. The agricultural transformation [J]. Handbook of Development Economics, 1988, 1: 275 - 331.

[75] Torrence C, Compo G P. A Practical Guide to Wavelet Analysis [J]. Bulletin of the American Meteorological Society, 1998, 79 (1).

[76] Vossler C A, Poe G L, Schulze W D, et al. Communication and Incentive Mechanisms Based on Group Performance: An Experimental Study of Nonpoint Pollution Control [J]. Economic Inquiry, 2006, 44 (4): 599 - 613.

[77] Xepapadeas A, Aslanidis N. Regime switching and the shape of the emission-income relationship [J]. Economic Modelling, 2008, 25 (4): 731 - 739.

[78] Xepapadeas A. Controlling Environmental Externalities: Observability

and Optimal Policy Rules [M]. Springer Netherlands, 1994.

[79] York R, Rosa E A, Dietz T. STIRPAT, IPAT and ImPACT: analytic tools for unpacking the driving forces of environmental impacts [J]. Ecological Economics, 2003, 46 (3): 351-365.

[80] Zaehringer J G, Wambugu G, Kiteme B et al. How do large-scale agricultural investments affect land use and the environment on the western slopes of Mount Kenya? Empirical evidence based on small-scale farmers' perceptions and remote sensing [J]. Journal of Environmental Management, 2018, 213 (MAY1): 79-89.

[81] Zhang Y J. The impact of financial development on carbon emissions: An empirical analysis in China [J]. Energy Policy, 2011, 39 (4): 2197-2203.

[82] 安林丽, 王素霞, 金春. 农业规模养殖与面源污染: 基于 EKC 的检验 [J]. 生态经济, 2018, 34 (1): 4.

[83] 陈红, 马国勇. 农村面源污染治理的政府选择 [J]. 求是学刊, 2007, 34 (2): 7.

[84] 陈径天, 温思美, 陈倩儿. 农村金融发展对农业技术进步的作用——兼论农业产出增长型和成本节约型技术进步 [J]. 农村经济, 2018 (11): 88-93.

[85] 陈俊梁. 谈我国农业适度规模经营的实施条件 [J]. 经济问题, 2005 (4): 3.

[86] 陈启明. 生态文明视野下的农村环境问题探析 [J]. 农业经济, 2009 (9): 12-14.

[87] 陈锡文. 环境问题与中国农村发展 [J]. 管理世界, 2002 (1): 5-8

[88] 程百川. 探寻农业绿色金融发展之路 [J]. 金融市场研究, 2018 (4): 7.

[89] 程序, 张艳. 国外农业面源污染治理经验及启示 [J]. 世界农业, 2018 (11): 8.

[90] 仇焕广, 栾昊, 李瑾, 等. 风险规避对农户化肥过量施用行为的影响 [J]. 中国农村经济, 2014 (3): 12.

[91] 丛建华. 充分发挥财政农业综合开发动能 全力推进农业供给侧结构性改革 [J]. 中国财政, 2017 (15): 2.

[92] 戴思锐. 制度创新与农业适度规模经营 [J]. 农业技术经济, 1995 (6): 5.

[93] 邓晴晴, 李二玲, 任世鑫. 农业集聚对农业面源污染的影响——基于中国地级市面板数据门槛效应分析 [J]. 地理研究, 2020, 39 (4): 970-989.

[94] 邓小云. 农业面源污染的基本理论辨正 [J]. 河南师范大学学报 (哲学社会科学版), 2013 (6): 103-107.

[95] 丁琳琳, 吴群, 李永乐. 新型城镇化背景下失地农民福利变化研究 [J]. 中国人口资源与环境, 2017 (3): 163-169.

[96] 杜江, 罗珺. 我国农业环境污染的现状和成因及治理对策 [J]. 农业现代化研究, 2013, 34 (1): 5.

[97] 杜江. 中国农业增长的环境绩效研究 [J]. 数量经济技术经济研究, 2014, 31 (11): 53-69.

[98] 段显明, 许敏. 基于PVAR模型的我国经济增长与环境污染关系实证分析 [J]. 中国人口·资源与环境, 2012 (S2): 4.

[99] 段玉杰, 肖尚斌, 黎国有. 我国农业面源污染现状及改善对策 [J]. 环境保护与循环经济, 2010 (3): 3.

[100] 段玉洁, 李翔. 浅析失地农民就业情况——成都温江区失地农民调研 [J]. 中国市场, 2010 (13): 2.

[101] 方建国, 林凡力. 我国绿色金融发展的区域差异及其影响因素研究 [J]. 武汉金融, 2019 (7): 69-74.

[102] 甘能平. 支持发展农业社会化服务体系初探 [J]. 农村金融研究, 1991 (6): 5.

[103] 高鸣, 马铃. 贫困视角下粮食生产技术效率及其影响因素——基于EBM-Goprobit二步法模型的实证分析 [J]. 中国农村观察, 2015, 124 (4): 49-60, 96-97.

[104] 高强, 孔祥智. 我国农业社会化服务体系演进轨迹与政策匹配: 1978~2013年 [J]. 改革, 2013, 230 (4): 5-18.

[105] 高圣平. 农地金融创新的难点与对策 [J]. 中国不动产法研

究，2014（1）：12.

[106] 葛继红，周曙东. 农业面源污染的经济影响因素分析——基于1978－2009年的江苏省数据 [J]. 中国农村经济，2011（5）：72－81.

[107] 葛继红，周曙东. 要素市场扭曲是否激发了农业面源污染——以化肥为例 [J]. 农业经济问题，2012（3）：7.

[108] 葛俊等. 砾间接触氧化法对白鹤溪低污染水体的净化效果 [J]. 环境科学研究，2015（5）：816－822.

[109] 谷树忠，谢美娥. 基于生态文明建设视角的农业资源与区划创新思维 [J]. 中国农业资源与区划，2013（1）：5－12.

[110] 郭鸿鹏，朱静雅，杨印生. 农业非点源污染防治技术的研究现状及进展 [J]. 农业工程学报，2008，24（4）：6.

[111] 韩冬梅，金书秦. 中国农业农村环境保护政策分析 [J]. 经济研究参考，2013（43）：11－18.

[112] 韩洪云，杨增旭. 农户农业面源污染治理政策接受意愿的实证分析——以陕西眉县为例 [J]. 中国农村经济，2010（1）：45－52.

[113] 何广文. 构建农村本土金融服务体系破解融资难 [J]. 农村工作通讯，2012（10）：1.

[114] 何广文，潘婷. 国外农业价值链及其融资模式的启示 [J]. 农村金融研究，2014（5）：5.

[115] 何广文，潘婷，王力恒，等. 农村信用社小微企业信贷服务特征及其局限性分析 [J]. 农村金融研究，2014（10）：6.

[116] 何浩然，张林秀，李强. 农民施肥行为及农业面源污染研究 [J]. 农业技术经济，2006（6）：9.

[117] 贺俊，程锐，刘庭. 金融发展、技术创新与环境污染 [J]. 东北大学学报：社会科学版，2019.

[118] 洪银兴，郑江淮. 反哺农业的产业组织与市场组织——基于农产品价值链的分析 [J]. 管理世界，2009（5）：13.

[119] 洪正. 新型农村金融机构改革可行吗？——基于监督效率视角的分析 [J]. 经济研究，2011（2）：15.

[120] 侯孟阳，姚顺波. 异质性条件下化肥面源污染排放的EKC再检验——基于面板门槛模型的分组 [J]. 农业技术经济，2019（4）：104－118.

［121］胡小平，星焱．新形势下中国粮食安全的战略选择——中国粮食安全形势与对策研讨会综述［J］．中国农村经济，2012（1）：94-98．

［122］胡宗义，李毅．金融发展对环境污染的双重效应与门槛特征［J］．中国软科学，2019（7）．

［123］华春林，陆迁，姜雅莉，等．农业教育培训项目对减少农业面源污染的影响效果研究——基于倾向评分匹配方法［J］．农业技术经济，2013（4）：10．

［124］黄季焜，仇焕广．发展生物燃料乙醇对我国区域农业发展的影响分析［J］．经济学季刊，2009，8（2）：727-742．

［125］黄季焜．四十年中国农业发展改革和未来政策选择［J］．农业技术经济，2018，3：4-15．

［126］黄季焜．新时期的中国农业发展：机遇、挑战和战略选择［J］．中国科学院院刊，2013，28（3）：6．

［127］黄延廷．家庭农场优势与农地规模化的路径选择［J］．重庆社会科学，2010（5）：20-23．

［128］黄祖辉，刘西川，程恩江．贫困地区农户正规信贷市场低参与程度的经验解释［J］．经济研究，2009（4）：13．

［129］贾德峰，张翠萍，方佳．基于GIS的生态环境影响评价建模方法初探［J］．四川环境，2009（3）：58-60．

［130］江小国，洪功翔．农业供给侧改革：背景、路径与国际经验［J］．现代经济探讨，2016（10）：35-39．

［131］姜松，曹峥林，刘晗．农业社会化服务对土地适度规模经营影响及比较研究——基于CHIP微观数据的实证［J］．农业技术经济，2016（11）：4-13．

［132］姜松，曹峥林，刘晗．农业社会化服务对土地适度规模经营影响及比较研究——基于CHIP微观数据的实证［J］．农业技术经济，2016（11）：10．

［133］姜松，曹峥林，刘晗．农业适度规模经营与金融服务创新：特征现象与演化机制［J］．世界农业，2017（7）：7．

［134］姜松，黄庆华．互联网金融发展与经济增长的关系——非参数格兰杰检验［J］．金融论坛，2018（3）：6-23，51．

[135] 姜松. 金融服务创新助推农业现代化 [N]. 中国社会科学报, 2021 - 6 - 16.

[136] 姜松. 农业价值链金融创新的现实困境与化解之策——以重庆为例 [J]. 农业经济问题, 2018 (9): 44 - 54.

[137] 姜松. 农业适度规模经营与金融服务共生演化机理及模式研究——基于农业价值链视角 [M]. 经济管理出版社, 2018.

[138] 姜松, 王钊, 黄庆华, 等. 粮食生产中科技进步速度及贡献研究——基于 1985—2010 年省级面板数据 [J]. 农业技术经济, 2012 (10): 12.

[139] 姜松, 王钊, 黄庆华. 农民专业合作社联合经营: 经济效应与实现条件 [C] // 全国中青年农业经济学者学术年会暨全国高等院校农林经济管理学科院长. 中国农业经济学会, 2013.

[140] 姜松, 王钊, 刘晗. 中国经济金融化与城镇化的空间计量分析——基于直接效应与间接效应分解 [J]. 贵州财经大学学报, 2017 (3): 14.

[141] 姜松, 王钊. 农民专业合作社、联合经营与农业经济增长——中国经验证据实证 [J]. 财贸研究, 2013, 24 (4): 31 - 39.

[142] 姜松, 王钊. 中国城镇化与房价变动的空间计量分析 [J]. 科研管理, 2014 (11): 8.

[143] 姜松, 王钊, 周宁. 西部地区农业现代化演进、个案解析与现实选择 [J]. 农业经济问题, 2015 (1): 8.

[144] 蒋和平, 蒋辉. 农业适度规模经营的实现路径研究 [J]. 农业经济与管理, 2014 (1): 7.

[145] 揭昌亮, 王金龙, 庞一楠. 中国农业增长与化肥面源污染: 环境库兹涅茨曲线存在吗? [J]. 农村经济, 2018 (11): 110 - 117.

[146] 金书秦. 农业面源污染特征及其治理 [J]. 改革, 2017 (11): 53 - 56.

[147] 金书秦, 沈贵银. 中国农业面源污染的困境摆脱与绿色转型 [J]. 改革, 2013 (5): 79 - 87.

[148] 李宾, 孔祥智. 工业化、城镇化对农业现代化的拉动作用研究 [J]. 经济学家, 2016 (8): 55 - 64.

[149] 李春海，沈丽萍. 农业社会化服务体系的主要模式、特点和启示 [J]. 改革与战略，2011, 27 (12): 4.

[150] 李凯. 农业面源污染与农产品质量安全源头综合治理 [D]. 浙江大学，2016.

[151] 李明贤，柏卉. 信贷支持农业绿色发展研究 [J]. 农业现代化研究，2019, 40 (6): 900 – 906.

[152] 李嵩誉. 绿色原则在农村土地流转中的贯彻 [J]. 中州学刊，2019 (11): 90 – 94.

[153] 李心印. 刍议绿色金融工具创新的必要性和方式 [J]. 辽宁省社会主义学院学报，2006 (4): 2.

[154] 李秀芬，朱金兆，顾晓君，等. 农业面源污染现状与防治进展 [J]. 中国人口·资源与环境，2010, 20 (4): 4.

[155] 李一花，李曼丽. 农业面源污染控制的财政政策研究 [J]. 财贸经济，2009 (9): 89 – 94

[156] 李周. 用绿色理念领引山区生态经济发展 [J]. 中国农村经济，2018 (1): 11 – 22.

[157] 厉伟，姜玲，华坚. 基于三阶段 DEA 模型的我国省际财政支农绩效分析 [J]. 华中农业大学学报 (社会科学版)，2014, 109 (1): 69 – 77.

[158] 梁流涛，冯淑怡，曲福田. 农业面源污染形成机制：理论与实证 [J]. 中国人口·资源与环境，2010, 20 (4): 7.

[159] 梁流涛. 农业面源污染形成机制：理论与实证 [J]. 中国人口·资源与环境，2010, 20 (4): 74 – 80.

[160] 梁流涛，曲福田，冯淑怡. 经济发展与农业面源污染：分解模型与实证研究 [J]. 长江流域资源与环境，2013, 22 (10): 6.

[161] 林乐芬，法宁. 新型农业经营主体银行融资障碍因素实证分析——基于31个乡镇460家新型农业经营主体的调查 [J]. 四川大学学报 (哲学社会科学版)，2015, No. 201 (6): 119 – 128.

[162] 林毅夫. 农民增收要有新思路 [J]. 江苏农村经济，2008 (6): 2.

[163] 刘冬梅，王育才，管宏杰. 农业污染控制的经济激励手段 [J]. 农村经济，2009 (5): 4.

［164］刘贯春，张军，丰超. 金融体制改革与经济效率提升——来自省级面板数据的经验分析［J］. 管理世界，2017（6）：9-22.

［165］刘鸿渊，刘险峰，闫泓. 农业面源污染研究现状及展望［J］. 安徽农业科学，2008，36（19）：3.

［166］刘金全，徐宁，刘达禹. 农村金融发展对农业经济增长影响机制的迁移性检验——基于 PLSTR 模型的实证研究［J］. 南京农业大学学报：社会科学版，2016，16（2）：10.

［167］刘倩. 农业适度规模经营的必然性及实现路径［J］. 农业经济，2020（2）：2.

［168］刘西川，程恩江. 中国农业产业链融资模式——典型案例与理论含义［J］. 财贸经济，2013（8）：11.

［169］龙云，任力. 中国农地流转制度变迁对耕地生态环境的影响研究［J］. 福建论坛（人文社会科学版），2016（5）：39-45.

［170］陆磊. 改革还是创新——农村金融改革十年的反思与展望［J］. 中国农村金融，2013（18）：17-19.

［171］栾江，李婷婷，马凯. 劳动力转移对中国农业化肥面源污染的影响研究［J］. 世界农业，2016（2）：7.

［172］罗必良，李玉勤. 农业经营制度：制度底线，性质辨识与创新空间——基于"农村家庭经营制度研讨会"的思考［J］. 农业经济问题，2014（1）：11.

［173］罗必良，李玉勤. 农业经营制度：制度底线、性质辨识与创新空间——基于"农村家庭经营制度研讨会"的思考［J］. 农业经济问题，2014，v. 35；No. 409（1）：8-18.

［174］罗从清. 农村金融需求结构演变与新时期金融资源配置取向［J］. 经济体制改革，2010（5）：4.

［175］马骏，吴鸣然. 面源污染防治视角下农村土地经营方式选择的博弈分析［J］. 水利经济，2016，34（3）：4.

［176］马贤磊，仇童伟，钱忠好. 农地流转中的政府作用：裁判员抑或运动员——基于苏、鄂、桂、黑四省（区）农户农地流转满意度的实证分析［J］. 经济学家，2016（11）：83-89.

［177］马晓青，刘莉亚，胡乃红，等. 信贷需求与融资渠道偏好影响

因素的实证分析 [J]. 中国农村经济, 2012 (5): 13.

[178] 马延安, 苗淼. 发展现代农业进程中的金融问题研究 [J]. 当代经济研究, 2013 (12): 4.

[179] 闵继胜, 孔祥智. 我国农业面源污染问题的研究进展 [J]. 华中农业大学学报: 社会科学版, 2016 (2): 8.

[180] 彭水军, 包群. 经济增长与环境污染——环境库兹涅茨曲线假说的中国检验 [J]. 财经问题研究, 2006 (8): 15.

[181] 皮天雷, 刘垚森, 吴鸿燕. 金融科技: 内涵、逻辑与风险监管 [J]. 财经科学, 2018 (9): 16 - 25.

[182] 钱忠好, 王兴稳. 农地流转何以促进农户收入增加——基于苏、桂、鄂、黑四省 (区) 农户调查数据的实证分析 [J]. 中国农村经济, 2016 (10): 39 - 50.

[183] 全为民, 严力蛟. 农业面源污染对水体富营养化的影响及其防治措施 [J]. 生态学报, 2002, 22 (3): 9.

[184] 饶静, 许翔宇, 纪晓婷. 我国农业面源污染现状、发生机制和对策研究 [J]. 农业经济问题, 2011 (8): 7.

[185] 申云, 李京蓉. 我国农村居民生活富裕评价指标体系研究——基于全面建成小康社会的视角 [J]. 调研世界, 2020 (1): 42 - 50.

[186] 沈能, 张斌. 农业增长能改善环境生产率吗? ——有条件"环境库兹涅茨曲线"的实证检验 [J]. 中国农村经济, 2015 (7): 14.

[187] 速水佑次郎, 弗农·拉坦. 农业发展的国际分析 (修订扩充版) [M]. 中国社会科学出版社, 2000.

[188] 隋艳颖, 马晓河. 西部农牧户受金融排斥的影响因素分析——基于内蒙古自治区 7 个旗 (县) 338 户农牧户的调查数据 [J]. 中国农村观察, 2011 (3): 11.

[189] 孙博文. 我国农业补贴政策的多维效应剖析与机制检验 [J]. 改革, 2020 (8): 102 - 106.

[190] 唐轲, 王建英, 陈志钢. 农户耕地经营规模对粮食单产和生产成本的影响——基于跨时期和地区的实证研究 [J]. 管理世界, 2017 (5): 13.

[191] 陶春, 高明, 徐畅, 等. 农业面源污染影响因子及控制技术的研究现状与展望 [J]. 土壤, 2010, 42 (003): 336 - 343.

[192] 田凤香. 河北省山区土地适度规模经营发展模式及方向研究 [D]. 河北农业大学, 2013.

[193] 田凤香, 许月明, 胡建. 土地适度规模经营的制度性影响因素分析 [J]. 贵州农业科学, 2013 (3): 4.

[194] 田红宇, 祝志勇. 农村劳动力转移、经营规模与粮食生产环境技术效率 [J]. 华南农业大学学报: 社会科学版, 2018, 17 (5): 13.

[195] 王建英, 陈志钢, 黄祖辉, 等. 转型时期土地生产率与农户经营规模关系再考察 [J]. 管理世界, 2015 (9): 17.

[196] 王军旗. 平均利润规律与农业适度规模经营 [J]. 当代经济科学, 1990 (3): 5

[197] 王晓燕, 王立民, 韩波. 在新农村建设中如何发挥农业技术推广作用 [J]. 农业科技通讯, 2008 (7): 2.

[198] 王修华, 谭开通. 农户信贷排斥形成的内在机理及其经验检验——基于中国微观调查数据 [J]. 中国软科学, 2012 (6): 12.

[199] 王遥, 潘冬阳, 张笑. 绿色金融对中国经济发展的贡献研究 [J]. 经济社会体制比较, 2016 (6): 10

[200] 王跃生. 制度因素对农业环境问题的影响 [J]. 经济研究参考, 1999 (65): 30.

[201] 王珍, 王平. 发展循环农业治理农村面源污染 [J]. 宏观经济管理, 2006 (8): 2.

[202] 王震江. 农业共营制及农村产权抵押融资的调研 [J]. 农业发展与金融, 2017 (1): 3.

[203] 魏欣. 中国农业面源污染管控研究 [D]. 西北农林科技大学, 2014.

[204] 温铁军. 新农村建设中的生态农业与环保农村 [J]. 环境保护, 2007 (1): 25 - 27.

[205] 文传浩, 张丹, 铁燕. 农业面源污染环境效应及其对新农村建设耦合影响分析 [J]. 贵州社会科学, 2008 (4): 91 - 96.

[206] 文龙娇, 李录堂. 农地流转公积金制度研究 [J]. 金融经济学研究, 2015, 30 (3): 3 - 13.

[207] 文书洋, 刘锡良. 金融错配、环境污染与可持续增长 [J]. 经

济与管理研究, 2019, 40 (3): 18.

[208] 吴义根, 冯开文, 李谷成. 人口增长、结构调整与农业面源污染——基于空间面板 STIRPAT 模型的实证研究 [J]. 农业技术经济, 2017 (3): 75 – 87.

[209] 夏玉莲, 曾福生. 中国农地流转制度对农业可持续发展的影响效应 [J]. 技术经济, 2015, 34 (10): 7.

[210] 谢学东. 服务规模经营 农业规模经济的有效实现形式 [J]. 江苏农村经济, 2008 (1): 3.

[211] 徐萍, 卫新, 王美青, 等. 探索特色农业小镇建设新路径 [J]. 浙江经济, 2016 (5): 50 – 51.

[212] 许经勇. 市场经济条件下的农业保护政策及其理论依据 [J]. 学术月刊, 1996 (10): 7.

[213] 许庆, 尹荣梁, 章辉. 规模经济、规模报酬与农业适度规模经营——基于我国粮食生产的实证研究 [J]. 经济研究, 2011, 46 (3): 59 – 71 + 94.

[214] 许圣道, 田霖. 我国农村地区金融排斥研究 [J]. 金融研究, 2008 (7): 195 – 206.

[215] 薛蕾, 徐承红, 申云. 农业产业集聚与农业绿色发展: 耦合度及协同效应 [J]. 统计与决策, 2019, v.35; No.533 (17): 125 – 129.

[216] 杨滨键, 尚杰, 于法稳. 农业面源污染防治的难点、问题及对策 [J]. 中国生态农业学报 (中英文), 2019, 27 (2): 10.

[217] 杨滨键, 尚杰, 于法稳. 农业面源污染防治的难点、问题及对策 [J]. 中国生态农业学报 (中英文), 2019, v.27; No.172 (2): 236 – 245.

[218] 杨友才. 制度变迁、技术进步与经济增长的模型与实证分析 [J]. 制度经济学研究, 2014 (4): 17.

[219] 姚增福, 唐华俊, 刘欣, 等. 规模经营行为, 外部性和农业环境效率——基于西部两省 770 户微观数据的实证检验 [J]. 财经科学, 2017 (12): 15.

[220] 叶初升, 惠利. 农业生产污染对经济增长绩效的影响程度研究——基于环境全要素生产率的分析 [J]. 中国人口·资源与环境, 2016, 26 (4): 10.

[221] 尹建锋，刘代丽，习斌．中国农业面源污染治理市场主体培育及国际经验借鉴 [J]．世界农业，2017 (8)：25-29.

[222] 应瑞瑶，朱勇．农业技术培训对减少农业面源污染的效果评估 [J]．统计与信息论坛，2016，31 (1)：100-105.

[223] 袁承程，刘黎明，任国平，等．农地流转对洞庭湖区水稻产量与氮素污染的影响 [J]．农业工程学报，2016，32 (17)：9.

[224] 曾福生．农业发展与农业适度规模经营 [J]．农业技术经济，1995 (6)：42-46.

[225] 翟坤周，侯守杰．"十四五"时期我国城乡融合高质量发展的绿色框架、意蕴及推进方案 [J]．改革，2020 (11)：53-68.

[226] 张红宇．粮食增长与农业规模经营 [J]．改革，1996 (3)：7.

[227] 张红宇，徐充．我国农村经济发展中的金融支持障碍分析 [J]．理论探讨，2010 (4)：4.

[228] 张惠茹．价值链金融：农村金融发展新思路 [J]．北京工业大学学报：社会科学版，2013，13 (6)：6.

[229] 张平淡，袁赛．决胜全面小康视野的农民收入结构与农业面源污染治理 [J]．改革，2017 (9)：98-107.

[230] 张前程，杨光．产能利用、信贷扩张与投资行为——理论模型与经验分析 [J]．经济学（季刊），2016，15 (3)：26.

[231] 张庆亮．农业价值链融资：解决农业融资难的新探索 [J]．财贸研究，2014，25 (5)：7.

[232] 张淑荣，陈利顶，傅伯杰．农业区非点源污染敏感性评价的一种方法 [J]．水土保持学报，2001，15 (2)：56-59.

[233] 章明奎．我国农业面源污染可持续防控政策与技术的探讨 [J]．浙江农业科学，2015，56 (1)：10-14.

[234] 赵德起，谭越璇．制度创新、技术进步和规模化经营与农民收入增长关系研究 [J]．经济问题探索，2018 (9)：165-178.

[235] 郑云虹，刘思雨，艾春英．基于政府补贴的农业面源污染治理机理研究——从市场结构的视角 [J]．生态经济，2019，35 (9)：7.

[236] 中国人民银行．中国人民银行关于做好家庭农场等新型农业经营主体金融服务的指导意见 [J]．云南农业，2014 (8)：2.

［237］周海滨. 玛河流域农业面源污染耕地负荷现状分析［C］//国家教师科研专项基金科研成果（华声卷1），2015.

［238］周立. 农村金融市场四大问题及其演化逻辑［J］. 财贸经济，2007（2）：8.

［239］周晓时，李谷成，刘成. 人力资本、耕地规模与农业生产效率［J］. 华中农业大学学报：社会科学版，2018（2）：10.

［240］周早弘，张敏新. 农业面源污染博弈分析及其控制对策研究［J］. 科技与经济，2009，22（1）：53 – 55.

［241］周志波，张卫国. 环境税规制农业面源污染研究综述［J］. 重庆大学学报（社会科学版），2017，23（4）：37 – 45.

［242］朱喜，史清华，盖庆恩. 要素配置扭曲与农业全要素生产率［J］. 经济研究，2011（5）：13.

［243］朱兆良，孙波. 中国农业面源污染控制对策研究［J］. 环境保护，2008（8）：3.

［244］卓成霞，郭彩琴. "高度的生态文明"：理论内涵、现实挑战与实践路径［J］. 南京社会科学，2018，374（12）：73 – 79 + 105.

［245］卓成霞，郭彩琴. 高度的生态文明：理论内涵、现实挑战与实践路径［J］. 南京社会科学，2018（12）：8.